Gewinde

GEWINDE

Normen, Berechnung, Fertigung Toleranzen, Messen

Leichtfaßliche Darstellung
für Studium, Büro und Werkstatt

von

Dr.-Ing. Paul Leinweber

Mit 203 Abbildungen
und zahlreichen Gewindetabellen

Springer-Verlag Berlin Heidelberg GmbH
1951

ISBN 978-3-662-11878-8 ISBN 978-3-662-11877-1 (eBook)
DOI 10.1007/978-3-662-11877-1

Inhaltsverzeichnis.

Und wo ihr's packt, da ist's interessant.
Faust, Vorspiel.

Weil uns Ingenieuren eine zusammenfassende Schau aller Dinge, mit denen wir umgehen, not tut, wurde dies Buch aus langjähriger praktischer Erfahrung in Konstruktion, Fertigung, Prüfung und Normung geschrieben. Es soll zugleich dem Lernenden zur Einführung und dem Konstrukteur, Betriebsingenieur, Arbeitsvorbereiter, Einrichter und Werkmann zum Nachschlagen dienen. Es soll dabei manche noch bestehenden irrigen Auffassungen beseitigen helfen.

Es bringt die *erste ausführliche* Erläuterung der *neuen deutschen* Gewindetoleranzen, die den letzten Beschlüssen der Internationalen Normenvereinigung ISA entsprechen. Die bisherigen Dinormen für Gewinde sind ebenfalls behandelt und in den anhängenden Zahlentafeln wiedergegeben. Da die Normung nicht stehenbleibt, können die beigegebenen Zahlentafeln mit der Zeit ihre Gültigkeit verlieren. Der Leser bediene sich deshalb in der Praxis stets der neuesten Ausgabe der deutschen Normen, die vom Beuth-Vertrieb bezogen werden kann.

1 Geschichtliches.

11 Normung.

Im Zeitalter der industriellen Fertigung technischer Erzeugnisse in großen Stückzahlen und des Güteraustausches von einem Kontinent zum andern gibt es kein einheitliches Gewinde für die ganze Welt! Innerhalb eines so großen Wirtschaftsbereiches wie Europa sind eine Reihe verschiedener Gewindeformen und Abmessungen im Gebrauch. Ja, sogar in Deutschland gibt es zwei verschiedene Gewindearten: das metrische und das Whitworth-Gewinde.

Der Hersteller von Gewindeteilen — vor allem von Schrauben, die längst Gegenstand einer eigenen Industrie sind — braucht ein Mehrfaches an Lagerraum, Halbzeugen, Werkzeugen, Maschinen, Lehren, als wenn es nur eine Gewindeart gäbe. Infolge der geringeren Stückzahlen für jede einzelne Sorte müssen die Fertigungseinrichtungen öfter umgestellt werden, die Einrichtekosten je Stück werden höher, die Maschinen weniger ausgenutzt, größere Lager an Rohstoffen und Fertigerzeugnissen sind nötig. Es mag kaum übertrieben sein zu behaupten, daß Schrauben vielleicht nur halb so teuer zu sein brauchten, wenn es in der ganzen Welt eine einheitliche Gewindeart gäbe. Diese zu hohen Kosten sind gleichbedeutend mit einer großen Vergeudung von Arbeitszeit und Rohstoffen. Für den Verbraucher ergeben sich als Nachteile der höhere Preis für Schrauben und entsprechend höhere Kosten für die eigene Erzeugung von Teilen mit Gewinde, sowie die Unannehmlichkeit und Verwechselungsgefahr bei vielen Sorten, größere Lagerhaltung und entsprechende Organisation.

Daß diesem Übelstand nicht schon längst durch Schaffung *und* Einführung eines „Weltgewindes" abgeholfen worden ist, liegt daran, daß dieser Zustand geschichtlich allmählich so gewachsen ist und heute eine Umstellung in einem einzigen Lande schon Kosten von vielen Milliarden und auf Jahre hinaus unabsehbare Schwierigkeiten zur Folge hätte. Deshalb wird die Industrie keines Landes gern nachgeben und umstellen, zumal das Bewußtsein für die Notwendigkeit eines freien Welthandels noch sehr wenig entwickelt ist. Es kommt hinzu, daß in Nordamerika und dem Britischen Reich der Zoll als Maßeinheit gilt, während im übrigen Europa und in Asien vorwiegend das Meter eingeführt ist.

Die Internationale Normenvereinigung ISO, die an die Stelle der vor dem Kriege bestehenden ISA-Vereinigungen getreten ist, hat zwar die Schaffung und Einführung eines „Weltgewindes" beschlossen; bis zum Eintreten des hier als wünschenswert hingestellten Idealzustandes werden aber wohl noch Jahrzehnte vergehen müssen, und er wird ganz nie erreicht werden, solange auf der Welt verschiedene Maßsysteme benutzt werden. Denn das Gewindeprofil ist zwar nun für die ganze Welt einheitlich festgelegt, nämlich mit einem Flankenwinkel von 60° und einer Form, die der metrischen sehr ähnlich ist, aber die Abmessungen, also Durchmesser und Steigung, werden zur Zeit sowohl in Zoll- als auch in Millimetermaßen festgelegt und unterscheiden sich somit.

Da demnach noch lange Zeit mit dem Bestehen verschiedener Gewindearten nebeneinander gerechnet werden muß, erscheint es angebracht, die geschichtliche Entwicklung der Gewindeformen und -größen ganz kurz zu betrachten. Denn auch der Ingenieur bedarf eines wachen Geschichtsbewußtseins, um Erscheinungen richtig beurteilen zu können, und aus der Kenntnis ihrer Entwicklung ergibt sich eine andere, richtigere Haltung den Dingen gegenüber, mit denen er täglich in Berührung kommt.

Es ist verständlich, daß vor 150 Jahren sich jeder sein eigenes Gewinde nach Bedarf und Gutdünken herstellte, also selbst von Fall zu Fall ein solches konstruierte, wie es ihm gut schien. Damals gab es nur an wenigen Stellen eine Fertigung, die mit unserer jetzigen industriellen zu vergleichen ist. Die Leitspindeldrehbank und die Satzgewindebohrer waren zwar schon von LEONARDO DA VINCI (1452 bis 1519), Schneideisen nach Art unserer heutigen 1706 in Frankreich und 1724 in Deutschland erstmalig beschrieben worden, aber bis zur Einführung dieser Maschinen und Werkzeuge verging damals geraume Zeit. Wie heute noch mitunter der Uhreninstandsetzer gezwungen ist, ein Gewindewerkzeug selbst herzustellen, so fertigte man damals auch in der mechanischen Fertigung sich die Werkzeuge und Einrichtungen nach eigenen Erfahrungen.

Der erste, der versucht hat, den einzelnen Durchmessern bestimmte Steigungen zuzuordnen, war MAUDSLAY um 1800. Das erste allgemein anerkannte Gewindesystem schuf WHITWORTH 1841. Trotz dieser Anerkennung führte es sich nur langsam ein, und daneben entstanden noch eine Unzahl anderer Gewindearten.

Die vorausschauende Arbeit WHITWORTHS wurde in *England* in den Jahren 1903 bis 1908 fortgesetzt: Der britische Normenausschuß setzte einen Unterausschuß ein, der die WHITWORTHsche Tabelle ergänzte und verbesserte. So entstand das heute noch im wesentlichen gültige BSW-Gewinde (British Standard Whitworth) und als Ergänzung dazu das BSF-Gewinde (British Standard Fine). Auf eine Anregung von PREECE im Jahre 1881 geht das englische BA-Gewinde (British Association for the Advancement of Sciences) zurück, das ebenfalls im ersten Jahrzehnt dieses Jahrhunderts genormt wurde.

In den *Vereinigten Staaten* wurde zunächst das Whitworth-Gewinde von England übernommen. Daneben entstanden aber bald eine ganze Anzahl davon abweichender Gewindearten, von denen nur die Vorschläge von SELLERS, der American Society of Mechanical Engineers (ASME), der Society of Automobile Engineers (SAE) und das V-Gewinde erwähnt werden mögen. Das Sellers-Gewinde, dessen Profil mit dem des deutschen metrischen Gewindes große Ähnlichkeit, das aber Zollmaße hat, wurde schon 1868 zum Normalgewinde der Vereinigten Staaten erklärt (USSt = United States Standard). Es wurde 1922 ergänzt und überarbeitet. Es stellt nun die Zusammenfassung der USSt-, ASME- und SAE-Gewinde dar und wird von der ASA (American Standards Association) als amerikanisches Normalgewinde bezeichnet. Es enthält 5 Reihen, und zwar je eine für Grob-, Fein-, 8-, 12- und 16-Gang-Gewinde. Die Bezeichnungen grob und fein beziehen sich hier auf die Größe der Steigung im Verhältnis zum Durchmesser. Somit besteht bisher zwischen den englischen und den amerikanischen Gewindenormen keine Übereinstimmung. Ein wesentlicher Unterschied liegt im Flankenwinkel, der beim Whitworth-Gewinde 55°, bei den amerikanischen Gewinden 60° beträgt. Die Gewinde der Vereinigten Staaten und des Britischen Reiches sind also trotz der gleichen Maßeinheit, des Zoll, nicht gleich und nicht austauschbar.

In *Frankreich, Italien* und der *Schweiz* wurden im vorigen Jahrhundert zahlreiche Versuche gemacht, einheitliche Gewinde auf metrischer Grundlage zu schaffen. Die Folge dieser Bemühungen war jedoch immer wieder eine Vermehrung der bestehenden Gewindearten um eine weitere, und es ergab sich eine ebensolche Verwirrung wie in England und den Vereinigten Staaten. In Frankreich als dem Geburtsland des metrischen Maßsystems ist dieses seit 1832 nicht nur gesetzlich, sondern auch tatsächlich eingeführt. Als erster versuchte ARMENGAUD 1857 die Anpassung des Whitworth-Systems an die Maßeinheit des Meters. In der Folgezeit entstanden für die verschiedenen Bahnlinien, für die Marine, für die Artillerie voneinander abweichende Gewinde, zu denen noch diejenigen zahlreicher Firmen sowie Privatvorschläge kamen.

Deutschland war in der ersten Hälfte des vorigen Jahrhunderts gezwungen, englische Werkzeugmaschinen und besonders auch Drehbänke einzuführen, weil noch keine nennenswerte eigene Erzeugung bestand. Da die englischen Leitspindeln Steigungen in Zollmaßen hatten, fand das WHITWORTHsche System auch in allen Zweigen der deutschen Metallbearbeitung ausgedehnte Verbreitung, zumal auch die Bolzendicken gut zu den rheinischen Rundstahlsorten paßten. Natürlich entstanden daneben in Deutschland auch eine Reihe anderer Gewinde auf metrischer Grundlage. Noch nach dem ersten Weltkriege hatten einzelne Firmen und Behörden ihre eigenen Gewinde, teils aus Bequemlichkeit, aber auch in der Absicht, daß ihre Erzeugnisse nicht mit denen der Konkurrenz austauschbar waren und die Kundschaft gezwungen wurde, bei der gleichen Firma nachzubestellen, eine Einstellung, die längst als überaus kurzsichtig erkannt ist, abgesehen davon, daß auch bei gleicher Gewindeform und -größe Einzelteile nur selten gleich sind, so daß sie ebensowenig von der Konkurrenz bezogen werden können. Das Preußische Artilleriegewinde verschwand erst kurz vor dem zweiten Weltkriege gänzlich aus den Geräten des deutschen Heeres. Bei den Torpedos wurde ebenfalls bis nach dem ersten Weltkrieg eine anormale Gewindeart benutzt, angeblich, damit der Gegner mit erbeuteten Torpedos oder Teilen derselben nichts anfangen konnte — als ob nicht die Konstruktion des französischen oder britischen Torpedos in Einzelheiten ganz anders gewesen wäre als die des deutschen!

DELISLE machte 1873 erstmalig den Vorschlag, dem Durcheinander ein Ende zu bereiten durch Schaffung eines einheitlichen Gewindes auf metrischer Grundlage.

In 15jähriger gründlicher und mühevoller Arbeit wurde im Verein Deutscher Ingenieure, der sich der Frage annahm, das sog. VDI-Gewinde geschaffen, das aber nie in beachtlichem Umfange in die Praxis eingeführt worden ist. In einem hat es aber noch bis in die Jetztzeit fortgelebt, nämlich in dem in der Feinmechanik vielbenutzten Löwenherz-Gewinde.

Wegen des Widerstandes, den die Einführung eines metrischen Gewindesystems in der deutschen Industrie fand, wurde auf der Hauptversammlung des Vereins Deutscher Ingenieure in Aachen 1895 beschlossen, die Bemühungen einzustellen. Drei Jahre später fand in Zürich ein Kongreß statt, auf dem neben Deutschland die Schweiz, Italien, Holland und Frankreich vertreten waren. Außerdem waren Einladungen ergangen an die Vereinigten Staaten, Belgien, England, Österreich-Ungarn, Rußland und Schweden.

Das Ergebnis dieser schwierigen Verhandlungen war die Schaffung des sog. SI-Gewindes (Système international), das in der Folgezeit in der Schweiz, in Italien und Frankreich eingeführt wurde. Aus ihm hat sich das heutige DIN-Gewinde entwickelt. Damals wurden die Kosten für die Umstellung eines Betriebes mit 1500 bis 1800 Arbeitern auf 12000 bis 15000 Mark beziffert. Trotz der Zustimmung zahlreicher Industrieverbände war noch 14 Jahre später, also 1912, festzustellen, daß von einer Vereinheitlichung der Gewinde und einer nennenswerten Einführung des SI-Gewindes noch nicht gesprochen werden konnte.

Mit der Gründung des Normenausschusses der deutschen Industrie im Jahre 1917 gingen die Arbeiten an der Vereinheitlichung der Gewinde auf diesen über.

Auch heute noch gibt es in Deutschland zwei Gewindesysteme, das Whitworth-Gewinde mit Zollmaßen und das metrische Gewinde, das aus dem SELLERSschen und dem SI-Gewinde entwickelt ist. Der Vorschlag, ein Welt-Gewinde zu schaffen und einzuführen, wurde in den zwanziger Jahren von KÜHN gemacht, allerdings ohne Erfolg. Vor dem zweiten Weltkrieg und noch während desselben wurden im Rahmen der Internationalen Normenvereinigung ISA die Vereinheitlichungsbestrebungen fortgesetzt und eine Reihe von Beschlüssen gefaßt. Es ist nicht vorauszusehen, wieweit diese Beschlüsse von der Internationalen Normenorganisation ISO übernommen werden, die nach dem Kriege an Stelle der ISA ins Leben gerufen wurde. In jener ist Deutschland zur Zeit der Drucklegung dieses Buches noch nicht wieder vertreten. Andererseits wäre für die deutsche Industrie, die nach dem Kriege zum großen Teil von Grund auf neu beginnen mußte, gerade eine baldige Regelung auf internationaler Grundlage sehr erwünscht, wogegen eine Umstellung zu einem späteren Zeitpunkt höhere Kosten und Schwierigkeiten verursachen würde. Während so in Deutschland zur Zeit eine Regelung auf internationaler Grundlage allgemein wünschenswert ist, möchte man andererseits nicht vorgreifen, indem man die Dinormen auf Grund der bisherigen ISA-Arbeiten umstellt und dadurch Gefahr läuft, nach einigen Jahren wiederum umstellen zu müssen, obwohl diese Änderungen vermutlich nicht grundlegender Art sein werden.

Eine Frage, die hierbei besonders zu beachten war, betrifft die Größe der Abrundung oder Abflachung am Kerndurchmesser. Beim metrischen Gewinde nach DIN beträgt diese $t/8$, wenn t die Tiefe des scharf ausgeschnitten gedachten Gewindeprofils bezeichnet. Beim Whitworth-Gewinde beträgt sie $t/6$, und diese stärkere Abrundung, vor allem im Gewindegrund des Bolzens, ist oft als ein wesentlicher Grund dafür angegeben worden, daß das Whitworth-Gewinde in Deutschland in weiten Kreisen beibehalten wurde. Die Erkenntnisse der neueren Festigkeitslehre haben gelehrt, daß ein solches Gewinde bei Wechselbeanspruchung einige Vorzüge hat. Die Umstellung auf $t/6$ war während des Krieges, als die Industrie aufs äußerste angespannt war, und mit Rücksicht auf die unbedingte Austauschbarkeit von Kriegsgerät nicht durchführbar. Heute wagt man sie nicht aus Furcht vor einer zweiten Umstellung, die nach Abschluß der internationalen Gewindenormung womöglich notwendig würde, um die deutschen Gewinde mit dieser in Übereinstimmung zu bringen.

12 Toleranzen.

Weder in der industriellen Massenfertigung noch bei Einzelherstellung kann ein einzelnes Maß an einem Werkstück mathematisch genau hergestellt werden. Will man die Größe und Richtung dieser unvermeidlichen Abweichungen vom „Sollmaß" nicht dem Zufall oder dem Gutdünken des Werkmannes überlassen und will man andererseits vermeiden, daß eine zu hohe Genauigkeit angestrebt wird, die überflüssig hohe Kosten verursacht, so schreibt man die Grenzen vor, innerhalb deren ein Maß liegen darf, z. B. in der Form $20_{-0,1}$. Dies besagt, daß die tatsächlichen, durch Messen gefundenen Maße an jedem Werkstück nicht größer als 20 und nicht kleiner als $20 - 0,1 = 19,9$ mm sein dürfen; das erste ist das *Größtmaß*, das zweite das *Kleinstmaß*, und die ganze Vorschrift bezeichnet man als *Toleranz*, den Bereich „zwischen 19,9 und 20,0" als *Toleranzfeld*. Dieses ist sowohl durch die Größe der Toleranz, nämlich 0,1 mm, als auch durch die Lage zum *Nennmaß* (20), nämlich im Beispiel von diesem aus nach Minus, und zwar vom Nennmaß beginnend, gekennzeichnet. Die Toleranzangabe $_{-0,1}$ hinter dem Nennmaß 20 nennt man *Abmaß*. Dieses kann positiv oder negativ sein, und es können ebensowohl zwei Abmaße angegeben werden, z. B. $20^{+0,2}_{-0,1}$. Sind die Abmaße gleich groß und haben sie verschiedene Vorzeichen, so schreibt man z. B. $20 \pm 0,05$.

Um die Wirkung und Bedeutung solcher Toleranzen anschaulich zu machen, sind in Abb. 1 zwei geometrisch einfache Werkstücke, nämlich ein Bolzen (Welle) und eine Bohrung, nebeneinander angedeutet, die zugehörigen Toleranzfelder — sehr stark vergrößert — sind durch Schraffur gekennzeichnet. Aus dieser Darstellung kann man sofort ersehen, welches *kleinste Spiel* zwischen dem Bolzen und der Bohrung auftritt, wenn einmal eine Bohrung mit dem Kleinstmaß und eine Welle mit dem Größtmaß zusammenkommen. Das *Größtspiel* errechnet sich aus dem Größtmaß der Bohrung minus dem Kleinstmaß der Welle. An Stelle von Spiel kann auch, bei anderer Lage der Toleranzfelder zueinander, *Übermaß* oder Pressung entstehen. Man spricht demgemäß von *Spielpassungen* und *Preßpassungen*. Wenn die Toleranzfelder so zueinander liegen, daß im einen Grenzfalle Übermaß, im anderen Spiel auftritt, so ist dies eine *Übergangspassung*. Den Unterschied zwischen Größt- und Kleinstspiel (oder Übermaß) nennt man die *Paßtoleranz*. Dies ist die Schwankung in der Art des Passens, die bei Ausnutzung der Toleranzen im äußersten Falle entstehen kann.

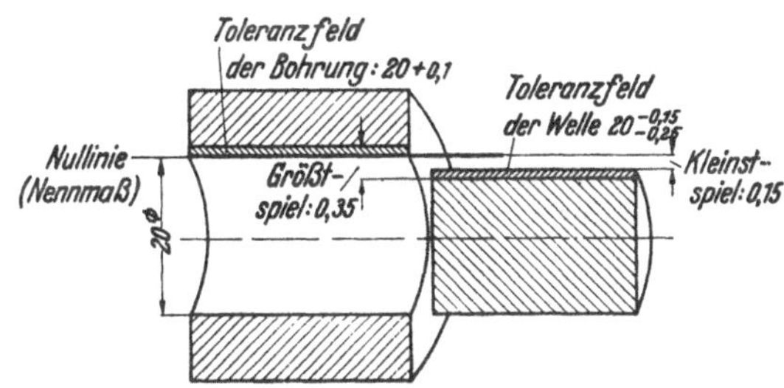

Abb. 1. Glatte zylindrische Spielpassung. Die Toleranzen sind übertrieben groß dargestellt. Aus den gewählten Toleranzfeldern für Bohrung und Welle ergeben sich Größtspiel und Kleinstspiel.

Die dick gezeichnete Linie, welche das Nennmaß darstellt, von dem aus die Abmaße angegeben werden, wird als *Nullinie* bezeichnet. Die Nullinie versinnbildlicht also in der Zeichnung der Abb. 1 einen idealen Zylinder. *An die Stelle des idealen Zylinders bei glatten und Rundpassungen tritt ein ideales Gewinde, wenn man Gewinde mit Toleranzen versehen will.* Die dick gezeichnete Linie in Abb. 2, die das sog. *theoretische Profil* eines metrischen Gewindes wiedergibt, bildet also die *Nullinie für die Toleranzen am Gewinde.* Von ihr aus werden Toleranzen zahlenmäßig oder zeichnerisch angegeben, wie dies in Abb. 2 wiederum durch die Schraffur der Toleranzfelder für Schraubenbolzen und -mutter veranschaulicht ist.

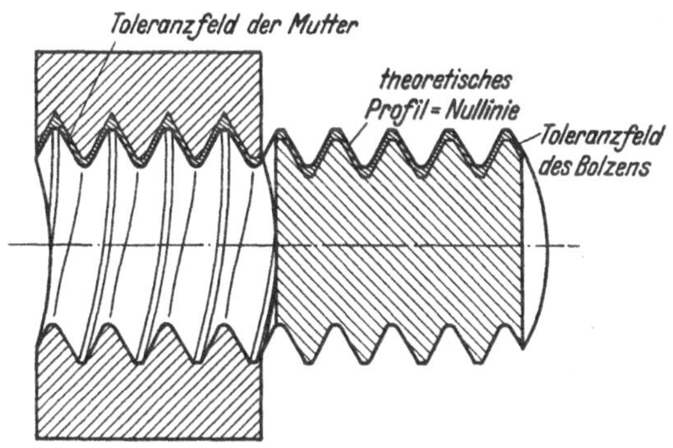

Abb. 2. Das theoretische Profil ist die Nullinie für Gewindepassungen. Man findet es, indem man ein gedachtes fehlerfreies Gewinde durch eine Ebene schneidet, die durch die Gewindeachse geht.

Während die Nullinie bei glatten Passungen einen sehr einfachen geometrischen Körper, nämlich einen Zylinder darstellt, ist die Nullinie oder das Idealgewinde hier durch eine Reihe von Abmessungen festzulegen: verschiedene Durchmesser, Maße längs der Gewindeachse (Steigung) und Winkelmaße. Dementsprechend ist auch die Toleranz- und Passungskunde bei Gewinden nicht so einfach darzustellen und zu begreifen wie bei den glatten Rundpassungen; sie erfordert einige geometrische Kenntnisse und zu ihrem tieferen Verständnis räumliches Vorstellungsvermögen.

Die Gewindepassungen sind dementsprechend auch erst im Laufe der vergangenen Jahrzehnte entwickelt worden.

Nach der Normung des Whitworth-Gewindes und des Whitworth-Feingewindes befaßte sich der Gewindeausschuß des Engineering Standards Committee *in England* auch mit der Frage der Tolerierung und ließ dazu Messungen anstellen. Wenn man Toleranzen für einen Gegenstand ermitteln und durch Normen festlegen will, müssen immer zuerst wahllos herausgegriffene Werkstücke, möglichst aus den verschiedensten Fertigungen, gemessen werden, um praktisch brauchbare Anhaltswerte für die Größe und Lage der Toleranzfelder zu gewinnen. Bis zur funktionsgemäßen, richtigen Prüfung der Gewindetoleranzen war ein langwieriger und schwieriger Weg zurückzulegen, auf welchem erst Begriffe festgelegt, Erkenntnisse von Zusammenhängen gewonnen und vor allem geeignete Meßverfahren und -geräte entwickelt werden mußten.

In den *Vereinigten Staaten* machte erstmalig im Jahre 1902 Ch. C. Tyler Vorschläge für Toleranzen und Meßverfahren an Gewinden. In der Folgezeit beschäftigten sich die amerikanischen Normenvereinigungen und Industrieverbände mit der Frage. Die Folge war wiederum, wie auch bei den Gewindearten, nicht eine Vereinheitlichung, sondern eine Verwilderung der Toleranzen und Lehren. Die im Jahre 1918 eingesetzte National Screw Thread Commission nahm erneut Messungen vor und setzte Toleranzen für verschiedene Passungsarten fest. Bis zu ihrer Einführung in den Werkstätten vergingen viele Jahre.

Auf dem *europäischen Kontinent* ist der Aufstellung von Gewindetoleranzen lange Zeit überhaupt keine Beachtung geschenkt worden. Man prüfte meist mit Normallehren; die Art der Passung blieb dem Gefühl überlassen. Später schufen einzelne Firmen in Deutschland und in der Schweiz Gewinde-Passungssysteme für den eigenen Bedarf. Im Jahre 1921 begann der Gewindeausschuß des Deutschen Normenausschusses sich mit Gewindetoleranzen zu befassen. Es ist das Verdienst von Berndt (Dresden), die Erkenntnis durchgesetzt zu haben, daß zwischen den einzelnen Meßgrößen an einem Gewinde funktions- und meßtechnisch enge Beziehungen und Wechselwirkungen bestehen. Er hat damit erstmalig den Weg gewiesen, um Gewinde einwandfrei austauschbar herstellen und prüfen zu können.

Diese Erkenntnisse waren in damaliger Zeit auch in England und den Vereinigten Staaten erst in Ansätzen vorhanden. Berndt hat auch noch bis in die Zeit des zweiten Weltkrieges hinein internationale Verhandlungen über Gewindetoleranzen geführt, die zu einem gewissen Abschluß gekommen sind. Es kann aber nicht als gewiß angenommen werden, daß die neue internationale Normenvereinigung ISO diese Abmachungen bestätigt. Da in jedem Falle die bisherigen DIN-Toleranzen für Gewinde noch längere Zeit benutzt werden dürften, sind in vorliegendem Buch sowohl die bisherigen DIN-Toleranzen behandelt und in Tabellenform wiedergegeben als auch die ISA-Toleranzen auf Grund der bisherigen Beschlüsse und Vorarbeiten. Es ist nicht zu erwarten, daß spätere Beschlüsse der ISO grundlegende Änderungen bringen, so daß der Leser, der den nachstehenden Darlegungen aufmerksam folgt, auch in spätere Erscheinungen auf diesem Gebiet leicht wird eindringen können.

13 Messen.

Den Außendurchmesser eines Gewindebolzens, das ist der Durchmesser, den die Gewindekämme bilden, kann man mit jedem gewöhnlichen Meßgerät messen, das ebene Meßflächen hat, also z. B. mit einer Schieblehre oder Schraublehre. Den Durchmesser, den die Gewindekämme in einer Mutter bilden, also den Kerndurchmesser, kann man ebenfalls leicht und zuverlässig mit einem Innenmeßgerät ermitteln, das zylindrische Meßflächen hat, z. B. mit den Innenmeßschnäbeln einer Schieblehre.

Alle anderen Meßgrößen an einem Gewinde sind schwieriger zu messen: die Winkel, welche die Flanken zueinander und zur Gewindeachse bilden, die Steigung, der Kerndurchmesser des Bolzens, der Außendurchmesser der Mutter und der sogenannte Flankendurchmesser. Diese Meßgrößen und Begriffe sind im Abschnitt 2 ausführlich behandelt und umschrieben. Das Messen dieser Größen erfordert besondere Einrichtungen und Meßgeräte, und solange diese noch nicht oder noch nicht in genügender Vollkommenheit entwickelt waren, versuchte man mit dem Messen des Außendurchmessers des Bolzens und des Kerndurchmessers der Mutter auszukommen, indem man das Profil der schraubenförmig eingeschnittenen Gewindegänge von diesen Maßen abhängig machte. Man „hängte“ gewissermaßen das Gewindeprofil „an den Außendurchmesser des Bolzens“ und verfuhr sinngemäß ebenso bei der Mutter.

Für das Zusammenpassen von Schraubenbolzen und -mutter und für die einwandfreie Funktion und genügende Festigkeit eines Paares von Gewindeteilen sind aber viel wichtiger der Flankendurchmesser, die Steigung und der Flankenwinkel. Brauchbare Meßgeräte dafür entstanden erst im Laufe der vergangenen Jahrzehnte.

Die *Steigung* wurde früher mit Gewindeschablonen nach Abb. 3 gemessen, ein Gerät, das auch heute noch im Handel ist, aber höchstens dazu zu gebrauchen ist, um an einer Schraube, die man im Schrott gefunden hat, festzustellen, ob sie Zoll- oder metrische Steigung hat. Später

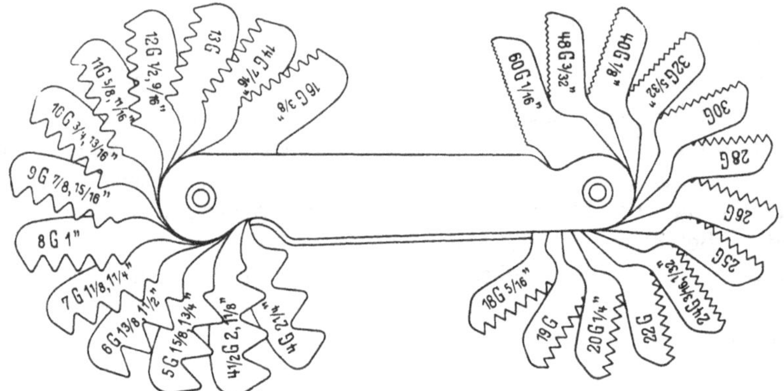

Abb. 3. Gewindeschablone zum Feststellen der Steigung einer Schraube. Durch Probieren wird dasjenige Plättchen herausgesucht, dessen Zahnung mit der Gewindesteigung angenähert übereinstimmt. Zum *Messen* der Steigung nicht brauchbar.

fertigte man auch Grenzgewindeschablonen nach Abb. 4. Man erkannte bald, daß die Messung der Steigung mit Lichtspalt unzulänglich ist und entwickelte die verschiedensten Steigungsmeßgeräte auf mechanischer und optischer Grundlage.

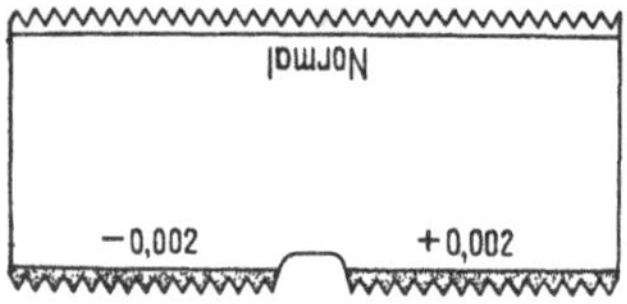

Abb. 4. Grenzgewindeschablone zur Kontrolle der Steigung nach dem Lichtspaltverfahren. Nicht mehr in Gebrauch.

Für die *Winkel*, welche die Gewindeflanken zueinander und zur Achsensenkrechten bilden, wurden ebenfalls Blechschablonen benutzt. Da die Flanken, besonders bei feingängigem Gewinde, sehr kurz sind, ist allen mechanischen Verfahren eine große Meßunsicherheit eigentümlich.

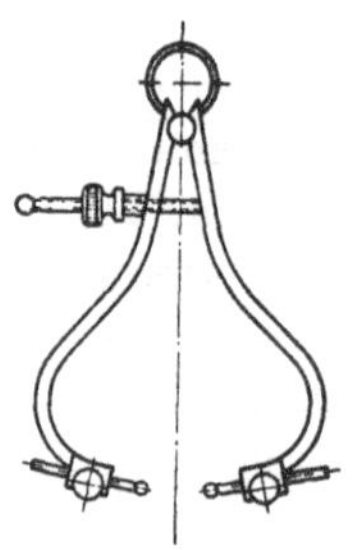

Abb. 5. Kugeltaster zum Vergleichen des Flankendurchmessers eines Gewindes mit einem Normalgewinde. Bei großer Übung kann man das Auffedern gefühlsmäßig bis auf etwa $^1/_{100}$ mm beurteilen. Nicht mehr in Gebrauch.

Für den *Flankendurchmesser* benutzte man früher Kugeltaster nach Abb. 5. Später wurden Flankenschraublehren und Fühlhebelmeßgeräte mit zweckentsprechend gestalteten Meßeinsätzen konstruiert. Eden schlug erstmalig vor, in gegenüberliegende Gewindegänge genau zylindrische Meßdrähte einzulegen und „das Maß über Draht“ mit einem der gebräuchlichen Meßgeräte zu bestimmen (s. Abb. 150). Das anzeigende Meßgerät hat ebene Meßflächen, wie z. B. eine Schraublehre oder ein Feintaster mit Ständer und ebenem Meßhütchen. Das Verfahren ist in England und den Vereinigten Staaten und später auch in Deutschland weitgehend eingeführt worden und wird heute noch besonders zur laufenden Prüfung von Gewindelehrdornen mit Erfolg verwendet.

Wie im Abschnitt 53 dargetan wird, ist die Austauschbarkeit von Gewindeteilen am zuverlässigsten durch die Prüfung mit Lehren gewährleistet, die auf der Gutseite die Form einer Mutter für den Werkstückbolzen, eines Gewindedornes für die Mutter haben. Das Auf- oder Einschrauben dieser Lehren ist aber sehr zeitraubend, und sie nutzen sich infolge der starken Reibung an den Werkstücken und des langen Reibungsweges beim Ein- und Ausschrauben sehr stark ab. In einzelnen Fällen war ein solcher Gewindelehrdorn schon nach 500 Prüfgängen so weit abgenutzt, daß er nicht mehr brauchbar war, in den meisten Fällen trat dieser Zustand nach etwa 10000 Prüfgängen ein. Ebenso wie man einen glatten zylindrischen Bolzen meist nicht mit einem Lehrring, son-

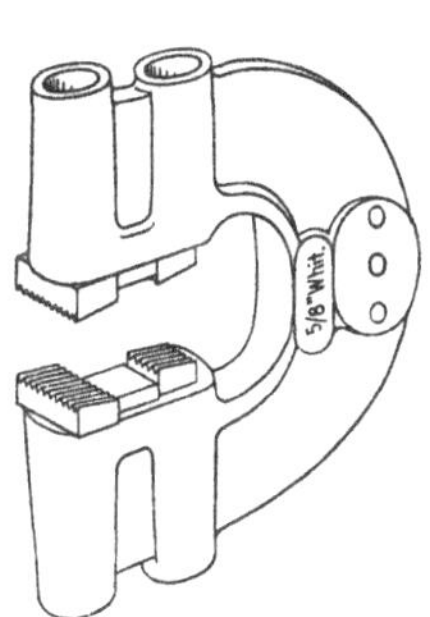

Abb. 6. Grenzrachenlehre zum Prüfen des Flankendurchmessers mit profilierten und nach hinten weiter werdenden Backen (Wickman, um 1920).

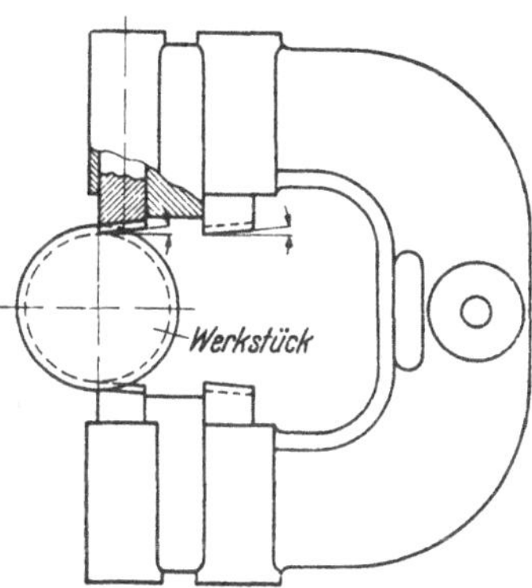

Abb. 7. Anordnung der Meßbacken bei der Wickman-Lehre.

dern mit einer Rachenlehre prüft, schuf man auch für Gewinde Rachenlehren mit geeigneten Meßstücken, sobald erst einmal die grundlegenden Erkenntnisse in bezug auf die Erzeugung und Prüfung austauschbarer Gewinde gewonnen worden waren.

Die größte Verbreitung hat seinerzeit die um 1920 von Wickman vorgeschlagene Grenzrachenlehre gefunden, die in Abb. 6 dargestellt ist. Als Meßkörper dienen Backen, in die Rillen mit dem Gewindeprofil eingearbeitet sind. Die Rillen verlaufen so, daß der durch ein Paar von Backen gebildete Meßrachen nach hinten weiter wird (Abb. 7). Dadurch berührt das Werkstück die Meßkörper nur an der vorderen Kante, und die Prüfung findet genau im Achsenschnitt des Schraubenbolzens statt. Wären die Meßrachen parallel, anstatt nach hinten weiter zu werden, so würde das Gewinde nicht im Achsenschnitt berührt werden, sondern es träte ein Anlagefehler auf, der auch das zuverlässige Vergleichen von

Steigung und Winkel durch Beobachten des Lichtspaltes unmöglich machen würde.

Wenn man davon absieht, daß die Wickman-Lehre wie jede Rachenlehre die Unrundheit des Gewindes nur insoweit erfaßt, als man mehrmals versetzt zueinander prüfen kann, ist sie meßtechnisch einwandfrei, weil sie das Profil im Achsenschnitt ohne Anlagefehler prüft. Infolge der Berührung mit dem Werkstück an einer scharfen Kante hat sie aber den Nachteil, daß sie sich rasch abnutzt und daß diese Kanten in weiche Werkstoffe eindringen, diese verletzen und Fehlmessungen bewirken. Die Wickman-Lehre ist deshalb heute ganz von der Gewinderollenlehre (s. Abb. 191 bis 193) abgelöst worden, die zuerst in den Vereinigten Staaten Verbreitung fand und von dort aus auch in Deutschland eingeführt wurde. Die Meßkörper sind Rollen, die Rillen mit dem Gewindeprofil aufweisen. Der hier auftretende Anlagefehler wird dadurch ausgeschieden, daß man die Rollen nach einem Einstell-Lehrdorn, der Gewinde trägt, auf den richtigen Abstand einstellt. Die Prüfung der Steigung und der Flankenwinkel mit Lichtspalt ist, wie gesagt, ziemlich wertlos; die beiden Meßgrößen können mit dem Flankendurchmesser gleichzeitig erfaßt werden, wie noch später ausgeführt wird (Abschn. 52 und 53).

Damit ist für die meisten Zwecke die Frage gelöst, ein Bolzengewinde einfach, genügend zuverlässig und schnell zu prüfen. Ein gleichwertiges Gerät für Muttergewinde wird demnächst auf dem Markt erscheinen.

Für die gesonderte Bestimmung der einzelnen Bestimmungsstücke oder Meßgrößen an einem Gewinde wurden im Laufe der Zeit eine große Anzahl verschiedenartiger Meßgeräte entwickelt, von denen heute fast nur noch die optischen Bedeutung haben. Auf diesem Gebiet haben die Firma Zeiß-Jena und ihr Chefkonstrukteur STEINLE das Verdienst, geeignete Instrumente entwickelt und in werkstattbrauchbarer Form auf den Markt gebracht zu haben.

Trotz der Vorzüge der Gewinderollenlehre gibt es auch stets noch Fälle, in denen man einen Gewindelehrring benutzen muß. Dies trifft vor allem bei dünnwandigen Werkstücken zu. Das Messen eines solchen Gewindelehrringes selbst ist nach wie vor schwierig. Hierfür hat BERNDT in mehreren Forschungsarbeiten Verfahren entwickelt und von anderer Seite vorgeschlagene nachgeprüft, um jedes einzelne Bestimmungsstück mit verhältnismäßig hoher Genauigkeit zu messen. Von diesen sei vor allem das Abdruckverfahren mit Kupferamalgam genannt. Es ist allerdings ziemlich zeitraubend und erfordert einige Übung und Sorgfalt.

Für die Prüfung von Sondergewinde, wie z. B. für die Steigungsprüfung an Leitspindeln für Drehbänke und für kegelige Gewinde, sind in Deutschland außer den von den bereits genannten Stellen auch von der Physikalisch-Technischen Reichsanstalt beachtliche Entwicklungsarbeiten geleistet worden.

2 Bestimmungsstücke und Meßgrößen.

Damit der Leser die späteren Ausführungen versteht und in Zweifelsfällen immer wieder nachschlagen kann, sind in diesem Kapitel alle Bestimmungsstücke und Meßgrößen, die an einem Gewinde vorkommen können, zusammengestellt und erläutert. Dies geschieht in Anlehnung an die deutsche Norm DIN 2244, Gewindetoleranzen, Erläuterungen, aber zum Teil ausführlicher und gemeinverständlicher. Die dort benutzten und somit genormten Buchstabenbezeichnungen für die einzelnen Meßgrößen sind ebenfalls angegeben. Da viele der Wortbezeichnungen sehr lang sind, werden statt dessen in den späteren Ausführungen häufig zur Abkürzung *nur die Buchstaben* benutzt. Man kann sich die wichtigsten sehr schnell einprägen, wenn man sich zunächst merkt, daß die Durchmesser für den Bolzen mit Kleinbuchstaben, für die Mutter — also das größere Stück — mit Großbuchstaben bezeichnet sind. Der Außendurchmesser wird stets mit d oder D *ohne* Zeiger (= Index) bezeichnet, der Kerndurchmesser hat bei Bolzen und Mutter den Zeiger $_1$, also d_1 und D_1, der Flankendurchmesser hat den Zeiger $_2$. Alle anderen Meßgrößen und Bestimmungsstücke werden bei Bolzen und Mutter stets mit dem gleichen — großen oder kleinen — Buchstaben bezeichnet.

Man kann alle Bestimmungsstücke am Gewinde in zwei Gruppen einteilen, solche, die immer oder bisweilen für die eindeutige Kennzeichnung der Gewindeart gebraucht werden, und diejenigen, die bei genormten Gewinden im allgemeinen nicht angegeben zu werden brauchen, die aber Gegenstand von Messungen sein können. Wir wollen die erste Gruppe „Bestimmungsstücke" nennen, die zweite „Meßgrößen". Einige Bestimmungsstücke können auch gemessen, andere nur angegeben werden (vgl. Abb. 15).

Bestimmungsstücke:

1. Profil
2. Außendurchmesser d und D
3. Steigung h
4. Gangrichtung
5. Gangzahl z
6. Toleranzfeld

Meßgrößen:

7. Flankenwinkel α, Teilflankenwinkel α_1 und α_2
8. Flankendurchmesser d_2 und D_2
9. Kerndurchmesser d_1 und D_1
10. Abrundung r oder Abflachung im Außen- und Kerndurchmesser
11. Spitzenspiel Sp
12. Höhe t des scharf ausgeschnitten gedachten Profils
13. Gewindetiefe t_1
14. Tragtiefe t_2
15. Teilung T bei mehrgängigem Gewinde
16. Steigungswinkel φ

Die verschiedenen Gewindearten und ihre Bezeichnungsweise nach den deutschen Normen werden am Schluß dieses Kapitels in den Abschnitten 23 und 24 behandelt.

21 Bestimmungsstücke.

211 Profil.

Das Gewindeprofil ist derjenige Linienzug, der entsteht, wenn ein fertiges Gewinde durch eine Ebene geschnitten wird, die durch die Gewindeachse geht. Wie dies gemeint ist, zeigt Abb. 8 am Beispiel eines Gewindebolzens mit metrischem Profil.

Das Nennprofil (theoretisches Profil) ist das Profil eines gedachten Gewindes, dem keinerlei Herstellungsfehler anhaften. Von der Nennprofillinie aus werden die Toleranzen für die einzelnen Bestimmungsstücke und Meßgrößen von Bolzen und Mutter angegeben; sie entspricht also ganz der *Nullinie* bei den Rund- und Flachpassungen. Das Nennprofil wird in den Normen bis heute „theoretisches Profil" genannt, es hat aber weder mit Theorie noch mit Praxis vorwiegend etwas zu schaffen, sondern es gibt einfach die *Nullinie* oder die *Nennmaße* für die Toleranzfelder. Man könnte also auch „Nullprofil" sagen. Das würde aber zu irrigen Auffassungen beim Vergleich mit Zahnprofilen führen. Deshalb sei hier vorgeschlagen, anstatt „theoretisches Profil" nur „Nennprofil" zu sagen. Diese Bezeichnung hat zudem den Vorzug der Kürze.

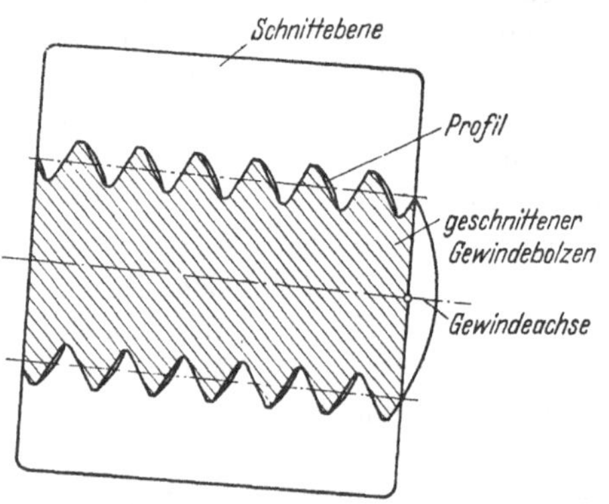

Abb. 8. Achsenschnitt durch einen Gewindebolzen. In der Schnittebene zeigt sich das Profil des Gewindes.

Die Nennprofile für die verschiedenen Gewindearten (s. Abschn. 23) sind durch Normen festgelegt. Muß aus besonderen Gründen ein nicht genormtes Gewindeprofil benutzt werden, so muß man das vollständige Profil mit allen Maßen angeben. Man tut gut daran, sich in einem solchen Falle an ein genormtes Profil anzulehnen, z. B. ein metrisches Gewinde mit verkleinerter, also abweichender Tragtiefe t_2 zu benutzen.

212 Außendurchmeser *d* und *D*.

Der Außendurchmesser d des Bolzens ist der achsensenkrechte Abstand der äußersten Punkte des Gewindes, und zwar des gedachten Gewindes mit Nennprofil oder eines tatsächlich an einem Werkstück vorhandenen Gewindes.

Bei einem Gewinde mit ungerader Gangzahl (1, 3, 5 usw.) liegen keine höchsten Punkte der Gewindekämme einander diametral gegenüber, sondern sie sind beim eingängigen Gewinde um die halbe Steigung $h/2$ gegeneinander versetzt, wie Abb. 9 erkennen läßt. Um den Außendurchmesser zu finden, muß man demnach zuerst Verbindungslinien durch die höchsten Punkte der Gewindekämme legen, und der Abstand dieser Hilfslinien im Achsenschnitt oben und unten voneinander ergibt den Außendurchmesser. Als Meßaufgabe gesehen ist also der

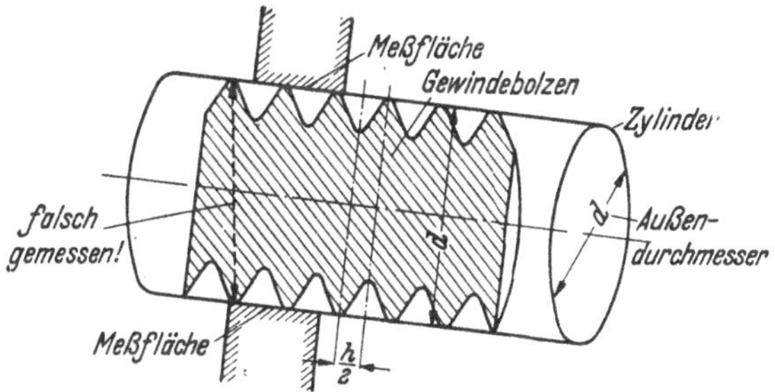

Abb. 9. Begriffsbestimmung und Messung des Außendurchmessers d an einem Gewindebolzen.

Außendurchmesser als der Abstand zweier Meßflächen zu bestimmen, die eben sind und so groß, daß sie mindestens zwei nebeneinanderliegende Gewindekämme gleichzeitig berühren. Nur dann wird wirklich der Außendurchmesser bestimmt und nicht ein (falsches) Maß, das schräg von einem Gewindekamm oben zum versetzten unteren geht (s. Abb. 9).

Statt der oben gegebenen Begriffsbestimmung sagt man daher genauer, wenn auch etwas schwerer verständlich: *Der Außendurchmesser d des Bolzens ist der Durchmesser desjenigen Zylinders, der gerade noch berührend um das Bolzengewinde gelegt werden kann.*

Dementsprechend ist *der Außendurchmesser D der Mutter der achsensenkrechte Abstand der äußersten Punkte oder der Durchmesser desjenigen Zylinders, der durch die äußersten Punkte des Gewindes gelegt gedacht werden kann.*

213 Steigung *h*.

Die Steigung h ist der Weg, den ein Gewinde in der Achsenrichtung zurücklegt, wenn ein Teil, also Bolzen oder Mutter, um genau 360° gedreht wird, während das andere Teil stillsteht.

Die Steigung h ist also auch gleich dem Abstand, den zwei entsprechende Flankenlinien des gleichen Gewindeganges nach einem vollen Umgang, also um 360°, in einer Ebene haben, die durch die Gewindeachse geht, wobei dieser Abstand parallel zur Gewindeachse gemessen wird, wie Abb. 10 zeigt. Unter „entsprechenden“ Flankenlinien ist gemeint, daß jeweils nur Rechts- oder nur Linksflanken zu betrachten sind. Ebenso kann man auch sagen: Die Steigung h ist der achsenparallel gemessene Abstand der Winkelhalbierenden zweier aufeinanderfolgender Gewindelücken oder Gewindekämme des gleichen Gewindeganges.

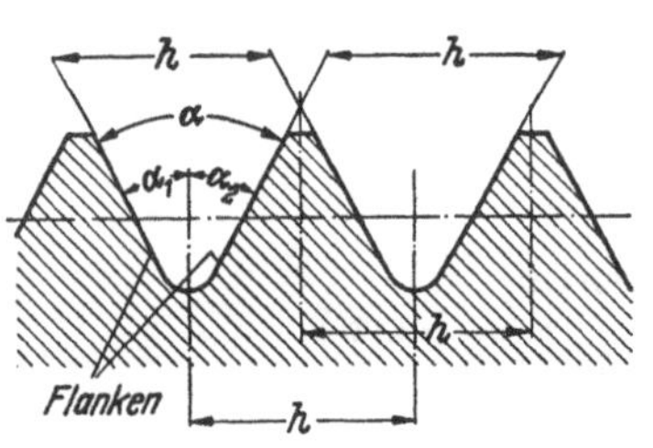

Abb. 10. h Steigung, α Flankenwinkel, α_1 und α_2 Teilflankenwinkel beim eingängigen Gewinde.

Die Einschränkung, daß der „gleiche Gewindegang" betrachtet werden muß, bezieht sich auf mehrgängige Gewinde, bei denen Gewindelücken oder -kämme nebeneinanderliegen, die nicht dem gleichen Gang angehören. Man muß also *einen* Kamm oder *eine* Lücke längs eines Umganges um 360° verfolgen und dann messen, um wieviel er sich dabei in der Achsenrichtung bewegt hat.

214 Gangrichtung.

Als *Rechtsgewinde* werden solche Gewinde bezeichnet, bei denen der *Bolzen* durch eine Drehung im *Uhrzeigersinne hinein*geschraubt wird. Bei einem Rechtsgewinde wird auch die *Mutter* durch eine Drehung im *Uhrzeigersinne auf*geschraubt.

Gewinde, die sich durch eine *Links*drehung, also entgegengesetzt dem Uhrzeigersinne, ein- oder aufschrauben, werden *Linksgewinde* genannt.

215 Gangzahl z.

Besteht ein Gewinde nicht aus einem einzigen fortlaufenden Gewindekamm, sondern z. B. aus zwei Gängen, die am rechtwinklig abgeschnittenen Ende des Bolzens oder der Mutter um 180° versetzt beginnen, so wird ein solches Gewinde *zweigängig* genannt. Entsprechend liegen bei dreigängigem Gewinde die Gewindeanfänge an der Stirnfläche um $360:3 = 120°$ versetzt, bei viergängigem um 90° und so fort.

Bei eingängigem Gewinde sind die Größe und die Einzelabmessungen des Profils nur von der Steigung abhängig, bei einem mehrgängigen wird das Profil entsprechend der Gangzahl kleiner. Hat ein dreigängiges Gewinde 6 mm Steigung, so beträgt, in der Achsenrichtung gemessen, der Abstand „entsprechender" Gewindepunkte 6 mm, der Abstand zweier nebeneinanderliegender Gewindekämme oder -lücken ist aber nur $6:3 = 2$ mm. Ein mehrgängiges Gewinde hat also ein feineres Profil als ein eingängiges mit gleicher Steigung, und zwar um so viel mal feiner, als die Gangzahl beträgt (s. auch Abschn. 226).

Als weiteres für die Bezeichnung eines Gewindes in Betracht kommendes Bestimmungsstück ist in der Aufzählung auf Seite 13 das Toleranzfeld genannt. Worum es sich dabei handelt, ist bereits im Abschnitt 12 und in den Abb. 1 und 2 angedeutet worden. Bevor die

Gewindetoleranzen ausführlicher behandelt werden (Abschn. 5), müssen dem Leser noch weitere Kenntnisse als Voraussetzungen für das Verständnis der Zusammenhänge vermittelt werden.

22 Meßgrößen.

Die nachstehend besprochenen Meßgrößen an einem Gewinde werden zwar bei genormten Profilen nicht für die Bezeichnung eines bestimmten Gewindes gebraucht, sie sind aber darum für Konstruktion, Fertigung und Messen eines Gewindes nicht weniger wichtig.

221 Flankenwinkel α und Teilflankenwinkel α_1 und α_2.

Die Flanke eines Gewindes ist die schraubenförmig verlaufende Fläche, die beim Anziehen oder Lösen des Gewindes mit dem Gegenwerkstück, also zwischen Bolzen und Mutter, zur Anlage kommt. Auf der einen Flanke wird also die Kraft von einem Bauteil auf das andere übertragen, wenn das Gewinde angezogen ist; auf der anderen Flanke gleitet das Gewinde, wenn es gelöst wird. Die erstgenannte Flanke nennt man vorzugsweise die „tragende“.

Bei allen genormten und sonstigen gebräuchlichen Gewinden sind die *Flankenlinien* diejenigen geraden Stücke der Profillinie, welche die beim Anschrauben oder beim Lösen zur Anlage kommenden Gewindeflächen im Schnitt darstellen. Dies gilt vor allem für Gewinde mit stark abgerundetem Profil, wie z. B. das Rundgewinde (Abb. 17), bei dem die tragende Flanke nur sehr schmal ist.

Der Flankenwinkel α ist der Winkel, den im Achsenschnitt, also am Profil gemessen, die Flanken einer Lücke miteinander bilden (s. Abb. 10). Bei den meisten Gewinden soll die Winkelhalbierende des Flankenwinkels α senkrecht zur Gewindeachse stehen, wie z. B. beim metrischen, beim Whitworth- und beim Trapezgewinde; beim Sägengewinde (Abb. 12) dagegen nicht. Es könnte aber auch vorkommen, daß bei der Fertigung eines Gewindes das Werkzeug zwar genau den Flankenwinkel α hat, dieser aber schief zur Gewindeachse liegt, weil das Werkzeug nicht richtig eingestellt war. Obwohl dann der Flankenwinkel α richtig ist, liegen die Flanken doch nicht so, wie sie sollen, und das wäre für die Kraftübertragung und die Tragfähigkeit des Gewindes sehr nachteilig. Deshalb hat die Größe des Flankenwinkels α selbst nur geringe Bedeutung. Er wird gebildet von einer „tragenden“ und einer „nichttragenden“ Flanke. Wichtiger ist offenbar, den Winkel zu betrachten, den die tragende Flanke mit einer Senkrechten auf der Gewindeachse bildet. Dies ist bei symmetrischen Profilen der halbe Flankenwinkel, bei unsymmetrischen (z. B. Sägengewinde) ein anderer *Teil* des ganzen Flankenwinkels α. Deshalb nennt man diesen Winkel den *Teil*flankenwinkel.

Der Teilflankenwinkel α_1 oder α_2 *ist der Winkel, den die Flankenlinie mit einer auf der Gewindeachse errichteten Senkrechten bildet.* Bei einem symmetrischen Profil sind also die Teilflankenwinkel einander gleich und gleich der Hälfte des Flankenwinkels α:

$$\alpha_1 = \alpha_2 = \frac{\alpha}{2}.$$

In jedem Falle ist die Summe der Teilflankenwinkel gleich dem Flankenwinkel:

$$\alpha_1 + \alpha_2 = \alpha.$$

222 Flankendurchmesser d_2 und D_2.

Der Flankendurchmesser ist der achsensenkrechte Abstand zweier einander diametral gegenüberliegender Flanken.

Dieser Satz wird schnell verständlich, wenn man Abb. 11 betrachtet. In der Tat liegen bei einem eingängigen Gewinde mit symmetrischem Profil zwei parallele Flankenlinien einander gegenüber, so daß also nicht, wie beim Außendurchmesser, erst noch Hilfslinien gezogen werden müssen, ehe man zu dem gewünschten Maß gelangt. Im Gegenteil, der Flankendurchmesser ist bei einem derartigen Gewinde an allen Stellen des geraden Flankenlinienstückes vorhanden und meßbar. Man braucht nur immer genau rechtwinklig zur Gewindeachse zu messen.

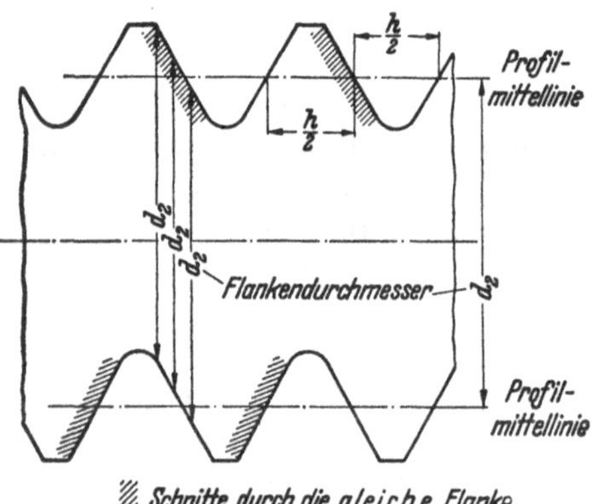

Abb. 11. Begriffsfestlegung des Flankendurchmessers d_2 als diametraler Abstand der Flanken oder Abstand der Profilmittellinien.

Die Abbildung zeigt aber, daß zwei Flankenlinien miteinander in Beziehung gebracht werden, die verschiedenen Flanken angehören; die eine ist die tragende, die andere die nichttragende Flanke, oder anders ausgedrückt: die eine ist eine Rechts-, die andere eine Linksflanke.

Dies wird sofort deutlich, wenn wir statt des symmetrischen Profils ein Sägengewinde betrachten, wie es Abb. 12 zeigt, und hier den Flankendurchmesser nach der oben gegebenen Umschreibung zu bestimmen suchen. Dies gelingt so nicht, weil die Flankenlinien, an denen wir den Flankendurchmesser messen wollen, nicht parallel zueinander verlaufen. Ein ähnlicher Fall könnte auch an einem Gewinde auftreten, dessen Nennprofil zwar symmetrisch ist, bei dem aber infolge eines Fertigungsfehlers die beiden Teilflankenwinkel α_1 und α_2 nicht einander gleich ausgefallen sind. Man hätte dann Schwierigkeiten, den Flankendurchmesser eindeutig zu beschreiben oder zu messen. Die oben gegebene Begriffsumschreibung muß also ergänzt werden.

Man kann durch die Flankenlinien des Profilbildes eine Mittellinie ziehen derart, daß auf ihr die Abschnitte im Gewindekamm und in der Lücke gleich groß sind, nämlich $= h/2$. Die Abstände dieser Mittellinien — oben und unten — geben dann den Flankendurchmesser d_2. Die Mittellinien stellen in Abb. 11 einen gedachten Zylinder dar. Somit ergibt sich folgende allgemeinere Begriffsbestimmung:

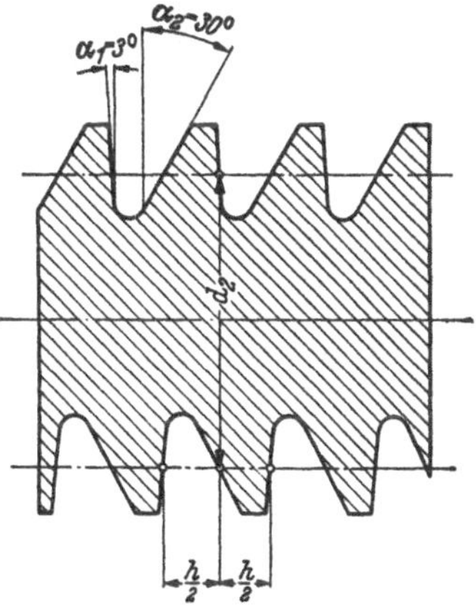

Abb. 12. An einem unsymmetrischen Gewinde (Sägengewinde) kann der Flankendurchmesser d_2 nur als der Durchmesser des Zylinders beschrieben werden, auf dem Gewindegang und Gewindelücke gleich breit sind, und dessen Achse mit der Gewindeachse zusammenfällt.

Der Flankendurchmesser d_2 oder D_2 ist der Durchmesser des Zylinders, dessen Achse mit der Gewindeachse zusammenfällt und auf dem Gewindegang und -lücke gleich breit sind (s. Abb. 11 und 12).

Diese Festlegung ist zwar schwerer verständlich und auch meßtechnisch schwerer zu befolgen als die erste, sie ist aber genauer und für alle Arten von Gewinde zutreffend.

Man kann ihr auch noch auf eine andere Weise näherkommen. Denkt man sich einmal ein gegebenes Gewindeprofil scharf ausgeschnitten, also ohne Abflachung oder Abrundung im Außen- und Kerndurchmesser, so wie in Abb. 13 dünn gezeichnet, so ist der Flankendurchmesser der Mittelwert zwischen Außen- und Kerndurchmesser dieses scharf ausgeschnittenen Profils. Er ist nicht gleich dem arithmetischen Mittelwert aus dem Außendurchmesser d und dem Kerndurchmesser d_1, sobald die Abrundungen oder Abflachungen außen und am Kern nicht gleich groß sind.

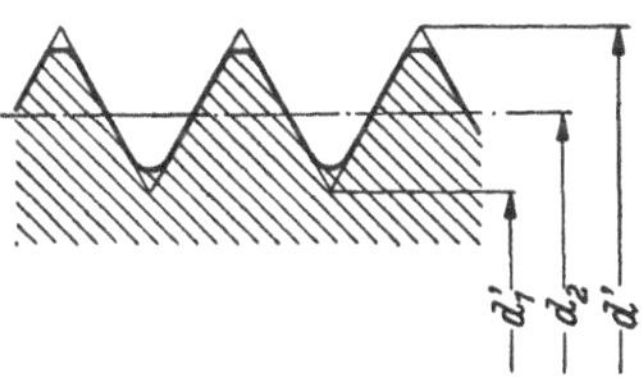

Abb. 13. Flankendurchmesser d_2 als mittlerer Durchmesser des scharf ausgeschnitten gedachten Profiles. $d_2 = \frac{d' + d_1'}{2}$

Da ein scharf ausgeschnittenes Gewinde nicht herstellbar, sondern nur denkbar ist, hat diese Begriffsumschreibung nur den Wert, die geometrischen Zusammenhänge anschaulicher zu machen.

Eine Unklarheit ergibt sich noch, wenn man ein mehrgängiges Gewinde betrachtet. In Abb. 14 ist auf einem Bolzen von einem zweigängigen Gewinde zuerst nur der erste Gang eingeschnitten. Der Schneidstahl für den zweiten hat gerade begonnen zu arbeiten. Wenn man die obigen Begriffsfestlegungen auf den ersten, fertigen Gang anwendet, so kommt der Flankendurchmesser außerhalb des fertigen Gewindes zu liegen, genau genommen beim zweigängigen Gewinde auf den Außendurchmesser des scharf ausgeschnitten gedachten Profils. Bei einem mehr als zweigängigen liegt er ganz außerhalb des fertigen Bolzens. Bei der Mutter dagegen liegt er stets *innerhalb* des Kerndurchmessers. Außerdem stellen wir an der Abb. 14 fest, daß bei gerader Gangzahl die Lücken einander gegenüber liegen, daß es also keine diametral gegenüberliegenden Flanken mehr gibt. Die zuerst gegebene Begriffsumschreibung ist also nur anwendbar, wenn man sich die Flankenlinien geradlinig verlängert denkt.

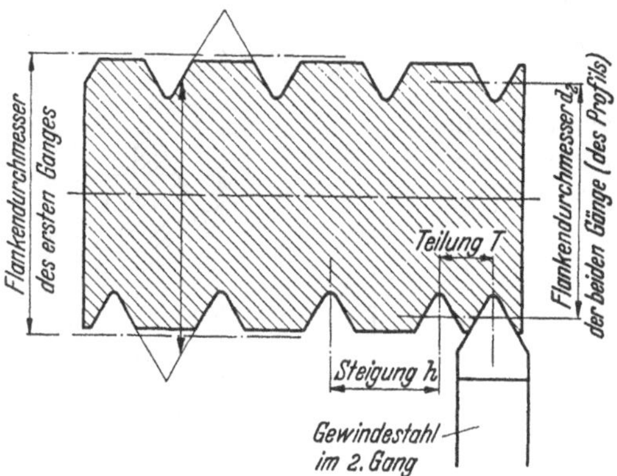

Abb. 14. Bestimmung des Flankendurchmessers bei einem zweigängigen Gewinde. Er ist gegeben durch die Mittellinie des Profiles, bezieht sich also auf alle (hier $n = 2$) Gänge.

Es wäre aber begrifflich und geometrisch verwirrend, wenn Bolzen und Mutter bei mehrgängigem Gewinde ganz verschiedene Flankendurchmesser haben müßten, und dies wäre der Fall, wenn man sich auf Flanken des *gleichen* Ganges bezöge. Die zweite Fassung einer Begriffsumschreibung dagegen paßt sehr gut, wenn man den Flankendurchmesser so festlegt, daß man durch die Gewindeachse eine Schnittebene legt, damit das Profilbild bekommt und durch dieses eine Mittellinie — entsprechend einem gleichachsigen Zylinder — legt. Damit bekommen wir für mehrgängige Gewinde nach der zweiten Fassung einen begrifflich und meßtechnisch brauchbaren Flankendurchmesser, der für Bolzen und Mutter gleich groß ist.

Es ist aber möglich, daß bei einem Werkstückgewinde die Gänge verschieden tief geschnitten sind, und wir bekämen dann für jeden der 2, 3 oder mehr Gänge einen anderen Flankendurchmesser, während beim Nennprofil natürlich der Flankendurchmesser überall gleich groß ist. Auf diesen Umstand muß man beim Messen mehrgängiger Gewinde achten.

223 Kerndurchmesser d_1 und D_1.

Der Kerndurchmesser d_1 oder D_1 ist der achsensenkrecht gemessene Abstand der innersten Punkte des Gewindes oder der Durchmesser des durch diese Punkte gelegt gedachten Zylinders.

Auch hier liegen bei ungerader Gangzahl keine Meßpunkte einander gegenüber, also beim Bolzen die Rundungen in der Tiefe der Lücke, bei der Mutter die Gewindekämme. Deshalb muß man entsprechend wie beim Außendurchmesser zuerst eine Verbindungslinie durch die tiefsten Punkte legen. Meßtechnisch bedeutet dies bei der Mutter, daß die Meßflächen zylindrisch und mindestens so lang sein müssen, daß sie zwei nebeneinanderliegende Gewindekämme berühren. Das Meßgerät für den Bolzen erhält auf der einen Seite eine Schneide, auf der andern Seite deren zwei, die um die Steigung voneinander entfernt liegen (s. Abb. 129).

224 Rundung *r*, Abflachung *a*, Spitzenspiel *Sp*.

Die Nennprofile aller genormten Gewinde sind im Außen- und Kerndurchmesser gerundet oder abgeflacht. Ein Gewinde mit schneidenartigen Gewindegängen würde zu empfindlich gegen Beschädigung sein. Eine scharf ausgeschnittene Gewinderille, also im Kern des Bolzens und im Außendurchmesser der Mutter, würde eine scharfe Spitze am Werkzeug nötig machen, die beim Bearbeiten sofort stumpf wird; außerdem würde ein Gewinde mit so scharfen Kerben eine sehr geringe Wechselfestigkeit haben und auch bei ruhender, gleichbleibender Belastung infolge der Verkleinerung des Kernquerschnittes eine geringere Tragfähigkeit besitzen als ein solches mit ausgerundeter Gewinderille.

An den Durchmessern d_1 und D_1 wird das Nennprofil des metrischen Gewindes gerundet gezeichnet, an den Durchmessern d und D abgeflacht. Infolge der Auswirkung der Toleranz entsteht bei der Mutter (D) eine mehr oder weniger große Rundung. An den Durchmessern d und D_1 entsteht eine Abflachung, wenn das Gewinde auf einen gedrehten Bolzen oder in eine gebohrte Mutter geschnitten, also spanabhebend hergestellt wird und das Gewindewerkzeug diese Durchmesser nicht berührt, also dort freigearbeitet ist. Es entsteht dann bei weichen Werkstoffen an dieser Stelle oft eine Aufwulstung. Bei spanloser Herstellung des Gewindes entsteht meist anstelle der Abflachung eine Rundung, weil das Werkzeug nicht gut mit eckigem Profil hergestellt werden kann.

Im Kapitel 3 wird noch ausführlicher dargelegt werden, daß die Kraft möglichst nur von den Flanken übertragen werden soll, also von demjenigen Teil der Schraubenfläche, der sich im Profil als das gerade Stück der Flankenlinie darstellt. Wenn es — bei Ausnutzung des Toleranzfeldes für das Profil — vorkommen könnte, daß die beiden Gewindeteile sich nur im Außen- oder im Kerndurchmesser, also mit der Gewindespitze und in der Tiefe der Lücke, berühren, so würde ein solches Gewinde abweichend von den Annahmen für die Berechnung übermäßig beansprucht werden. Die Folge wäre, daß unter der Wirkung der Last die tragenden Spitzen verformt werden. Solange das Gewinde noch nicht belastet war, wäre es vielleicht „zügig" gegangen, aber bereits nach einmaligem Anziehen würden die Gewindeteile aufeinander wackeln. Das schadet zwar nichts, aber man wüßte immer noch nicht sicher, ob sie dann wirklich auf den Flanken tragen. Um die Überbeanspruchung und die Unsicherheit der Kraftübertragung zu vermeiden, erhält jedes Gewinde ein Spitzenspiel.

Das Spitzenspiel ist im Außendurchmesser der Unterschied zwischen dem Außendurchmesser der Mutter und dem des Bolzens, im Kerndurchmesser ist es der Unterschied zwischen den Kerndurchmessern der Mutter und des Bolzens.

Es wird entweder bei der Konstruktion des Gewindes vorgesehen, indem das Nennprofil der Mutter im Außen- und Kerndurchmesser größer gemacht wird als beim Bolzen; oder das Spitzenspiel wird herbeigeführt, indem die Toleranzfelder bei Bolzen und Mutter dementsprechend gelegt werden, so daß in jedem Falle mindestens ein Kleinstspiel vorhanden ist. Beim metrischen Profil ist zwar am Außendurchmesser durch die Lage der Toleranzfelder kein Kleinstspiel gegeben, dieses entsteht aber bei der Fertigung und Benutzung einwandfreier Lehren von selbst.

Will man die Beziehung durch Gleichungen ausdrücken, so muß man sagen, daß das Mindestspitzenspiel $Sp_{\min}$ beträgt:

$$\text{Außen: } Sp_{\min} = D_{\min} - d_{\max}$$
$$\text{Kern: } Sp_{\min} = D_{1\min} - d_{1\max}.$$

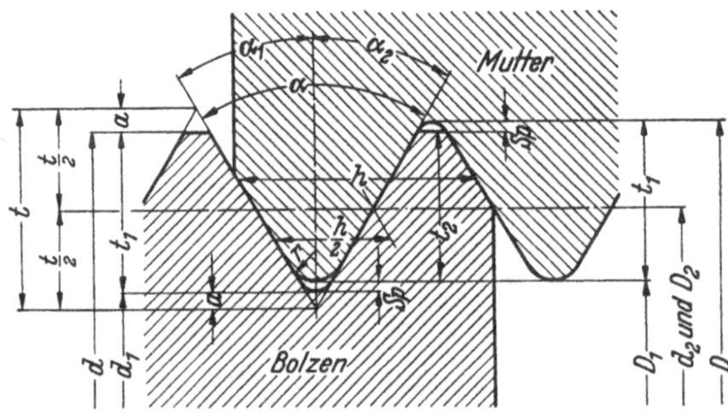

Abb. 15. Bestimmungsstücke und Meßgrößen eines Gewindes.

Beispiel: Eingängiges metrisches Gewinde nach DIN 13.

d Außendurchmesser des Bolzens
D Außendurchmesser der Mutter
d_1 Kerndurchmesser des Bolzens
D_1 Kerndurchmesser der Mutter
d_2 Flankendurchmesser des Bolzens
D_2 Flankendurchmesser der Mutter
h Steigung
α Flankenwinkel
α_1 Teilflankenwinkel der linken Flanke des Bolzens und der rechten Flanke der Mutter

α_2 Teilflankenwinkel der rechten Flanke des Bolzens und der linken Flanke der Mutter

t Profilhöhe $= \frac{h}{\operatorname{tg}\alpha_1 + \operatorname{tg}\alpha_2}$ für symmetrisches Profil $t = \frac{h}{2} \cdot \operatorname{ctg} \frac{\alpha}{2}$

t_1 = Gewindetiefe: Bolzen $t_1 = \frac{d - d_1}{2}$, Mutter $t_1 = \frac{D - D_1}{2}$

t_2 = Tragtiefe oder Überdeckung $= \frac{d - D_1}{2}$

Sp = Spitzenspiel: außen $Sp = D - d$, Kern $Sp = D_1 - d_1$

Beim *metrischen Gewinde* nach DIN ist $\alpha = 60°$ und $\alpha_1 = \alpha_2 = \frac{\alpha}{2} = 30°$. Das Nennprofil wird außen eckig, innen abgerundet gezeichnet, und ohne Spitzenspiel; dieses wird durch entsprechende Lage der Toleranzfelder für Außen- und Kerndurchmesser herbeigeführt. Die Abflachung außen und die Rundung am Kern sind $\frac{t}{8}$. In der Abbildung ist zur Verdeutlichung ein Spitzenspiel eingezeichnet. Für das metrische Gewinde ergeben sich nach Vorstehendem außerdem folgende Beziehungen:

$d = D$ (Nennmaße)
$d_1 = D_1$ (Nennmaße) $= d - 2 \cdot t_1 = d - 1{,}2990 \cdot h$
$d_2 = D_2$ (Nennmaße) $= d - 0{,}75 \cdot t = t - 0{,}6495 \cdot h$
$t = 0{,}8660 \cdot h$
$t_1 = t_2 = 0{,}75 \cdot t = 0{,}6495 \cdot h$
$a = \frac{t}{8}$.

225 Profilhöhe t, Gewindetiefe t_1, Tragtiefe t_2.

Die Höhenmaße an der Profillinie sind in der Abb. 15 eingetragen, die auch eine Zusammenstellung aller bisher besprochenen Bestimmungsstücke und Meßgrößen enthält. Als Beispiel ist das metrische Gewinde nach DIN 13 gewählt. Die Unterschrift zur Abbildung gibt auch eine Zusammenstellung dieser Bestimmungsstücke und ihrer geometrischen Beziehungen zueinander.

Die Profilhöhe oder kurz Höhe t ist die Höhe des scharf ausgeschnitten gedachten Profiles. Sie wird auch *Dreieckshöhe* genannt.

Allgemein, d. h. für ein unsymmetrisches Profil, ist:

$$t = \frac{h}{\operatorname{tg}\alpha_1 + \operatorname{tg}\alpha_2}.$$

Daraus ergibt sich für das symmetrische Profil, bei dem $\alpha_1 = \alpha_2 = \alpha/2$ ist:

$$t = \frac{h}{2} \cdot \operatorname{ctg} \frac{\alpha}{2}.$$

Die Mittellinie durch das scharf ausgeschnitten gedachte Profil, die bei der begrifflichen Festlegung und bei der Konstruktion des Flankendurchmessers benutzt wurde, liegt also bei $t/2$. Die Höhe t hat nur geometrische, aber keine praktische Bedeutung.

Die Gewindetiefe t_1 ist die Tiefe der Gewinderillen am Nennprofil. Am tatsächlich ausgeführten Werkstück spricht man von der *tatsäch-*

lichen Gewindetiefe, im Gegensatz zu der des Nennprofils. Es ist also:

Bolzen: $$t_1 = \frac{d - d_1}{2},$$

Mutter: $$t_1 = \frac{D - D_1}{2}.$$

Wenn das Spitzenspiel außen und im Kern gleich groß ist, dann ist die Gewindetiefe für Bolzen und Mutter ebenfalls gleich.

Die Gewindetiefe hat fertigungstechnische Bedeutung: Sie ist der Betrag, um den beim Gewindeschneiden auf der Leitspindeldrehbank der Stahl in radialer Richtung, also senkrecht zur Gewindeachse gemessen, zugestellt werden muß.

Die Tragtiefe t_2 ist, in radialer Richtung gemessen, die Länge, auf der sich die Gewindeflanken von Bolzen und Mutter berühren. Sie gibt also den Betrag an, um den sich die Gewindegänge von Bolzen und Mutter „überdecken", und wird daher auch *Überdeckung* genannt,

$$t_2 = \frac{d - D_1}{2}.$$

Die Tragtiefe ist für die Festigkeit der Gewindeverbindung von Bedeutung. Entscheidend ist die kleinste Tragtiefe, die sich bei ungünstigem Ausnutzen der Toleranzen ergibt.

226 Teilung *T*.

Die Teilung T bei mehrgängigen Gewinden ist der parallel zur Achse gemessene Abstand zweier gleichgerichteter Flanken, die benachbarten Gewindegängen angehören. Da die Gangzahl mit z und die Steigung mit h bezeichnet wurde, ist

$$T = \frac{h}{z}.$$

Dies ist der Betrag, um den der Stahl verstellt werden muß, wenn beim Gewindeschneiden auf der Leitspindeldrehbank nach Fertigstellung des einen Ganges der nächste geschnitten werden soll (s. Abb. 14).

227 Steigungswinkel φ.

Der Steigungswinkel φ ist der Winkel, den die Gewindegänge mit einer Ebene bilden, die senkrecht auf der Gewindeachse steht.

Dies ist leichter zu verstehen, wenn man sich die Schraubenlinie von dem Gewindebolzen abgewickelt denkt. Man kann dazu einen einfachen Versuch machen: Man rollt einen von Anfang bis Ende mit Gewinde versehenen Bolzen auf einem Blatt Papier ab, das auf einer weichen Unterlage liegt, und zwar so, daß sich das eine Ende des Bolzens längs eines geraden Bleistiftstriches bewegt, wie Abb. 16 zeigt. Dann drücken die scharfen Gewindegänge sich in schrägen Linien auf dem Blatt ab, die unter sich parallel sind. Die Neigung dieser Linien gegen die Bewegungsrichtung des Bolzens, also gegen den Bleistiftstrich, ist der Steigungswinkel φ. Wenn der Bolzen genau einmal um 360° herumgerollt ist, hat sich sein Umfang $d \cdot \pi$ auf dem Papierstreifen abgewickelt;

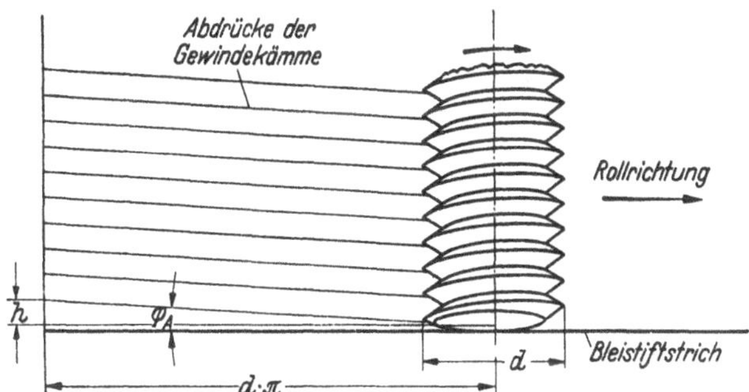

Abb. 16. Ermittlung des *Steigungswinkels* am Außendurchmesser φ_A durch Abrollen eines Gewindebolzens auf einer Ebene. Er ergibt sich als Neigung der Abrollinien zur Rollrichtung.

dann haben die Gewindegänge in axialer Richtung den Weg h zurückgelegt. Der Steigungswinkel, bezogen auf den Außendurchmesser, ergibt sich also:

$$\operatorname{tg} \varphi_A = \frac{h}{d \cdot \pi}.$$

Würde man entsprechend den Kerndurchmesser des Gewindes abrollen können, so ergäbe sich:

$$\operatorname{tg} \varphi_K = \frac{h}{d_1 \cdot \pi}.$$

Da d_1 kleiner ist als d, so ist der Tangens des Steigungswinkels im Kern größer als am Außendurchmesser, folglich ist auch der Steigungswinkel größer. Ein Gewinde hat also verschiedene Steigungswinkel, je nachdem welchen Durchmesser man in Betracht zieht. Im allgemeinen wird der Steigungswinkel auf einen mittleren Durchmesser, das ist der Flankendurchmesser, bezogen, so daß ist:

$$\operatorname{tg} \varphi = \frac{h}{d_2 \cdot \pi} = \frac{h}{D_2 \cdot \pi}.$$

Die Größe des Steigungswinkels wird bei der Berechnung der Reibungsverhältnisse am Gewinde gebraucht.

23 Gewindearten.

Für die verschiedenen Bedürfnisse der Technik sind Gewindeprofile der mannigfachsten Gestalt genormt. Die zur Zeit in Deutschland gebräuchlichen Gewinde sind in den Tafeln des Abschnittes 8 aufgeführt. Weitere finden sich in KLINGELNBERG, Technisches Hilfsbuch, 12. Aufl.

Profile einiger gebräuchlicher Gewinde nebst Bezeichnungsbeispielen.

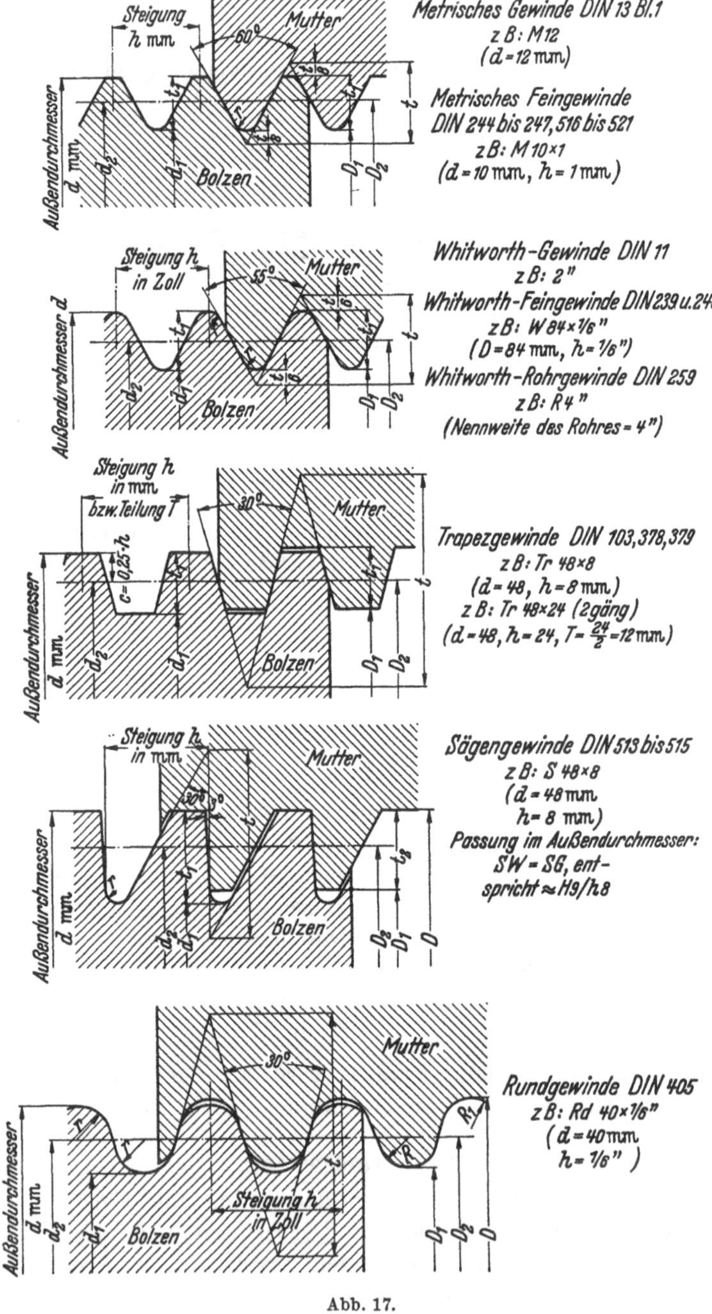

Abb. 17.

Weitaus am häufigsten wird eingängiges Rechtsgewinde benutzt. Jedes Profil läßt sich auch linksgängig und mehrgängig herstellen. Dem Profil nach lassen sich die Gewindearten in die folgenden Gruppen einteilen. Von den ersten 4 Arten zeigt Abb. 17 Beispiele.

1. Gewinde mit einem Flankenwinkel zwischen 47° 30′ und 80° und einer Abflachung oder Rundung von $t/10$ bis $t/6$ werden zusammenfassend auch Spitzgewinde genannt. Von diesen ist in Deutschland

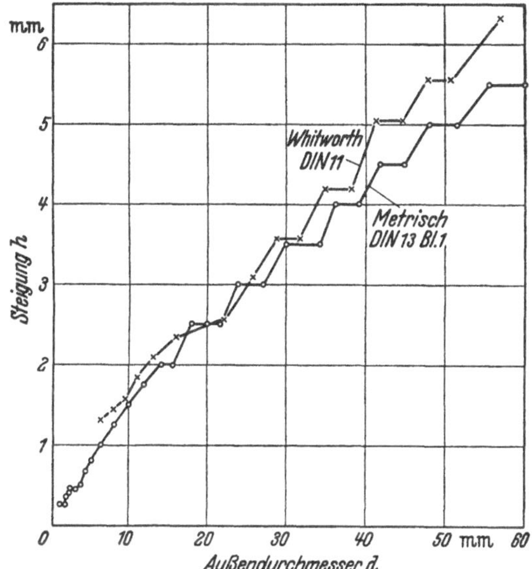

Abb. 18. Zuordnung der Steigungen zu den Außendurchmessern beim metrischen und beim Whitworth-Gewinde.

das metrische mit $\alpha = 60°$ und $a = r = t/8$ und das Whitworth-Gewinde mit $\alpha = 55°$ und einer Abrundung von $t/6$ gebräuchlich. Neben dem sogenannten Regelgewinde, das in der *Regel* benutzt wird, gibt es eine große Anzahl von metrischen und Whitworth-Feingewinden, bei denen dem gleichen Durchmesser feinere Steigungen zugeordnet sind. Zu diesen gehört auch das Whitworth-Rohrgewinde.

Die Spitzgewinde haben verhältnismäßig kleine Steigungswinkel, also große Übersetzung, und infolge des großen Teilflankenwinkels hohe Reibung. Deswegen neigen sie weniger dazu, sich selbst zu lösen, als „flachere" (α kleiner) und steilgängigere Gewinde. Ein Spitzgewinde ist daher vorzüglich geeignet, um etwas „festzuschrauben", weniger dagegen, um etwas zu bewegen, dieses nur, wenn kleine Wege in der Achsenrichtung zurückgelegt werden sollen, d. h. wenn eine große Wegübersetzung erwünscht ist, wie bei Stellschrauben, Meßspindeln. Fast alle Schrauben und Muttern haben Spitzgewinde. Die Steigungen der

Whitworth-Gewinde sind durchweg etwas größer als beim metrischen Gewinde, wie das Schaubild der Abb. 18 erkennen läßt.

2. Gewinde mit einem Flankenwinkel α von etwa 30° werden Trapezgewinde genannt. Das Profil ist stark abgeflacht. Die Gewinde haben meist größere Steigungswinkel als Spitzgewinde und werden auch häufig mehrgängig ausgeführt. Die Reibung ist etwas geringer.

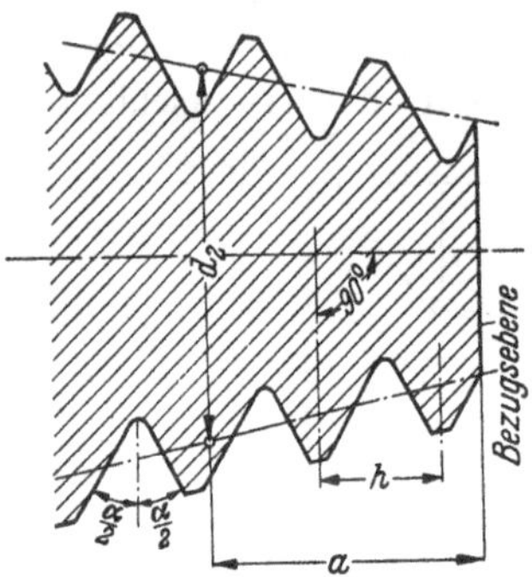

Abb. 19. Amerikanisches kegeliges Rohrgewinde. Gänge senkrecht zur Achse geschnitten. Steigung parallel zur Achse gemessen. Gegenüberliegende Flanken sind parallel. Der eingezeichnete Flankendurchmesser d_2 im Abstande a von der Bezugsebene kann nicht in der Zeichenebene gemessen werden, sondern verdreht dazu.

Trapezgewinde eignet sich deswegen vornehmlich für die Übertragung und Umlenkung einer *Bewegung* und zur Erzeugung großer Kräfte. Es wird benutzt z. B. bei Pressen und bei Leit- und Verstellspindeln.

3. Wenn ein Gewinde nur in einer Richtung wirken soll und wenn es gleichzeitig auf äußerste Herabsetzung der Reibungsverluste ankommt, ist das Sägengewinde geeignet, bei dem in der deutschen Norm der tragende Teilflankenwinkel $\alpha_1 = 3°$, der nichttragende $\alpha_2 = 30°$ ist.

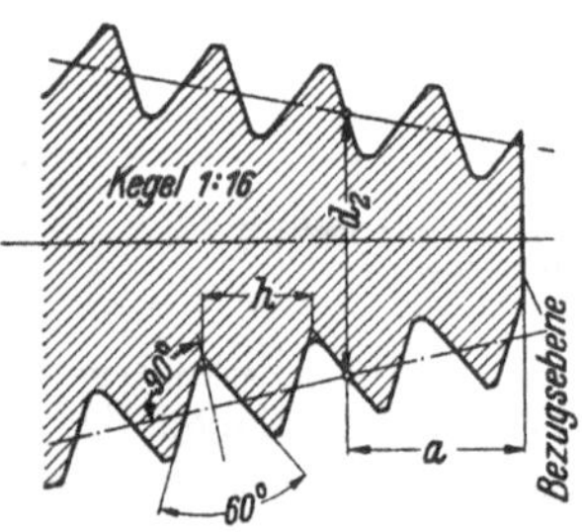

Abb. 20. Englisches kegeliges Rohrgewinde. Gänge senkrecht zur Neigung geschnitten, daher gegenüberliegende Flanken unparallel. Flankendurchmesser d_2 durch Profilmittellinie und Abstand a festgelegt.

4. Das Profil der verschiedenartigen Rundgewinde ist sehr stark abgerundet. Seine Benutzung ist vor allem angebracht, wenn die Verbindung auch in verschmutztem Zustande leicht herstellbar und lösbar sein soll, wie bei Feuerwehrschläuchen, sowie mit Rücksicht auf das Fertigungsverfahren, wie bei Glühlampen. Ein Gewinde, das aus Blech gedrückt oder aus Glas oder Kunststoffen gegossen oder gespritzt werden soll, wird meist als Rundgewinde ausgeführt, bei einem Werkstoff also, der keine scharfen Ecken ausfüllt oder an scharfen Kanten leicht ausbricht. Infolge der starken Rundung verbleibt nur eine schmale tragende Flanke, und ein Rundgewinde ist deshalb weniger geeignet, wenn große Kräfte zu übertragen sind und die Verbindung häufig bewegt werden soll. Deshalb hat man beim Wasserhahn auch das früher übliche Rundgewinde vielfach wieder verlassen.

5. Kegelige Gewinde werden benutzt, wenn eine Gewindeverbindung ohne langes Schrauben leicht und schnell herstellbar und

wieder lösbar sein, sich dabei aber sehr fest ziehen lassen soll. Kegelgewinde wird daher bei Ölleitungen, im Installationsgewerbe, aber auch für Gebrauchsartikel, wie Dosen für Lebensmittel vielfach benutzt.

Die genormten Kegelgewinde für Rohöl-Fernleitungen unterscheiden sich in England und den Vereinigten Staaten durch die Lage des Flankenwinkels. Bei der amerikanischen Ausführung steht die Winkelhalbierende senkrecht auf der Gewindeachse, bei der englischen dagegen senkrecht auf der Kegelmantellinie. Die Abbildungen 19 und 20 lassen diesen Unterschied erkennen.

Beim Kegelgewinde liegen die Profilmittellinien (Flankendurchmesser) gemäß Abschn. 222 auf einem Kegel, folglich kann der Flankendurchmesser nur für eine bestimmte Ebene, die senkrecht auf der Gewindeachse steht, angegeben werden; der Abstand dieser Ebene von einem Bezugspunkt oder einer Bezugsfläche, z. B. vom Ende des Gewindes aus, muß maßlich festgelegt sein.

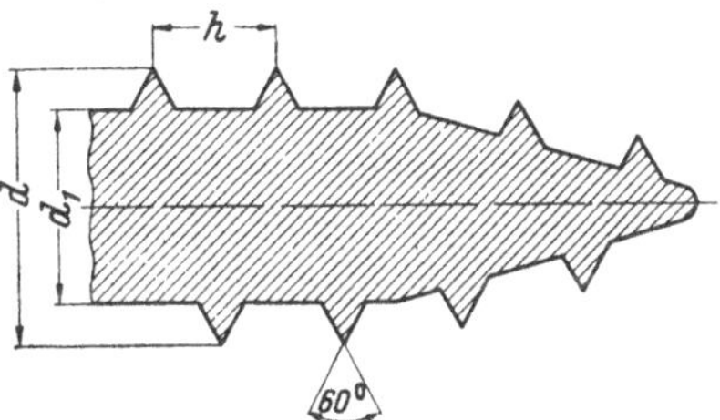

Abb. 21. Profil der Holzschraube. Kennzeichnend: kegeliger Anfang, große Steigung, scharfkantige, schmale Gänge.

6. Ein Holzschraubengewinde muß so konstruiert sein, daß die Schraube sich in dem plastischen Gegenwerkstoff (Holz) ihr Gewinde selbst formt, ohne viel Kraft zum Einschrauben zu erfordern. Das Gewinde wird also am Gewindeanfang kegelig ausgeführt, die Gewindekämme selbst werden schmal und scharfkantig gemacht, so daß sie sich gut einschneiden (Abb. 21); die Lücken werden also breit. Daß der Kamm an der Wurzel verhältnismäßig dünn wird und infolgedessen weniger Kraft übertragen kann als der eines Metallgewindes, schadet nichts, im Gegenteil: Dadurch wird gerade das richtige Verhältnis der Querschnitte im Holz und in dem härteren Schraubenwerkstoff hergestellt. Der Gewindekamm an dem beim Einschrauben erzeugten Muttergewinde im Holz ist viel breiter, so daß er — roh angenähert — ebensoviel trägt wie derjenige der Schraube.

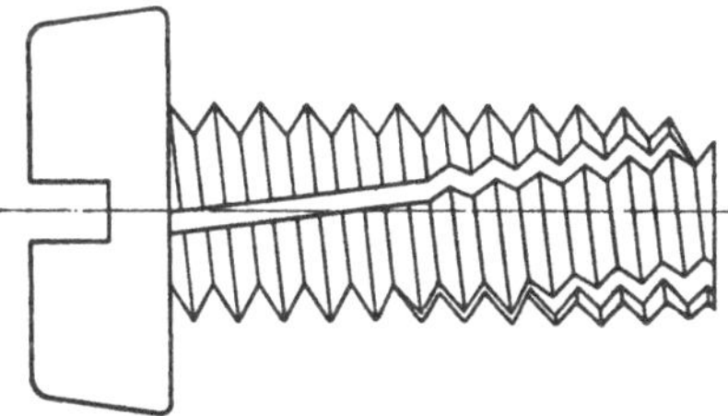
Abb. 22. Gewinde-Schneidschraube nach DIN 7513. Größen: von *M* 2,6 bis *M* 8, Länge von 6 bis 40 mm. Ausführung: gehärtet.' Der Kernlochdurchmesser wird um 0,3 bis 0,6 mm kleiner als das Nennmaß des Gewindes gebohrt, Toleranzfeld für das Kernloch: *H* 11.

7. Selbstschneidende Schrauben nach Abb. 22 und DIN 7513 werden als Befestigungsschrauben in weichen Werkstoffen, Metallen und auch weichem Stahl benutzt. Die Schraube ist gehärtet und hat Spannuten wie ein Gewindebohrer. Sie schneidet sich ihr Gewinde

selbst in das vorgebohrte, gestanzte oder gezogene Kernloch. Man spart also die Arbeitszeit für das Gewindeschneiden. Da das Muttergewinde von jeder Schraube selbst geschnitten wird, paßt es gut und die Schraube sitzt fest.

Schwerdtfeger hat für das Einziehen von Schneidschrauben folgende Werkstattregeln aufgestellt[1]:

a) Die Vorbohrung soll etwa so groß sein, daß der Verlust an Tragtiefe etwa 40% oder etwas mehr beträgt. Unter Berücksichtigung des Größerbohrens innerhalb der Toleranz IT 11 ergeben sich hieraus folgende Spiralbohrer-Durchmesser:

für Schneidschraube . . .	M 3	M 4	M 5	M 6	M 8	M 10
Kernlochbohrer mm . . .	2,6	3,45	4,35	5,2	7,0	8,8

b) Sacklöcher sind um mindestens ein Drittel der Einschraublänge tiefer zu bohren, damit die Späne Platz finden, die durch die schraubigen Schneidnuten in die Bohrung hineingeschoben werden.

c) Lochkanten scharf lassen, damit Anschneidkraft in Längsrichtung klein bleibt.

d) Werkzeuge: bis M 6 gewöhnliche Schraubenzieher mit grifftechnisch günstigem Handgriff, gegebenenfalls mit Sechskanteinsatz. Über M 6 Schraubenzieher mit genügend langem Hilfshebel oder Kraftschrauber. Gewöhnliche Schraubenschlüssel sind ungeeignet.

5. Schneidschrauben möglichst vor dem Einschrauben in Öl tauchen.

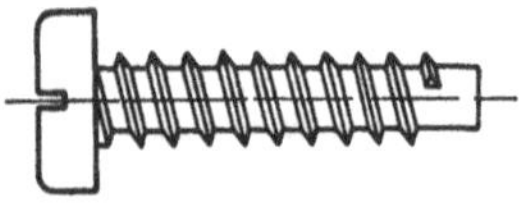

Abb. 23. Gewindeschneidende Schraube. Zylinder-Blechschraube nach DIN 7510. Ausführung: gehärtet. Geeignet z. B. M 6 für Blech bis 3,5 mm dick. Die Schraube wird in das gebohrte oder gestanzte Loch eingeschraubt und schneidet sich ihr Gewinde selbst.

Eine andere Art von Schrauben zum Eindrehen in dünnes Blech zeigt Abb. 23 (DIN 7507 bis 7512). Sie haben keine Spannuten.

Sogenannte Schlagschrauben haben ein sehr steilgängiges Gewinde und sind mit dem Hammer einzutreiben. Sie stellen einen Übergang zwischen Schraube und Kerbstift dar, haben aber vor diesem den Vorzug, daß sie sich wegen der Steigung weniger leicht in der Achsenrichtung lösen als längsgekerbte Stifte. Bei ähnlichen Erzeugnissen ist der Schaft gekordelt.

24 Bezeichnungen genormter Gewinde.

Zur Bezeichnung eines Gewindes auf einer Zeichnung oder in einer Beschreibung oder Liste werden die in Abschnitt 21 aufgezählten Bestimmungsstücke benutzt. In Abb. 17 sind einige Bezeichnungsbeispiele und in Abb. 24 ist das Schema für die Zusammensetzung der Bezeichnung gegeben.

[1] Schwerdtfeger: Werkstattregeln für das Einziehen von Schneidschrauben. Werkstattstechnik Bd. 34, H. 15, S. 248.

Das *Profil* wird durch eine Abkürzung angegeben, z. B. R für (Whitworth-) Rohrgewinde, *M* für metrisch. Bei Whitworth-Regelgewinde ist durch die Maßeinheit Zoll (″) hinter der Zahl für den Durchmesser das Gewinde bereits als Whitworth-Gewinde gekennzeichnet; der Buchstabe *W* wird nur bei Whitworth-Feingewinde zur Angabe des Profils hinzugefügt.

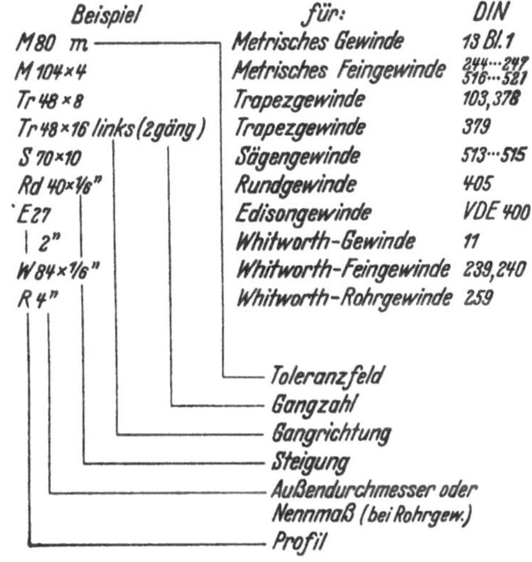

Abb. 24. Übersicht über die Bildung der Bezeichnung für die gebräuchlichen Gewinde.

Das *Nennmaß* des Gewindes ist meist der Außendurchmesser, in manchen Fällen aber auch eine andere Abmessung, die mit diesem nur in losem Zusammenhang steht. Beim Whitworth-Rohrgewinde z.B. ist dies die lichte Weite des Rohres, für welches das Gewinde in Betracht kommt; im übrigen ist diese unter Beibehaltung des Außendurchmessers früher einmal geändert worden, so daß sie heute gar nicht mehr mit der tatsächlichen lichten Weite übereinstimmt. Man kann also aus der Gewindebezeichnung nicht immer mit Sicherheit auf den Gewinde-Außendurchmesser schließen.

Die *Steigung* wird in der Bezeichnung nur benutzt, wenn es mehrere Gewinde gleicher Art und gleichen Nennmaßes, aber mit verschiedenen Steigungen gibt, wie bei Fein- und Trapezgewinde.

Die Gangrichtung wird nur bei Linksgewinde angegeben und wenn am gleichen Werkstück Rechts- *und* Linksgewinde vorkommt, wie z. B. bei einer Eisenbahnkupplung. Dies geschieht durch die Zusätze „rechts“ oder „links“.

Ein Gewinde ohne weiteren Zusatz in der Bezeichnung ist immer eingängig. Alle mehrgängigen Gewinde müssen also durch die *Gangzahl*, z. B. „3gäng“, zusätzlich gekennzeichnet werden.

Für die Angabe des *Toleranzfeldes* in der Bezeichnung sind ebenfalls Kurzzeichen genormt. In den bisher gültigen Dinormen gab es für Spitzgewinde die drei Gütegrade „fein“, „mittel“ und „grob“. Zur Kennzeichnung derselben wird einer der drei Buchstaben f, m oder g an die Gewindebezeichnung angefügt. Ohne diesen Zusatz gilt für das Gewinde der Gütegrad mittel, der meist benutzt wird. Der Buchstabe m braucht also wieder nur dann angefügt zu werden, wenn am gleichen Werkstück verschiedene Gütegrade vorkommen. In den neuen (ISA-) Normen für Gewindetoleranzen sind diese Toleranzbezeichnungen beibehalten. Wenn die Toleranzen nicht den Gütegraden f, m, g entsprechen, sind Bezeichnungen von der Art z. B. Sh 8, Sn 6 usw. anzuwenden. Darin gibt der Buchstabe S[1] an, daß es sich um eine Gewindetoleranz handelt, die Buchstaben h, n usw. kennzeichnen die Art der Gewindepassung, die Zahl gibt den Gütegrad an. Hierüber ist in Abschn. 542 Näheres ausgeführt.

Nach den bisherigen Normen wurde über die Art der Passung nichts Besonderes angegeben, außer wenn ein Gewinde gas- und dampfdicht sein sollte. Eine weitere Notwendigkeit für eine besondere Kennzeichnung besteht aber auch bei einem Gewinde, das stramm sitzen soll. Diese Möglichkeit ist in DIN 202, Ausg. 1938, noch nicht berücksichtigt. Bei solchen Passungsarten ist zu unterscheiden, ob das Gewinde gleichzeitig dampfdicht sein soll oder nicht (vgl. Tafel 10).

Zum Schluß seien zwei Ratschläge gegeben, die nicht allein demjenigen nützlich sind, der sie befolgt, sondern die auch für die gesamte Volkswirtschaft unerhörte Bedeutung haben:

1. Man verwende möglichst nur genormte Gewinde und von diesen wiederum möglichst die Vorzugs- und Auswahlreihen. Wo es auf den ersten Blick erwünscht erscheint, ein Sondergewinde zu benutzen, bedarf es meist nur einer kurzen Anstrengung, um nachzudenken und zu einer Lösung mit genormtem Gewinde zu gelangen. Wer immer eine solche Lösung zu finden weiß, ist der Tüchtigere und Geschicktere, nicht derjenige, der immer glaubt, etwas Besonderes für sich beanspruchen zu müssen. Wer die Tafeln am Schluß dieses Buches durchblättert, wird den Eindruck gewinnen, daß es in den Normen wahrlich eine Fülle von Gewindearten gibt, — für den wirtschaftlich denkenden Ingenieur noch viel zu viele. Deshalb versuche man weiterhin, mit dem in Deutschland an erster Stelle genormten metrischen Gewinde auszukommen.

2. Man benutze zur Bezeichnung eines Gewindes die genormten Angaben. Dadurch werden Fertigungsfehler, Rückfragen und Irrtümer vermieden.

3 Berechnung.

Angesichts der Vielzahl der aufgezeigten Gewindearten mag die Auswahl daraus für den einzelnen Fall als eine schwierige Aufgabe erscheinen, die gründliche Sachkenntnis erfordert. Aber besonders durch die Normung ist die richtige Lösung dieser Aufgabe sehr erleichtert und

[1] International verständlich: S = Serie, Reihe, deutsch: S = Schraube.

bequem gemacht worden, weil dabei, abgesehen von ganz seltenen Ausnahmen, alle Gewinde erfaßt wurden, für die in der technischen Praxis ein Bedürfnis vorliegt.

Bei der Gestaltung eines technischen Gegenstandes stehen von vielen, verschieden gerichteten Gesichtspunkten zwei im Vordergrund: Funktion und Fertigung. Die Funktion oder das Funktionieren als Teil der Gestaltungsaufgabe erfordert Kenntnis und Berücksichtigung mathematischer und physikalischer Gesetzmäßigkeiten und der Stoffeigenschaften, die Rücksicht auf die Fertigung ermöglicht überhaupt die Verwirklichung des erdachten Gegenstandes. Diese Möglichkeit der Verwirklichung ist aber auch abhängig von der Stückzahl, und zwar ist die Beziehung nicht ganz einfach.

Dies wird sofort klar, wenn man die Möglichkeiten der Erzielung einer hohen Maßgenauigkeit ins Auge faßt. *Einzelne* Erzeugnisse lassen sich bei besonderer Sorgfalt auf gewöhnlichen, guten Maschinen einmal mit besonderer Genauigkeit herstellen. Die Erfüllung weiter gesteigerter Anforderungen ist nur mit einer Sondereinrichtung möglich. Diese ist aber meist zu kostspielig, als daß man sie nur für ein einzelnes Werkstück oder für einige wenige beschaffen könnte. Man sieht, daß hier die Wirtschaftlichkeit entscheidenden Einfluß nimmt. Je größer die Stückzahl, desto vollkommener können — wirtschaftlich betrachtet — die Fertigungsmittel sein, weil ihre anteiligen Anschaffungskosten am einzelnen Stück dann doch klein bleiben. Desto vollkommener lassen sich also auch alle berechtigten Wünsche des Konstrukteurs verwirklichen, auch in bezug auf die Genauigkeit. Gewinde kommen aber bei technischen Gegenständen so häufig vor, daß sie — in einer friedensmäßigen Wirtschaft — längst zum größten Teil Gegenstand einer eigenen Industrie geworden sind, ja sogar einer Industriegruppe, wenn man an die Schwarz- und Blankschraubenindustrie denkt. Nur die wenigsten Gewinde werden noch von der Maschinen- oder Apparatefabrik selbst gefertigt; die meisten befinden sich an Schrauben und Muttern, und diese werden von Spezialfabriken geliefert.

Man sieht, daß Funktion und Fertigung aufs engste miteinander verknüpft sind und im Konstruktionsbüro wie in der Werkstatt gleich aufmerksam beachtet werden müssen, damit einerseits keine „Papierkonstruktionen" entstehen, die nicht gefertigt werden können, andererseits keine Gegenstände erzeugt werden, die ihren Zweck nicht erfüllen, weil sie nicht zuverlässig arbeiten.

In diesem und im folgenden Kapitel werden deswegen Konstruktion und Fertigung von Gewinde behandelt, bevor über Toleranz- und Meßprobleme gesprochen werden kann. *Beide Kapitel sind für Konstrukteur wie Fertigungsfachmann gleich wichtig*, und es sei die Hoffnung ausgesprochen, daß beide aus der zum Teil neuartigen Darstellungsweise und dem Hinweis auf Fehlerquellen manche Klarheit und Anregung für die Praxis schöpfen.

Die gestaltende Tätigkeit ist durch die Normung vorweggenommen. Es verbleibt die Aufgabe der richtigen Anwendung und der Prüfung durch Nachrechnen oder, wo die Verfahren dafür noch nicht genügend entwickelt sind, gefühlsmäßiges Erfassen und Sammeln eigener und fremder Erfahrungen.

31 Wirkungsweise.

Welches sind die Anforderungen, die an die Wirkungsweise eines Gewindes gestellt werden können? Entsprechend seiner räumlich-geometrischen Gestalt vermag ein Gewinde eine drehende Bewegung des einen Gewindeteiles bei Stillstand des anderen in eine Längsbewegung des einen der beiden Teile umzusetzen. Dementsprechend kann ein Kraftmoment in eine senkrecht zur Momentebene gerichtete Kraft umgesetzt werden (Abb. 25). Beides, Bewegung und Kraftwirkung, ist grundsätzlich auch in umgekehrtem Sinne möglich.

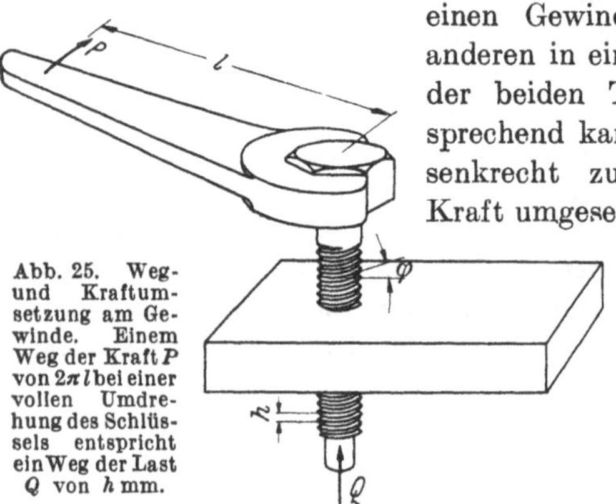

Abb. 25. Weg- und Kraftumsetzung am Gewinde. Einem Weg der Kraft P von $2\pi l$ bei einer vollen Umdrehung des Schlüssels entspricht ein Weg der Last Q von h mm.

Je nachdem, ob die Wirkungsweise des Gewindes darauf beruht, die Möglichkeit der *Bewegungs*umsetzung zwischen beiden Gewindeteilen, Bolzen und Mutter, auszunutzen (wobei auch die Kräfte übertragen und ausgenutzt werden), oder ob das Gewinde endgültig *nur* in *ruhendem* Zustand wirkt, unterscheidet man Bewegungs- und Befestigungsgewinde.

311 Bewegungsgewinde.

Das Verhältnis der Wege ergibt sich unmittelbar aus der Steigung h des Gewindes und der Länge des Hebelarmes l, an dem die drehende Bewegung eingeleitet oder, bei umgekehrter Bewegungsrichtung, abgeleitet wird. Wird das eine Gewindeteil um $360° = 2\pi$ gedreht und demnach am Hebelarm l der Weg $2\pi l$ zurückgelegt, so tritt eine Längsbewegung um h auf. Das *Untersetzungsverhältnis* der Wege ist also

$$V_u = \frac{h}{2\pi l}.$$

Bei umgekehrter Bewegung, Umsetzung einer Längsbewegung in eine Drehbewegung wie beim Drillbohrer oder beim Drillschraubenzieher, ist das *Übersetzungsverhältnis*

$$V_ü = \frac{2\pi l}{h}.$$

Beispiele: Bei einem Gewinde M 14 mit einer Steigung von 2 mm und einem Schlüssel von etwa 200 mm Länge errechnet sich V_u zu 1:628.

Wegen der Reibung muß bei einem Drillbohrer oder -schraubenzieher die Steigung viel größer sein. Nehmen wir sie 40 mm und den Halbmesser des Bohrers oder der Klinge 3 mm, so wird $V_ü = 0{,}47:1$, eigentlich gar keine *Über*setzung, sondern eine *Unter*setzung von 1:2,1.

Die Kräfte verhalten sich nicht umgekehrt wie die Wege, weil ein Teil der Arbeit (= Kraft mal Weg) durch Reibung verbraucht und in Wärme verwandelt wird. Bezeichnet man bei der Umsetzung einer schnellen Drehbewegung in eine langsame Längsbewegung durch ein Gewinde die Kraft mit P und die Last mit Q, so ist also:

$$P \cdot 2\pi l - A_R = Q \cdot h,$$

worin A_R die verlorengehende Reibungsarbeit bedeutet. Die Arbeit der Kraft $P \cdot 2\pi l$ muß also um mehr als den Betrag der Reibungsarbeit größer sein als die Lastarbeit, damit eine Bewegung zustande kommt.

In manchen Anwendungsfällen kommt es vorwiegend auf die Übertragung der Bewegung an und weniger auf die Übertragung einer großen Arbeit oder von großen Kräften. Hierbei kann ebensowohl die Umlenkung des Bewegungssinnes von einer drehenden in eine längsgerichtete wie auch die Untersetzung Anlaß zur Benutzung eines Gewindes sein. In diesen Fällen kommt es oft weniger auf den guten Wirkungsgrad der Übertragung, also auf geringe Reibungsverluste an. Beispiele sind: Gewinde in Rechengeräten zur Übertragung von Rechengrößen, Verstellgewinde an solchen Stellen, wo eine feinfühlige Verstellung gebraucht wird, Meßschrauben (Schraublehre).

Auf anderen Gebieten ist uns vorwiegend an der verlustarmen Erzeugung großer Kräfte gelegen. Dort werden wir also bestrebt sein, eine Gewindeart zu benutzen, bei der die Reibungsverluste möglichst klein sind. Beispiele: Schraubstock, Spindelpresse, Vorschubspindel an Werkzeugmaschinen, Hubwinde.

312 Befestigungsgewinde.

Wenn wir ein Gewinde nur dazu benutzen, um etwas zu *befestigen*, wollen wir möglichst mit geringem Kraftaufwand am Schlüssel oder Schraubenzieher eine große Kraft in der Schraubenverbindung erzeugen. Manchmal müssen auch schon beim Zusammenschrauben Kräfte von elastischen Gegenständen, Federn, Gummiteilen, Dichtungen, überwunden werden. Immer ist aber in „angezogenem“ Zustande der Schraubenbolzen elastisch gedehnt und der Werkstoff der verbundenen Teile elastisch gedrückt (bisweilen auch umgekehrt). Die elastische

Formänderung der beteiligten Stoffe ist es also, welche die Teile fest zusammenhält. Dadurch wird auch das Reibungsmoment in den Gewindegängen vergrößert und die Gefahr des Lockerns vermindert. Wenn die Kraft nicht ständig gleich bleibt, ist dazu noch eine besondere Sicherung nötig.

Die Gewindeverbindung soll nun entweder nur Kräfte in der Achsenrichtung des Gewindes aufnehmen, wie beim Zylinderdeckel einer Verbrennungskraftmaschine; dabei werden die von den Verbrennungsgasen auf den Deckel ausgeübten Kräfte über die Mutter oder den Schraubenkopf durch den Schraubenbolzen hindurch auf den Zylinderblock übertragen und von diesem aufgenommen. In vielen anderen Fällen soll die durch elastische Formänderung bewirkte Vorspannung zwischen den zusammengehaltenen Teilen eine so große Reibung erzeugen, daß sie sich nicht gegeneinander verschieben.

313 Funktionsforderungen.

Entsprechend diesen beiden Hauptanwendungsgebieten sind die Anforderungen, die in bezug auf die Funktion an ein Gewinde zu stellen sind, verschieden. Beim Bewegungsgewinde kommt es auf die leichte und wirkungsvolle Übertragung der *Kraft* an, mitunter aber auch nur auf die Genauigkeit der *Wegübersetzung.* Beim Befestigungsgewinde erscheint bei oberflächlicher Betrachtung die Genauigkeit ganz bedeutungslos; man verlangt nur, daß die Gewindeteile zusammengehen und daß sie die Kraft zuverlässig und ohne Bruchgefahr übertragen. In diesem Verlangen sind aber beträchtliche Genauigkeitsansprüche enthalten. Außerdem ist eine große Reibung in dem Sinne erwünscht, daß sich das Gewinde nicht lockert. Wenn es ohnehin gesichert würde, könnte man wünschen, daß beim Anziehen mit geringem Kraftaufwand eine große Vorspannung hervorgerufen werden kann. Man müßte dann dem Gewinde einen kleinen Steigungswinkel und auch einen kleinen Teilflankenwinkel geben. Auf diesen Wunsch wird meist weniger Rücksicht genommen, denn wichtiger ist hohe Festigkeit der Gewindegänge und leichte Herstellbarkeit, und in dieser Beziehung ist das Spitzgewinde überlegen.

In Sonderfällen werden noch besondere Teilforderungen gestellt, wie die des Festsitzes am Einschraubende von Stiftschrauben, damit sich diese beim Lösen der Mutter nicht mit herausdrehen, oder der Flüssigkeits- oder Gasdichtheit. In anderen Fällen muß Unempfindlichkeit gegen Verschmutzen oder gegen Beschädigen des Gewindes bei rauher Behandlung verlangt werden, wie bei den Schlauchkupplungen der Feuerwehr. Das Herstellverfahren bei gegebener Gestalt der Bauteile hat zur Form des Edison-Gewindes geführt, das in Blech gedrückt wird. Das Bedürfnis nach leichter Zusammenschraubbarkeit unter ungünstigen Bedingungen, wie bei Erdölquellen und -leitungen, hat die Entwicklung kegeliger Gewinde herbeigeführt.

Weitere Wünsche des Konstrukteurs, der leicht-, raum-, gewicht- und stoffsparend gestalten soll, betreffen die Abmessungen der Gewinde. Die vornehmliche Benutzung, die das metrische Feingewinde mit 0,75 mm Steigung in der feinmechanischen und optischen Industrie erfährt, rührt wohl zum großen Teil daher, daß seine Gewindetiefe gerade etwas weniger als 0,5 mm beträgt, sodaß an einer streckenweise mit Gewinde zu versehenden Welle nur ein Absatz von 1 mm im Durchmesser nötig ist. Zum andern Teil hat die Steigung den Vorzug vor den benachbarten Werten, daß sie mit den genormten Leitspindeln von 3, 6 oder 12 mm Steigung ohne Gewindeuhr geschnitten werden kann. Eine andere, aus den gleichen Gründen beliebte Steigung ist die von 1,5 mm, die einen Wellenabsatz von 2 mm nötig macht.

Früher glaubte man, die Nenndurchmesser des metrischen Gewindes bei größeren Durchmessern mit den Endziffern 4 und 9 stufen zu müssen, also z. B. 54 — 59 — 64 — 69 (DIN 243) und 84 — 89 — 94 (DIN 14). Dem lag die Überlegung zugrunde, daß vom gewalzten Rundstahl 1 mm zur Erzeugung des Gewindeaußendurchmessers abgedreht werden müßte. Da Rundstahl die Normdurchmesser mit den Endziffern 5 und 0 hat und da man gedachte Werkstoff zu sparen, ergaben sich diese merkwürdigen Gewindenennmaße. Außerdem wurde im Hinblick auf den Wälzlagereinbau so gestuft. Inzwischen hat man aber eingesehen, daß man vergeudete, anstatt zu sparen, denn nach DIN 3 haben Wellen in dem genannten Maßbereich Durchmesser mit den Endziffern 5 und 0, man mußte also für das Gewinde einen Millimeter besonders abdrehen. Dieser kann dem Konstrukteur, der um eine sparsame Konstruktion besorgt ist, aber schon wichtig sein. Schließlich werden in zunehmendem Umfange gezogene Wellen mit rundzahligen Abmessungen verwendet. Aus diesen Gründen wurde diese Stufung der großen Gewinde bei der Neuauflage der Normen im Jahre 1943 fallengelassen und durch die Stufung 5 — 0 und 2 — 5 — 8 — 0 ersetzt.

Für die Berechnung eines Gewindes kommen folgende Gesichtspunkte in Betracht:

A. Festigkeit

1. Zug im Bolzen,
2. Drehung im Bolzen,
3. Biegung des Bolzens,
4. Druck in der Mutter,
5. Flächendruck der Mutter oder des Schraubenkopfes auf der Unterlage,
6. Flächendruck an den Flanken,
7. Scherung der Gänge,

8. Biegung der Gänge,
9. Wechselfestigkeit.

Die Fälle 1 bis 8 sind in der Abb. 26 veranschaulicht.

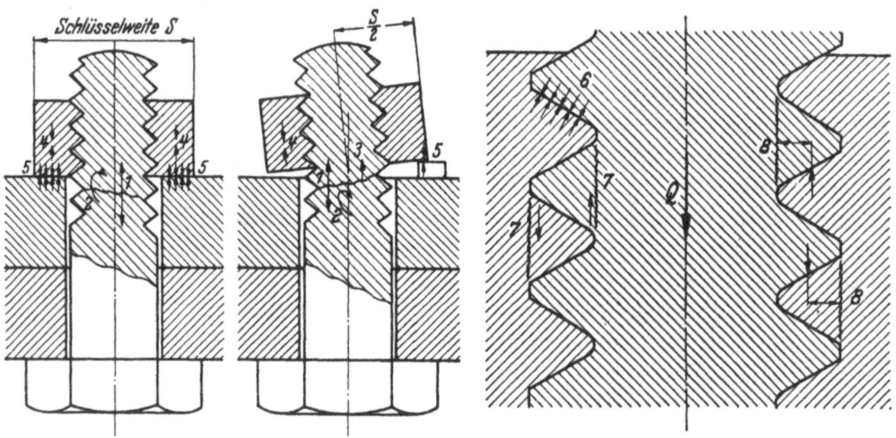

Abb. 26. Beanspruchungs- und Berechnungsarten am Gewinde.

1 Bolzen auf Zug
2 Bolzen auf Drehung
3 Bolzen auf Biegung
4 Mutter auf Druck
5 Mutter auf Flächendruck
6 Flanken auf Flächendruck
7 Gänge auf Abscheren
8 Gänge auf Biegung

B. Reibungsverhältnisse und Wirkungsgrad. Diese Berechnungen betreffen auch die Selbsthemmung.

32 Festigkeit.

Die ersten acht der aufgeführten Möglichkeiten, an einem Gewinde „etwas zu rechnen“, werden wahrscheinlich im Einzelfalle immer verschiedene Ergebnisse bringen. Dann ist dasjenige ausschlaggebend, das die höchste Stoffbeanspruchung nachweist. Es sei vorab bemerkt, daß sich daraus für die meisten Fälle eine beachtliche Vereinfachung der Berechnung ergibt.

Diese Rechnungsweisen geben kein zuverlässiges Bild von den tatsächlichen Beanspruchungen, denen der Werkstoff im Betriebe ausgesetzt ist, und sie nutzen andererseits auch nicht immer die Fähigkeiten der Stoffe bis nahe unter die Grenze der Belastbarkeit aus, wie man schon aus den hohen Sicherheitszuschlägen oder den geringen „zulässigen Beanspruchungen“ erkennen mag.

Es ist bereits angedeutet worden, daß auch bei ruhender, gleichmäßiger Belastung der Gewindeverbindung die Elastizität der Werkstoffe ausgenutzt wird; in anderer Hinsicht macht sie sich auch unvorteilhaft bemerkbar, wie noch gezeigt werden wird. Diese Tatsachen haben nicht nur für die Festigkeitsrechnung erhöhte Bedeutung, sondern auch für die richtige Beurteilung und Festlegung von Toleranzen. Besonders wichtig ist die elastische Verformung und das Arbeitsvermögen der Werkstoffe bei stark wechselnder Belastung. Diese Eigenschaften bilden die Grundlage der neuzeitlichen Festigkeitslehre, von der hier ebenfalls einiges gebracht werden soll.

Zuvor seien die Verfahren zur rechnerischen Behandlung der ruhenden Belastung der Reihe nach durchgegangen, an einem Zahlenbeispiel erläutert und in einer zusammenfassenden Betrachtung die ganze Rechnung erheblich vereinfacht.

321 Bolzen auf Zug, Drehung und Biegung.

Ohne Berücksichtigung der Erkenntnisse für Wechsellast, also nur nach der Hypothese, daß der Kraftverlauf gleichmäßig über den ganzen Querschnitt verteilt wird, erhält man für die Zugbeanspruchung des Gewindebolzens bei einer Vorspannung von $0{,}25 \cdot Q$:

die Beanspruchung

$$\sigma_z = 5 \frac{Q}{d_1^2 \pi}$$

den zulässigen Querschnitt

$$F = \frac{d_1^2 \pi}{4} = 1{,}25 \frac{Q}{\sigma_{z\,zul}}$$

σ_z = Zugbeanspruchung des Bolzenwerkstoffes,
$\sigma_{z\,zul}$ = zulässige Zugbeanspruchung des Bolzenwerkstoffes,
d_1 = Kerndurchmesser des Gewindes.

Auch wenn während des Schraubens keine Kraft einer Feder oder Dichtung überwunden oder die von einem Stanzwerkzeug zu leistende Verformungsarbeit aufgebracht werden muß, nämlich beim endgültigen Festziehen einer Befestigungsschraube, versucht das Gewindeteil, an dem man dreht, infolge der Reibung in den Gewindegängen das andere mitzudrehen und bewirkt somit eine Drehbeanspruchung in ihm. Bei der Mutter sagt einem schon das Gefühl, daß diese zusätzliche Beanspruchung in Anbetracht ihrer Abmessungen völlig ungefährlich ist, und eine Nachrechnung würde das bestätigen. Beim Bolzen muß sie berücksichtigt werden.

Wenn die Schraube oder Mutter *ohne Belastung* angezogen werden soll und nur am Ende des Festziehens eine Vorspannung von $0{,}25 Q$ vorhanden sein soll, ist das Moment der Reibung:

$$M_d = 0{,}25 \cdot Q \cdot \frac{d_2}{2} \cdot \mu$$

d_2 = mittlerer Durchmesser, an dem die Reibungskraft angreifend zu denken ist, das ist der Flankendurchmesser,

μ = Reibungswert; dieser muß bei Spitzgewinde strenggenommen mit dem Faktor $\frac{1}{\cos \alpha/2}$ berichtigt werden, so daß also $\mu' = \frac{\mu}{\cos \alpha/2}$ einzusetzen wäre. Bei der Unsicherheit des Reibungswertes selbst und der Geringfügigkeit der Berichtigung, die bei $\alpha/2 = 30°$ nur 15% beträgt, kann sie vernachlässigt werden.

Wenn das Gewinde *unter voller Last* angezogen wird, muß man setzen:

$$M_d = 1{,}25 \cdot Q \cdot \frac{d_2}{2} \cdot \mu .$$

Dann ist die Schubspannung

bei Vorspannung

$$\tau = \frac{M_d}{W_p} = \frac{4}{\pi} \frac{Q \cdot d_2 \cdot \mu}{d_1^3},$$

bei voller Last

$$\tau = \frac{M_d}{W_p} = \frac{20}{\pi} \frac{Q \cdot d_2 \cdot \mu}{d_1^3}.$$

Nach der Hypothese der unveränderlichen Gestaltänderungsarbeit ist die aus Zug und Drehung zusammengesetzte (reduzierte) Spannung, mit der im Werkstoff zu rechnen ist:

$$\sigma_r = \sqrt{\sigma_z^2 + 3(\alpha_0 \tau)^2}, \quad \alpha_0 = \frac{\sigma_{zul}}{1{,}73\,\tau_{zul}}.$$

Um den Einfluß der Drehbeanspruchung zu beobachten, sei ein Zahlenbeispiel berechnet.

Für M 16, $Q = 800$ kg und $\mu = 0{,}15$ wird:

$\sigma_z = 5{,}67$ kg/mm²
$M_d = 220$ kgmm
$\tau = 0{,}467$ kg/mm²
$\sigma_r = 5{,}7$ kg/mm²

Das ist nur 0,5% mehr als σ_z. Wenn das gleiche Gewinde unter voller Last angezogen wird, ergibt sich

$M_d = 1100$ kgmm
$\sigma_r = 6{,}4$ kg/mm²

das ist um 12% mehr als σ_z.

Man rechnet nach vorstehendem Rechenergebnis mit einem großen Sicherheitszuschlag, wenn man, wie allgemein üblich, zur Vereinzachung den Bolzen nur auf Zug nachrechnet und, um die Verdrehung fu berücksichtigen, eine zulässige Beanspruchung von nur $\frac{4}{5}\sigma_{z\,zul}$ einsetzt. (Meist ist angegeben $\frac{3}{4}\sigma_{z\,zul}$.) Dann wird die zulässige Spannung

$$\sigma_{z\,zul} = 2\frac{Q}{d_1^2}.$$

Wenn die Auflagefläche für die Mutter oder den Schraubenkopf schief ist, wird der Schraubenbolzen außer auf Zug und Drehung auch noch auf Biegung beansprucht. Dies verursacht eine Vergrößerung der Zugspannung am außen gelegenen Bogen des krumm gezogenen Bolzens. Eine solche Biegung tritt z. B. auch auf, wenn zwei zusammengeschraubte Flanschen sich unter der Last wölben, bei Hakenschrauben, bei Schraubzwingen, die sich aufbiegen, und Senkschrauben in exzentrischen Senkungen.

Nimmt man wie in Abb. 26 die halbe Schlüsselweite $s/2$ der Mutter als Hebelarm für das Biegemoment, so wird dieses:

$$M_b = 1{,}25 \cdot Q \cdot \frac{s}{2}$$

und die Biegespannung im Schraubenbolzen:

$$\sigma_b = 0{,}64 \frac{Q \cdot s}{d_1^3}.$$

Der daraus berechnete Wert muß zu σ_z addiert werden.

Für das gewählte Beispiel ergibt sich mit einer Schlüsselweite von 24 mm eine Biegebeanspruchung von 5,1 kg/mm², die mit der oben errechneten Zugspannung eine Gesamtspannung von rund 10,8 kg/mm² ergibt. Berücksichtigt man dazu noch die Verdrehung, so erhält man eine zusammengesetzte oder reduzierte Spannung von 11,2 kg/mm².

322 Mutter auf Druck und Flächendruck.

Die Berechnungsweise auf Druck und auf Flächenbeanspruchung ist genau die gleiche, nur daß man im zweiten Falle für p niedrigere Werte als zulässig ansieht als für σ_d, um Fressen, d. i. Kaltschweißen an örtlichen metallischen Berührungsstellen, zu vermeiden.

Der Einfachheit halber kann man für den Schraubenkopf und auch für eine nicht angefaste Mutter an Stelle der Auflagefläche und des Querschnittes mit äußerer sechseckiger Begrenzung die Kreisringfläche mit der Schlüsselweite s als Außendurchmesser einsetzen. Die Rechnung enthält dann einen gewissen Sicherheitszuschlag. Dann ist die Druckbeanspruchung und der Flächendruck:

$$\sigma_d = p = \frac{5}{\pi} \frac{Q}{s^2 - D^2}.$$

Für das gewählte Beispiel ergibt sich mit $s = 24$ mm:

$$\sigma_d = p = 4{,}0 \text{ kg/mm}^2.$$

323 Flanken auf Flächendruck.

Es sei angenommen, daß der Zug im Schraubenbolzen gleichmäßig auf alle Gewindegänge der Mutter übertragen wird. Wir werden sehen, daß diese Annahme unzutreffend ist, aber wir wollen zunächst eine Vorstellung von der Größenordnung gewinnen; überdies kann die richtige Lastverteilung durch Rechnung kaum erfaßt werden.

Genormt ist die Höhe der Mutter mit $0{,}8 \cdot d$. Damit läßt sich die Zahl der in der Mutter vorhandenen Gewindegänge berechnen. In den folgenden Formeln kann man an Stelle von $0{,}8\,d$ auch die Mutterhöhe einsetzen, die man aus den Normen entnimmt. Dies ist im Rechenbeispiel geschehen.

Der erste und der letzte halbe Gang sind unvollständig und vermögen keine große Belastung aufzunehmen. Außerdem sind die Muttern meist kegelig ausgesenkt. Man muß also einen Gang abziehen. Aus der Tragtiefe läßt sich dann die gesamte tragende Flankenfläche und somit auch der Flächendruck p berechnen.

$$p = \frac{1{,}25 \cdot Q}{\left(\frac{0{,}8}{h} - 1\right) d_2 \pi \cdot t_2}.$$

Dabei muß man die Toleranzen für Bolzenaußen- und Mutterkerndurchmesser berücksichtigen und an Stelle des Nennwertes t_2 die Mindesttragtiefe einsetzen.

Die Formel enthält aber noch zwei Vernachlässigungen. Die Gänge des Gewindes verlaufen nicht genau senkrecht zur Lastrichtung, sondern um den Steigungswinkel φ geneigt. Bei großer Steigung muß der Formelwert noch mit $1/\cos\varphi$ multipliziert werden. Auch die Flanken liegen nicht senkrecht zur Lastrichtung, sondern beim metrischen Gewinde um 30° schräg. Dies kann durch den Faktor $\frac{1}{\cos\alpha/2}$ berücksichtigt werden.

Für eine Mutterhöhe von 13 mm nach Norm und ohne Berücksichtigung der zuletzt erwähnten Berichtigung ergibt sich für das Zahlenbeispiel

$$p = 3{,}3\ \mathrm{kg/mm^2}.$$

324 Gänge auf Scherung.

Hier muß die gleiche Voraussetzung bezüglich der gleichmäßigen Belastung der Gänge gemacht werden wie im vorigen Abschnitt. Ebenso wird der Steigungswinkel vernachlässigt. Der Teilflankenwinkel wird ebenfalls nicht beachtet, er hat aber sicher insofern einen Einfluß, als durch die Kegelwirkung der Gänge des Spitzgewindes eine Druckbeanspruchung schräg auf die Scherstelle zu bewirkt wird. Eigentlich müßte man ja auch noch die im nächsten Abschnitt behandelte Biegebeanspruchung der Gänge gleichzeitig rechnerisch berücksichtigen. Es ist nicht bekannt, ob jemals sich jemand der Mühe unterzogen und diese verwickelte Beanspruchung durch eine Rechnung zu erfassen versucht hat. Gewiß ist aber, daß auch eine solche Rechnung eine Reihe von Vernachlässigungen und Vereinfachungen aufweisen müßte, um überhaupt zu einer Lösung zu gelangen, und daß somit der praktische Wert eines solchen Unterfangens von vornherein in Zweifel gezogen werden muß.

Für die Anzahl der belastbaren Gänge gilt das gleiche wie im vorigen Abschnitt. Da Spitzgewinde im Kern ausgerundet sind, darf nicht die ganze Fläche des Zylinders mit dem Durchmesser d_1 als Scherfläche eingesetzt werden, sondern nur etwa $\frac{4}{5}$ davon. Bei Trapezgewinde ist dieser Wert entsprechend der Lücke am Kern weiter zu verkleinern. Für Spitzgewinde ist, unter Zusammenfassung der Zahlenwerte:

$$k_s = \frac{0{,}5\,Q}{(0{,}8\,d - h)\cdot d_1}.$$

Für M 16 und $Q = 800$ kg wurde berechnet: $k_s = 2{,}7\ \mathrm{kg/mm^2}$.

325 Gänge auf Biegung.

An dem fortlaufend schraubenförmig um den Kernzylinder herumlaufenden etwa dreikantigen Gewindegang greift die Last Q an, und zwar wieder gleichmäßig verteilt angenommen. Anstatt der längs der

Flankenlinie gleichmäßig verteilten kleinen Teillasten kann man eine Resultierende setzen, die in der Mitte der Flanke, also am Flankendurchmesser d_2 angreift.

Zur Veranschaulichung des Belastungsfalles können wir uns einmal denken, wir hätten den dreikantigen Gang vom Kernzylinder des Gewindebolzens abgelöst, gerade gestreckt und an eine senkrechte Wand geklebt. Dann haben wir einen eingespannten Träger von beachtlicher Breite b, nämlich der ganzen Länge des Gewindeganges, von kleiner Länge, nämlich der Gewindetiefe t_1, und mit dreieckiger Form, an dem gleichmäßig verteilt eine Kraft angreift, die diesen kurz ausladenden Träger zu biegen und an der Klebstelle abzureißen versucht. Nach den Formeln der Festigkeitslehre ergibt sich für diesen Fall:

$$\sigma_b = 1{,}9 \frac{Q\,(d_2 - d_1)}{h^2 \left(\frac{0{,}8\,d}{h} - 1\right) d_1}.$$

Dabei ist wiederum die Höhe des Gewindekammes an der Einspannstelle (Klebstelle) mit $0{,}8\,h$ (für Spitzgewinde) eingesetzt. Der Steigungswinkel ist hier wieder außer acht gelassen. Denken wir noch einmal an den abgelösten, gerichteten und aufgeklebten Gewindegang: Wenn dieser entsprechend einer großen Steigung sehr schräg aufgeklebt werden mußte, so würde die senkrecht gemessene Höhe an der Klebstelle größer werden, diese geht aber mit dem Quadrat in die Rechnung ein, weil das Widerstandsmoment für rechteckigen Querschnitt $W_b = \frac{b\,h^2}{6}$ ist, wobei h diesmal die Höhe an der Klebstelle bedeutet, also, genau ausgedrückt, das $\frac{0{,}8}{\cos\varphi}$ fache der Gewindesteigung.

Nach der gegebenen Formel wird für das Zahlenbeispiel $\sigma_b = 3{,}5$ kg/mm².

326 Zusammenfassung.

Die Ergebnisse der Rechnungen am Zahlenbeispiel sind nachstehend zusammengestellt und „zulässige" Werte für einen mittleren Bolzenwerkstoff zum Vergleich hinzugefügt, der etwa St 50.11 entspricht. Die Streckgrenze dieses Werkstoffes beträgt etwa 31 kg/mm², die Wechselfestigkeit $\sigma_{u\,z\,10^7} = 32$ kg/mm².[1]

Eine Betrachtung dieser Rechenergebnisse, die natürlich nur beispielhaft sind und bei einem anderen Gewinde ein etwas anderes Verhältnis der Zahlenwerte erbracht hätte, führt zu folgenden Schlüssen.

Die *Zug- und Drehungsbeanspruchung* des Bolzens liegt bei der zugrunde gelegten Größe von $Q = 800$ kg noch unter dem als zulässig

---

[1] Ursprungsfestigkeit $\sigma_{u\,z\,10^7}$ ist diejenige Zugbeanspruchung, die der Werkstoff bei 10^7 Lastwechseln noch erträgt, wenn die Last zwischen 0 und der genannten Zahl $\sigma_{u\,z\,10^7}$ wechselt, vgl. Abb. 34.

Beanspruchungsart	Berechnet kg/mm²	Zulässig etwa km/mm²
Bolzen, Zug und Drehung	6,4	7
Bolzen, Zug, Drehung und Biegung	11,2	7
Mutter, Druck	4	7
Mutter, Flächendruck auf der Unterlage	4	3,5
Flanken, Flächendruck	3,3	3,5
Gänge, Abscherung	2,7	5,5
Gänge, Biegung	3,5	7

hingestellten Wert. Kommt aber eine *Biegungsbeanspruchung* dazu, so überschreitet sie diesen sofort beträchtlich. Daraus folgt, daß man einen Schraubenbolzen nicht biegend belasten darf, wenn man Wert darauf legt, seine Zugfestigkeit auszunutzen. Bei der Konstruktion läßt sich dies mit einigem Geschick stets vermeiden. Bei der Fertigung wird man z. B. darauf achten, daß eine Schraube in ihrem Durchgangsloch nicht einseitig anliegt und klemmt, wenn dieses nämlich zum darunterliegenden Gewindeloch versetzt liegt. Man wird ferner für ebene Bearbeitung der Auflageflächen für Kopf und Mutter oder für geeignete Unterlegscheiben sorgen, bei Walzprofilen prüft man deren Winkel und den der keilförmigen Unterlegscheiben.

Die *Druckbelastung der Mutter* liegt weit unter der zulässigen. Diese Rechnung ist also überflüssig und kann erspart werden, nötig ist sie nur, wenn das Muttergewinde sich in einem besonders konstruierten dünnwandigen Teil anstatt in einer genormten Mutter befindet.

Der *Flächendruck der Mutter* liegt über dem als zulässig hingestellten Wert, der im übrigen im Schrifttum meist noch niedriger angegeben wird als hier. Daraus folgt zunächst einmal, daß man die Schlüsselweiten der Muttern und Schraubenköpfe nicht beliebig klein machen darf. In den letzten Ausgaben der deutschen Normen sind die kleineren Schlüsselweiten von der Kraftfahrindustrie allgemein eingeführt und die bisherigen größeren des Maschinenbaues zurückgezogen worden. Damit ist man an die Grenze des Zulässigen gegangen, und nach unseren Rechenergebnissen müßten wir sagen, daß diese sogar schon überschritten wurde.

Überlegen wir aber einmal, warum der zulässige Wert für p allgemein so weit unterhalb der Streckgrenze angegeben wird, so kommen wir zu folgendem Ergebnis. Die Erscheinung des Fressens, die hier vermieden werden soll, tritt immer an einzelnen Flächenelementen zweier Flächen auf, die mit hohem Druck aneinanderliegen. Dies sind Stellen, an denen sich zwei Erhebungen auf den rauhen Oberflächen gegenüberstehen. Dazwischen befindliche Schmierstoffe und Kühlmittelreste oder eine dünne Luftschicht werden bei dem örtlich sehr hohen Flächendruck beiseite gedrückt. Kleinste Teile der beiden Bauteile kommen einander so nahe, daß sie miteinander verschmelzen, wie man vermutet, unter Wärmeentwicklung. Fressen ist also eine Folge von Unebenheiten. Die Oberflächengüte deswegen steigern zu wollen, um den Flächendruck gleichmäßiger zu verteilen, hat keinen Zweck, denn die kritischen Entfernungen sind zu klein, als daß sie fertigungstechnisch zu meistern wären. Es denkt ja auch niemand im Ernst daran, wegen der Gefahr des Fressens etwa die Mutter zu härten.

Durch die Wahl eines sehr niedrigen Wertes für p_{zul} soll also die Unsicherheit der Anlageverhältnisse berücksichtigt werden.

Überlegen wir weiter, was eintritt, wenn eine Mutter oder ein Schraubenkopf nun wirklich auf der Unterlage „frißt". Er erhält eine selbsttätige, wenn auch unzuverlässige Sicherung gegen Lösen. Mit dem Schlüssel oder Schraubenzieher lösen läßt sich die Verbindung fast immer wieder. Aber die beiden Anlageflächen werden rauh und uneben, dadurch könnte beim nächsten Anziehen eine Biegung des Bolzens eintreten, die aber gering ist, weil die durch das Fressen verursachte Unebenheit meist klein ist. Außerdem läßt sie sich mit einem einzigen Feilstrich beseitigen.

Die Nachteile durch zu hohen Flächendruck sind also gering, und jedesmaliges Nachrechnen lohnt nicht. Eine Lehre für den Konstrukteur ist aber doch zu ziehen: Die Anlage- und Abstützflächen für Muttern und Schrauben, die besonders konstruiert werden, müssen mindestens so groß gemacht werden wie bei den entsprechenden Normteilen, auch wenn die Bauteile im übrigen dünnwandiger sind. Auch muß man dafür sorgen, daß diese Anlagefläche wirklich die Last Q gleichmäßig überträgt und nicht, wie in Abb. 27 angedeutet, sich außen wegbiegt, weil der Rand zu dünn ist. Daß unsere Rechnung nicht ganz falsch ist, zeigen die oft ganz zerkratzten Auflageflächen, die man bei häufig gelösten Schrauben findet.

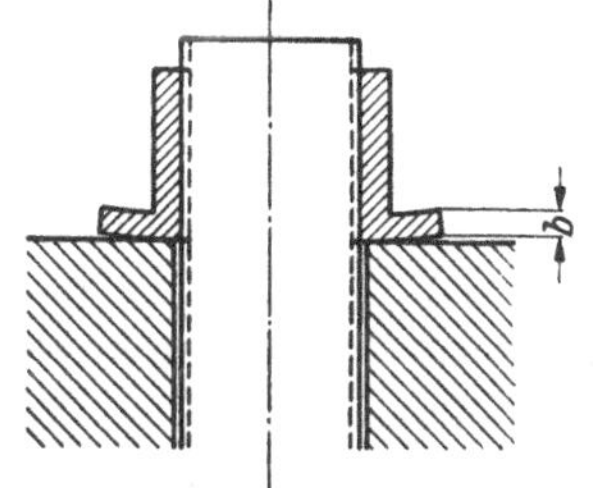

Abb. 27. Bei dieser Mutter (Konstruktionsteil) ist zwar die Anlagefläche vergrößert, der Bund ist aber zu schmal (b zu klein) und trägt nicht genügend.

Der *Flächendruck an den Flanken* liegt etwas unterhalb des als zulässig bezeichneten Wertes, aber nach den vorstehenden Erläuterungen vermag uns das nicht recht zu beruhigen. In der Tat kommt es bei weichen Werkstoffen und ganz besonders bei Aluminium häufig vor, daß die Gewindegänge fressen. Wenn sie sich wieder lockern lassen, müssen die vom einen Teil mitgerissenen Teilchen beim Zurückschrauben auf einer längeren Strecke durch die Gewindelücken des anderen Teiles hindurch, wobei manchmal erneut Störungen auftreten. Hier ist also das Fressen viel unangenehmer als bei der Stirnfläche der Mutter.

Man könnte versucht sein, den Flächendruck dadurch herabsetzen zu wollen, daß man die Mutterhöhe vergrößert, also die Tragfläche an den Gewindegängen verlängert. Aber das Ergebnis solcher praktisch angestellten Versuche war stets negativ. Dies hat seinen Grund darin, daß mit zunehmender Länge auch die Steigungsfehler wachsen, so daß

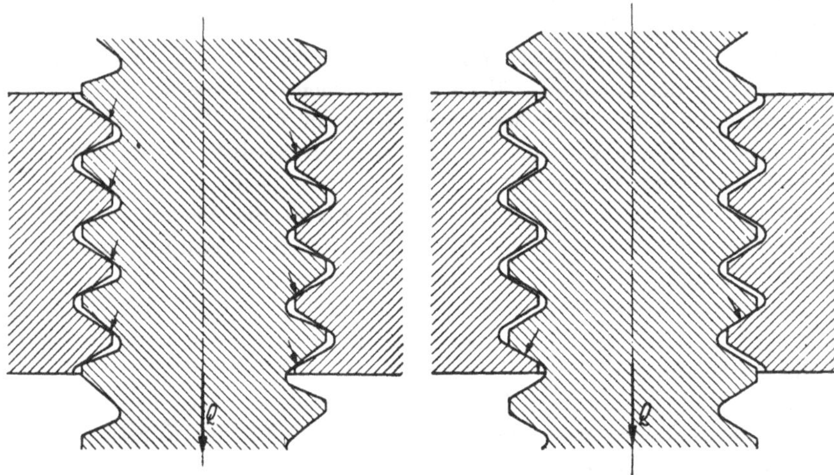

Abb. 28. Anlageverhältnisse bei einer Gewindeverbindung, deren Bolzen Abweichungen der Teilflankenwinkel hat.

Abb. 29. Anlageverhältnisse bei einer Gewindeverbindung, deren eines Teil einen fortlaufenden Steigungsfehler hat. Infolgedessen trägt nur der unterste Gang.

die hinzugefügten Gewindegänge nicht oder nicht genügend zum Tragen kommen.

Wir müssen aber noch weiter in die Mechanik eines Gewindes eindringen: Der wirkliche Flächendruck wird nur dann klein, wenn die Flanken sich innig berühren oder, wie man auch sagt, „satt" aneinander liegen. Dazu ist es nicht allein nötig, daß die Steigungen der beiden Gewindeteile möglichst genau übereinstimmen, sondern auch die Teilflankenwinkel. Die Wirkung von Abweichungen hiervon lassen die Abbildungen 28 und 29 erkennen. In beiden Fällen berühren sich, geometrisch gesehen, die Teile nur in Punkten oder Linien; in der Wirklichkeit werden die Gänge durch die Last elastisch oder plastisch verformt und eine Anlage kommt dann auf größeren Flächenstücken zustande, die aber immer noch zu klein sind, weil der wirkliche Flächendruck an diesen Stellen die Fließgrenze des Werkstoffes überschreitet. Demnach muß in toleranz- und fertigungstechnischer Hinsicht das Bestreben dahin gehen, die Abweichungen für Steigung und Teilflankenwinkel klein zu halten.

Die Nachrechnung der Gänge auf *Abscherung* und *Biegung* ergab etwa die Hälfte der als zulässig angesehenen Werte. Letzteres wird aber sofort anders, wenn die Last nicht, wie der Berechnung zugrunde gelegt, auf der Flanke gleichmäßig verteilt angreift, sondern wie in Abb. 28 am äußersten Ende des Gewindekammes. Dann erhält man eine doppelt so große Beanspruchung, die mit der zulässigen gerade übereinstimmt. Dafür werden allerdings die Kämme des anderen Gewindeteiles um so weniger belastet, weil die Angriffsstelle der Last nahe an der Wurzel des Gewindeganges liegt.

Abb. 29 läßt auch erkennen, daß bei Steigungsunterschieden der Gewindeteile die Gänge nur teilweise auf Abscherung beansprucht werden und folglich die Gefahr einer örtlichen Überlastung vorliegt.

Wichtiger und entscheidender als alle Berechnungen auf Grund theoretischer Annahmen, die noch dazu, wie wir sahen, manche Vernachlässigung enthalten, *sind praktische Versuche*, wie sie vor allem von BERNDT und seinen Schülern an einer großen Zahl von Werkstücken aus der Fertigung durchgeführt wurden. Sie hatten zum Ziel, die richtige Mutterhöhe festzustellen. Das Ergebnis war bei Regelgewinde, daß bei einer Mutterhöhe von etwa $1 \cdot d$ der Bolzen stets im Kernquerschnitt reißt und erst bei einer niedrigeren Mutter von etwa $0{,}8\,d$ die Gewindegänge ausgerissen werden. Die $1 \cdot d$ hohe Mutter ist also überflüssig hoch. Sie wurde deshalb allgemein durch die niedrigere $0{,}8\,d$ hohe ersetzt und dadurch viel Werkstoff und Bearbeitungszeit gespart. Leider ist diese Erkenntnis noch nicht Allgemeingut geworden, so daß man in den Konstruktionen noch oft eine viel zu große Traglänge bei Gewinde findet. Wenn man ein solches Gewinde einmal mit toleranztechnischen Augen betrachtet und an die möglichen und wahrscheinlichen Steigungsfehler denkt, so kommt man zu dem Schluß, daß durch die Verlängerung der Mutter tatsächlich mit großer Wahrscheinlichkeit gar nicht mehr Gewindegänge zum Tragen herangezogen und folglich auch die Stoffanstrengungen nicht herabgesetzt werden.

Durch eine kurze Nachrechnung kann man sich überzeugen, daß auch für Feingewinde das Verhältnis 0,8 : 1 von Mutterhöhe zu Gewindedurchmesser richtig ist. Setzt man nämlich an Stelle des Regelgewindes M 16 mit $h = 2$ das Feingewinde M 16×1 in die Beispielrechnungen ein, so erhält man einen Flächendruck an den Flanken von $p = 2{,}9$, also noch etwas niedriger als der für Regelgewinde errechnete von 3,3 kg/mm². Die Scherspannung ändert sich nur unwesentlich, die Biegespannung wächst allerdings von 3,5 auf 5,6 kg/mm², liegt aber damit immer noch unterhalb des zulässigen Wertes.

Auch bei Feingewinde genügt also die Mutterhöhe von $0{,}8\,d$, und das Bestreben mancher Konstrukteure, dann einen besonders langen Eingriff der Gewindeteile herbeizuführen, beruht auf einer irrigen Vorstellung. Bei kleiner Steigung und großem Durchmesser ist eine $0{,}8\,d$ hohe Mutter unnötig hoch.

In einem Falle ist eine erheblich größere Traglänge des Gewindes aber sehr nötig: bei weichen Stoffen, wie Leichtmetall und Preßstoff besonders wenn das eine Teil aus härterem Stoff, etwa Stahl, besteht. Für diesen Zweck ist eine Mutterhöhe von 1,5 · d üblich geworden und hat sich bewährt. Leichtmetall hat eine dreimal kleinere Elastizitätszahl als Stahl, es gibt also viel leichter nach, Steigungsfehler werden durch elastische Verformung der Gänge besser ausgeglichen und die längere Mutter wird somit günstig wirksam, sowohl in bezug auf die Tragfähigkeit der Gänge gegen Ausreißen als auch auf Flächendruck. Somit wird die Gefahr des Fressens, die bei Leichtmetall besonders groß ist, durch die große Höhe der Mutter ebenfalls wirksam herabgesetzt. Ebenso ist eine hohe Mutter zweckmäßig, wenn die Gewindeverbindung oft gelöst wird, wie bei Vorrichtungen.

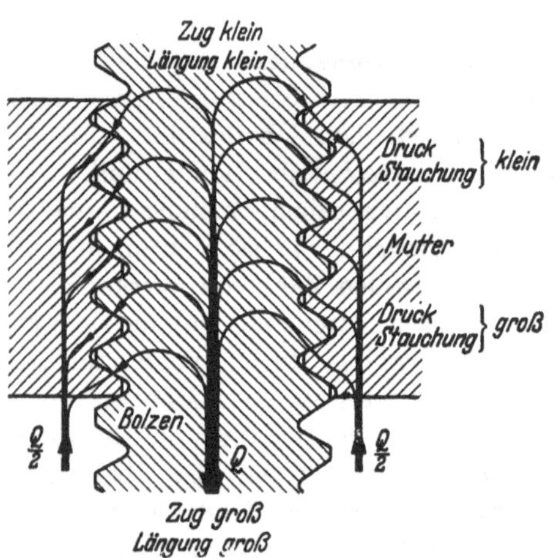

Abb. 30. Elastische Formänderungen an einer Gewindeverbindung. Die Linien veranschaulichen die Übertragung der Zuglast Q über die Gewindeflanken auf die Mutter. Die Größe der Kräfte ist hier nicht wie üblich durch die Länge der Pfeile, sondern durch deren Dicke gekennzeichnet.

Die vorerwähnten Versuche über die Festigkeit von Gewinden haben gezeigt, daß die Gänge immer zuerst an der Auflageseite der Mutter auszureißen begannen. Dies lag nicht etwa an Steigungsfehlern nach Art der Abb. 29, sondern die Erscheinung zeigte sich auch bei besonders sorgfältig gefertigten Gewindeteilen. Um die richtige Erklärung dafür zu finden, muß man wieder an die Elastizität der Werkstoffe denken. Wir gehen von der Annahme aus, daß die Last auf der ganzen Länge der Mutter gleichmäßig vom Bolzen auf die Mutter übertragen wird. Wir wissen zwar bereits, daß das in der Praxis nicht genau zutrifft, erkannten aber auch schon, daß durch elastische Formänderung örtliche Abweichungen ausgeglichen werden.

Dann nimmt die Last Q von der Unterkante der Mutter bis zu deren Oberkante allmählich von Q bis auf Null ab. Man vergleiche dazu Abb. 30. Der *Gewindebolzen* wird also unten infolge der großen Last Q stark elastisch gelängt, und diese Längung nimmt bis oben hin auf Null ab. Die *Mutter* dagegen wird durch Q elastisch gestaucht, und zwar wiederum unten am stärksten und weiter oben weniger. Infolge dieser elastischen Formänderung der beiden Gewindeteile wird also die *Steigung* des Gewindes am Bolzen unten größer, an der Mutter dagegen unten kleiner. Dadurch wird also eine Kraftübertragung, die bei genau gleicher Steigung von Bolzen und Mutter bei sehr *geringer* Last Q noch annähernd gleichmäßig wäre, mit *zunehmender* Last Q immer ungleichmäßiger über die Länge der Mutter verteilt. So kann es gar nicht anders sein, als daß die unteren Gewindegänge zuerst ausreißen.

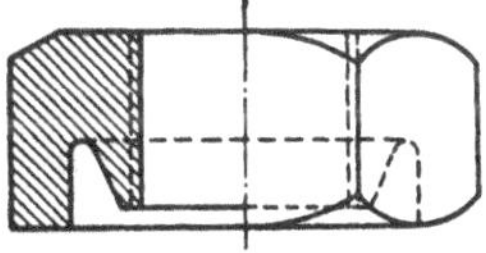

Abb. 31. Mutter mit einer Eindrehung, um die Last gleichmäßiger auf die Gewindegänge zu verteilen.

Man müßte eigentlich also auf den Bolzen eine Steigung schneiden, die von oben nach unten immer kleiner wird, und in die Mutter eine solche, die von oben nach unten immer größer wird, und zwar beides in

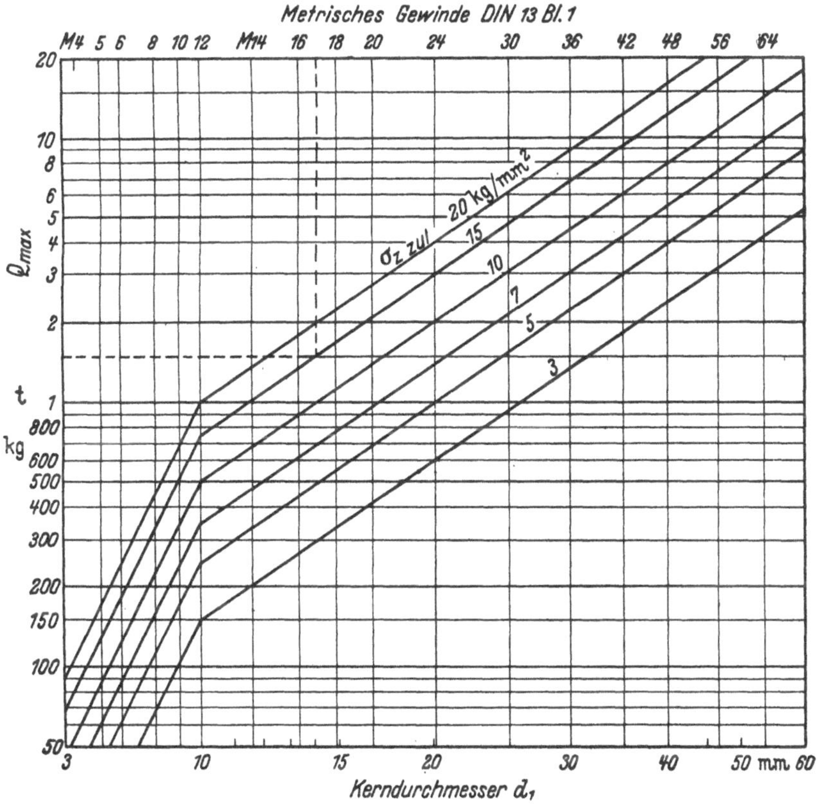

Abb. 32. Belastbarkeit von Schrauben. Das Schaubild gibt die *Nutzlast*. Vorspannung (25%) und Zuschlag für Verdrehen beim Anziehen unter Vollast (25%) sind bereits berücksichtigt.

Für $\sigma_{z\,zul}$ kann man einsetzen:

$0{,}25 \cdot \sigma_{zF}$ bei Werkstoffen, bei denen $\sigma_{zF} : \sigma_{zB} \approx 0{,}5$ ist,

$0{,}36 \cdot \sigma_{zF}$ bei Werkstoffen, bei denen $\sigma_{zF} : \sigma_{zB} \approx 0{,}9$ und $\sigma_{zB} \geqq 100$ kg/mm² ist.

σ_{zF} = Streckgrenze kg/mm², σ_{zB} = Zugfestigkeit kg/mm².

Beispiel: Geg. $Q_{max} = 1{,}5\,t$ (linke Teilung), $\sigma_{z\,zul} = 15$ kg/mm², $M\,18$ (obere Teilung).

einem Maße, daß diese Unterschiede durch die elastischen Längenänderungen bei einer bestimmten Last gerade ausgeglichen werden. Selbstverständlich sieht man von einer solch komplizierten Maßnahme ab. Eine andere gute Lösung des Problems stellt Abb. 31 dar. Die oberen Gänge werden stärker zur Lastübertragung herangezogen, die unteren nicht gestaucht, weil die innere Ringfläche nicht aufliegt, sondern gelängt wird, wie auch der Bolzen; allerdings nimmt diese Längung nach unten hin bis auf Null ab, während sie beim Bolzen dort am größten ist. Bei dieser Konstruktion ist die Tragfähigkeit um etwa 30% größer als bei der gewöhnlichen Mutter.

Als zusammenfassendes Ergebnis der bisher behandelten Festigkeitsuntersuchungen ist festzustellen: *In den weitaus meisten Fällen genügt die Nachrechnung des Bolzens auf Zug.* Dabei wird ein Zuschlag für Drehung gemacht. Biegung des Bolzens ist konstruktiv und fertigungstechnisch möglichst zu vermeiden. Bei dieser Berechnungsweise und beim Benutzen von Normteilen oder genormten Abmessungen kann angenommen werden, daß die übrigen Berechnungsverfahren ebenfalls keine unzulässigen Spannungen ergeben. *Damit ist also die Festigkeitsrechnung außerordentlich vereinfacht.* Eine graphische Berechnungstafel ist in Abb. 32 wiedergegeben. Sie gestattet, für eine bestimmte Last sofort die passende Schraubengröße abzulesen. Von der in DUBBEL, Zahlentafeln und Formeln (1947), enthaltenen weicht sie insofern ab, als hier die Vorspannung mit berücksichtigt ist und ebenso die Drehbeanspruchung beim Anziehen. Die Abb. 32 gibt also Zahlenwerte für die *Betriebslast.*

33 Dauerhaltbarkeit[1].

Sehr viele Gewinde sind unter Betriebsbedingungen nicht ständig gleichmäßig belastet, sondern die Last schwankt je nach Art der Verwendung langsam oder schnell zwischen einem Kleinst- und einem Größtwert. Bei einem Zylinderdeckel sind diese Grenzwerte ziemlich gleichbleibend, weniger schon bei einer Brücke, die unter der Verkehrsbelastung schwingt; heftige Stöße treten bei Fahrzeugen auf, während bei Flugzeugen einigermaßen gleichmäßige Schwingungen auftreten, nur

[1] SCHIMZ: Schrauben, Z. VDI Bd. 84 (1940) Nr. 9, S. 151. — THUM u. STAEDEL: Masch.-Bau Betrieb Bd. 11 (1932) H. 11, S. 230. — STAEDEL: Die Dauerfestigkeit von Schrauben. Mitt. d. Mat.-Prüf.-Anst. T. H. Darmstadt H. 4, Berlin 1933. — THUM u. WIEGAND, Die Dauerhaltbarkeit von Schrauben und Mittel zu ihrer Steigerung, Z. VDI Bd. 77 (1933) S. 1061. — WIEGAND: Über die Dauerfestigkeit von Schrauben und Schraubenverbindungen. Diss. T. H. Darmstadt 1933. Ersch. als Wiss. Veröff. Nr. 14 Neuß: Bauer & Schaurte A.-G. — THUM u. DEBUS: Die Vorzüge der Dehnschraube, Z. VDI Bd. 79 (1935) S. 917 — Vorspannung und Dauerhaltbarkeit von Schraubenverbindungen. Mitt. d. Mat.-Prüf.-Anst. Darmstadt, H. 7. Berlin 1936. — WÜRGES: Die zweckmäßige Vorspannung von Schrau-

beim Aufsteigen und Landen, bei Sturzflügen und bei Windstößen schwankt die Größe der Ausschläge sehr.

Für diese wechselnde Beanspruchung haben die bisher angestellten Festigkeitsrechnungen *keine Gültigkeit*. Schon die üblichen hohen Sicherheitszuschläge bei *ruhender* Belastung lassen vermuten, daß dabei etwas vernachlässigt wurde, was man früher in seinem Wesen und erst recht der Größe nach noch nicht erfassen konnte. Trotz dieser großen Zuschläge traten aber immer wieder Brüche auf, die Veranlassung gaben, die Kraft- und Belastungsverhältnisse näher zu studieren. Die dabei gewonnenen Erkenntnisse seien nachstehend kurz angedeutet. Das Gewinde ist ganz besonders geeignet, diese Zusammenhänge zu veranschaulichen.

Die bisherigen Festigkeitsrechnungen gehen alle von der Annahme aus, daß beispielsweise bei der reinen Zugbelastung die Zugkraft gleichmäßig über den ganzen Querschnitt verteilt von diesem übertragen werde, so daß also jedes Flächenelement den ihm nach seiner Größe zukommenden Anteil zu leisten habe. Beim ganz glatten Stab trifft dies auch zu, aber ein Blick auf Abb. 30 sagt uns sofort, daß bei einer Gewindeverbindung die Verhältnisse ganz anders liegen müssen.

Verfolgen wir einmal den Kraftverlauf und beginnen beim glatten Teil des Gewindebolzens. Hier möge also noch die Verteilung gleichmäßig sein. Dann beginnt das Gewinde; die ganze Last Q muß nun ziemlich unvermittelt von einem kleineren Querschnitt übertragen werden. Die Teilkräfte, die von einem zum nächsten Gefügebestandteil weitergeleitet werden, müßten jetzt in ihrer Richtung scharf umgelenkt werden.

Wir können diese Vorgänge versinnbildlichen, indem wir den Verlauf der Teilkräfte durch Linien darstellen, die den Kraftfluß erkennen lassen. Dies ist in Abb. 33 geschehen. Wir müssen uns jedoch darüber klar bleiben, daß dies nur eine bildliche Darstellungsweise ist, welche die tatsächlichen Kraft- und Beanspruchungsverhältnisse nur ungenau wiedergibt, zumal sie nicht räumlich sein kann. Man muß also Schlußfolgerungen, die man aus solcher Betrachtungsweise zieht, immer wieder praktisch nachprüfen. Das ist geschehen, vor allem durch Dehnungsmessungen. Die Darstellungsweise hat Ähnlichkeit mit derjenigen für

---

benverbindungen. Dtsch. Kraftfahrtforschg. H. 43, Berlin 1940. — Volk, Z. VDI Bd. 82 (1938) S. 1233. — Staudinger, Das Verhalten der Schraubenverbindungen bei wiederholtem Anziehen und Lösen, Z. VDI Bd. 81 (1937) S. 607. — Pomp u. Hempel: Dauerfestigkeitsschaubilder von gekerbten und kalt verformten Stählen, sowie von 1″- und $1^1/_8$″-Schrauben bei verschiedenen Zugmittelspannungen. Mitt. K.-Wilh.-Inst. Eisenforschg. Bd. 18 14. Lfg. Düsseldorf 1936, S. 205. Auszug daraus: Hempel: Z. VDI Bd. 81 (1937) S. 870. — Bollenrath: Z. VDI Bd. 83 (1939) S. 1169. — Haas: Z. VDI Bd. 82 (1938) S. 1269. — Bertram: Die Dauerhaltbarkeit von Gewinden bei verschiedenen Temperaturen und ihre Beeinflussung durch Oberflächendrücken. Mitt. d. Wöhler-Inst. Braunschweig H. 37.

magnetische und elektrische Kraftfelder. Man spricht deshalb hier wie dort bildlich von „Kraftlinien“ und von „Kraftfluß“.

An der Stelle, wo das Gewinde beginnt, tritt also eine plötzliche Einschnürung des Kraftflusses und eine Umlenkung der Richtung der Teilkräfte ein. In der Mitte des Querschnitts wird sich davon wenig bemerkbar machen. Aber schon etwas, bevor die erste Gewinderille beginnt, drängen sich die Teilkräfte enger zusammen, das heißt, daß die Beanspruchung des Werkstoffes dort größer wird. Es entsteht eine „tote Ecke“, die nicht an der Kraftübertragung beteiligt wird. Es ist wohl nicht falsch, wenn wir annehmen, daß die Kraftrichtung schon etwas unterhalb der ersten Gewinderille abgelenkt wird, denn eine ganz scharfkantige Umlenkung ist schlecht denkbar. Wie sollten dabei die einzelnen Gefügebestandteile ihre Teilkräfte weiterleiten?

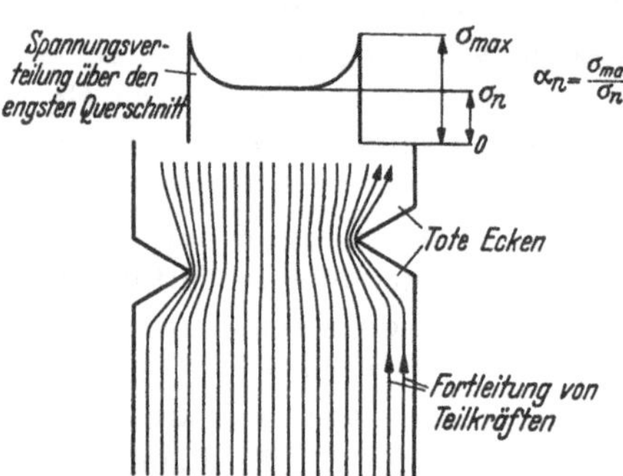

Abb. 33. Umlenkung und Zusammendrängen der Teilkräfte an einer Querschnittsverengung im zugbeanspruchten Stab. Die Spannungen sind nicht mehr gleichmäßig über den Querschnitt verteilt wie im unteren, glatten Teil des Stabes. Die Voraussetzungen der gewöhnlichen Festigkeitsrechnung gelten nicht.

Diese Zusammendrängung der Kraftlinien und immerhin noch ziemlich scharfe Umlenkung der Kraftrichtung hat eine Reihe gewichtiger Folgen. Wenn wir die Kraftverteilung über den verengten Querschnitt einmal darüber aufzeichnen, wie dies in Abb. 33 geschehen ist, so beobachten wir eine Erhöhung der Beanspruchung an der „Kerbe“. Daß diese Spannungserhöhung tatsächlich eintritt, ist durch zahlreiche Messungen bestätigt worden. Die Folge davon ist aber, daß an dieser Stelle der Werkstoff stärker gedehnt wird. Unmittelbar daneben ist die „tote Ecke“. Dies muß dazu führen, daß innerhalb des Werkstoffes Schiebungen in der Längsrichtung entstehen, denn an einer Werkstoffaser wird kräftig gezogen, so daß sie sich längt, die ganz benachbarte ist aber gar nicht beansprucht, sie bleibt folglich ungelängt. Diese beiden Fasern müssen sich also aneinander vorbeischieben. Es entstehen somit Schubspannungen.

Durch die Querzusammenziehung als Folge der großen Zugkraft wird aber auch die stark beanspruchte Werkstoffaser dünner. Da der Werkstoff (innerhalb der Bruchgrenze) seinen Zusammenhang behält, muß aus der „toten Ecke“ Werkstoff zur Auffüllung des durch die Querzusammenziehung entstandenen Querschnittsverlustes „*herangezogen*“ werden. Es treten also auch Zugspannungen quer zur Belastungs- oder Kraftlinienrichtung auf.

Die drei gefundenen Spannungsarten: Zug-längs, Schub-längs und Zug-quer könnte man vielleicht rechnungsmäßig ebenso zu einer ideellen oder reduzierten Spannung zusammensetzen, wie dies in Abschnitt 321 geschehen ist. Allein die räumlichen Spannungsverhältnisse sind dazu zu kompliziert. Tatsache ist, daß am Gewindegrund eine beträchtliche Spannungserhöhung auftritt, sie ist gemessen worden, und somit hat die Praxis qualitativ bestätigt, daß unsere mehr theoretischen Betrachtungen bis hierher nicht falsch waren. Die Spannungserhöhung wird durch eine Formziffer α_k zum Ausdruck gebracht, also einen Zahlenfaktor, mit dem die Nennspannung $\sigma_n = Q/F$ multipliziert werden muß, um die Maximalspannung zu erhalten. Die Größe von α_k richtet sich sehr nach der Form der Querschnittsverengung und liegt zwischen 1,2 und etwa 2,5.

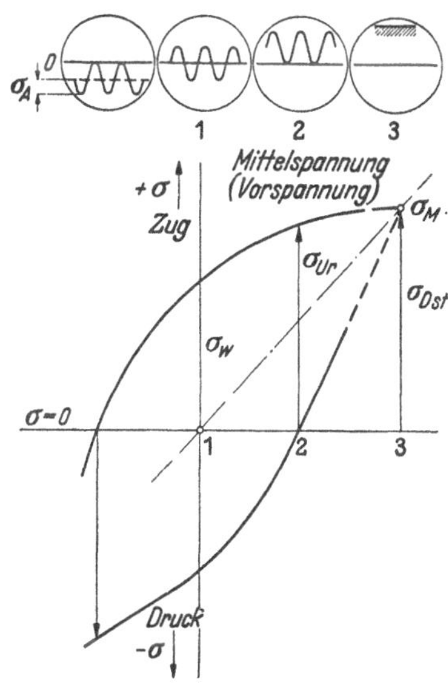

Abb. 34. Dauerfestigkeitsschaubild (Beispiel).

Die Dauerfestigkeit eines Werkstoffes ist derjenige Spannungsausschlag σ_A, der von einer glatten, polierten Probe ohne Bruch beliebig häufig ertragen wird. Die Größe dieses zulässigen Spannungsausschlages hängt ab von der Vorspannung oder Mittelspannung, um welche er schwankt. Die Vorspannung ist durch die schräge strichpunktierte Gerade dargestellt. Je größer die Vorspannung, desto kleiner dürfen die Spannungsausschläge nur sein.

Charakteristische Werte:

1. Wenn Vorspannung $\sigma = 0$, dann ist σ_W = *Wechselfestigkeit*;
2. Wenn Vorspannung so groß, daß die Spannung zwischen 0 und einem Größtwert σ_{Ur} wechselt, dann ist σ_{Ur} = *Ursprungsfestigkeit*;
3. Wenn Vorspannung $\sigma = \sigma_{Dst}$, dann wird *gar kein* Spannungsausschlag mehr ertragen. Dieser Fall ist praktisch bedeutungslos. Meist wird das Dauerfestigkeitsschaubild an der Fließgrenze abgebrochen, wie durch Strichelung angedeutet.

Dort, wo die Maximalspannung die Festigkeit des Werkstoffes überschreitet, tritt Bruch ein. Aber schon wenn die Elastizitätsgrenze überschritten wird, der Werkstoff also örtlich bleibend verformt wird, ändert sich das Gefüge, es wird zwar etwas fester, aber spröder. Infolgedessen vermag es zwar den verwickelten Längs-, Quer- und Schubspannungen besser zu widerstehen, aber es folgt den elastischen Veränderungen bei Wechsellast auch weniger willig. Dies und die dauernden, mikroskopisch kleinen Verschiebungen und Verzerrungen im Gefüge des Werkstoffes, der auch kein gleichförmiger Stoff ist, sondern aus Kristallkörnern besteht, bewirken nach einer großen Zahl von Lastwechseln, sagen wir 10 Millionen, ein Zermürben des Gefüges und führen dann zum sogenannten Dauerbruch. Dieser geht natürlich immer von den Stellen aus, wo die Maximalspannung auftritt, also hier vom Gewindegrund.

Die Dauerfestigkeit der Werkstoffe ist verschieden. Sie hängt von der Vorspannung ab, das ist die gleichbleibende Spannung, um welche die „Wechselspannung" schwankt. Diese Abhängigkeit zeigt das Dauerfestigkeitsschaubild (Beispiel Abb. 34).

Die meisten Werkstoffe reagieren aber auf eine Spannungsspitze, durch welche die Festigkeit örtlich rechnerisch überschritten wird, gar nicht mit einem Dauerbruch, sondern es finden wohl, besonders bei weichen Stoffen, gewisse Spannungsausgleiche innerhalb des Gefüges statt. Hat also eine Kerbe die Formziffer α_k, so fällt die Nenndauerfestigkeit des gekerbten Stabes gar nicht auf den α_k-ten Teil der Dauerfestigkeit ab, die eine glatte polierte Probe hat, sondern weniger. Bildet man das Verhältnis

$$\beta_k = \frac{\text{Dauerfestigkeit des glatten Stabes}}{\text{Dauerfestigkeit des gekerbten Stabes}},$$

so erhält man in β_k die „Kerbwirkungszahl", also eine Zahl, welche die *Wirkung* einer Kerbe auf die Dauerfestigkeit ausdrückt und vom Werkstoff abhängig ist. Sie ist aber auch noch von der *Form* der Kerbe abhängig. Aus der Beziehung

$$\eta_k = \frac{\beta_k - 1}{\alpha_k - 1}$$

findet man nun eine von der *Form* der Kerbe nahezu unabhängige Zahl für die *Werkstoffeigenschaft*, die Kerbempfindlichkeitszahl η_k. Bei einem vollkommen kerbunempfindlichen Werkstoff wäre $\eta_k = 0$, bei einem vollkommen kerbempfindlichen wäre $\eta_k = 1$, weil dann $\beta_k = \alpha_k$ wäre. Zahlenwerte für die Kerbempfindlichkeit der verschiedenen Werkstoffe sind in Werkstoff-Handbüchern und -Taschenbüchern aufgeführt.

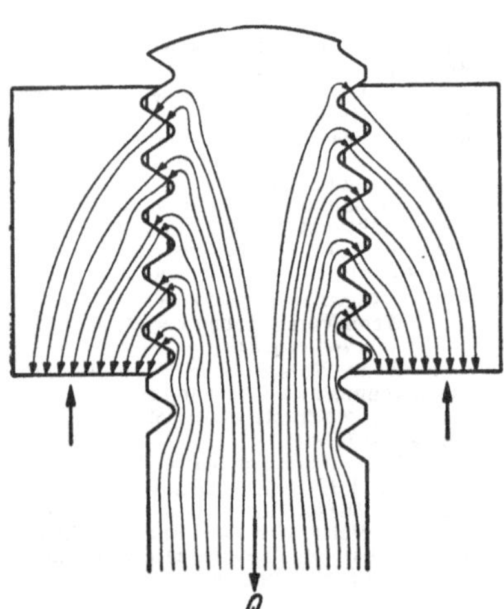

Abb. 35. Übertragung der Last Q vom Schraubenbolzen über die Gewindeflanken auf die Mutter. Am Gewindegrund werden die Teilkräfte jedesmal umgelenkt. Dadurch entstehen an diesen Stellen Spannungserhöhungen.

Wir haben aber den Kraftverlauf im Gewinde bisher nur vom glatten Teil des Bolzens bis zum Beginn des Gewindes betrachtet und wollen ihn nun weiter verfolgen, nachdem wir inzwischen einige Kenntnisse und Erkenntnisse hinzugewonnen haben. Dazu schauen wir Abb. 35 an, die eine Verbesserung von Abb. 30 darstellt insofern, als sie den Verlauf der Teilkräfte genauer zeigt.

Wenn wir bei der Vorstellung von der Kraftfortleitung von einem Gefügeelement zum nächsten bleiben, dann werden die Verhältnisse recht verwickelt an der Stelle, wo die Mutter beginnt, wo also fortlaufend Teilkräfte auf deren Gewindegänge übertragen werden sollen. (Wir nehmen zur Vereinfachung wieder an, daß die ganze Last Q gleichmäßig auf die Gewindegänge übertragen wird.) Die ganze Last Q, die wir im glatten Teil des Schaftes noch mit gutem Recht als ziemlich gleichmäßig über den Querschnitt verteilt ansehen konnten, soll nun in der Zone, wo das Gewindeprofil eingeschnitten ist und die Mutter den Bolzen umfaßt, an die Mutter abgegeben werden. Dies muß zur Folge haben, daß sich die Kraftlinien außen mehr zusammendrängen, da ganz scharfe Umlenkungen schwer denkbar sind. Da die Kraft*übertragung* am äußeren Rande, innerhalb des Gewindeprofils, stattfindet, werden also auch diejenigen Teilkräfte, die erst im oberen Teil der Mutter abgegeben werden, schon viel weiter unten nach außen abgelenkt. Es zeigt sich also in der Mitte des Bolzens, besonders oben, eine Verminderung der Spannungen und am Rande, in der Nähe des Gewindes, eine starke Erhöhung. Dies hat wieder Schiebungen und Querkräfte im Gefüge zur Folge.

Die Übertragung der Teilkräfte auf Teilflächen der Mutterflanke kann aber nur durch Druck geschehen. Was bis dahin Zug war, muß jetzt Druck werden. Wie das vor sich geht, wird durch die Darstellung mit Kraftlinien, die hier einfach um etwa 150° herumgebogen gezeichnet sind, nur recht unvollkommen wiedergegeben. Es treten Biegespannungen und Schiebungen im Werkstoff auf, wie wir sie schon im Abschnitt 32 zu erfassen versucht haben. Hinzu kommt eine Druckspannung infolge der Kegelwirkung des Gewindes mit spitzem Profil, also infolge der Flankenneigung von $\alpha_1 = 30°$. Es ist schwer, sich auszumalen, welche Spannungsarten und -richtungen hier insgesamt auftreten, wenn man noch die elastischen Formänderungen, Längungen, Querzusammenziehungen, Zusammendrückungen der einzelnen Gefügebestandteile in Betracht zieht.

Gerade diese elastischen Formänderungen unter Wechsellast und das „Arbeitsvermögen", die Fähigkeit des Werkstoffes, solche wechselnden Änderungen in sich zu verarbeiten, sind aber für die Festigkeit der Gewindeverbindung, d. h. für die Fähigkeit, Belastungen, die in bestimmter Weise schwanken, dauernd ohne Bruch zu ertragen, sehr wichtig.

Die Haltbarkeit bei dauernd schnell wechselnder Belastung, also die Dauerhaltbarkeit, wird offenbar auch noch von folgendem beeinflußt. Wenn die ganze Formänderungsarbeit an den Stellen geleistet werden muß, wo die verschiedensten Spannungen sich addieren und die höchsten Spannungsspitzen auftreten, ist die Bruchgefahr gewiß größer, als wenn man diese Formänderungsarbeit zum Teil an ungefährlichere Stellen ableiten könnte. Wäre es möglich, eine Feder dazwischenzuschalten, so würde der Schlag auf die Gefügebestandteile in dem gefährdeten Gebiet weniger hart sein, sie brauchten weniger Formänderungsarbeit zu leisten und würden also weniger früh durch Dauerbruch zerstört werden. Diese Feder kann man zwar nicht gut *zwischen* die Gewindeflächen schalten, wohl aber *davor*. Dies kann beispielsweise dadurch geschehen, daß man den Schaft des Gewindebolzens, in dem ja die Kraftverteilung ziemlich gleichmäßig ist, so schwächt, daß er sich unter der wechselnden Last längt. Diese Überlegung führt zur „Dehnschraube“, die Abb. 36 zeigt. Der Durchmesser des Schaftes ist kleiner als der Kerndurchmesser des Gewindes. Das Arbeitsvermögen eines so zur Formänderungsarbeit besser herangezogenen Schraubenbolzens hängt natürlich von seiner Länge ab.

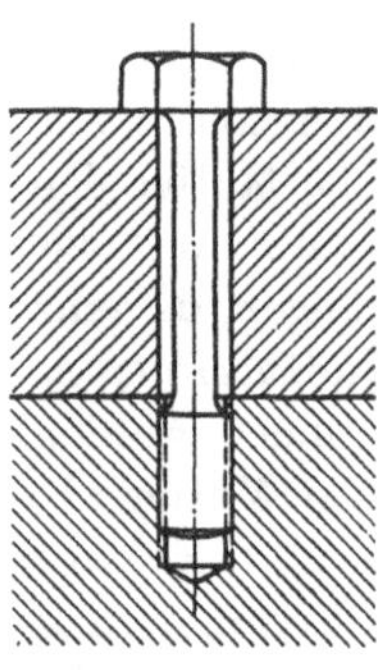

Abb. 36. Dehnschraube. Der glatte Teil des Schraubenschaftes ist dünner als der Kerndurchmesser des Gewindes. Dadurch wird die Formänderungsarbeit innerhalb der ganzen Länge der Schraube gleichmäßiger verteilt. Der dünnere Schaft „gibt mehr nach“ und vermindert dadurch die Spannungsspitzen am Gewindegrund. Er wirkt wie eine zwischengeschaltete Feder.

Auf Grund der neueren Erkenntnisse der Festigkeitslehre kommt man also zu dem Ergebnis, daß bei einer Kette von belasteten Gliedern möglichst allen Teilen die gleichen Beanspruchungen und folglich auch angenähert gleich große Formänderungsarbeit zugemutet werden soll. Hier liegt der zunächst unglaublich anmutende Fall vor, daß eine Gesamtkonstruktion dadurch haltbarer wird, daß man bestimmte Querschnitte *schwächt*. Die Maßnahme verliert aber nach Vorstehendem sofort ihre Unglaublichkeit, wenn man sich vergegenwärtigt, daß dadurch die stärkste Beanspruchung von den besonders gefährdeten Stellen abgelenkt und zu weniger empfindlichen hingeleitet wird, und daß ferner das elastische Arbeiten der ganzen Konstruktion dadurch gleichmäßiger verteilt wird.

34 Erhöhung der Dauerhaltbarkeit.

Die vorstehenden Betrachtungen und Erkenntnisse führen zu einer Reihe von Möglichkeiten, um die Haltbarkeit eines Gewindes bei Wechsellast zu vergrößern.

1. *Werkstoffe mit höherer Festigkeit.* Die Benutzung von Schrauben mit sehr hoher Festigkeit ist längst nichts Ungewöhnliches mehr. Die Konstruktion eines äußerst leichten Flugzeugmotors ist ohne sie undenkbar. Denn wenn die Schrauben dünner werden können, werden auch alle umliegenden Bauteile kleiner und dadurch leichter. Aber Werkstoffe mit höherer Zugfestigkeit sind meist kerbempfindlicher. Dies ist also dabei zu beachten.

2. *Wahl der Vorspannung.* Wir erkannten, daß der Ausschlag der Wechsellast σ_A, den der Werkstoff beliebig oft erträgt, sehr von der Größe der Vorspannung abhängt. Die Forschungsergebnisse, vor allem von THUM und seinen Schülern, haben gezeigt, daß dagegen die Werkstoffeigenschaften und die Gewindeform an Bedeutung zurücktreten. Dies gilt zunächst nur für auf Zug beanspruchte Schrauben. Die Vor-

Abb. 37. Einfachste Art eines Grenzkraftschlüssels. Der dünne Hals ist so bemessen, daß er sich bei Überschreiten des zulässigen Anziehmomentes bleibend verformt.

spannung muß mindestens so groß sein, daß sich die zusammengeschraubten Teile während der Schwankungen der Betriebslast nicht entspannen. Versuche haben ergeben, daß sie vorteilhaft 60% der Last beträgt, bei welcher der Werkstoff bis zur Streckgrenze beansprucht wird. (Das ist also weit mehr, als wir der Rechnung in Abschnitt 32

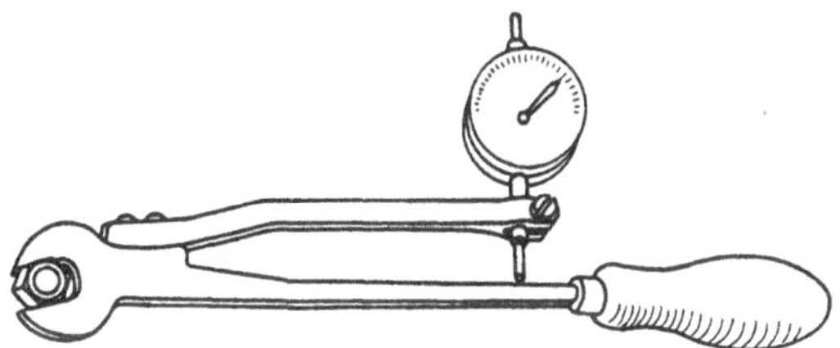

Abb. 38. Grenzkraftschlüssel mit Meßuhr. Die elastische Verbiegung des Griffteiles gibt ein Maß für die Größe des Drehmomentes.

zugrunde legten; dort handelte es sich aber auch um ruhende Last.) Sie darf aber auch nicht zu hoch sein, damit nicht die Streckgrenze überschritten, der Werkstoff bleibend gelängt und dadurch die Vorspannung auf einen unkontrollierbaren Wert herabgesetzt wird.

Meist wird die Größe der Vorspannung beim Zusammenbau nicht geprüft. Die Schraube oder Mutter wird „nach Gefühl" fest angezogen. Da hierbei ganz beträchtliche Unterschiede möglich sind, braucht man sich nicht zu wundern, wenn im Betrieb hochbelastete Schrauben trotz hoher Werkstoffgüte reißen. Ein Blick auf das Schaubild der Abb. 32 zeigt auch, daß dünne Schrauben nur sehr kleine Zugkräfte ertragen, die mit einem Schlüssel oder Schraubenzieher leicht ausgeübt werden können.

Deshalb sind für den Zusammenbau verschiedene Konstruktionen von *Grenzkraftschlüsseln*[1] vorgeschlagen worden, von denen die Abb. 37

[1] KIENZLE: Kraftpassung zwischen Schlüssel und Schraube. Werkstattstechnik Bd. 34 (1940) H. 23, S. 397.

bis 40 Beispiele zeigen. Vom praktischen Werkstattstandpunkt ist ein Schlüssel, an dem ein Zeigermeßgerät angebracht ist, abzulehnen. Bei den Kraftwerkzeugen zum Einziehen von Schrauben und zum Anziehen von Muttern sind zwar meist auch Überlastungskupplungen eingebaut, die aber manchmal nur dem Schutz des Werkzeuges dienen. Bei manchen Bauarten ist sogar die Anziehkraft abhängig von der Kraft, mit der man das Kraftwerkzeug andrückt. Dadurch wird also der Schwankungsbereich der Vorspannung nicht eingeengt.

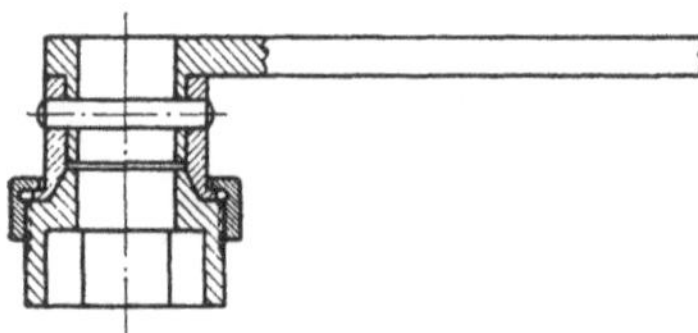

Abb. 39. Grenzkraftschlüssel mit Reibungskupplung. Beim Überschreiten des zulässigen Drehmomentes rutscht der Schlüssel im Kegel. Regeln des Grenzdrehmomentes mittels Überwurfmutter.

Eine Unsicherheit über die Größe der Vorspannung bleibt aber bei diesen Verfahren bestehen: die Reibung im Gewinde und an der Unterlage. Deshalb ist von anderer Stelle vorgeschlagen worden, die Vorspannung durch die Längung, die der Schraubenbolzen erfährt, zu kontrollieren. Damit erhält man zwar ein genaues Maß für die tatsächlich erzeugte Vorspannung, denn die Längung ist innerhalb der Elastizitätsgrenze proportional der Zugspannung. Aber das Verfahren ist in der Werkstatt schwierig anwendbar.

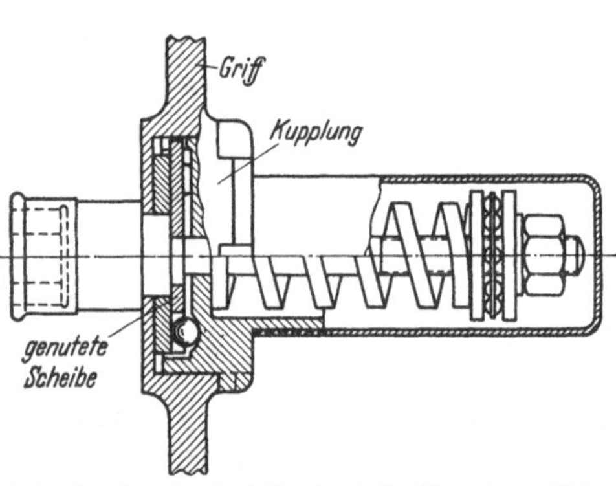

Abb. 40. Grenzkraftschlüssel mit Drehkupplung. Beim Überschreiten des zulässigen Drehmomentes laufen die Kugeln an schrägen Flächen der genuteten Scheibe hinauf, überwinden dabei die Federkraft, die regelbar ist, und lösen die Klauenkupplung aus.

Ein weiterer Unterschied ist zu beachten, der bei den Rechnungen im Abschnitt 32 gemacht wurde. Dort war die Vorspannung zu 25% der Betriebslast Q festgesetzt worden. Zieht man das Gewinde in unbelastetem Zustande an, so darf also in dem Schraubenbolzen nur eine Zuglast von $0{,}25\,Q$ erzeugt werden. Beim Anziehen unter Last dagegen sollen am Ende des Anziehens $1{,}25\,Q$ wirken. Man muß also im zweiten Falle viel stärker anziehen und einen anderen oder anders eingestellten Grenzkraftschlüssel benutzen.

3. *Änderung der Schraubenform.* Die Dehnschraube ist bereits besprochen. Hier müssen auch (besonders bei Wechsellast) große Abrundungen an Querschnittsübergängen erwähnt werden, um scharfe Kraftumlenkungen zu vermeiden.

Wichtig ist somit die Rundung des Gewindes im Grund der Lücke.

STAEDEL fand bei einer Änderung der Rundung im Gewindegrund von 0,1 auf 0,3 mm eine Steigerung der Dauerhaltbarkeit von 1,5 auf 3 cmkg. Das Whitworth-Profil hat an dieser Stelle eine Rundung, die $t/6$ entspricht, das metrische eine solche von $t/8$. Dies wurde schon lange als ein Mangel des metrischen Gewindes bezeichnet. Die Praxis hat jedoch gezeigt, daß der Unterschied für die Dauerhaltbarkeit nicht so ausschlaggebend ist, wie er bisweilen hingestellt wurde. Vielmehr hat die Oberflächengüte einen größeren Einfluß. Gleichwohl ist der Wunsch berechtigt, das metrische Profil insofern dem Whitworthschen anzugleichen. Die Gelegenheit hierzu nach Kriegsende wäre günstig gewesen, allein man konnte sich in Deutschland zu einer Umstellung, die im übrigen unwesentlich gewesen wäre, nicht entschließen, weil man eine weitere Umstellung auf Grund späterer internationaler Beschlüsse (ISO) befürchtete. Im übrigen gefährdet der später vielleicht nötige Übergang auf $t/6$ die Austauschbarkeit praktisch nicht.

Schlecht sind zweifellos Gewinde, die im Gewindegrund noch weniger ausgerundet sind als das metrische Gewinde.

4. *Druckvorspannungen im Gewindegrund.* Beim Gewindewalzen (siehe Abschn. 47) wird der Werkstoff im Grund der Lücke stärker verformt, und er wird vor allem vorwiegend auf Druck beansprucht. Dadurch tritt eine Kaltverfestigung des Werkstoffes ein, die sich auf die Dauerhaltbarkeit günstig auswirkt. Abgesehen von der Gefügeänderung werden an dieser Stelle innere Vorspannungen im Werkstoff erzeugt, die, wenn sie richtig liegen, bei Hinzukommen äußerer Belastung erst abgebaut werden, ehe diese im Werkstoff zur Wirkung kommt.

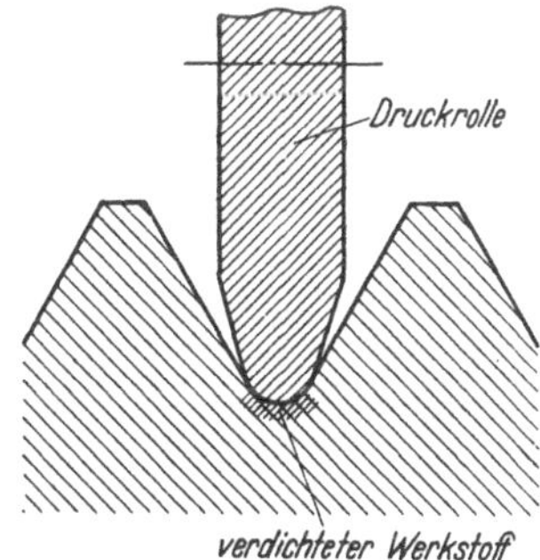

Abb. 41. Verdichten und Glätten des Gewindegrundes mit einer Druckrolle.

Gewinde, die nicht gewalzt, sondern aus dem Vollen geschnitten sind, kann man dadurch dauerhaltbarer machen, daß man den Gewindegrund in einem besonderen Arbeitsgang durch Andrücken einer Rolle über die Streckgrenze beansprucht und dadurch die gewünschte Verfestigung und innere Vorspannung erzeugt. Dadurch wird auch gleichzeitig der Gewindegrund geglättet, und feinste Kerben, die u. U. schädlich sein könnten, und die Rauhigkeit von der spanabhebenden Bearbeitung her werden beseitigt. Den Arbeitsvorgang zeigt Abb. 41. Auch die Gefahr des Fressens, wenn das Gewinde in den Spitzen trägt, wird dadurch herabgesetzt; eine Freßstelle wirkt als Kerbe und setzt somit die Dauerhaltbarkeit herab.

35 Reibung, Selbsthemmung, Wirkungsgrad.

Für die Untersuchung der Reibungsverhältnisse benutzen wir zunächst ein Flachgewinde. Dieses hat ein rechteckiges Profil, also den Flankenwinkel 0°. Dadurch umgehen wir vorerst die Komplizierung durch die Schräglage der Flanken. Diese wird dann gesondert behandelt und in der Rechnung berücksichtigt.

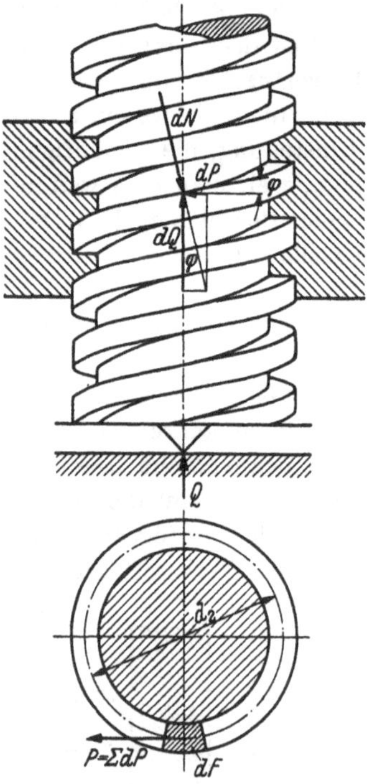

Ein solches Gewinde ist in Abb. 42 gezeichnet und die zugehörige Mutter im Schnitt dargestellt. Da wir wissen möchten, was durch die Reibung verlorengeht, müssen wir die Kraftverhältnisse auch einmal ohne Berücksichtigung der Reibung untersuchen, und wir wollen dies zuerst tun. Wenn wir die Mutter des Gewindes sicher befestigen, mechanisch gesprochen: wenn wir dafür sorgen, daß alle Reaktionskräfte, die der Bolzen in der Mutter hervorruft, aufgenommen werden, und wenn wir den Bolzen von unten mit einer Kraft Q belasten, etwa durch eine Federanordnung, dann würde er sich nach oben herausschrauben. Wir sind zwar durch die tägliche Erfahrung so an die Wirkung der Reibung gewöhnt, daß uns dies zunächst unglaublich erscheint. Es wäre aber gewiß so. Dieser Drehung können wir entgegenwirken, indem wir den Bolzen mit einem Schlüssel festhalten, also ein Drehmoment auf ihn ausüben. Als Hebelarm für dieses Drehmoment setzen wir den mittleren Halbmesser des Gewindes $d_2/2$ fest; an diesem muß eine Kraft P von bestimmter Größe wirken, damit Gleichgewicht zustande kommt. Würden wir einen Schlüssel mit einem längeren Hebelarm benutzen, so würden wir eine kleinere Kraft als P aufzuwenden haben, aber das Drehmoment bliebe dennoch immer gleich groß.

Abb. 42. Kräfte an einem Flachgewinde. Die Reibung ist *unberücksichtigt*. dP und dQ sind Teilkräfte der von außen auf den Bolzen wirkenden Umfangskraft P und der Last Q, und zwar der Anteil, der auf das Flächenstück dF entfällt. dN ist die Reaktionskraft des zugehörigen Flächenstückes der Mutter.

Wir betrachten ein Flächenelement dF der Bolzenflanke. In diesem ist ein seiner Größe entsprechender Anteil dQ der ganzen Last Q wirksam, und zwar senkrecht nach oben. Die Umfangskraft dP für dieses Flächenelement muß nun so bemessen sein, daß die Resultierende aus

dQ und dP genau senkrecht auf der Gewindefläche dF steht, denn dann läßt sich keine Teilkraft (Komponente) mehr abspalten, die in Richtung des Gewindeganges verläuft und also eine Schraubung hervorrufen könnte. Der mit Hilfe eines Kräfteparallelogrammes konstruierten Resultierenden in Abb. 42 setzt das entsprechende Flächenstück der Mutter eine Reaktionskraft von gleicher Größe und umgekehrter Richtung entgegen, die mit dN bezeichnet ist, und man sieht sofort, daß sich dQ, dP und dN das Gleichgewicht halten. Aus der Figur können wir ablesen, daß

$$\operatorname{tg} \varphi = \frac{dP}{dQ}$$

ist. Um auf das Drehmoment zu kommen, multiplizieren wir beide Seiten der Gleichung mit $d_2/2$ und erhalten

$$\frac{d_2}{2} \operatorname{tg} \varphi = \frac{\frac{d_2}{2} \cdot dP}{dQ}.$$

Die Gesamtkräfte P und Q verhalten sich wie die Teilkräfte dP und dQ, und man erhält nach Umformung:

$$M_d = Q \cdot \frac{d_2}{2} \cdot \operatorname{tg} \varphi \qquad \text{(ohne Reibung)}.$$

Nun führen wir die *Reibung* in die Rechnung ein. Wenn wir den Gewindebolzen *entgegen* der Last bewegen wollen, müssen wir nach vorstehendem ein Drehmoment aufwenden, das etwas größer ist als M_d. In dem Augenblick, in dem wir eine solche Bewegung einleiten wollen, macht sich die Reibung bemerkbar. Sie wirkt stets der Bewegung entgegen, und wir können sie uns als eine Kraft von entsprechender Größe und Richtung denken. Ihre Richtung geht immer längs der Fläche, an der die Reibung auftritt, ihre Größe ergibt sich aus der Normalkraft, d. h. derjenigen die senkrecht auf der Fläche steht, nach dem Reibungsgesetz zu:

$$dR = \mu dN.$$

Darin ist μ die Reibungszahl für die betreffenden Werkstoffe und Schmierungsverhältnisse und hat nichts mit der Bezeichnung für $^1/_{1000}$ mm zu tun.

In Abb. 43 ist ein Gewindegang aus Abb. 42 vergrößert herausgezeichnet und dN und dR eingetragen. Die Verhältniszahl $dR/dN = \mu$ kann man auch gleich $\operatorname{tg} \varrho$ setzen und nennt dann ϱ den Reibungswinkel. Dieser ist in Abb. 43 angegeben.

Um nun den Schraubenbolzen mittels einer Kraft dP, die am mittleren Gewindehalbmesser $d_2/2$ angreift, zu bewegen, müssen wir nicht nur wie bisher die waagerechte Teilkraft von dN überwinden, sondern auch noch diejenige von dR. Aber Q hat nun offensichtlich auch eine andere Größe.

Um schnell zu einer Lösung der Aufgabe zu kommen, nehmen wir eine beliebige Größe der Reaktionskraft dN an, bestimmen nach dem Reibungsgesetz die Größe von dR und aus der Mittelkraft dW aus diesen beiden das Verhältnis der Kräfte, die wir von außen wirken lassen müssen. Wollen wir dann eine größere Last dQ bewegen, so nehmen alle anderen Kräfte, dP, dN und dR, im gleichen Verhältnis zu, es gilt eine der gezeichneten geometrisch ähnliche, größere Figur.

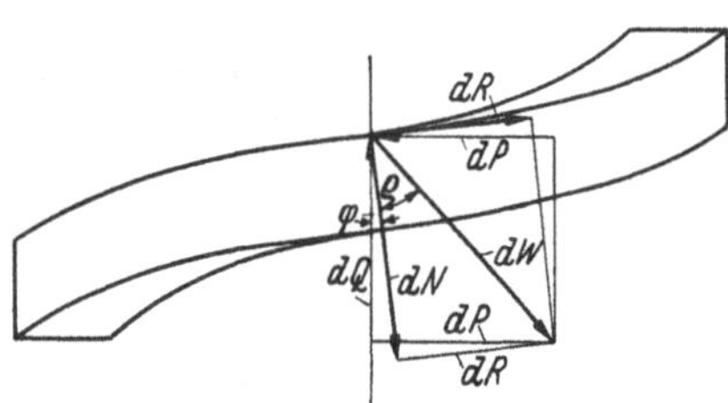

Abb. 43. Kräfte an einem Flachgewinde beim *Anziehen* des Bolzens, *Reibung berücksichtigt*. dP und dQ sind Teilkräfte der von außen wirkenden Kräfte P und Q. Diese halten der Mittelkraft dW aus Reaktionskraft der Mutter dN und Reibungskraft dR das Gleichgewicht.

Die inneren Kräfte dN und dR setzen wir zeichnerisch zu einer Resultierenden dW zusammen. Diese ist jetzt an die Stelle von dN in Abb. 42 getreten, und die äußeren Kräfte, dP in waagerechter und dQ in senkrechter Richtung, müssen so bemessen werden, daß sie ihr das Gleichgewicht halten. Um sie zu finden, konstruieren wir das senkrecht stehende Rechteck, aus dem wir ablesen:

$$\operatorname{tg}(\varphi + \varrho) = \frac{dP}{dQ}\,.$$

Ebenso wie die Teilkräfte dP und dQ verhalten sich auch die Gesamtkräfte P und Q zueinander. Wir multiplizieren die Gleichung wieder mit $d_2/2$, um auf M_d zu kommen und erhalten nach Umformung:

$$M_d = Q \cdot \frac{d_2}{2} \operatorname{tg}(\varphi + \varrho) \quad \text{(Anziehen mit Reibung)}.$$

Für diesen Fall herrscht gerade Gleichgewicht, wir müssen also ein etwas größeres Drehmoment als M_d aufwenden, wenn wir den Gewindebolzen bewegen, und zwar entgegen der Last Q *festziehen* wollen.

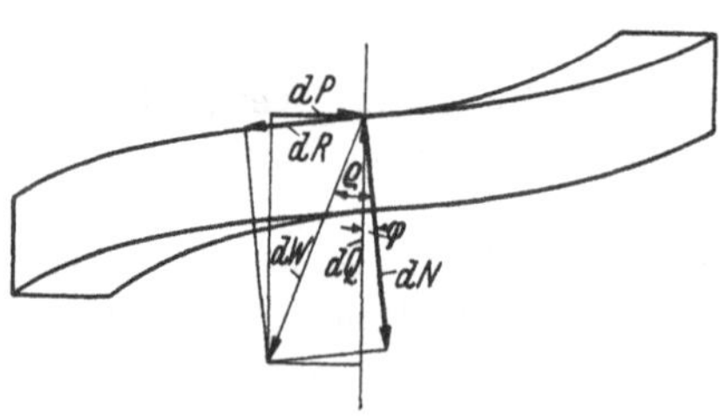

Abb. 44. Kräfte beim *Lösen* des Bolzens. Die Teilkräfte dP und dQ halten der Mittelkraft dW aus Reaktionskraft dN und Reibungskraft dR das Gleichgewicht.

Nun sei der Fall betrachtet, daß die Schraube *gelöst* werden soll. Dabei wirkt dR in umgekehrter Richtung, denn die Reibung sucht ja immer die Bewegung zu hemmen.

Wiederum nehmen wir die Größe von dN an, bestimmen dR dazu und setzen beide zu einer Resultierenden dW zusammen, wie in Abb. 44 geschehen. Zu dieser Kraft dW suchen wir die waagerecht und senkrecht verlaufenden Teilkräfte, die ihr das Gleichgewicht halten.

Aus dem senkrechten Rechteck der Abb. 44 lesen wir wieder ab

$$\operatorname{tg}(\varrho - \varphi) = \frac{dP}{dQ}$$

und erhalten daraus

$$M_d = Q \cdot \frac{d_2}{2} \operatorname{tg}(\varrho - \varphi) \qquad \text{(Lösen mit Reibung).}$$

Aus der bildlichen Darstellung und auch aus der vorstehenden Gleichung ersehen wir, daß M_d bzw. P diesmal viel kleiner ist als beim *Festziehen* der Schraube.

Wir können nun auch feststellen, wann gar kein Drehmoment nötig ist, um die Schraube zu lösen. Diesen Fall finden wir durch Vergleich der beiden Zeichnungen Abb. 43 und 44. Er tritt dann ein, wenn dW senkrecht verläuft, denn dann wird die waagerechte Teilkraft von dW gleich Null. Fällt aber dW zwischen dQ und dN, so löst sich die Schraube von selbst, sie hat keine „Selbsthemmung" mehr. Zu dem gleichen Ergebnis führt uns die Betrachtung der letzten gefundenen Gleichung. Wird $\varrho = \varphi$, so wird $M_d = 0$, und wird $\varphi > \varrho$, so erhält man ein negatives M_d. Das bedeutet, daß wir kein positives Drehmoment mehr aufwenden müssen, um die Schraube zu lösen, sondern sie bringt selbst ein solches auf, das die Drehung des Gewindebolzens hervorruft. Dieser Fall ist in Abb. 45 dargestellt.

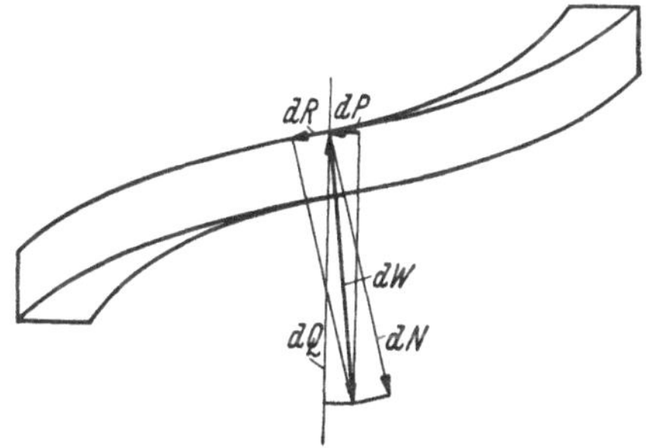

Abb. 45. Gewinde *ohne* Selbsthemmung. Damit Gleichgewicht besteht, also keine Bewegung eintritt, muß am Schraubenbolzen eine Umfangskraft von der Größe $P = \Sigma dP$ wirken. Nimmt man diese fort, so schraubt sich der Bolzen nur unter der Wirkung von Q nach oben aus der Mutter heraus.

Wir stellen also noch einmal zusammen:

Ist $\varphi > \varrho$, so hat das Gewinde keine Selbsthemmung,

ist $\varphi = \varrho$, so liegt gerade der Grenzfall der Selbsthemmung vor,

ist $\varphi < \varrho$, so hat es immer Selbsthemmung. Wir können den Gewindebolzen dann nur durch Drehen mit einem Drehmoment von etwas mehr als der berechneten Größe bewegen, niemals aber durch eine Kraft Q in der Achsenrichtung allein veranlassen, sich zu drehen. Eine solche Schraube löst sich nicht von selbst. Allerdings ist dies keine zuverlässige Sicherung. Durch Erschütterungen oder Lastschwankungen treten nämlich kleinste Bewegungen in den Flanken ein. Wir brauchen nur an die beschriebenen elastischen Formänderungen der ganzen Gewindeverbindung zu denken, um das jetzt sofort einzusehen. Ändert sich die Belastung der Verbindung, so ändern sich auch diese Formänderungen, es finden kleine Verschiebungen statt, und an Stelle des *großen* Reibungswertes für *Ruhe* (Haftreibung) wird der viel *kleinere* Wert für die *Reibung der Bewegung* (Gleitreibung) wirksam. In diesem Augenblick ist die Bedingung der Selbsthemmung $\varphi < \varrho$ aufgehoben, und die Gewindeteile bewegen sich ein Stückchen zueinander. Bei fortdauernden Schwankungen oder Erschütterungen kommt es so recht schnell zum Lösen der Gewindeverbindung. Solange also ein Befestigungsgewinde nicht völlig ruhig und gleichmäßig belastet wird, ist eine besondere „Schraubensicherung"[1] erforderlich, auch wenn es für sich der Bedingung für Selbsthemmung reichlich genügt. Durch Fressen im Gewinde, das durch ungenügend satte Anlage in den Flanken begünstigt wird, entsteht ein größeres Anziehmoment, ungenügende Vorspannung und folglich ein geringerer Widerstand gegen Lösen.

Es gibt auch Gewinde, die Selbsthemmung in der *Drehrichtung* haben, bei denen also die Einleitung einer Bewegung nur durch eine

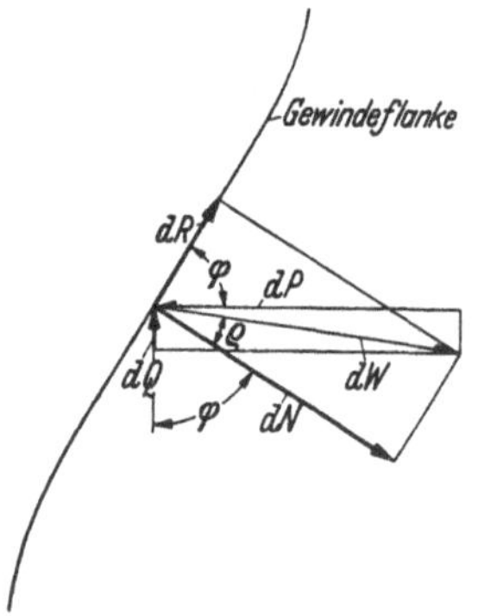

Abb. 46. Gewinde, das in der *Drehrichtung* nahezu Selbsthemmung hat. Der Steigungswinkel φ ist sehr groß. Die Mittelkraft aus dN und dR hat nur noch eine kleine senkrechte Teilkraft dQ. Diese wird $= 0$, wenn $\varphi + \varrho = 90°$, also noch ein wenig größer als gezeichnet. Dann läßt sich der Gewindebolzen mit dem Schlüssel nicht mehr drehen, denn dN, dP und dR *allein* stehen im Gleichgewicht. Nur noch durch eine Längskraft Q läßt sich der Gewindebolzen bewegen, dabei kehrt die Richtung von dR um.

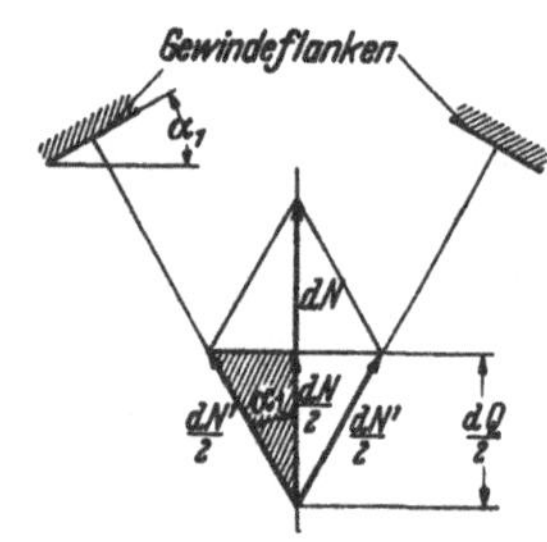

Abb. 47. Wenn die Gewindeflanken um den Teilflankenwinkel α_1 geneigt sind, wird die auf der Flankenfläche senkrecht stehende Kraft dN' — und somit auch die Reibung — im Verhältnis $\frac{dN'}{dN} = \frac{1}{\cos\alpha_1}$ größer.

Kraft möglich ist, die in der *Achsenrichtung* wirkt. Wir können diesen Grenzfall aus der Formel für das Anziehen einer Schraube unter Berücksichtigung der Reibung ersehen. Sie lautete:

$$M_d = Q \cdot \frac{d_2}{2} \operatorname{tg}(\varphi + \varrho).$$

Wenn $(\varphi + \varrho) = 90°$ wird, so wird $\operatorname{tg}(\varphi + \varrho) = \infty$, also auch das erforderliche Drehmoment unendlich groß. Schon wenn die Summe der beiden Winkel sich dem Wert 90° nähert, nimmt die Tangensfunktion

[1] Schoeneich: Schraubensicherungen. Berlin 1933. — Dittrich: Statische und dynamische Untersuchung von Schraubensicherungen. Diss. Dresden 1938.

sehr große Werte an, und wir müßten also ein sehr großes Drehmoment aufwenden, um die Schraube zu bewegen (s. Abb. 46).

Nun müssen wir noch die Neigung α_1 der Flanken berücksichtigen, welche die gebräuchlichsten Gewinde, im Gegensatz zum Flachgewinde, aufweisen. Anstatt dazu die ganzen Ableitungen noch einmal vorzunehmen, brauchen wir nur zu überlegen, wie sich der wirksame Reibungswert infolge der Flankenneigung ändert. Alle anderen Beziehungen bilden sich in den Zeichnungen 43 bis 45 genau so ab, denn die Kraft dP wirkt nach wie vor waagerecht und tangential zum Gewinde, dQ verläuft parallel zur Gewindeachse, und auch dR verläuft tangential zu einer der Schrauben*linien*, die wir uns auf der jetzt schrägliegenden Flankenfläche aufzeichnen können. Aber diese schrägliegenden Flanken wirken zusammen wie ein Kegel, und maßgeblich für die Größe der Reibung ist ja immer die Normalkraft auf der Fläche. Diese ist größer, wie Abb. 47 erkennen läßt, und zwar ist, wie wir aus dem schraffierten Dreieck entnehmen:

$$\cos\alpha_1 = \frac{dN/2}{dN'/2} = \frac{dN}{dN'}.$$

Also ist die Reibungskraft hier:

$$dR = \mu dN' = \frac{\mu}{\cos\alpha_1} dN.$$

Wir setzen

$$\mu' = \frac{\mu}{\cos\alpha_1}$$

und erhalten

$$dR = \mu' dN.$$

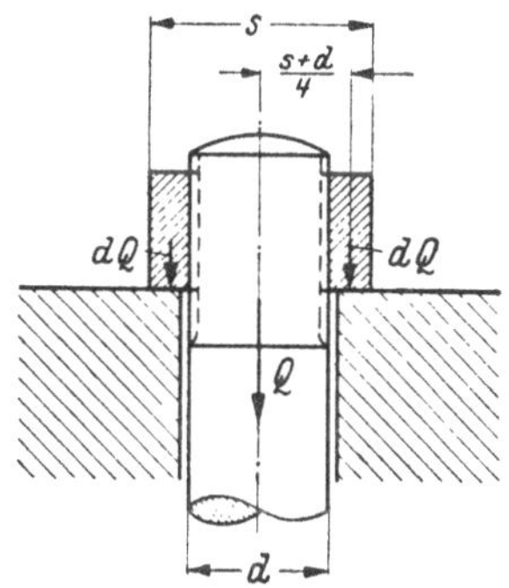

Abb. 48. Reibung der Mutter (oder des Schraubenkopfes) auf der Unterlage. Die Summe aller Teilkräfte von dQ ruft an den sich berührenden Flächen eine Reibungskraft von $\mu_1 \cdot Q$ hervor, die, auf dem mittleren Halbmesser der Ringfläche wirkend, ein die Drehung hemmendes Drehmoment ergibt.

Dies entspricht der früher benutzten Gleichung für die Reibung, nur daß μ' an die Stelle von μ tritt. Wir dürfen also wie bisher die Kraftverhältnisse in den Zeichenebenen betrachten und sehen dann die senkrecht stehende Komponente von dN', die wir mit dN bezeichnet haben; wir müssen aber den korrigierten Wert μ' einsetzen.

Bisher wurden nur die Reibungsverhältnisse im Gewinde selbst betrachtet. Deshalb ist auch in Abb. 42 der Angriff der Last Q an einer Spitze so gezeichnet, um anzudeuten, daß die dort auftretende Reibung vernachlässigt werden soll. Wenn wir die Mutter einer Schraubenverbindung anziehen, reibt sie sich auf der Unterlage. Die Reibungskraft ist $R = \mu_1 \cdot Q$, wobei μ_1 der Reibungswert für diese Stelle ist, der ja von dem im Gewinde verschieden sein kann. Diese Reibungskraft können wir im Mittel am Halbmesser $\frac{s+d}{4}$ angreifend denken (Abb. 48). Zu allen bisher berechneten Werten von M_d müssen wir also ein

Moment

$$M_{d1} = \mu_1 Q \frac{s+d}{4}$$

addieren, denn die Reibung wirkt ja immer bewegungshemmend, wir müssen also stets mehr Kraft aufwenden.

Der *Wirkungsgrad* einer mechanischen Vorrichtung ist

$$\eta = \frac{\text{nutzbare Arbeit}}{\text{aufgewendete Arbeit}} = \frac{A_n}{A_z}.$$

Die Arbeit, die von einem Drehmoment M_d bei einer vollen Umdrehung geleistet wird, ist $2\pi \cdot M_d$. Die Arbeit, die von der Last Q bei einer Umdrehung geleistet wird, ist $Q \cdot h$. Multiplizieren wir die Gleichung für M_d *ohne* Reibung mit 2π und berücksichtigen, daß $\operatorname{tg}\varphi = \frac{h}{d_2\pi}$ ist, so erhalten wir die Nutzarbeit:

$$A_n = 2\pi M_d = Q \cdot h.$$

Die zugeführte Arbeit (mit Reibung) ist

$$A_z = \pi \cdot d_2 \cdot Q \operatorname{tg}(\varphi + \varrho) + 2\pi \cdot \mu_1 \cdot Q \frac{s+d}{4}.$$

Also wird

$$\eta = \frac{h}{\pi \cdot d_2 \operatorname{tg}(\varphi + \varrho) + 2\pi\mu_1 \frac{s+d}{4}}.$$

Wenn man die Reibung der Mutter auf der Unterlage unbeachtet läßt, erhält man den einfachen Ausdruck für den Wirkungsgrad innerhalb des Gewindes:

$$\eta = \frac{\operatorname{tg}\varphi}{\operatorname{tg}(\varphi + \varrho)},$$

Um das erforderliche Drehmoment zum Anziehen und Lösen und den Wirkungsgrad eines Gewindes zahlenmäßig zu berechnen, ist der Ausdruck $\operatorname{tg}(\varphi + \varrho)$ zu unbequem. Wenn man ihn nach der bekannten Formel aus der Trigonometrie auflöst und $\operatorname{tg}\varphi = \frac{h}{d^2\pi}$ und $\operatorname{tg}\varrho = \mu$ (bzw. μ') einsetzt, erhält man die nachstehend mit den bisher abgeleiteten zusammengestellten Formeln:

Anziehen mit Berücksichtigung der Reibung der Mutter auf der Unterlage:

$$M_d = Q \frac{d_2}{2} \operatorname{tg}(\varphi + \varrho) + \mu_1 Q \frac{s+d}{4} = Q\left(\frac{d_2}{2} \cdot \frac{h + \pi\mu' \cdot d_2}{\pi d_2 - \mu' \cdot h} + \mu_1 \frac{s+d}{4}\right).$$

Lösen mit Berücksichtigung der Reibung der Mutter auf der Unterlage:

$$M_d = Q \frac{d_2}{2} \operatorname{tg}(\varrho - \varphi) + \mu_1 Q \frac{s+d}{4} = Q\left(\frac{d_2}{2} \cdot \frac{h - \pi\mu' \cdot d_2}{\pi d_2 + \mu' \cdot h} + \mu_1 \frac{s+d}{4}\right).$$

Wirkungsgrad des Gewindes für sich:

$$\eta = \frac{\operatorname{tg}\varphi}{\operatorname{tg}(\varphi + \varrho)} = \frac{h - \frac{h^2}{d_2\pi} \cdot \mu'}{h + d_2\pi\mu'}.$$

Wirkungsgrad mit Berücksichtigung der Reibung der Mutter auf der Unterlage:

$$\eta = \frac{h}{\pi d_2 \operatorname{tg}(\varphi + \varrho) + 2\pi\mu_1 \frac{s+d}{4}} = \frac{h}{\frac{\pi d_2 (h + \pi \mu' d_2)}{\pi d_2 - \mu' \cdot h} + 2\pi\mu_1 \frac{s+d}{4}}.$$

Grenze der *Selbsthemmung in Achsenrichtung*:

$$\varphi = \varrho, \quad \mu' = \frac{h}{d_2 \pi}.$$

Grenze der *Selbsthemmung in Drehrichtung*:

$$\varphi + \varrho = 90°, \quad \mu' + \operatorname{arctg} \frac{h}{d_2 \pi} = \frac{\pi}{2}.$$

Werte für $\mu' = \frac{\mu}{\cos\alpha_1}$:

$\mu =$	0,1	0,13	0,15
$\alpha_1 = 3°$ (Sägengewinde)	0,1001	0,1302	0,1502
$\alpha_1 = 15°$ (Trapezgewinde)	0,103	0,135	0,155
$\alpha_1 = 27° 30'$ (Whitworth)	0,113	0,147	0,169
$\alpha_1 = 30°$ (Metrisch)	0,115	0,150	0,173

Da der Reibungswert μ selbst um etwa 50% schwankt[1], lohnt sich die Berücksichtigung des Flankenwinkels bei scharfgängigem Gewinde kaum, da sie den einzusetzenden Wert höchstens um 15% beeinflußt. Die Zahlen zeigen aber auch, daß das Sägengewinde in bezug auf die Reibung nur um rund 3% besser ist als das Trapezgewinde.

Für das bisher benutzte Beispiel, M 16 und $Q = 800$ kg ergeben sich folgende Zahlenwerte (mit $\mu' = 0{,}15$, $\mu_1 = 0{,}13$):

Anziehen . . . . $M_d = 2185$ kgmm (davon entfallen 1145 kgmm auf das Gewinde selbst)
Lösen . . . . $M_d = 1663$ kgmm
Wirkungsgrad . . . . $\eta = 0{,}116$
Wirkungsgrad des Gewindes allein $\eta = 0{,}222$

Um die Mutter eines solchen Gewindes anzuziehen, und zwar auf volle Last, ohne zusätzliche Vorspannung, müssen also an einem Schlüssel von 200 mm Länge rund 11 kg aufgewendet werden. Um aber eine Vorspannung von 0,25 Q im Schraubenbolzen zu erzeugen, darf man nur rund 3 kg aufwenden.

Die Zahlen für den Wirkungsgrad lassen erkennen, daß dieser bei Gewinde sehr schlecht ist, der größte Teil der aufgewendeten Arbeit wird durch Reibung aufgebraucht und nutzlos in Wärme umgesetzt.

[1] Bock fand sogar $\mu = 0{,}36$ und $\mu_1 = 0{,}04$. (Das Verhalten der Schraubenverbindung beim Anziehen und Lösen in Abhängigkeit von den Gewindetoleranzen. Diss. Dresden 1933.)

36 Hinweis auf Folgerungen.

Die mechanische Wirkungsweise eines Gewindes und seine Berechnung wurden hier vorwiegend deshalb so ausführlich behandelt, um dem Konstrukteur und Betriebsmann eine lebendige Vorstellung von der Wirkungsweise und den waltenden Kräften zu vermitteln. Weniger geschah es, um eine Anleitung für die Berechnung zu geben, die man schließlich in jedem guten Taschenbuch findet, wenngleich man sie füglich in einem Buch über „Gewinde" auch erwarten darf.

Die Schlußfolgerungen aus dieser Betrachtung werden erst im Kapitel 5 zusammengefaßt, nachdem im nächsten Kapitel zuvor die Fertigung von Gewinde ebenso eingehend behandelt wurde. Dies entspricht den Ausführungen zu Anfang dieses Kapitels 3, nach denen Konstruktion und Fertigung so eng miteinander verflochten sind, daß sie nicht getrennt betrachtet werden dürfen. Nur wenn man konstruktive und Funktionsbedürfnisse und Fertigungsverfahren und -möglichkeiten zusammenhängend sieht, kann man Anforderungen und deren Erfüllungsmöglichkeit richtig abwägen und, als Ergebnis einer solchen Betrachtungsweise, Toleranzen verstehen und vernünftig festsetzen.

4 Fertigung.

Ein Gebilde mit so vielerlei Meßgrößen, und an das so vielfältige Anforderungen gestellt werden müssen, wenn es seinen Zweck gut erfüllen soll, ist nicht ganz einfach zu fertigen. Die Zahl der Möglichkeiten und Verfahren ist groß. Sie sind nachstehend kurz behandelt und dabei besonders auf die erreichbare Genauigkeit und auf Fehlerquellen und deren Bekämpfung hingewiesen.

Im Wesen verschieden sind die zwei hauptsächlichen Verfahren:

1. *Spanend.* An einem Bolzen, der den Außendurchmesser des zu fertigenden Gewindes hat, werden die Gewindelücken durch Entfernen des überflüssigen Werkstoffes in Form von Spänen ausgeräumt, so daß die Gewindegänge stehenbleiben. Beim Muttergewinde werden die Lücken aus einer Bohrung vom Gewindekerndurchmesser entfernt.

2. *Spanlos.* a) An einem Blechzylinder werden die Gänge durch Heraus- und Hineindrücken der Blechwand erzeugt. b) An einem massiven Bolzen, der etwa den mittleren Durchmesser der zu fertigenden Gewindegänge hat, werden die Lücken durch plastische Verformung hineingeprägt, wobei die äußere Kante der Kämme aus dem verdrängten Werkstoff geformt wird.

41 Spanende Formung.

Entsprechend seiner geometrischen Oberflächengestalt kann ein Gewinde durch Zerspanen des überflüssigen Werkstoffes nur so geformt werden:

1. durch eine Drehbewegung um die Achse des Gewindes. Gleichzeitig muß

2. eine Längsbewegung parallel zur Gewindeachse stattfinden. Die Geschwindigkeiten dieser beiden Bewegungen müssen in einem bestimmten, festen Verhältnis stehen.

3. Das Werkzeug, mit dem die Gewindelücke erzeugt werden soll, muß die negative Form des Profils derselben haben.

4. Wenn die Gewindelücke nicht mit *einem* Schnitt erzeugt werden kann, muß außerdem die Möglichkeit einer „Zustellung" vorhanden sein, die senkrecht oder schräg auf die Gewindeachse zu erfolgt.

Um die besonderen Schwierigkeiten der Gewindebearbeitung besser verstehen und ihnen in der Praxis begegnen zu können, sei zuerst der Zerspanungsvorgang an einem *gewöhnlichen Drehstahl* betrachtet. Abb. 49 zeigt im unteren Teil die Draufsicht auf einen solchen und darüber einen Schnitt in Richtung N—N, der durch die am Werkstück erzeugte Schnittfläche geht.

Der *Freiwinkel* α ist nötig, damit das Werkstück nicht schon bei einem kleinen Fehler in der Einspannung des Werkzeuges nur auf der Freifläche rutscht und die Schneide gar nicht in den Werkstoff eindringen kann, und damit die Schneide auch noch arbeitet, nachdem durch Reibung an der fertiggestellten Schnittfläche eine schmale, senkrechte Fase an der Schneidkante entstanden ist. Schließlich hat er den Zweck, unnötige Reibung zwischen Schnittfläche des Werkstückes und Freifläche des Werkzeuges und damit zwecklose Erwärmung und unnötigen Kraftverbrauch zu vermeiden.

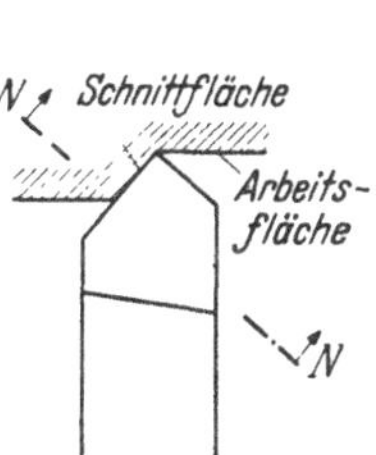

Abb. 49. Winkel an einem gewöhnlichen Drehstahl. α = Freiwinkel; β = Keilwinkel; γ = Spanwinkel.

Der *Keilwinkel* β soll so groß wie möglich sein, damit die Schneide, welche die Arbeit zu leisten und die Schnittkräfte aufzunehmen hat, kräftig unterstützt ist, nicht zu spitzwinklig wird und demnach nicht leicht ausbricht, und schließlich damit die beim Schnittvorgang erzeugte Wärme durch einen großen Querschnitt möglichst gut abgeleitet werden kann.

Am wichtigsten für die Schnittbedingungen ist der *Spanwinkel* γ. Außer von der Schnittgeschwindigkeit v hängt von γ vorwiegend die erzielte Oberflächengüte ab. Die zweckmäßigste Größe für γ ist für alle Werkstoffe durch Versuche ermittelt worden, sie liegt zwischen 0° für Hartguß, Hartbronze und -messing und 35° für Aluminium und weiche Aluminiumlegierungen. Macht man γ zu groß, so wird die Schneide zu sehr geschwächt, die Wärme nicht schnell genug abgeleitet, und beides führt dazu, daß die Schneide zu schnell stumpf wird. Außerdem kann es vorkommen, daß der abrollende Span durch seinen Druck auf die Spanfläche die Rückdruckkraft überwindet und somit das Werkzeug in den Werkstoff des Werkstückes hineindrückt; dann hakt der Stahl ein. Viel schlimmer ist es, wenn γ zu klein ist, wie es beim Gewindeschneiden meist der Fall ist; wenn außerdem die Schnittgeschwindigkeit auch noch klein ist, entstehen die ungünstigsten Schnittbedingungen.

Dann entsteht nämlich ein *Reißspan*, oder bei weichen Werkstoffen auch ein Scherspan, im Gegensatz zum *Fließspan*. Beide Arten sind in Abb. 50 skizziert. Beim Reißspan staucht die Spanfläche des Werkzeuges den vor ihr liegenden Werkstoff und verfestigt ihn. Der Werkzeugschneide voraus läuft ein Einriß, der je nach Tiefe und Richtung eine Abweichung von der gewünschten Werkstückoberfläche zur Folge hat. Schließlich wird der Span etwa längs der gestrichelten Linie abgeschert, worauf der Vorgang von neuem beginnt. Beim Fließspan dagegen behält der Span seinen inneren Zusammenhang, der vorauslaufende Einriß ist nur gering. Infolge des gleichmäßigen Ablaufens des Spanes treten nur geringe Kraftschwankungen und Erschütterungen auf, die erzeugte Werkstückoberfläche wird glatt.

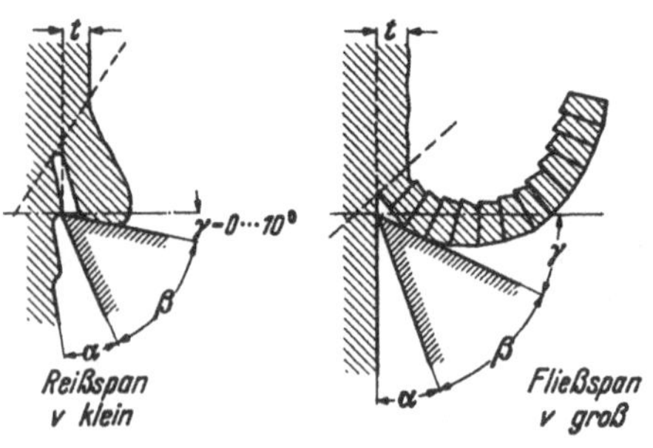

Abb. 50. Spanbildung bei verschieden großen Spanwinkeln und Schnittgeschwindigkeiten.

Die Art der Spanbildung hängt vor allem von Spanwinkel γ und Schnittgeschwindigkeit v ab; um einen Fließspan zu bekommen, muß man beide groß machen. Die obere Grenze der Schnittgeschwindigkeit ist durch die Erwärmung der Schneide und das dadurch drohende Weichwerden und Stumpfen gegeben, also durch die für das Werkzeug gewünschte *Standzeit*. Die Spanbildung hängt außerdem ab vom bearbeiteten Werkstoff, dem des Werkzeuges, dem Spanquerschnitt und der Schmierung. Plastische Werkstoffe, kleine Schnittiefe und geeignete Schmierung begünstigen die Bildung des Fließspanes.

Bei flachem Spanauflauf, also kleinem Spanwinkel und kleiner Schnittgeschwindigkeit, setzen sich kleine Spanbröckchen an der Schneide auf der Spanfläche fest, die dann selbst den Schneidvorgang ausführen. Es entsteht die sog. *Aufbauschneide*. Von Zeit zu Zeit wird sie vom abfließenden Span mitgerissen und bildet sich dann von neuem. Die Folgen sind eine rissige Oberfläche und schlechte Maßhaltigkeit des Werkstückes, da die Stahlspitze nicht selbst schneidet, sondern der unregelmäßige Aufbau auf der Schneide als Schneidkante wirkt.

Betrachtet man nun den Zerspanungsvorgang an einem einfachen Gewindestahl, wie ihn Abb. 51 darstellt, so kommt man zu einem recht entmutigenden Ergebnis.

Die beiden Schneidkanten sollen zueinander möglichst genau den Flankenwinkel α bilden, die Spitze soll entsprechend der gewünschten Rundung im Kern des Bolzens eine gerundete Schneidkante haben. Wird dieser Stahl senkrecht zur Gewindeachse zugestellt, wie in Abb. 52, so hat jeder einzelne abgenommene Span einen winkelförmigen Querschnitt. Die Folge davon ist, daß die von den beiden Flanken abrollenden Späne sich gegenseitig im Wege sind und sich infolgedessen nicht frei

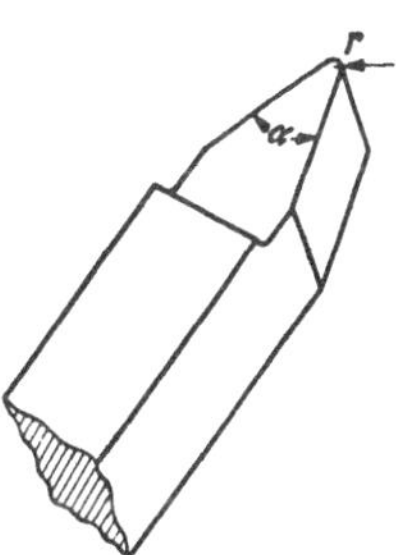

Abb. 51. Gewindestahl. (Hier ist α der Flankenwinkel des Gewindes; in Abb. 49 und 50 dagegen war der Freiwinkel mit α bezeichnet, beides entspricht der allgemeinen Gepflogenheit.)

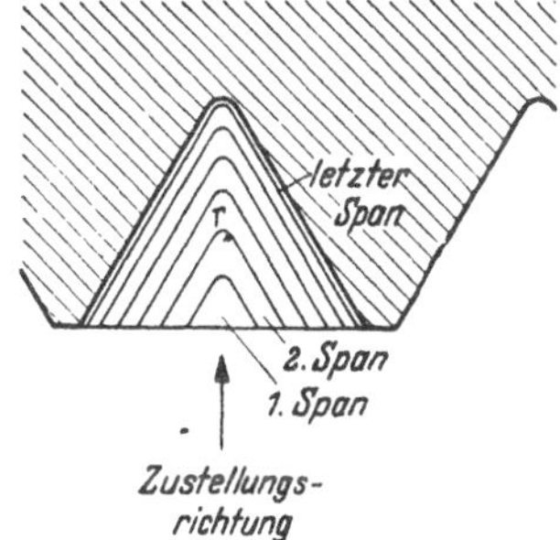

Abb. 52. Spanquerschnitte beim Gewindeschneiden, wenn das Werkzeug senkrecht zur Achse zugestellt wird.

entwickeln können. Am schlimmsten ist dies in der Ecke, am Scheitelpunkt des Winkels. Dort ist die Schneide außerdem noch gerundet (r), so daß dieser bogenförmige Teil des Spanes gar nicht weiß, wo er hin soll. Folglich staucht sich der Spanwerkstoff besonders in der Ecke, der aufgestauchte Werkstoff wird periodisch mit Gewalt abgerissen und infolge der dazu notwendigen großen Kraft wird der Gewindestahl zum Einhaken gebracht, wenn der Stahlhalter sich etwas nach vorn neigt und nicht besondere Vorkehrungen gegen das Einhaken getroffen worden sind.

Etwas besser kann der Span sich entwickeln und abrollen, wenn die Zustellung so vorgenommen wird, wie es Abb. 53 andeutet, also in der Richtung *einer* Flanke. Da aber alle gebräuchlichen Gewinde einen Flankenwinkel von weniger als 90° haben, ist auch jetzt noch der Span in der spitzwinkligen Ecke in seiner Entwicklung behindert, und die Gefahr des Stauchens und Einhakens ist keineswegs ganz beseitigt. Aber man kann hierbei der arbeitenden Schneide einen positiven Spanwinkel geben. Dies ist dann nur für den letzten Glattspan nachteilig und bewirkt auch eine Profilverzerrung an der rechten Flanke. Um die Fläche, zu der parallel zugestellt wurde, am Schluß zu glätten, wird nämlich für den letzten Span nicht mehr schräg, sondern radial zugestellt. Der dann wieder so ungünstige Spanabfluß ist dabei nicht so bedenklich, weil, wie die Abb. zeigt, dabei nur um einen sehr kleinen Betrag zugestellt wird, so daß dieser Winkelspan infolge seiner Dünnheit leicht ausweichen kann.

Ebenfalls günstiger ist der Ablauf der Späne beim Strähler und Gewindebohrer, also bei schrägem Anschnitt eines mehrzahnigen Werkzeuges (Abb. 54).

Welchen Spanwinkel kann man nun dem Gewindestahl geben? Ein Spanwinkel, der entsprechend dem bearbeiteten Werkstoff nicht zu

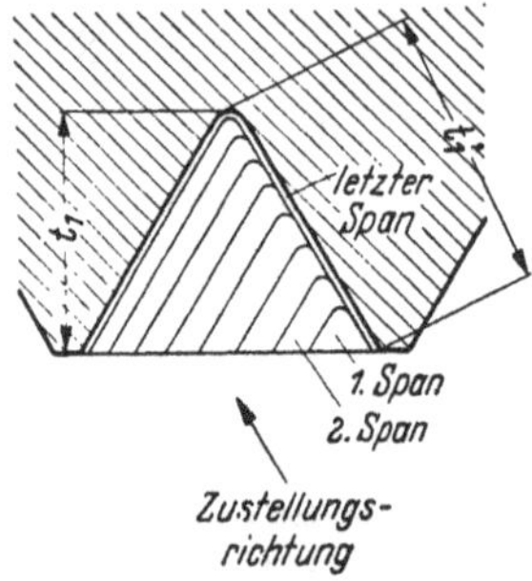

Abb. 53. Zustellung des Werkzeuges längs der einen Flanke. Der abgenommene Span kann besser abrollen. Die rechte Flanke wird zum Schluß geglättet.

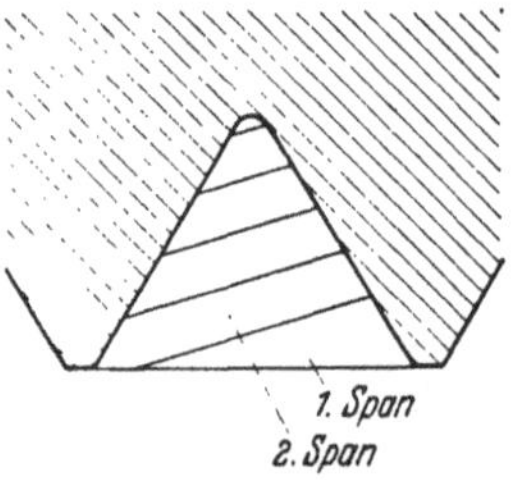

Abb. 54. Spanquerschnitte beim Gewindebohrer und Strähler.

klein sein darf, war ja als die wichtigste Voraussetzung für eine gute Spanbildung und die Vermeidung der Aufbauschneide bezeichnet worden, und somit auch für die Erzielung einer guten Oberfläche an den Flanken. Die Oberflächengüte war aber in Abschnitt 3 als wesentlich für eine gleichmäßige Kraftübertragung im Gewinde erkannt worden.

Man könnte daran denken, den Gewindestahl so anzuschleifen, wie es Abb. 55 im Schnitt andeutet. Dies würde nicht nur außerordentlich schwierig sein, sondern an der Spitze ganz unmöglich, also gerade dort, wo die ungünstigsten Schnitt- und Spanbildungsverhältnisse herrschen. Denn man kann eine nur wenig abgerundete Spitze praktisch nicht so anschleifen, daß rundherum ein Spanwinkel der erforderlichen Größe entsteht.

Also schleifen wir die Spanfläche eben und genau parallel zu seiner unteren Auflagefläche! Dann ist zunächst der Spanwinkel 0°. Aber wir könnten ja den Stahl oberhalb der Mitte ansetzen, wie in Abb. 56 gestrichelt gezeichnet? Den Freiwinkel α kann man ohne Bedenken entsprechend groß machen, so daß die Schneide noch mit Sicherheit zur Wirkung kommt. Aber auch ein solcher Versuch würde wahrscheinlich fehlschlagen, denn wegen der ungünstigen Bedingungen für die Spanbildung in der Gewindelücke ist zu erwarten, daß ein so hoch angesetzter Stahl nach unten ein wenig durchfedert, um einen Betrag, der infolge der schwankenden Schnittkraft stärker wechselt als bei einem gewöhnlichen Drehstahl. Dann hakt dieser Gewindestahl aber mit Sicher-

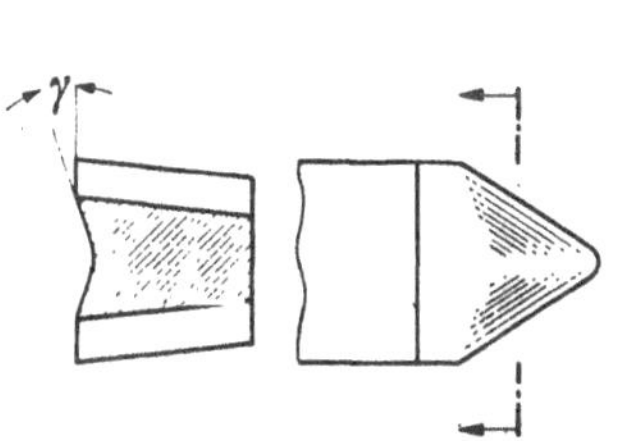

Abb. 55. Um beiden Schneiden einen positiven Spanwinkel γ zu geben, müßte die Spanfläche hohl geschliffen werden. Dies ist aber sehr schwierig.

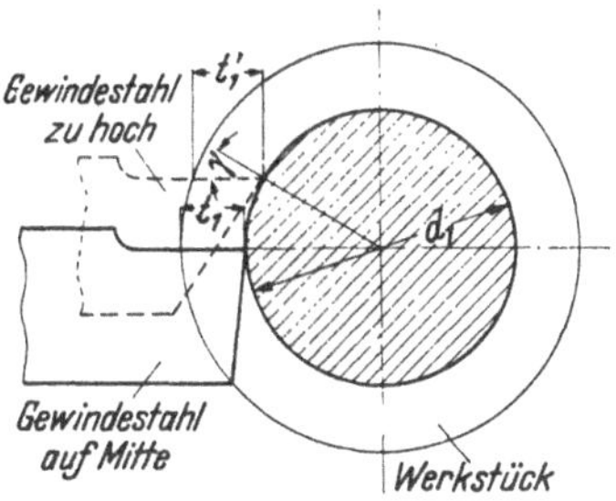

Abb. 56. Entstehen der Profilverzerrung, wenn der Gewindestahl zu hoch (oder auch zu tief) angesetzt wird, oder wenn die Schneidkanten nicht radial liegen.

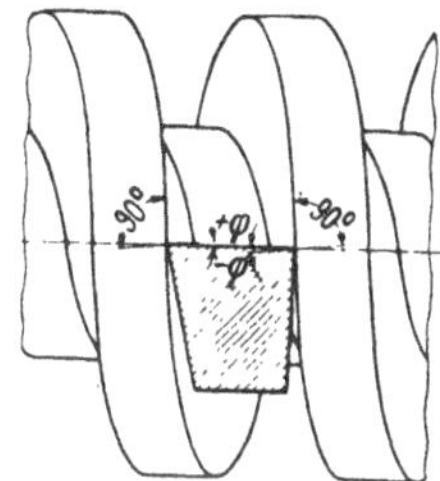

Abb. 57. Spanwinkel beim Gewindeschneiden. Wenn die Spanfläche parallel zur Gewindeachse steht, ist der wirksame Spanwinkel an der rechten Schneide negativ, und zwar $-\varphi$. Da der Steigungswinkel φ am Kern größer ist als am Außendurchmesser, ist dort auch der wirksame Spanwinkel γ größer.

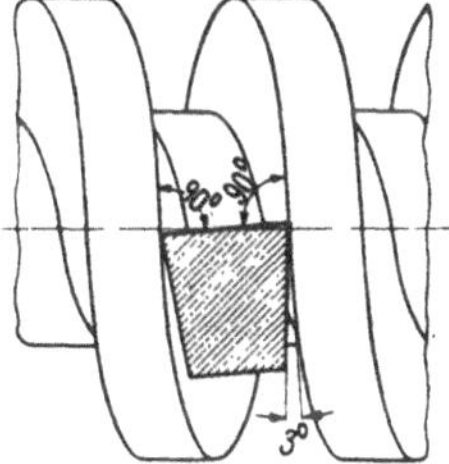

Abb. 58. Um einen allzu großen negativen Spanwinkel zu vermeiden, legt man, besonders bei steilgängigem Gewinde, die Spanfläche senkrecht zur mittleren Steigung.

heit in den Werkstoff hinein! Außerdem zeigt Abb. 56, daß die Gewindetiefe oder der Gesamtbetrag der Zustellung t_2' beim hochgestellten Stahl größer ist als t_2 beim in der Mitte angesetzten. Dadurch ändert sich nicht nur der am Gewinde erzeugte Flankenwinkel, sondern auch die Flankenform. An Stelle der gewünschten geraden Flanke erhält man eine hyperbolisch gekrümmte. Dem könnte man zwar durch eine entsprechende Korrektur des Gewindestahles begegnen. Das Werkzeug ist aber dann sehr schwierig zu schleifen. Vor allem aber wegen der Gefahr des Einhakens wird also von dieser Möglichkeit kein Gebrauch gemacht. Meist wird der Stahl auf den Spanwinkel 0° geschliffen und möglichst in Höhe der Gewindeachse angesetzt, oder wegen des Einhakens wenige zehntel Millimeter tiefer. Das gleiche wie für den Drehstahl gilt auch für den Gewindefräser.

Aber noch ein anderer bedauerlicher Umstand ist festzustellen. Der *wirksame* Spanwinkel ist beim rechtsgängigen Gewinde an der linken Schneide positiv, an der rechten aber negativ, und der Stahl arbeitet deshalb hier besonders ungünstig (Abb. 57). Dies wird um so schlimmer, je größer der Steigungswinkel des Gewindes ist, und bei mehrgängigem Gewinde arbeitet daher dieses Werkzeug besonders unvorteilhaft. Deshalb legt man dann die Spanfläche senkrecht zur Gewindesteigung, wie in Abb. 58 angedeutet. Dann muß aber der Stahl schmaler gemacht werden, als wenn seine Spanfläche waagerecht stünde. Bezeichnet man die Lückenbreite mit b, so muß der Stahl an dieser Stelle die Breite

$$b' = b \cdot \cos\varphi$$

erhalten. Der Steigungswinkel φ ist aber im Gewindegrund größer als am Außendurchmesser. Deshalb ist nachzuprüfen, ob die Profilkorrektur noch so klein ist, daß sie vernachlässigt werden kann. Graphische und rechnerische Verfahren zur Bestimmung der Stahlbreiten sind in Abb. 59 gegeben. Dabei ist *nicht* berücksichtigt, daß das Profil eine andere Gestalt annimmt, sobald man durch das Gewinde eine Ebene legt, die nicht durch die Gewindeachse geht. Die genaue Berücksichtigung der Profilkorrektur, zum Unterschied von der Stahlbreitenkorrektur, führt

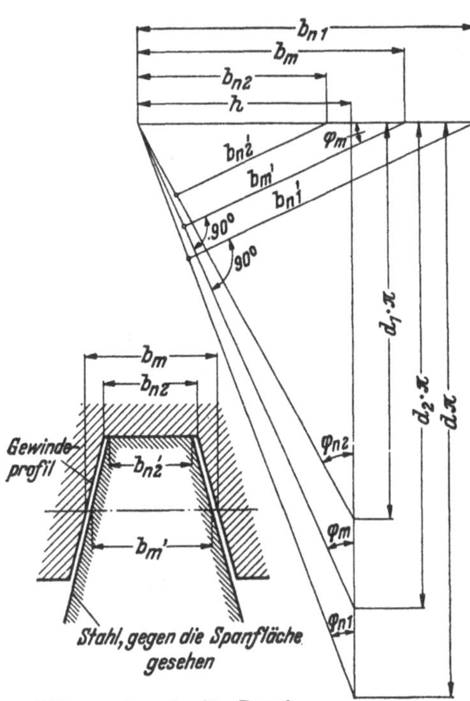

Näherungsformeln für Berechnung der Stahlbreiten.

φ_m bis 10°:

$$b_n' = \frac{b_n \cdot \cos\varphi_n}{\cos(\varphi_m - \varphi_n)}.$$

φ_m über 10°:

$$b_n' = \frac{b_n}{\cos\varphi_m\,(1 + \operatorname{tg}\varphi_m \cdot \operatorname{tg}\varphi_n)}.$$

Abb. 59. Näherungsverfahren zur Bestimmung der Stahlbreite, wenn die Spanfläche schräg gelegt wird. *Tr* 40 × 48 (4gäng.). Anleitung: Auf der Waagerechten oben trägt man h ab, senkrecht dazu die Umfänge für die verschiedenen Durchmesser. Die Endpunkte von h und $d_n \cdot \pi$ werden verbunden und man erhält Gerade unter den Steigungswinkeln φ_{n1}, φ_{n2}, φ_m usw. Dann trägt man auf der Waagerechten die verschiedenen Werte für die Breiten b_n ab, die man aus der Profilzeichnung ermittelt. Die berichtigten Breiten b_n' erhält man, wenn man durch die Endpunkte der b_n Gerade zieht, die unter dem gewünschten Neigungswinkel für die Spanfläche liegen. Meist wählt man dafür den Steigungswinkel für die halbe Gewindetiefe. Die Werte b_n und b_n' können in vergrößertem Maßstab eingezeichnet werden, wie geschehen. Das graphische Verfahren entspricht der ersten Formel.

zu sehr umständlichen Formeln, ist aber nur bei sehr großer Steigung unbedingt erforderlich[1].

Für das gleiche Profil, aber verschiedene Steigungen ergeben sich verschiedene Berichtigungen; demnach ist genau genommen für jede Steigung ein anderer Stahl nötig.

Den wirksamen Freiwinkel macht man meist etwa 3°; also wird für Rechtsgewinde:

$$\text{rechte Schneide: } \alpha_s = 90^\circ + \varphi_k - 3^\circ = 87^\circ + \varphi_k,$$
$$\text{linke Schneide: } \alpha_s = 90^\circ - \varphi_k - 3^\circ = 87^\circ - \varphi_k.$$

Darin ist α_s der Freiwinkel am Stahl und φ_k der Steigungswinkel am Kern des Gewindes. Die Werte für φ_k gelten in einer Ebene parallel zur Gewindeachse. Für andere als Flachgewinde und in einer Ebene senkrecht

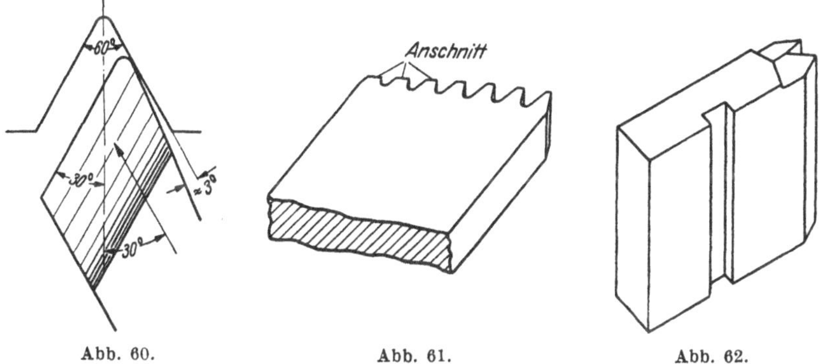

Abb. 60. Abb. 61. Abb. 62.

Abb. 60. Zustellung genau längs der einen Flanke. Das Werkzeug ist hier freigearbeitet (3°). Die Schneide hat einen positiven Spanwinkel und erlaubt infolgedessen eine höhere Schnittgeschwindigkeit und ergibt eine bessere Oberfläche.

Abb. 61. Strähler für Rechtsgewinde.

Abb. 62. Gabelzahn für Spitzgewinde. Das Werkzeug wird in einem Halter nach Abb. 63 benutzt. Ungehinderter Spanabfluß, positiver Spanwinkel. Beim Schärfen muß darauf geachtet werden, daß die Schneidkanten in einer waagerechten Ebene liegen.

zur Schneidkante, d. h. so wie man den Freiwinkel gewöhnlich und richtig mißt, müssen die Werte von $\operatorname{tg}\varphi_k$ mit $\cos\alpha_1$ multipliziert werden, wenn α_1 wie immer der Teilflankenwinkel ist.

Ein einfaches Verfahren, um günstige Schnittbedingungen zu erreichen, besteht darin, daß man nach Abb. 53 in Richtung der einen Flanke zustellt, aber so genau, daß der letzte Schlichtschnitt an dieser (rechten) Flanke überflüssig wird. Dazu ist ein unter 30° stehender Schlitten nötig. Die an diesem bis zur Fertigstellung des Gewindes nötige Zustellung t_1' ergibt sich zu:

$$t_1' = \frac{t_1}{\cos\alpha_1} \quad (t_1 = \text{Gewindetiefe}, \alpha_1 = \text{Teilflankenwinkel der rechten Flanke}).$$

[1] Vogel: Werkstattstechnik 1933 H. 14 und 1935 H. 6 u. 7.

Wie Abb. 60 zeigt, kann man für die allein arbeitende linke Schneide einen positiven Spanwinkel erreichen, indem man den Stahl hohl oder schräg schleift, jedoch so, daß die Schneide waagerecht und auf Mitte steht. Damit der Stahl an der rechten Flanke nicht reibt, erhält er einen etwas kleineren (um 3°) Winkel, als der Flankenwinkel α des Gewindes beträgt. Ein solches Werkzeug ist verhältnismäßig leicht herzustellen

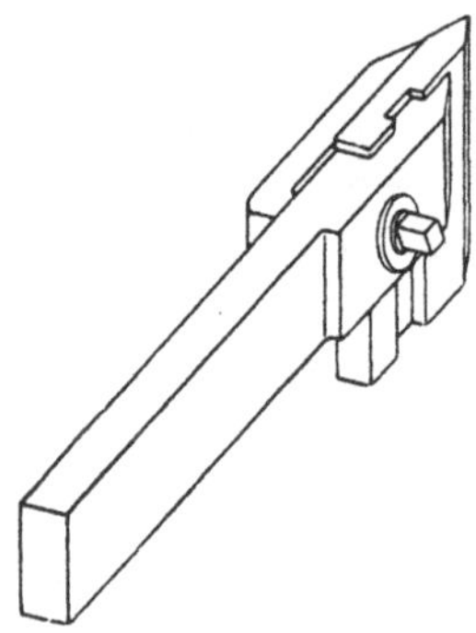

Abb. 63. Halter mit Schneidzahn für Spitzgewinde. Zum Schärfen wird der Schneidzahn auf der Spanfläche nachgeschliffen.

Abb. 64. Rund-Formstahl für Gewinde.

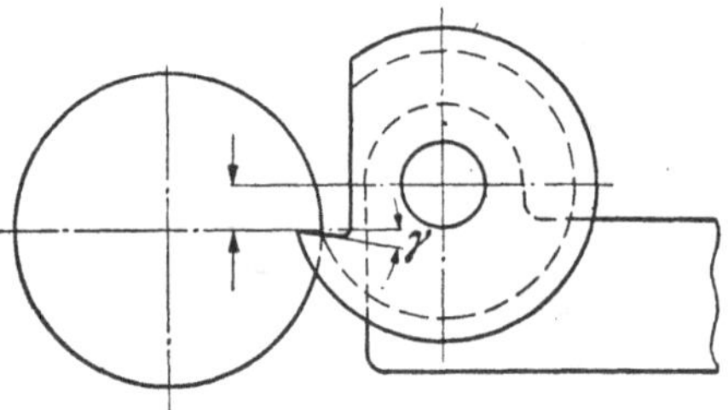

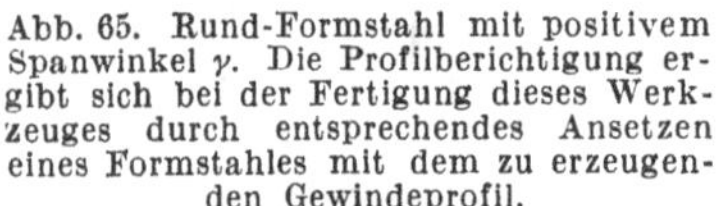

Abb. 65. Rund-Formstahl mit positivem Spanwinkel γ. Die Profilberichtigung ergibt sich bei der Fertigung dieses Werkzeuges durch entsprechendes Ansetzen eines Formstahles mit dem zu erzeugenden Gewindeprofil.

und zu schärfen und schneidet erfahrungsgemäß auch filzige und weiche Werkstoffe, die zum Einhaken neigen, sehr gut.

In bezug auf die Flankenform und den Spanwinkel gilt für den Strähler (Abb. 61) das gleiche wie für den einzahnigen Gewindestahl. Natürlich kann man bei einem Strähler nicht die Spanfläche jedes einzelnen Zahnes schrägstellen oder hohlschleifen, um negative Spanwinkel zu vermeiden.

Eine gute Lösung stellt der Gabelzahn nach Abb. 62 dar. Nur die inneren Kanten sind als Schneiden ausgebildet, die äußeren stehen etwas von dem Profil ab. Der Stahl wird in einem Halter nach Abb. 63 befestigt. Wenn man die Spanflächen nach außen abfallend dachförmig schleift, erhält man einen positiven Spanwinkel. An der linken äußeren Kante, in der Nähe der Spitze aber muß der Stahl auch schneiden, und dort ist dann der Spanwinkel wieder negativ. Abgesehen von dieser Spitze, die beim Zustellen in den Bolzenwerkstoff eindringen muß, kann sich an den inneren Schneiden der Span frei entwickeln. Da diese Schneiden waagerecht liegen und das Werkzeug in Höhe der Gewindeachse angesetzt wird, ist keine Profilberichtigung nötig.

Ein- und mehrzahnige Gewindestähle werden auch als Rundstähle nach Abb. 64 ausgeführt. Dabei muß die Spanfläche unterhalb des Mittelpunktes des Werkzeuges liegen, damit ein wirksamer Freiwinkel entsteht und das Werkzeug bei jeder Steigung frei schneidet. Daraus ergibt sich die Notwendigkeit einer Profilberichtigung am Werkzeug. Diese kann man in einfacher Weise dadurch herbeiführen, daß man bei der Herstellung des Werkzeuges einen Formstahl mit dem gewünschten Gewindeprofil benutzt und diesen um einen entsprechenden Betrag unterhalb der Mitte des herzustellenden Rundwerkzeuges ansetzt. Dadurch ergibt sich die Profilberichtigung von selbst, und man braucht weder zu rechnen noch graphische Ermittlungen durchzuführen, noch auch schwierige Meßaufgaben zu lösen.

Man kann nun noch einen Schritt weiter gehen und dem Rundstahl einen positiven Spanwinkel γ geben wie in Abb. 65. Die hierbei notwendige weitere Profilberichtigung erzielt man in der gleichen einfachen Weise wie vorher, indem man nämlich den Profilstahl zur Fertigung des Werkzeuges dementsprechend ansetzt. Da dieser meist ungünstig schneidet, tut man das erst bei den letzten schabenden Schnitten. Schleifen kann man allerdings das Profil eines solchen Werkzeuges nicht, man muß also die Fehler, die durch das Härten hineinkommen, in Kauf nehmen.

Um den Freiwinkel an beiden Flanken gleich groß zu bekommen, kann man ein Rundwerkzeug auch statt mit Rillen mit Gewinde versehen (Abb. 66), muß aber dann den Durchmesser gleich dem des Werkstückes machen oder gleich einem Vielfachen davon. Im letzten Falle erhält das Werkzeug mehrgängiges Gewinde. Ein solcher Rundstahl für Rechtsgewinde muß Linksgewinde haben und umgekehrt.

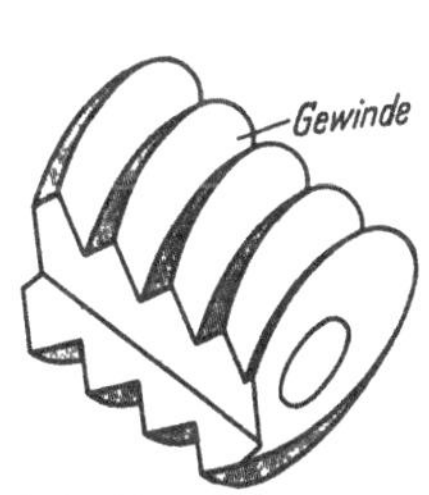

Abb. 66. Rundstahl mit Gewinde. Dadurch beiderseits gleiche Freiwinkel α.

Auch hinterdrehte Rundstähle sind im Gebrauch. Dabei wird der Freiwinkel durch die Hinterdrehung erzeugt, und die Spanfläche steht infolgedessen radial. Auch hierbei kann man durch entsprechendes Ansetzen des Formstahles die Profilberichtigung für einen positiven Spanwinkel selbsttätig herbeiführen.

Bei allen Werkzeugen dieser Art muß beim Schärfen und beim Einstellen an der Werkzeugmaschine darauf geachtet werden, daß die entsprechenden Maße, Stellung der Spanfläche und Höhe der Werkzeugmitte, eingehalten werden.

Als ebenso wichtig für eine günstige Spanbildung und damit für die Erzeugung eines maßhaltigen Gewindes und einer guten Flankenoberfläche wurde die *Schnittgeschwindigkeit* bezeichnet. Sie soll möglichst nicht erheblich unter dem oberen Grenzwert liegen. Diese Bedingung läßt sich aber beim Gewindeschneiden meist nicht einhalten. Wegen der meist ungünstigen Spanbildung ist auch die Gefahr des Ratterns und des Einhakens des Werkzeuges besonders groß, und schon deswegen nutzt man die zulässige Schnittgeschwindigkeit des Werkzeuges oft nicht aus, besonders wenn das Werkstück lang und dünn ist und sich folglich elastisch leicht biegt. Auch bei einem gewöhnlichen Abstechstahl wählt man ja eine kleinere Schnittgeschwindigkeit. Außerdem ist es erwünscht, bei einem Werkzeug, das so schwierig herzustellen und zu schärfen ist, wie es bei einem Gewindewerkzeug meist der Fall ist, eine lange Standzeit zu erreichen, also die Schneiden nicht bis zur äußersten Grenze ihrer Leistungsfähigkeit zu beanspruchen.

Eine lange Standzeit ist auch notwendig, damit das Werkzeug nicht während der Bearbeitung eines Werkstückes herausgenommen und geschärft werden muß.

In den meisten Fällen setzt aber die *Gestalt des Werkstückes* der Schnittgeschwindigkeit eine obere Grenze. Endet das Gewinde an einem Bund oder auch nur an einem Gewindefreistich, so muß die Drehzahl beim Gewindeschneiden so bemessen werden, daß die Zeit, in der das Werkzeug den Bereich durchläuft, innerhalb dessen die Schloßmutter geöffnet werden muß, auch mit Sicherheit ausreicht, um dies auszuführen. Auch die Schaltzeiten bei selbstöffnenden Schneidköpfen sind nicht unendlich klein, so daß die Drehzahl und damit auch die Schnittgeschwindigkeit deshalb nicht zu groß genommen werden dürfen. In Tafel 29 sind übliche Werte für die spanende Gewindefertigung zusammengestellt. Es ist auch zu beachten, daß durch ungünstige Schnittbedingungen die Standzeit herabgesetzt wird.

Wegen der aus den verschiedenen Gründen nach oben begrenzten Schnittgeschwindigkeit lohnt es oft nicht, die Werkzeuge aus Schnellstahl zu fertigen, geschweige denn Hartmetall zu benutzen. Schnellstahl hat zwar eine größere Standzeit, aber Werkzeuge aus Kohlenstoffstahl ergeben erfahrungsgemäß eine glattere Schneide.

42 Drehbank und Revolverdrehbank.

Beim Schneiden des Gewindes auf der Leitspindel-Drehbank wird
die Drehbewegung von der Hauptspindel,
die Längsbewegung von der Leitspindel,
das Profil vom Gewinde-Formstahl,
die Zustellung vom Querschlitten bewirkt (Abb. 67).

421 Wechselräder.

Haupt- und Leitspindel sind durch Wechselräder fest miteinander gekuppelt, deren Übersetzungsverhältnis der zu schneidenden Steigung entspricht. Die Wechselräder werden entweder an einer schwenkbaren Schere angebaut, oder sie sind in einem Räderkasten für verschiedene

Steigungen vereinigt und beliebig einschaltbar. Mit einer Drehbank mit Norton-Getriebe kann man nur diejenigen Steigungen schneiden, die im Räderkasten enthalten sind, also bei der Konstruktion der Drehbank

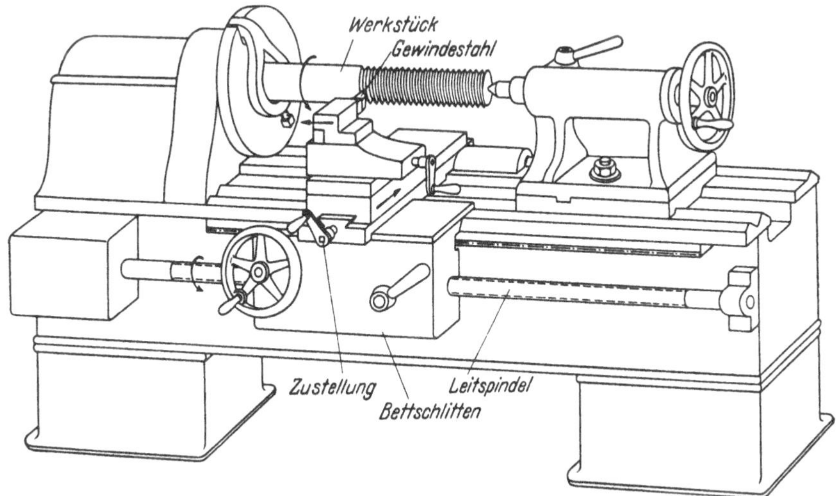

Abb. 67. Gewindeschneiden auf der Leitspindeldrehbank.

vorgesehen wurden; meist ist aber auch eine Wechselradschere angebracht, so daß auch ausnahmsweise mit anzubauenden Wechselrädern gearbeitet werden kann.

Für die Berechnung der Wechselräder gilt die folgende Beziehung:

$$\underbrace{\frac{\text{Steigung des zu schneidenden Gewindes in mm oder }''}{\text{Steigung der Leitspindel in mm oder }''} \text{ oder } \frac{\text{Gangzahl der Leitspindel auf }1''}{\text{Gangzahl des zu schneidenden Gewindes auf }1''}}_{\mathbf{A}} = \underbrace{\frac{\text{Produkt der Zähnezahlen der treibenden Räder}}{\text{Produkt der Zähnezahlen der getriebenen Räder}}}_{\mathbf{B}}$$

Tafel 28 gibt eine Zusammenstellung der Brüche, die sich für A für die wichtigsten Fälle ergeben. Den so entstehenden Bruch (A) muß man so lange zu erweitern versuchen, bis man im Zähler und Nenner Produkte von Zähnezahlen vorhandener Räder erhält (B). Bei diesem Probieren und zum Aufsuchen von Näherungswerten für ungewöhnliche Steigungen kann man den Rechenschieber benutzen: Man stellt A ein und beobachtet dann, wo ganze Zahlen einander gegenüberstehen. Jedoch reicht die Genauigkeit des Rechenschiebers dafür meist nicht aus. Man muß somit die Näherungswerte darauf prüfen, ob die Steigung genau genug wird. Zu diesem Zweck wird die rechte Seite der obigen Gleichung mit der Steigung h der Leitspindel multipliziert und der Bruch auf mehrere

Stellen hinter dem Komma ausdividiert. Die so gefundene Iststeigung wird mit der Sollsteigung verglichen.

Dieses Probieren ist langwierig und unzuverlässig, und man ist nie sicher, ob man einen möglicherweise vorhandenen guten Näherungswert wirklich findet, besonders wenn eine zwei- oder gar dreifache Übersetzung nötig ist und daher mit großen Produkten mehrerer Zahlen gerechnet werden muß. Ein Verfahren, das auf der Theorie des Kettenbruches beruht, sei nachstehend beschrieben[1]. Es gestattet, Näherungswerte für eine *ungewöhnliche Steigung* systematisch und mit beliebig hoher Annäherung an den Genauwert zu finden.

Beispiel: Mit einer Leitspindel von $h_L = 3$ mm soll eine Steigung von 24 Gang auf 1″ geschnitten werden.

Das Übersetzungsverhältnis ergibt sich zu $A = \frac{25{,}4}{3 \cdot 24}$. Diesen Bruch erweitert man auf ganze Zahlen. Das kleinste ganzzahlige Vielfache von 25,4 ist $127 = 5 \cdot 25{,}4$. Man muß also mit 5 erweitern und erhält $A = \frac{127}{360}$. Aber 127 ist eine Primzahl[2]. Das 127er Rad ist wegen seiner Größe besonders als treibendes Rad sehr unbequem, und deshalb soll eine andere Übersetzung gesucht werden, die einen Näherungswert ergibt.

Regel 1: „Abbau".

Wir verfahren zunächst so, wie in untenstehender Tabelle stufenweise gezeigt: Wir schreiben die größere Zahl hin und die kleinere darunter. (Wir haben also den Bruch umgedreht und dürfen nur nicht vergessen, den als Ergebnis gefundenen wieder umzudrehen.)

360		360	**2**	360	2	360	2	360	2
127		127		127	**1**	127	1	127	1
		106		106		106	**5**	106	5
				21		21		21	**21**
						1		1	
a		b		c		d		e	

Wir dividieren die obere Zahl durch die untere: 360 : 127 geht 2mal, Rest 106. Dies schreiben wir hin, wie unter b gezeigt. Dann wiederholen wir das gleiche: 127 : 106 geht 1mal, Rest 21, wie bei c und so fort. Die Tabelle zeigt also von a bis e durch die fettgedruckten Zahlen die Reihenfolge der Rechengänge an, und als Rechenergebnis erhalten wir die Aufstellung e. (Hätten wir die kleinere Zahl 127 oben hingeschrieben, so hätte als erste Zahl rechts vom Strich eine 0 stehen müssen, denn

[1] Nach Zscherpe: Methode zur genauen Ermittlung von Wechselrädern für schwierige Übersetzungsverhältnisse. Autom.-techn. Z. 1930, H. 33, S. 797.

[2] Primzahltafeln finden sich in Klingelnberg: Techn. Hilfsbuch, 12. Aufl., Berlin: Springer, 1944, S. 22 und Klotzsch: Zahlentafeln für numerisches Rechnen. Köln: Verlag Bachem, 1946, S. 50. In beiden Büchern finden sich auch Tafeln für die Zerlegung von Zahlen in Primfaktoren.

127 : 360 geht null mal, Rest 127. Damit sind die Zahlen umgedreht, und die Rechnung beginnt nun so wie bei a. Diese Umständlichkeit kann man sich sparen, wenn man, wie erwähnt, den Bruch vorher und nachher umdreht. Das Ergebnis ändert sich dadurch natürlich nicht.)

Von der angestellten Rechnung (e) interessiert uns von jetzt an nur noch die rechte Spalte mit den untereinander geschriebenen Quotienten 2, 1, 5 und 21. Unten links kommt immer eine *1* hin. Wie nachstehende Tabelle zeigt, können wir die ursprünglichen Zahlen 360 und 127 wieder finden, indem wir genau umgekehrt verfahren:

a		b		c		d		e	
—	2	—	2	—	2	—	2	**360**	**2**
—	1	—	1	—	1	**127**	**1**	127	1
—	5	—	5	**106**	**5**	106	5	106	5
—	21	**21**	**21**	21	21	21	21	21	21
1		1		1		1		1	

Dies brauchen wir aber nicht auszuführen. Aber der „Aufbau" nach dem gleichen *Schema* erbringt die gesuchten Näherungswerte, wenn man die letzte Zahl rechts ändert und links unten *stets eine* 1 setzt.

Regel 2: „Aufbau".

Ein *grober Näherungswert* wird gefunden, wenn man die letzte rechte Zahl streicht und, wie gesagt, unten links eine 1 setzt. Dann erhält man das folgende Schema (a), das wir nun genau in der gleichen Weise wieder aufbauen (b bis d) wie oben:

a		b		c		d	
—	2	—	2	—	2	**17**	**2**
—	1	—	1	**6**	**1**	6	1
—	5	**5**	**5**	5	5	5	5
1		1		1		1	

Reihenfolge der Rechnung:

b: $1 \cdot 5 = 5$

c: $5 \cdot 1 + 1 = 6$ ($+1$ ist der links unter der 5 stehende „Rest"!)

d: $6 \cdot 2 + 5 = 17$ ($+5$ ist der links unter der 6 stehende „Rest"!)

Damit haben wir 17 : 6 als grobe Annäherung für das Zahlenverhältnis 360 : 127 gefunden oder, wenn wir die Brüche wieder umdrehen: $127 : 360 \approx 6 : 17$. Durch Erweitern dieses Bruches, z. B. mit 4, kommen wir auf Zähnezahlen für Wechselräder, die nach DIN 781 genormt sind, nämlich 24 : 68. Diese können wir also unter Benutzung eines beliebigen geeigneten Zwischenrades an die Wechselradschere anbauen.

Nun müssen wir kontrollieren, wieviel die so geschnittene Steigung von dem genauen Wert $\frac{25{,}4}{24} = 1{,}058333$ abweicht. Wir multiplizieren, wie eben erwähnt, das Übersetzungsverhältnis $\frac{6}{17}$ mit der Leitspindelsteigung 3 und dividieren aus:

$$\frac{6 \cdot 3}{17} = \frac{18}{17} = 1{,}058824\,.$$

Die Steigung wird demnach um 1,058824 – 1,058333 = 0,000491 mm = rd. 0,5μ je Gang zu groß.

(Hätten die beiden Ausgangszahlen 360 und 127 einen gemeinsamen Teiler gehabt, ließen sie sich also noch kürzen, so erhielten wir nach Regel 2 gleich die gekürzten Zahlen dadurch, daß links unten eine 1 gesetzt wird.)

Läßt sich das Rechenergebnis nicht wie in unserem Beispiel mit den vorhandenen Zähnezahlen verwirklichen, und kann man eine größere Abweichung in Kauf nehmen, so kann man versuchsweise eine weitere Zahl im Rechnungsgang unten rechts vernachlässigen. In unserm Beispiel ist die Zahlenreihe nur verhältnismäßig kurz, und eine weitere Vernachlässigung, nämlich der 5, führt zu dem sehr ungenauen Ergebnis 360 : 127 $\approx$ 3 : 1, und dieses hätte einen Steigungsfehler von 59μ je Gang zur Folge.

Ist aber das oben gewonnene Rechenergebnis *zu ungenau*, so verfahren wir nach Regel 3.

Regel 3: Zwischennäherungswerte.

Anstatt den letzten Quotienten ganz zu streichen, ersetzen wir ihn der Reihe nach durch benachbarte Zahlen und bauen damit das Rechenschema wieder nach Regel 2 auf. In nachstehender Tabelle sind der Reihe nach an Stelle der letzten Zahl 21 die benachbarten Zahlen 19, 20 und 22 und 23 gesetzt. Die Rechnungsgänge sind hier nicht mehr stufenweise entwickelt, sondern gleich die Ergebnisse hingeschrieben. Darunter ist die Abweichung von der Sollsteigung angegeben.

	326	2	343	2	377	2	394	2
	115	1	121	1	133	1	139	1
	96	5	101	5	111	5	116	5
	19	**19**	20	**20**	22	**22**	23	**23**
	1		1		1		1	
Abweichung:	–0,051		–0,024		+0,022		+0,042 μ je Gang.	

Wir beobachten und merken uns:

1. Die Abweichung vom Genauwert wird um so größer, und zwar, ganz roh angenähert, proportional, je mehr wir von dem beim „Abbau“ ermittelten letzten Quotienten (21) abweichen.

2. Eine Vergrößerung des letzten Quotienten bewirkt eine geringere Abweichung vom Genauwert, als eine Verkleinerung, ergibt aber auch größere Zahlen im gefundenen Bruch.

Nun müssen wir die gefundenen Verhältniszahlen daraufhin untersuchen, ob sie sich mit den vorhandenen Zahnrädern verwirklichen lassen. Als „vorhanden" seien hier die Zähnezahlen nach DIN 781 angenommen.

Wir schreiben die 4 Ergebnisse nebeneinander und zerlegen Zähler und Nenner mit Hilfe der auf Seite 80, Fußnote 2, erwähnten Tabellen in *Primzahlen*:

Letzter Quotient . . .	19	20	22	23
Abweichung	−0,051	−0,024	+0,022	+0,042
Verhältnis	$\frac{115}{326} = \frac{5 \cdot 23}{2 \cdot 163}$	$\frac{121}{343} = \frac{11 \cdot 11}{7 \cdot 7 \cdot 7}$	$\frac{133}{377} = \frac{7 \cdot 19}{13 \cdot 29}$	$\frac{139}{394} = \frac{139}{2 \cdot 197}$

Von diesen ist nur der zweite Wert brauchbar, weil die anderen Räder erfordern, die nicht vorhanden sind.

Diesen Bruch erweitern wir nun unter ständigem Vergleich mit der Zahnradtabelle. Dies ist nachstehend schrittweise geschehen:

$$\frac{11 \cdot 11}{7 \cdot 7 \cdot 7} = \frac{55}{35} \cdot \frac{6}{42} \cdot \frac{11}{7} = \underline{\frac{55}{35} \cdot \frac{60}{70} \cdot \frac{22}{84}}.$$

Wir brauchen also eine dreifache Übersetzung. Alle diese Zahnräder sind vorhanden, und wir haben somit verhältnismäßig schnell eine Zusammenstellung von Wechselrädern gefunden, die nur eine ganz verschwindend geringe Abweichung von $-0{,}024\,\mu$ je Gang bewirkt.

Manchmal ist die Steigung oder der Wert A als *Dezimalbruch* gegeben, der zum Auffinden der Wechselräder *in einen gemeinen Bruch verwandelt* werden muß. Um einen endlichen Dezimalbruch in einen gemeinen Bruch zu verwandeln, setzt man den zugehörigen Nenner und kürzt, z. B. $0{,}625 = \frac{625}{1000} = \frac{5}{8}$. Unendliche, irrationale Dezimalbrüche bricht man an einer Stelle hinter dem Komma ab, wo der Fehler, der dadurch entsteht, vernachlässigt werden kann, wobei Endziffern, die 5 oder mehr betragen, aufgerundet werden, z. B.

$$\pi = 3{,}14159265358979 \approx 3{,}141593.$$

Ist der zu verwandelnde Dezimalbruch *rein periodisch*, so setzt man unter die Periode so viel mal die Ziffer 9, als dieselbe Stellen hat, z. B. $0{,}454545\ldots = \frac{45}{99} = \frac{5}{11}$. Sind aber auch nichtperiodische Ziffern vorhanden, z. B. $0{,}144545\ldots$, so denkt man sich zunächst das Komma so weit nach rechts verschoben, daß die vorperiodische Gruppe Ganze darstellt, also 14,4545. Die so erhaltene Zahl verwandelt man in einen unechten Bruch $14\frac{45}{99} = 14\frac{5}{11} = \frac{159}{11}$ und hängt dann an den Nenner so viele Nullen an, wie man das Komma verschoben hatte, also wie die

Zahl der vorperiodischen Ziffern hinter dem Komma betrug. Dies waren hier zwei, und somit ist $0{,}144545 = \frac{159}{1100}$.

Als weiteres Beispiel für die Benutzung des Kettenbruchverfahrens sei angenommen, daß ein Übersetzungsverhältnis von 1,4921 : 1 gebildet werden soll, und daß alle Wechselräder mit 20 bis 80 Zähnen vorhanden seien.

Durch Weglassen der letzten Stelle = 1 und Primzahlenzerlegung erhält man $\frac{1492}{1000} = \frac{2 \cdot 2 \cdot 373}{2 \cdot 2 \cdot 2 \cdot 5 \cdot 5 \cdot 5}$. Davon ist 373 eine Primzahl. Sie ist für unsere Zwecke zu groß. Dies Verfahren führt also nicht zum Ziel. Wir müssen demnach mit Kettenbrüchen rechnen. Obgleich wir bei doppelter Übersetzung Zahlen bis zu $80 \cdot 80 = 6400$ verwirklichen können, wollen wir doch Zähler und Nenner unserer Näherungswerte möglichst immer durch Zahlen unter 1000 ausdrücken, schon weil die meisten Primzahl- und Zerlegungstabellen nur bis 1000 gehen. Unser Wert 14921 ist somit 15fach zu groß.

Wir lösen zunächst auf nach Regel 1, wie in der nachstehenden Tabelle unter a. Dann streichen wir nach Regel 2 von unten her so viele Quotienten, daß mindestens eine 15fache Verkleinerung entsteht. Streichen wir die letzten 3 Quotienten 2, 1 und 6, so erreichen wir eine etwa 20fache Kürzung, wie aus der „Abbau"reihe leicht zu entnehmen ist, da dann ja an die Stelle der 20 links eine 1 gesetzt wird. Durch „Aufbau" nach Regel 2 finden wir bei b $\frac{661}{543}$, dies sind beides Primzahlen. Wir streichen deshalb noch einen weiteren Quotienten, nämlich 1, und erhalten $\frac{567}{380}$. Die Rechnungen zeigt nachstehende Tabelle.

a		b		c	
14921		661		567	
	1		1		1
10000		443		380	
	2		2		2
4921		218		187	
	31		31		31
158		7		6	
	6		6		6
23		1		1	
	1		1		
20		1			
	6				
3					
	1				
2					
	2				
1					

Diesen Bruch zerlegen wir mit Hilfe einer Primfaktorentabelle in Primzahlen und fassen geeignete Gruppen zusammen. Man findet die Zähnezahlen:

$$\frac{756}{380} = \frac{3 \cdot 3 \cdot 3 \cdot 3 \cdot 7}{2 \cdot 2 \cdot 5 \cdot 19} = \frac{(3 \cdot 3 \cdot 3) \cdot (3 \cdot 7)}{(2 \cdot 2 \cdot 5) \cdot 19} = \frac{27}{20} \cdot \frac{21}{19} = \underline{\frac{27}{20} \cdot \frac{42}{38}}.$$

Dies ergibt ausdividiert 1,492105, gegenüber dem gegebenen Wert von 1,4921 folglich nur eine Abweichung von $\frac{0,000005}{1,4921} \approx \frac{3}{1000000}$, also 3 Millionstel oder 0,0003%[1].

422 Revolverdrehbank.

Beim Gewindeschneiden auf der *Revolverdrehbank* wird die Bewegung in Richtung der Gewindeachse von der Leitpatrone bewirkt, die auf der Hauptspindel befestigt wird. Diese hat die gleiche Steigung wie das zu schneidende Gewinde, kann aber im Durchmesser größer oder kleiner sein als dieses (Abb. 68). Für jede Steigung, die geschnitten werden soll, muß also eine Leitpatrone vorhanden sein. Sie wird mit dem Segment einer dazu passenden Mutter in Eingriff gebracht, und diese zieht die Gewindeschneideinrichtung mit dem Werkzeug hinter sich her.

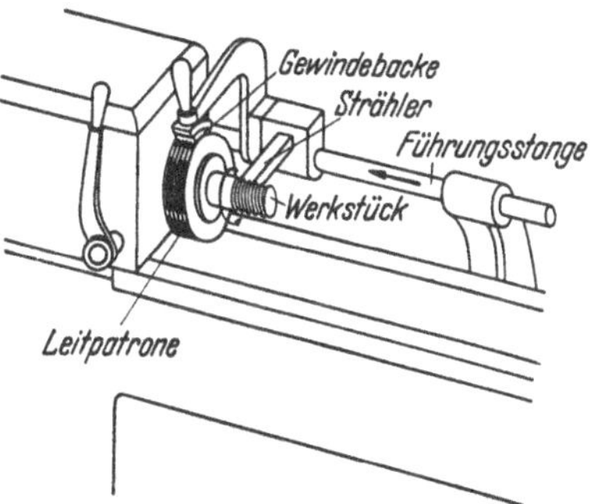

Abb. 68. Gewindeschneiden auf der Revolverdrehbank mit Leitpatrone. Zum Gewindeschneiden wird der Hebel mit der Gewindebacke auf die Leitpatrone gesenkt und dadurch der Strähler an das Werkstück herangeführt. Die Backe wird von der Leitpatrone mitgenommen und so die Steigung erzeugt.

423 Werkzeuge.

Als Werkzeuge werden auf der Drehbank oder Revolverbank einfache Gewindestähle nach Abb. 51, 60, 62, 63, 64, 65 oder Strähler nach Abb. 61, 64, 65, 66 verwendet. Das Profil des Gewindestahles oder Strählers wird am besten optisch mit Werkstattmikroskop und Revolverstrichplatte oder Universalstrichplatte geprüft. Auch Formlehren nach Abb. 69 können benutzt werden, wobei nach Lichtspalt verglichen wird. Dabei muß darauf geachtet werden, daß die Lehre in der richtigen Ebene angelegt wird, sonst kommt durch falsches Messen eine „Profilverzerrung" hinein, die ganz und gar nicht beabsichtigt ist. Die gleiche Lehre dient auch zum Einstellen des Stahles an der Drehbank. An einem Stahl für Trapezgewinde müssen der Flankenwinkel *und* die Breite des Stahles an der Vorderkante je für sich geprüft werden, wie Abb. 70 zeigt. Im übrigen werden auch Trapezgewinde besser mit seitlicher Zustellung geschnitten, und deshalb wird mitunter der Stahl gar nicht so breit gemacht, wie die fertige Gewindelücke werden soll. Diese wird dann am Werkstück mit einer einfachen Blechlehre geprüft.

---

[1] Vgl. auch SCHMUDE: Wechselräderberechnung mit Hilfe des Kettenbruches. Masch.-Bau Betrieb Bd. 11 (1932) H. 9, S. 184. — KNAPPE: Wechselräderberechnung für Drehbänke. Werkstattbücher, H. 4. Berlin: Springer-Verlag. — Hilfstafel zur Berechnung von Räderübersetzungen. Berlin: AV. Hütte 1922.

Aus Erfahrung sei geraten, die handelsüblichen Blechlehren für Gewindestähle auf Einhaltung der Winkel und vor allem auch auf rechtwinklige Lage aller Gewindeprofile zu den Anlageflächen zu prüfen, bevor sie zum Einstellen der Werkzeuge an der Maschine benutzt werden.

Für das winkelrechte Einstellen des Stahles gibt es auch optische Einrichtungen, die aus einem kleinen Mikroskop mit Okularstrichplatte bestehen und auf das Drehbankbett aufgesetzt werden. Auch hierbei muß gelegentlich nachgeprüft werden, ob die Okularstrichplatte noch rechtwinklig zum Führungsprisma steht.

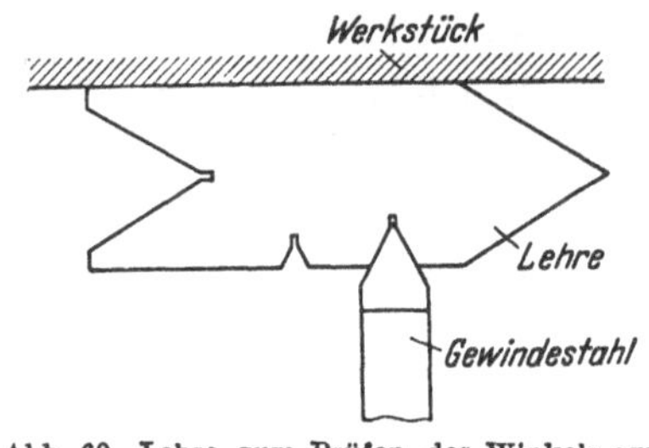

Abb. 69. Lehre zum Prüfen des Winkels am Spitzgewindestahl. Sie dient auch zum Ausrichten des Stahles an der Drehbank; dabei wird die obere Kante an das Werkstück angelegt.

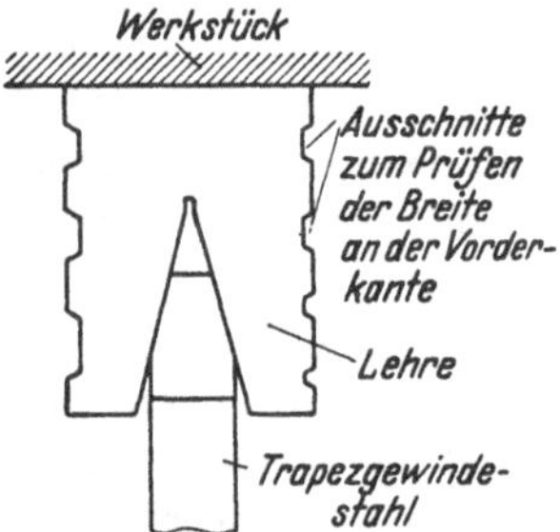

Abb. 70. Lehre für Trapezgewindestahl.

Strähler haben einen Anschnitt, den Abb. 61 zeigt. Ein Gewinde, das bis an einen Bund herangehen soll, kann deswegen nicht bis zum Ende voll ausgeschnitten werden. Dies muß bereits bei der Konstruktion des Werkstückes berücksichtigt werden, denn es wäre bedauerlich, wenn man nur aus diesem Grunde ein Werkstück in großer Stückzahl mit der Leitspindel schneiden müßte, und noch dazu mit kleiner Schnittgeschwindigkeit, anstatt auf der wirtschaftlicheren Revolverdrehbank oder einem Automaten.

Wegen des Anschnittes kann auch ein Strähler für Rechtsgewinde nicht zum Schneiden von Linksgewinde benutzt werden, denn dazu muß der Anschnitt in anderer Richtung verlaufen.

Um das im Abschnitt 41 erwähnte Einhaken des Stahles zu vermeiden, benutzt man einen federnden Stahlhalter, von dem Abb. 71 eine Ausführung wiedergibt. Diese Halter eignen sich besonders für zähe und filzige Werkstoffe, bei denen die Späne dazu neigen, sich zusammenzuschieben. Dann federt ein solcher Stahl zurück, anstatt einzuhaken, und das Gewinde wird nicht verdorben und Teile der Gänge herausgerissen. Solche federnden Stahlhalter müssen in seitlicher Richtung genügend steif sein und dürfen kein Spiel haben, damit durch Schwanken der Spankräfte keine unregelmäßigen Steigungsfehler entstehen.

Die Fertigung eines guten Gewindestahles erfordert einen geeigneten guten Werkstoff, zweckmäßige Wärmebehandlung und die richtige Formgebung. Bei der Werkstoffwahl braucht nicht auf größte Härte im Endzustand Wert gelegt zu werden, weil sie oft mit Sprödigkeit verbunden ist, die das Abbrechen der besonders beanspruchten Spitze zur Folge haben kann. Temperaturbeständigkeit ist ebenfalls nicht so wichtig, weil Gewinde meist mit kleinen Schnittgeschwindigkeiten gefertigt werden. Ausschlaggebend dagegen ist die Möglichkeit, eine ganz glatte Schneidkante zu erzielen. Aus diesen Gründen werden meist nicht oder schwach legierte Stähle bevorzugt. Auch mit etwas weicheren Schnell-

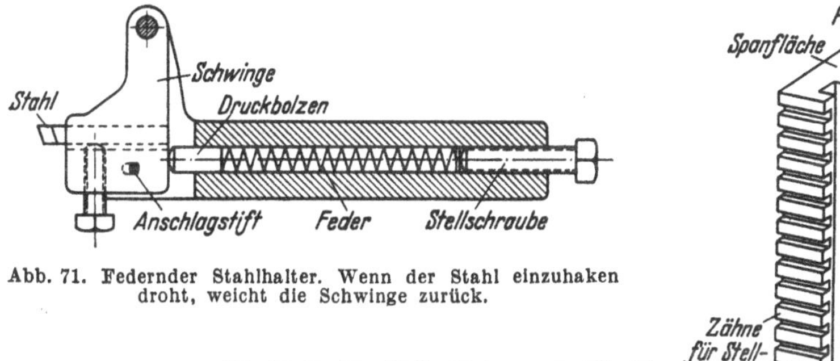

Abb. 71. Federnder Stahlhalter. Wenn der Stahl einzuhaken droht, weicht die Schwinge zurück.

Abb. 72. Profilstahl für Halter nach Abb. 63. Schärfen nur auf der Spanfläche.

stählen lassen sich gute Erfolge erreichen. Die Wärmebehandlung geschieht am besten im Salzbad. Genaue Temperaturüberwachung mit regelmäßig geprüften Instrumenten ist unerläßlich. Gasbeheizte Öfen eignen sich weniger, weil die scharfe Spitze sich dabei leicht zu schnell erwärmt und auch Gas aufnehmen kann. Es hat sich bewährt, die Spitze in vorgearbeitetem Zustand ziemlich stumpf zu lassen und erst nach dem Härten und Anlassen durch Schleifen herzustellen. Die Mehrarbeit dafür lohnt sich fast immer.

Die Formgebung nach der Wärmebehandlung muß mit äußerster Vorsicht geschehen. Freihändiges Schleifen ist nicht nur deshalb abzulehnen, weil selbst bei großer Geschicklichkeit die Winkel unmöglich mit der erforderlichen Genauigkeit eingehalten werden können, sondern weil dabei die meisten Werkzeuge durch unzulässige örtliche Erwärmung verdorben werden. Dies gilt ganz besonders auch für das Schärfen, das leider immer noch vielfach dem Dreher überlassen wird. Die Flächen werden dabei höchstens durch Zufall einmal eben und die Kanten gerade. Um dies aber nach Möglichkeit zu erreichen, hält der Dreher die einzelnen Flächen flach anliegend an die Scheibe, und dabei wird mit ziemlicher Sicherheit die Spitze ausgeglüht. Ein so empfindliches Werkzeug muß vielmehr mit der Topfscheibe oder jedenfalls mit einer schmalen Kante der Schleifscheibe geschärft werden.

Zuerst schleift man die Spanfläche genau parallel zur Auflagefläche oder in dem vorgeschriebenen Winkel dazu. Als nächstes werden die Freiflächen unter dem Flankenwinkel geschliffen und erst dann die Rundung oder, bei Trapez- und Sägengewinde, die Abflachung an der Spitze. Zum Messen wird entweder ein Prüfgerät für Schneidstähle oder der Universalwinkelmesser benutzt. Es muß darauf geachtet werden, daß die Winkel in der richtigen Ebene gemessen, also die Meßzeuge richtig angesetzt werden. „Richtig" ist dabei immer nur genau senkrecht zu den beiden Ebenen, deren Winkelstellung zueinander gemessen werden soll. Damit man sich nicht allein auf das Augenmaß verlassen muß, das manchmal trügt, sollen die Meßgeräte nicht zu kleine Auflageflächen haben. Dies ist leider bei den meisten Winkelmessern der Fall. In diesem Sinne muß auch die Werkzeugzeichnung richtig und eindeutig bemaßt sein.

Um saubere Gewinde zu erhalten, empfiehlt es sich, alle Flächen, die an die Schneidkante anstoßen, sauber vor- und fertigzuschleifen und dann zu *läppen*. Um das Schärfen und Läppen zu erleichtern und zu beschleunigen, wird oft die Freifläche unten etwas steiler fortgeschliffen, so daß nur an der Schneidkante eine Freifläche von einigen Millimetern Breite stehenbleibt, die unter dem Freiwinkel α steht. Dagegen ist nichts einzuwenden, solange nicht die Unterstützung der Schneidkanten und die Wärmeabfuhr zu sehr verringert werden. Werkzeuge für Gewinde mit kleinem Flankenwinkel sollen aber meist für verschiedene Steigungen brauchbar sein (Rundung der Spitze beachten!) und haben deshalb schon sehr große Freiwinkel.

Den Wert geläppter Werkzeugflächen weiß nur der zu ermessen, der über große Erfahrungen im Gewindeschneiden verfügt. Das Läppen trägt nicht nur wesentlich zum störungsfreien Ablauf des Arbeitsganges und zur Erzielung glatter und riefenfreier Flanken bei, sondern erhöht auch die Schneidhaltigkeit des Werkzeuges merklich.

Noch schwieriger ist die Herstellung eines Gewindekammstahles oder Strählers nach Abb. 61. Der Vorteil des Strählers liegt vor allem im günstigeren Ablaufen des Spanes und in der Verteilung der Zerspanungsarbeit auf mehrere Zähne. Er leistet daher mehr als der Einzahnstahl und steht länger. Der Strähler hat aber auch noch einen weiteren Vorzug: Die letzten, voll ausgeschnittenen Zähne glätten das Gewinde und gleichen dabei bis zu einem gewissen Grade sowohl die Steigungsfehler des Antriebes aus — Leitpatrone oder Leitspindel — als auch die Teilungsfehler des Werkzeuges selbst. Von der Leitpatrone werden nur die fortlaufenden Steigungsfehler und solche mit größerer Periode auf das Werkstück übertragen. Fortlaufende Steigungsfehler sind solche, die sich auf einer längeren Strecke als zu große oder zu kleine Steigung bemerkbar machen. Sie können durch Temperaturunterschiede sehr leicht entstehen.

424 Temperatur, Schmierung.

Die *Temperatur* ist beim Schneiden langer Gewinde sehr wohl zu beachten, obwohl wegen der kleinen Schnittgeschwindigkeit im allgemeinen nicht viel Wärme erzeugt wird. Eine Temperaturerhöhung kann aber auch durch zu festes Anstellen der Reitstockspitze oder zu stramm angestellte Backen des Setzstockes (Lünette) hervorgerufen werden. Denn lange und verhältnismäßig dünne Gewindespindeln wird man immer durch einen Setzstock abstützen, am besten durch einen mitlaufenden, der also am Bettschlitten befestigt ist. Ohne diesen wird das Gewinde in der Mitte entsprechend der Durchbiegung des Werkstückes dicker.

Bekanntlich beträgt die Wärmeausdehnung von Stahl etwa 1 μ auf 100 mm bei 1° Temperaturerhöhung. Eine Spindel von 1 m Länge wird also schon bei einer Temperaturerhöhung von 15° um 0,15 mm länger, und um so viel ist die Steigung nachher zu klein, wenn die Spindel wieder abgekühlt ist. Deshalb empfiehlt es sich auch, solche Werkstücke zuerst vorzuschneiden, sie dann längere Zeit abkühlen zu lassen und dann erst den letzten Span am Gewinde fortzunehmen. Meist werden ja solche Spindeln auch *vorgefräst* und auf der Leitspindeldrehbank nur fertiggeschnitten. Beim Vorschneiden muß man an die mögliche Temperaturschwankung denken und genügend Werkstoff für das Fertigschneiden zugeben.

Sehr beeinflußt wird die Werkstücktemperatur durch das *Schmiermittel*. Je nach dessen Temperatur wird Wärme ab- oder auch zugeführt. Für genaueste Arbeiten hat man deswegen in den Kühlmittelumlauf eine selbsttätig geregelte elektrische Heizvorrichtung eingebaut, und zwar an Spezial-Gewindeschneidmaschinen wie auch an Gewindeschleifmaschinen. Man erreicht dadurch außerdem, daß die Maschine nach Arbeitsbeginn sehr schnell die gleichmäßige Temperatur annimmt und dementsprechend genaue Arbeit liefert. Ohne diese Einrichtung konnten besonders kleine Toleranzen erst erreicht werden, nachdem die Maschine etwa eine Stunde lang gelaufen war.

Nur Bronze, Messing, Zink und ähnliche Stoffe werden meist ohne Kühlmittel geschnitten; auch Gußeisen kann man trocken schneiden. Für Gußstahl und zähe, filzige Stahlsorten genügt Seifenwasser nicht, sondern man muß Lardöl oder Fischtran verwenden. Für gewöhnliche Zwecke genügen die üblichen Schneidöle. Auch eine Mischung von Öl und Petroleum hat sich bewährt, weil sie dünnflüssig ist.

425 Gewindeuhr.

Beim Schneiden mit der Leitspindel wird die Gewindelücke in mehreren Arbeitsstufen (Schnitten oder Spänen) ausgeräumt. Nach jedem Schnitt muß das Werkzeug zurückgezogen und der Bettschlitten wieder an den Gewindeanfang bewegt werden. Dies kann geschehen durch Umschalten der Hauptspindel, so daß die Bank rückwärts läuft, oder durch Öffnen der geteilten Schloßmutter, so daß sie außer Eingriff mit der Leitspindel kommt. Auch im ersten Fall, oder wenn man die Bank durch Ziehen am Riemen rückwärts bewegt, muß der Stahl zurückgezogen werden. Denn das unvermeidliche Spiel in den Zahnrädern des Wechselgetriebes und zwischen Schloßmutter und Spindel würde bewirken, daß der Stahl an der einen Flanke stark drückt, und dadurch würde nicht nur das Gewinde verdorben, sondern auch die Werkzeugschneide beschädigt werden. Die Schloßmutter darf nur geöffnet werden, wenn sie nach dem Zurückfahren des Bettschlittens wieder so geschlossen werden kann, daß der Schneidstahl wieder genau auf die Gewindelücke stößt. Sie darf an jeder beliebigen Stelle geschlossen werden, wenn die Leitspindelsteigung gleich oder gleich einem ganzen Vielfachen der zu schneidenden Steigung ist, also z. B. das 1-, 2-, 3fache usw

Leitspindel:			Werkstück:			
Steigung 3 mm	3	1,5	1	0,75	0,5	0,3 mm
Steigung $^1/_5$″	$^1/_5$	$^1/_{10}$	$^1/_{15}$	$^1/_{20}$	$^1/_{25}$″	
oder was dasselbe ist:						
Gangzahl 5 Gang auf 1″ .	5	10	15	20	25 Gang auf 1″	

Somit eignet sich eine Leitspindel mit metrischer Steigung vorwiegend für metrische Gewinde und eine solche mit Zollsteigung für Gewinde mit Zollsteigung. Deshalb werden manche Gewindeschneid-Drehbänke mit auswechselbarer Leitspindel ausgeführt. Aber wir werden sehen, daß man mit einer Zollspindel auch metrische Steigungen gut schneiden kann, und umgekehrt. Nur die Steigungen von Schnecken lassen sich mit beiden Spindeln schlecht herstellen, wenn man die Schloßmutter zum Zurückfahren öffnen will.

Für eine andere als die in obigen Zahlenbeispielen aufgeführten Steigungen bildet man das Verhältnis Leitspindelsteigung zu Werkstücksteigung und erweitert oder kürzt diesen Bruch so lange, bis im Zähler und Nenner ganze Zahlen stehen, die sich nicht mehr kürzen lassen. Die Zahl, die dann im Nenner dieses so behandelten Bruches steht, gibt an, nach wieviel Gängen der Leitspindel die Schloßmutter wieder geschlossen werden darf, wenn der Stahl auf die Gewindelücke treffen soll.

Dies sei an einem Beispiel erläutert. Mit einer metrischen Spindel mit der Steigung 6 mm soll ein Gewinde mit $h = 1{,}25$ mm geschnitten werden. Der Bruch lautet also: $\frac{6}{1{,}25}$, mit 4 erweitert, um im Nenner auf eine ganze Zahl zu kommen, ergibt: $\frac{24}{5}$. Dieser Bruch läßt sich nicht mehr kürzen. Im Nenner steht 5, demnach darf die Schloßmutter nur auf jeden 5. Gang treffen.

An einem kleinen Schema wollen wir uns klarmachen, wie das zusammenhängt. Zunächst eines von den ersten Beispielen: Steigung der

Leitspindel 3 mm, des Werkstückes 1 mm. Das bedeutet: Das Gewinde der Leitspindel legt bei einer Umdrehung 3 mm zurück, das des Werkstückes 1 mm. Diese Strecken sind in Abb. 73 mehrmals hintereinander aufgetragen, so wie sie beim Laufen der Drehbank von den beiden Gewinden gleichzeitig zurückgelegt werden. Am Ausgangspunkt links stimmen beide Stellungen überein, das ist beim ersten Schnitt. Nun wird die Mutter geöffnet. Während das Werkzeug drei Umdrehungen macht, dreht sich die Leitspindel immer genau einmal. (Dem entspricht der Bruch $\frac{3}{1}$, der ganzzahlig ist und sich nicht mehr kürzen läßt.) Also steht nach einer Umdrehung der Leitspindel auch der Stahl wieder richtig im Eingriff. Die Punkte des Schemas, die gleiche Stellungen der beiden Spindeln darstellen, liegen untereinander, und wir dürfen also in jeden beliebigen Gang der Leitspindel einschalten.

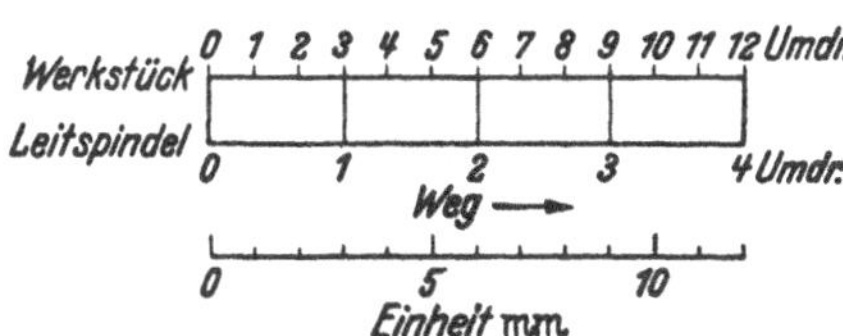

Abb. 73. Wege, die Werkstück- und Leitspindel-Gewinde zurücklegen. Leitspindelsteigung $h_L = 3$ mm, Werkstücksteigung $h_W = 1$ mm. Die Schloßmutter darf bei *jedem* Gang der Leitspindel geschlossen werden.

Nun das zweite Beispiel: In Abb. 74 sind hierzu die Strecken aneinander getragen, die je einer Umdrehung entsprechen, für die Leit-

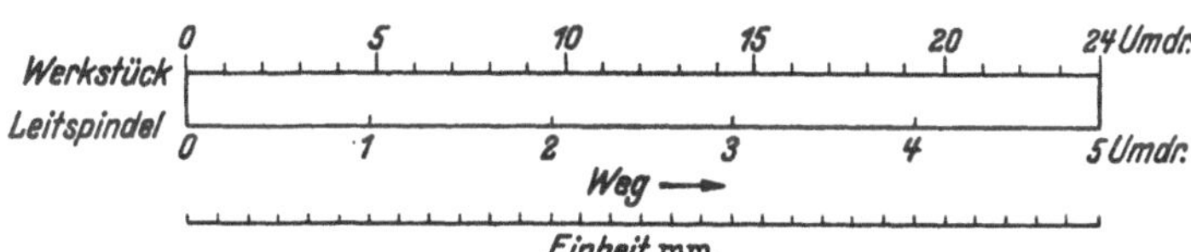

Abb. 74. Wege der Gewinde bei $h_L = 6$ mm, $h_W = 1{,}25$ mm. Erst nach 5 Umdrehungen der Leitspindel sind die beiden Wege genau gleich; die Schloßmutter darf also nur bei jedem 5. Gang geschlossen werden.

spindel 6, für das Werkstückgewinde 1,25 Einheiten lang. Wir verfolgen die Umdrehungen der beiden Spindeln vom Augenblick „null“ an, das ist der, in dem die Schloßmutter geöffnet wurde. Nach einer ganzen Umdrehung der Leitspindel — während deren ihr Gewinde 6 mm zurücklegt — hat die Hauptspindel mit dem Werkstück sich etwa 5mal gedreht, aber die Punkte liegen nicht genau untereinander; wir rechnen leicht aus, daß das Werkstückgewinde dann $5 \cdot 1{,}25 = 6{,}25$ mm fortgeschritten ist. Der Gewindestahl würde also um 0,25 mm neben den Gewindegang kommen, wenn wir einschalten würden. Nach der zweiten Umdrehung der Leitspindel ist dieser Unterschied noch größer (0,5 mm) geworden. Erst nach 5 Umdrehungen der Leitspindel besteht wieder genaue Übereinstimmung, und wir dürfen wieder einschalten. Dasselbe wird nach 10, 15, 20 usw. Drehungen wieder eintreten. In der gleichen

Zeit, in der sich die Leitspindel 5mal drehte, hat das Werkstück 24 Umdrehungen gemacht. Dies entspricht dem Bruch $\frac{24}{5}$, der bei der oben angegebenen Berechnungsweise gefunden wurde. Das Verfahren kann sehr einfach mathematisch begründet werden.

Der Weg eines Gewindeganges berechnet sich als Produkt aus der Umdrehungszahl und dem Weg, der bei einer Umdrehung zurückgelegt wird. Die Wege der beiden Gewinde, Werkstück und Leitspindel, müssen gleich sein, wenn wieder eingeschaltet wird, sonst gerät der Gewindestahl neben die Lücke. Die zugehörige Drehzahl der Hauptspindel sei mit x, diejenige der Leitspindel mit y bezeichnet, die Steigungen mit h_W und h_L, dann kann man die Gleichung aufstellen:

$$h_W \cdot x = h_L \cdot y .$$

Darin muß y eine ganze Zahl sein, denn nur dann lassen sich die Gänge der Schloßmutter in die der Leitspindel einführen, x muß ebenso eine ganze Zahl sein, denn nur dann fügt sich der Gewindestahl in die Lücke am Werkstück ein. Aus der Gleichung ergibt sich:

$$\frac{x}{y} = \frac{h_L}{h_W} .$$

In unserm Beispiel war

$$\frac{x}{y} = \frac{6}{1{,}25} .$$

Wenn wir diesen Zahlenbruch „*auf ganze Zahlen bringen*“, und zwar so, daß er sich *nicht mehr kürzen läßt*, erhalten wir x und das zugehörige y, bei denen die oben aufgestellte Gleichung zum erstenmal erfüllt ist. Ließe sich der Bruch noch kürzen, z. B. $\frac{48}{10}$, so fänden wir nicht den *ersten* Punkt, an dem Übereinstimmung der Gewindelücken besteht, sondern den zweiten oder einen folgenden.

Die Übereinstimmung der Gewindelücken kann in primitiver Weise dadurch festgestellt werden, daß man, nachdem die Mutter zum erstenmal eingeschaltet wurde, auf der Hauptspindel und dem Hauptspindellager Kreidestriche anbringt, die einander gegenüberstehen; dasselbe tut man an der Leitspindel oder an den Wechselrädern. Man braucht dann nicht die Gänge abzuzählen oder die Umdrehungen; dies wäre ja bei laufender Maschine außerordentlich schwierig, und ein Irrtum würde die Beschädigung von Werkzeug und Werkstück zur Folge haben. Dann bringt man den Bettschlitten wieder in die gleiche Ausgangsstellung, was durch einen Anschlag erleichtert wird, und schaltet einfach nur dann wieder ein, wenn die Striche an beiden Spindeln genau übereinstimmen. Auch das ist bei laufender Maschine noch etwas schwierig und erfordert große Aufmerksamkeit, besonders wenn, wie in dem gewählten Beispiel, auch Fälle vorkommen, in denen die Stellungsunterschiede nur gering sind. Wir hatten für die erste Umdrehung der Leitspindel einen Gangunterschied von nur 0,25 mm berechnet; dieser entspricht $\frac{0,25}{1,25} = \frac{1}{5}$ Umdrehung der Hauptspindel. Oft sind aber Steigungen zu schneiden, bei denen noch viel kleinere Unterschiede vorkommen.

Um diese Schwierigkeit zu überwinden, ist an vielen Leitspindeldrehbänken eine sog. *Gewindeuhr* angebracht. Wie Abb. 75 erkennen läßt, ist am Bettschlitten das Lager für ein Schneckenrad befestigt, das in die Leitspindel eingreift und mit dem eine Skalenscheibe verbunden ist. Meist hat die Skala ebenso viele Teilstriche, wie das Schneckenrad Zähne hat. Die Teilung ist irgendwie beziffert. Dies muß man vorher feststellen, ehe man die Gewindeuhr in Gebrauch nimmt. An manchen Bänken ist für bestimmte Bedürfnisse auch eine ausschaltbare Übersetzung zwischen Schneckenrad und Skalenscheibe eingebaut, die gewöhnlich außer Wirkung gesetzt werden muß.

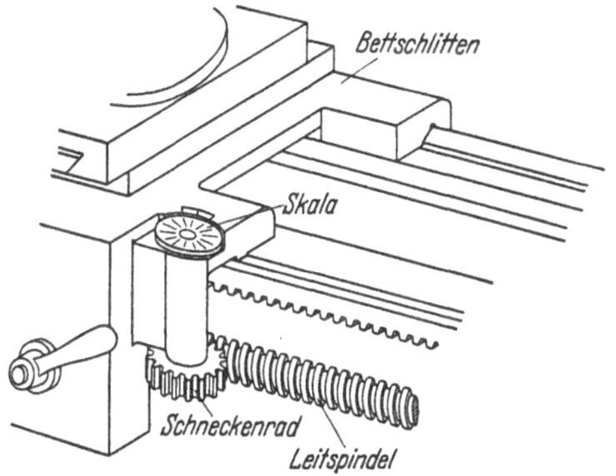

Abb. 75. Gewindeuhr an der Leitspindeldrehbank. Das Schneckenrad dreht sich, wenn die Leitspindel umläuft oder der Bettschlitten bewegt wird, nicht aber, solange die Schloßmutter geschlossen ist. Die richtige Stellung zum Einschalten wird an der Skala angezeigt.

Die Gewindeuhr ist weiter nichts als ein Umdrehungszähler für die Leitspindel. Läßt man den Bettschlitten bei laufender Leitspindel ruhig stehen, so dreht sich die Skalenscheibe langsam und zeigt jedesmal, wenn ein Strich der Nullmarke gegenübersteht, an, daß sie wieder eine Umdrehung gemacht hat. Nun setzen wir einmal die Maschine still und fahren den Bettschlitten hin und her: Die Skala zeigt an, an wieviel Gängen der Leitspindel wir vorbeifahren. Die beiden Anzeigen überlagern sich, wenn die Maschine läuft und der Bettschlitten verschoben wird.

Wir müssen also beim ersten Einschalten der Schloßmutter die Skalenscheibe auf „null“ stellen. Die Skala bleibt in Ruhe, solange die Mutter geschlossen ist, auch wenn die Leitspindel sich dreht. Wenn wir dann öffnen, brauchen wir nur die Skalenscheibe zu beobachten und können — in unserm Zahlenbeispiel — wieder einschalten, wenn der 5., 10. oder 15. usw. Strich auf die Nullmarke zeigt. Hierbei ist es auch nicht mehr nötig, die Einschaltstellung des Bettschlittens durch einen Anschlag festzulegen. Wir können vielmehr weiter nach rechts herausfahren, sofern Werkstück und Reitstock dies gestatten, dort den Punkt suchen, an dem Übereinstimmung mit dem betreffenden Strich besteht, und dann wieder einschalten. Es ist also falsch, wenn in manchen Veröffentlichungen behauptet wird, auch bei der Gewindeuhr müsse ein Anschlag für den Bettschlitten vorhanden sein. Denn vom Augenblick des Schließens an steht die Skala wieder still, und die „Ausgangsstellung" wird ja dann mit der richtigen Skalenstellung durchfahren, auch wenn wir den Schlitten weiter nach rechts gekurbelt hatten.

Auf Grund der vorstehenden Ableitung ist auf Seite 96—97 eine „Anleitung" für die Benutzung der Gewindeuhr an der Leitspindeldrehbank gegeben, die dem praktischen Dreher nützlich sein dürfte, zumal oft beobachtet werden konnte, daß manche nicht recht mit dieser Einrichtung umzugehen verstehen, was angesichts der doch nicht ganz einfachen Bewegungsvorgänge begreiflich ist. Konstrukteur, Zeitrechner und Arbeitsvorbereiter können schnell nachprüfen, ob eine ungewöhnliche Steigung eine lange Wartezeit bis zum Wiedereinschalten erfordert, so daß es besser ist, „am Riemen zu ziehen", sofern nicht eine Maschine mit umschaltbarem Antrieb zur Verfügung steht. Diese Wartezeit erhält man, indem man vom Zähler des gefundenen ganzzahligen Bruches die Zahl der Gewindegänge am Werkstück abzieht und die so ermittelte Zahl durch die Drehzahl der Hauptspindel je Minute teilt. (Beispiel hierzu auf Seite 95.)

Die „Anleitung" enthält alle Möglichkeiten, mit einer Leitspindel verschiedene Gewindearten zu schneiden, darunter auch solche, bei denen für n (= Zahl der Teilstriche, nach denen wieder eingeschaltet werden darf) sehr große Zahlen herauskommen. Vorausgesetzt ist in der Anleitung, daß

beim Schneiden einer metrischen Steigung mit Zollspindel und beim Schneiden einer Zollsteigung mit metrischer Spindel das Rad mit 127 Zähnen benutzt wird;

beim Schneiden von Modulsteigungen (Schnecken) das Rad mit 157 Zähnen benutzt wird.

Besonders im letzten Fall wird man oft lieber Näherungswerte nach Abschnitt 421 ermitteln, um zu kleineren Zähnezahlen zu gelangen. Dann darf man nur nach dem Verfahren rechnen, das in der „Anleitung" für das Schneiden metrischer Gewinde mit metrischer Spindel angegeben ist. Man setzt dabei für h_W den Bruch mit den tatsächlich benutzten Zähnezahlen ein, für h_L die Leitspindelsteigung und bringt auf ganze Zahlen. Bei einer Zollspindel setzt man dabei für h_L natürlich den Wert in mm ein, also z. B. bei einer Spindel mit 4 Gang auf 1″ den Wert $\frac{25,4}{4}$.

Beispiel: Für $h_L = 3$ mm (metrische Spindel), $m = 1$ (Modulsteigung) werden nach Taf. 28 folgende Räder benutzt:

$$\frac{20 \cdot 25 \cdot 47}{60 \cdot 22 \cdot 17}. \quad \text{Dann ist } \frac{h_L}{h_W} = \frac{3}{3 \cdot \frac{20}{60} \cdot \frac{25}{22} \cdot \frac{47}{17}} = \frac{3 \cdot 22 \cdot 17}{25 \cdot 47}.$$

Der Nenner ist $n = 25 \cdot 47 = 1175$. Also darf man nach 1175 Umdrehungen der Leitspindel wieder einschalten. Hat die Skala wie an manchen Bänken 160 Teilstriche, so rechnet man: $\frac{1175}{160} = 7$ Rest 55. Demnach kann man nach 7 vollen Umdrehungen der Skalenscheibe auf Strich 55 wieder einschalten — oder nach 14 Umdrehungen auf Strich 110 usf.

Nun rechnen wir dazu gleich die Zeit aus, während der die Bank laufen muß, ehe wieder eingeschaltet werden darf.

Die Drehzahl der Hauptspindel ist gleich dem Zähler des vorerwähnten Bruches: $3 \cdot 22 \cdot 17 = 1122$. Macht die Hauptspindel z. B. 120 Umdrehungen in der Minute und enthält das Werkstück 100 Gewindegänge, so ergibt sich:

$$\frac{1122 - 100}{120} = 8{,}52 \text{ min}.$$

Davon ist die Zeit für das Zurückziehen des Stahles, Zurückfahren des Bettschlittens und Zustellen des Stahles abzuziehen, der Rest ist Wartezeit.

Geht man *nicht* von den tatsächlich benutzten Zähnezahlen aus, wie im vorstehenden Beispiel ausgeführt, sondern rechnet nach der „Anleitung" mit der Zahl $157 = 50 \cdot 3{,}14$, so trifft, wenn n groß ist, der Stahl nach dem Wiedereinschalten nicht genau auf den Gewindegang des Werkstückes, sondern beträchtlich daneben. Diese Gangdifferenz beträgt bei dem benutzten Beispiel 0,257 mm.

(Berechnung: Tatsächlich geschnittene Steigung:

$$3 \cdot \frac{20 \cdot 25 \cdot 47}{60 \cdot 22 \cdot 17} = 3{,}14171 \text{ mm}$$

der Rechnung zugrunde liegend $h_W = \underline{3{,}14000 \text{ mm}}$

Differenz je Gang des Werkstückes 0,00171 mm

Zähler des ganzzahligen Bruches gemäß „Anleitung" = Drehzahl des Werkstückes bis zum Wiedereinschalten $h_W = 150$. Nach 150 Umläufen ist eine Gangdifferenz von $150 \cdot 0{,}00171 = 0{,}257$ mm entstanden.)

426 Genauigkeit.

Bei der Leitspindeldrehbank ist der Abbesche Grundsatz nicht befolgt. Nach diesem „soll bei Meßgeräten die zu messende Strecke die geradlinige Fortsetzung der als Maßstab dienenden Teilung, des Normals, bilden". Dieser Grundsatz gilt auch für Fertigungseinrichtungen. Das Abbesche Prinzip wäre demnach erfüllt, wenn die Achsen von Leitspindel und Werkstück zusammenfallen würden, d. h. beide hintereinander und nicht nebeneinander angeordnet wären. Sinn und Zweck der Forderung von Abbe, dem wissenschaftlichen Mitbegründer der Firma Carl Zeiß, ist, die Fehler in den Führungen der Schlitten unschädlich zu machen. Man kann sehr wohl die Leitspindel als eine fortlaufende Teilung, als ein Normal auffassen, das — im Falle einer Werkzeugmaschine — auf das Werkstück übertragen werden soll. An die Genauigkeit der Führungen bei einer Drehbank zum Gewindeschneiden sind daher hohe Anforderungen zu stellen, damit nicht der Bettschlitten bei der Längsbewegung schaukelt und kippt und diese Fehler mittels

Anleitung zur Benutzung der Gewindeuhr.

Abkürzungen:

h_W = Steigung des Werkstückes in mm oder Zoll
h_L = Steigung der Leitspindel in mm oder Zoll
$g_W = 1/h_W$ = Gangzahl des Werkstückes auf 1 Zoll
$g_L = 1/h_L$ = Gangzahl der Leitspindel auf 1 Zoll
n = Anzahl der Teilstriche, nach denen die Schloßmutter wieder geschlossen werden darf;

„*Auf ganze Zahlen bringen*" heißt: einen Bruch solange erweitern oder kürzen, bis im Zähler *und* Nenner nur noch ganze Zahlen stehen, die sich nicht mehr kürzen lassen.

z. B. $n = 4$ heißt: bei jedem 4. Strich. Dazwischen sind also jedesmal 3 Striche zu überschlagen.

Prüfe zuerst einmal, ob bei genau *einer* Umdrehung der Leitspindel die Skala der Gewindeuhr um *einen* Teilstrich weiterrückt. Wenn nicht, ist eine Übersetzung eingebaut, die nur beim Schneiden einer Zollsteigung mit der metrischen Spindel eingeschaltet werden darf. — Stimmt die Strichzahl T der Skala nicht mit der Zähnezahl z des Schneckenrades überein, so müssen die nachstehenden Rechenergebnisse für n mit T/z multipliziert werden.

Werkstücksteigung	Anleitung	Beispiele	
	Leitspindel mit Zollsteigung		
Zoll	Bilde den Bruch $\frac{g_W}{g_L}$	$g_W = 12$ $g_L = 4$	$g_W = 9\frac{3}{4}$ $g_L = 6$
	Bringe auf ganze Zahlen	$\frac{12}{4} = \frac{3}{1}$	$\frac{9\frac{3}{4}}{6} = \frac{39}{24}$
	Zahl im *Nenner* ist n	$n = 1$	$n = 24$
metrisch	Rechne ein für allemal aus und notiere hier für deine Bank: $5 \cdot g_L =$ ☐	$g_L = 4$ $5 \cdot 4 = 20$	$g_L = 6$ $5 \cdot 6 = 30$
	Multipliziere h_W in mm mit dieser Zahl	$h_W = 1{,}2$ mm	$h_W = 1{,}25$ mm
	Bringe auf ganze Zahlen	$20 \cdot 1{,}2 = \frac{24}{1}$	$30 \cdot 1{,}25 = \frac{75}{2}$
	Zahl im *Zähler* ist n	$n = 24$	$n = 75$
Modul m	Rechne ein für allemal aus, bringe auf ganze Zahlen und notiere hier $\frac{157 \cdot g_L}{1270} =$ ☐ . .	$g_L = 4$ $\frac{157 \cdot 4}{1270} = \frac{314}{635}$	$g_L = 6$ $\frac{157 \cdot 6}{1270} = \frac{471}{635}$
(Steigung $h = m \cdot \pi$)	Bringe m auf ganze Zahlen . . .	$m = 2 = \frac{2}{1}$	$m = 1{,}25 = \frac{5}{4}$
	Der *Nenner* mal obigem Zähler ergibt n	$n = 1 \cdot 314$ $n = 314$	$n = 4 \cdot 471$ $n = 1884$

Werkstück-steigung	Anleitung	Beispiele	
	Leitspindel mit metrischer Steigung		
metrisch	Bilde den Bruch $\frac{h_L}{h_W}$	$h_L = 3$ $h_W = 0{,}5$	$h_L = 6$ $h_W = 4$
	Bringe auf ganze Zahlen	$\frac{3}{0{,}5} = \frac{6}{1}$	$\frac{6}{4} = \frac{3}{2}$
	Zahl im *Nenner* ist n	$n = \mathit{1}$	$n = \mathit{2}$
Zoll		$h_L = 3$ $g_W = 12$	$h_L = 6$ $g_W = 9\frac{3}{4}$
	Bilde $5 \cdot g_W \cdot h_L$ als Bruch . . .	$5 \cdot 12 \cdot 3$	$5 \cdot \frac{39}{4} \cdot 6$
	Bringe auf ganze Zahlen	$n = \frac{180}{1}$	$= \frac{5 \cdot 39 \cdot 3}{2}$
	Zahl in *Nenner* mal 127 ergibt n	$n = 1 \cdot 127$ $n = \mathit{127}$	$n = 2 \cdot 127$ $n = \mathit{254}$
	(Wenn an der Uhr eine Übersetzung eingeschaltet ist, z. B. $\frac{86}{91}$, damit malnehmen)	(n = 120)	(n = 240)
Modul m (Steigung $h = m \cdot \pi$)		$h_L = 3$ $m = 1$	$h_L = 6$ $m = 1{,}75$
	Bilde $\frac{50 \cdot h_L}{m}$ als Bruch	$\frac{50 \cdot 3}{1}$	$\frac{50 \cdot 6}{1{,}75} = \frac{50 \cdot 6 \cdot 4}{7}$
	Bringe auf ganze Zahlen	$n = 1 \cdot 157$	$n = 7 \cdot 157$
	Der *Nenner* mal 157 ergibt n. . .	$n = \mathit{157}$	$n = \mathit{1099}$

des Gewindestahles auf das Werkstück überträgt. Diese Fehler kommen bei der üblichen Anordnung zu einem hohen Anteil zur Wirkung.

Bewegt sich der Schlitten auf seiner Führung um 0,1 mm in der waagerechten Ebene und ist der Stahl in der Mitte der Führungsbahn am Schlitten eingespannt, so treten am Gewinde 50 μ als Fehler in Erscheinung, das wäre für *eine* von vielen Fehlermöglichkeiten zuviel. Auch periodische und unregelmäßige Steigungsfehler können so hervorgerufen werden.

Eine weitere Fehlerquelle ist in der Steigung der Leitspindel zu suchen. Auch wenn die Spindel in neuem Zustande sehr genau geschliffen war, so wird sie durch verschieden große Abnutzung allmählich immer ungenauer. Deshalb werden Leitspindeldrehbänke oft mit leicht auswechselbarer Spindel ausgerüstet, um für Arbeiten, die ganz besondere Genauigkeit erfordern, eine bessere, weniger benutzte einsetzen zu können. Manche Dreher schneiden auch ein Gewinde, das besonders genau ausfallen soll, am rechten Ende der Spindel, wo sie wenig abgenutzt ist. Eine andere Möglichkeit besteht darin, die Bank links herum laufen zu lassen und dazu den Stahl umgekehrt einzuspannen, um die andere, die rechte Flanke des Leitspindelgewindes in Anspruch zu nehmen, die sonst wenig benutzt wird.

Steigungsfehler entstehen auch durch Teilungs- und Rundlauffehler der Wechsel- oder Nortonräder. Da die Wechselräder abnehmbar sein müssen und daher nicht so stramm zentriert sind, ist dies eine beachtliche Fehlerquelle.

Für Gewinde, an die besonders hohe Anforderungen zu stellen sind, wie bei Meßspindeln für Schraublehren, hat man auch an Stelle der Leitspindel ein gerades, schräges Lineal benutzt und dabei den ABBEschen Grundsatz beachtet.

Dieser Grundsatz ist auch bei der Leitpatrone an der Revolverbank berücksichtigt, denn hier fallen die Achsen von Leitpatrone und Werkstück in der Tat zusammen (Abb. 68). Dabei werden also hinsichtlich der Steigung nur die Fehler der Leitpatrone auf das Werkstück übertragen. Auf den Vorzug des Strählers in bezug auf den Ausgleich von Steigungsfehlern mit verhältnismäßig kurzer Periode wurde bereits hingewiesen. Deshalb wird er auch oft an der Leitspindelbank benutzt. Andererseits ist er schwieriger mit genauem Profil herzustellen als ein Einzahnstahl. Zum Nachschneiden braucht der Strähler keinen Anschnitt zu haben, sondern er bekommt durchgehend volles Profil, so daß man auch bis an einen Bund heran schneiden und so Steigungsfehler ausgleichen kann.

Mit Hilfe der hier aufgeführten besonderen Maßnahmen können auch auf größere Gewindelängen die Steigungsfehler bis unterhalb 10μ herabgedrückt werden. Dies ist gleichzeitig die Grenze der Meßunsicherheit. Nach DIN 8605 bis 8607 ist für die Leitspindel von Drehbänken ein Steigungsfehler bis zu $30\,\mu$ auf 300 mm Länge zulässig.

Der Fehler der Teilflankenwinkel hängt ab von der Genauigkeit, mit der das Werkzeug gefertigt und geprüft wurde, und von dessen Einstellung an der Maschine. Die Abweichungen können bei großer Sorgfalt auf $5 \cdots 10'$ herabgedrückt werden. Bei feingängigem Gewinde mit kurzer Flanke muß mit größeren Abweichungen gerechnet werden.

Im Flankendurchmesser sind Toleranzen von etwa 30 bis $100\,\mu$ erreichbar, Vorhandensein und richtige Benutzung geeigneter Meßzeuge vorausgesetzt.

Rechnet man diese Werte zusammen und vergleicht mit den Toleranztafeln am Schluß des Buches, so kommt man zu dem Ergebnis, daß auf einer guten Leitspindel- oder Revolverbank der Gütegrad „fein" mit Mühe gerade noch erreicht werden kann. Nur bei großer Sorgfalt und Geschicklichkeit können diese Werte unterschritten werden. Im allgemeinen und vor allem in der laufenden Fertigung ist nur mit dem Gütegrad „mittel" zu rechnen.

427 Muttergewinde.

Innengewinde können auf der Leitspindel- oder Revolverbank in entsprechender Weise gefertigt werden wie Außengewinde. Der Stahl hat die Form eines Hakens (Abb. 76). Auch Strähler und Rundformstähle werden benutzt. Die größte Breite oder Ausladung des Werkzeuges muß kleiner sein als der Durchmesser des vorgebohrten Loches, damit man jenes einführen kann. Daraus folgt, daß bei kleinem Gewinde der Werkzeugschaft sehr dünn wird. Infolgedessen rattert das Werkzeug leicht, hakt um so leichter ein und bricht dann ab. Das Abnehmen dicker Späne ist unmöglich.

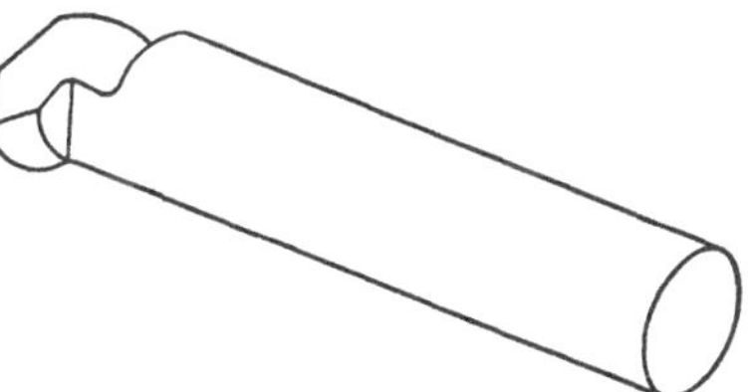
Abb. 76. Hakenstahl für Innengewinde.

Deshalb sollten die Konstrukteure stets prüfen, ob bei kleinem Durchmesser ungewöhnliche Gewinde genommen werden *müssen*, für die keine Gewindebohrer vorhanden sind und wegen der kleinen Stückzahl nicht beschafft werden können. Zu den ungewöhnlichen Gewindearten rechnen in diesem Falle auch die genormten Feingewinde, soweit sie nicht in DIN 13 Blatt 12 aufgeführt sind.

428 Mehrgängiges und kegeliges Gewinde.

Werkzeugform und Profilverzerrung bei steilgängigem Gewinde siehe Abschn. 423.

Mehrgängige Gewinde kann man mit mehreren Stählen gleichzeitig schneiden. Dabei muß natürlich deren Abstand sorgfältig auf das Maß der Teilung eingestellt werden. Meist benutzt man diese Möglichkeit nur zum Schruppen und schneidet dann jeden einzelnen Gang fertig. Steile Gewinde mit vielen Gängen sind auch schon mit bestem Erfolg geräumt worden. Das teure Werkzeug, vor allem zum Außenräumen, lohnt sich freilich nur bei großer Stückzahl.

Wenn jeder einzelne Gang geschnitten werden soll, muß nach dem Fertigstellen des einen entweder

1. die Hauptspindel gegen die Leitspindel verdreht, oder
2. eine besondere Mitnehmerscheibe benutzt, oder
3. der Gewindestahl mittels des Oberschlittens um T in der Achsenrichtung verschoben werden.

Beim *ersten Verfahren* wird das erste treibende Rad an der Hauptspindel durch Lösen der Wechselradschere außer Eingriff gebracht, nachdem es zu seinem Gegenrad durch einen gemeinsamen Kreidestrich gezeichnet wurde, und dann um den entsprechenden Winkel weitergedreht. Das geht aber nur, wenn sich die Gangzahl durch die Zähnezahl dieses Rades teilen läßt. Da dieses Rad bei steilem Gewinde groß ist, wird es häufig der Fall sein. Es ist aber nicht immer möglich, sich mit der Zähnezahl auch noch danach zu richten.

Die *Mitnehmerscheibe* für mehrgängige Gewinde besteht aus zwei Scheiben, die sich gegeneinander verdrehen lassen und Gradteilung und Nullmarke tragen. Es gibt auch Vorrichtungen mit Rastenscheibe und Indexbolzen. Da viele Gewindeteile auch im Futter gespannt werden, ist das Verfahren nicht immer anwendbar. Futterarbeit wird auch besonders deshalb bevorzugt, weil sich dann das Werkstück infolge der einseitigen Einspannung weniger durchbiegt als zwischen Spitzen. Beim Gewindeschneiden muß es noch durch die Reitstockspitze unterstützt werden, sofern es nicht sehr kurz ist. Noch besser ist Spannen in Spannpatronen, weil diese genauer rundlaufen als die üblichen Futter. Mitlaufende Körnerspitzen müssen oft darauf nachgeprüft werden, ob sie unter Last noch rundlaufen.

Kegeliges Gewinde kann einwandfrei nur mit Hilfe eines Kegellineales geschnitten werden, das dem Stahl wie beim Kopierdrehen während seiner Längsbewegung die Planverstellung erteilt.

Wenn man über eine solche Einrichtung nicht verfügt, ist man gezwungen, den Kegel durch Verstellen des Reitstockes zu erzeugen, wie beim Drehen eines glatten Kegels. Dabei sind aber zwei Fehlerquellen unvermeidlich. Da die Steigung beim Kegelgewinde parallel zur Gewindeachse zu messen ist, hat sie längs des Kegelmantels die Größe

$$h' = \frac{h}{\cos k},$$

wenn k den *Neigungs*winkel der Kegelmantellinie bezeichnet. Dadurch erhält aber die Steigung meist ein sehr krummes Maß, das *genau* höchstens einmal durch Zufall mit den verfügbaren Wechselrädern geschnitten werden kann.

Durch die Kupplung zwischen Mitnehmerscheibe und Drehherz wird dem Werkstück eine ungleichförmige Bewegung erteilt, wie bei jeder Gelenkkupplung. Die Leitspindel läuft aber gleichförmig voran. Folglich entstehen periodische Steigungsfehler am Gewinde, deren Periode eine Ganghöhe ist. Dies wird „trunkenes" Gewinde genannt, weil es hin und her schwankt, wenn man das laufende Werkstück beobachtet. Man muß zum wenigsten darauf bedacht sein, daß der Angriffspunkt zwischen Mitnehmer und Drehherz in der Ebene liegt, die durch die Körnerspitze geht und auf der Gewindeachse senkrecht steht.

Außerdem berühren die beiden Körnerspitzen die Zentrierbohrungen nur in zwei Punkten. Man könnte zwar die Zentrierbohrungen mit einem entsprechend steileren Kegel herstellen, erhält dadurch aber auch nur eine Linienberührung. In jedem Falle nutzen sich durch das Abwälzen Spitze und Bohrung sehr schnell ab, und wenn man dann am Reitstock während des Arbeitens nachstellt, verschiebt sich das ganze Werkstück.

Man muß zum mindesten dafür sorgen, daß die Stirnflächen mit den Zentrierbohrungen plangedreht sind, bevor man mit dem Schneiden eines Kegelgewindes beginnt, damit nicht die Zentrierspitze auf der unregelmäßigen Kante umhertanzt und dadurch weitere Steigungsfehler und auch Klemmen in der Längsrichtung verursacht.

43 Gewindebohrer.

431 Konstruktion und Anwendung.

Die grundsätzliche Form eines Gewindebohrers zeigt Abb. 77, und zwar einen solchen mit langem Anschnitt, wie der Mutter-Gewindebohrer nach DIN 357, und einen mit kurzem Anschnitt, den Fertigschneider eines Satzes nach DIN 352. Auf einen Schaft aus Werkzeug- oder Schnellstahl ist Gewinde geschnitten und dieses mit 3 oder 4, bei großem

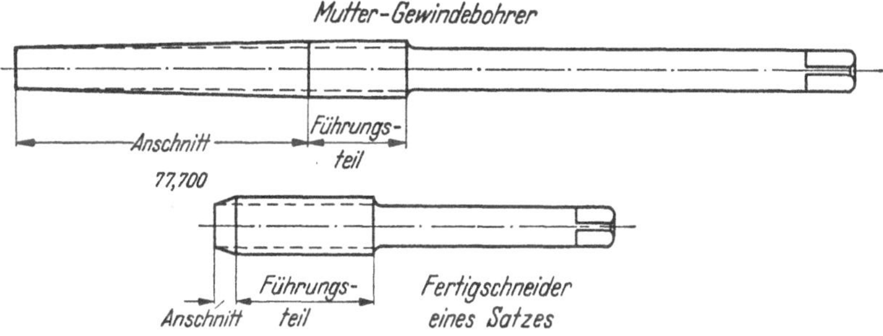

Abb. 77. Gewindebohrer mit langem und mit kurzem Anschnitt.

Gewinde auch mehr, Span-Nuten versehen. Diese nehmen den aus den Gewindelücken in Form von Spänen ausgeräumten Werkstoff auf. Sie müssen also groß genug sein, damit die Späne nicht zu sehr darin zusammengedrückt werden und Klemmen verursachen, aber auch nicht zu groß, um den Querschnitt des Bohrers, der das Drehmoment für die Schneidarbeit zu übertragen hat, nicht zu sehr zu schwächen. Außerdem müssen die Span-Nuten gut ausgerundet sein, damit die Späne sich darin aufrollen, anstatt sich zu unregelmäßigem und mehr Platz beanspruchendem Klumpen zusammenzuballen.

Verschiedene Formen von Span-Nuten sind in Abb. 78 gezeigt. Man sieht daran, daß der Gewindebohrer auch einen positiven Spanwinkel γ erhalten kann, der für die Schnittbedingung als so wichtig erkannt wurde. Denn durch die Form der Nut wird das erzeugte Profil gar nicht verändert.

Die Schnittarbeit wird vom „Anschnitt“ geleistet. Dieser wird dadurch hergestellt, daß die Gewindegänge kegelig anlaufend und hinterdreht oder hinterschliffen weggearbeitet werden. Wie dies gemeint ist, zeigt Abb. 78. Der Gewindebohrer hat also auch einen Freiwinkel α gemäß Abb. 49. Dadurch wird verhindert, daß er nach geringem Stumpfen der Schneiden schon reibt, schwer geht und bricht. Die vollen Gewindegänge selbst sind meist zylindrisch, also nicht hinterdreht oder hinterschliffen. Das hat aber zur Folge, daß dort große Reibung entsteht, vor allem wenn die Kanten durch Abnutzung etwas stumpf geworden sind. Deshalb werden Bohrer, deren Flanken geschliffen sind, oft auch im Führungsteil *hinterschliffen*. Sie eignen sich für besonders harte Werkstoffe und für genaueste Arbeit; weil sie besonders wenig Reibungsarbeit verbrauchen, haben sie auch eine höhere Leistung und brechen nicht so leicht. Besonders schlecht und als unbrauchbar zu bezeichnen sind Bohrer, bei denen das Gewinde nur kegelig geschnitten ist.

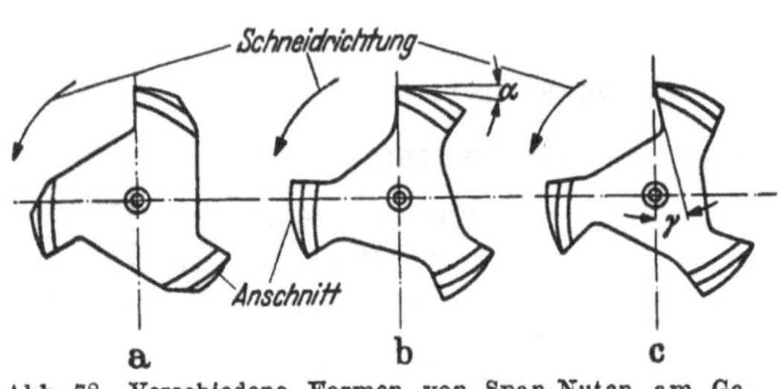

Abb. 78. Verschiedene Formen von Span-Nuten am Gewindebohrer.
a Schlechte Form, Querschnitt zwar groß, aber Späne können nicht rollen und setzen sich beim Zurückdrehen fest, sie klemmen sich in die Gewindegänge, Bohrerbruch;
b bessere Form;
c Span-Nut mit positivem Spanwinkel.

Es kommt nun darauf an, der Span-Nut eine solche Form zu geben, daß auch am Anfang des Anschnittes noch ein positiver Spanwinkel entsteht. Die Neigung der Nutform zur Radialen muß also tief genug gehen. Die Zerspanung geschieht somit, ebenso wie beim Strähler, nach Abb. 54. Besonders vorteilhaft sind sog. Schälbohrer, bei denen die Span-Nut schraubenförmig angeschliffen ist, und zwar so, daß die Spanlocken nach vorn, in der Vorschubrichtung des Bohrers, austreten (Abb. 79 und 81). Dieser Schälanschnitt eignet sich nicht gut für Sacklöcher, weil sich dabei die Späne im Grunde des Loches ansammeln. Der hinter dem Anschnitt liegende Teil, an dem das Gewinde zylindrisch (oder hinterarbeitet) ist, dient zur Führung des Bohrers, wenn er erst einmal so tief in das Werkstück eingedrungen ist, daß der Anschnitt in dem Loch verschwunden ist. Die Längsbewegung nach der Aufzählung zu Beginn des Abschnittes 41 wird also durch den Bohrer selbst herbeigeführt. Die Drehung wird durch den Antrieb, von Hand oder durch Maschine bewirkt, das Profil ist im Werkzeug ent-

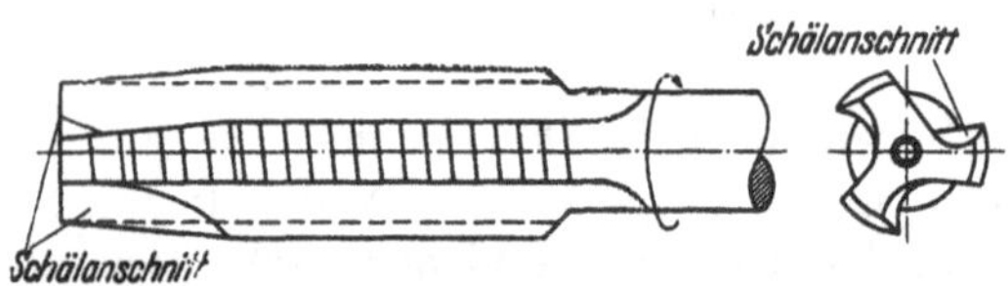

Abb. 79. Gewindebohrer mit Schälanschnitt. Die Span-Nut ist so geneigt, daß die Spanlocken in Vorschubrichtung austreten.

halten, die „Zustellung" erübrigt sich, da durch den Anschnitt die Zerspanung auf mehrere Gänge verteilt ist.

Die Zerspanungsarbeit wird von mehreren Schneiden geleistet, und das erforderliche Drehmoment muß vom Querschnitt des Schaftes übertragen werden. Die gesamte Schnittkraft wird um so geringer, je kleiner die einzelnen Spantiefen sind. Deshalb ist es erwünscht, den Anschnitt möglichst lang zu machen. Das hat auch den weiteren Vorteil, daß z. B. beim Schneiden einer Mutter immer nur ein kleiner Teil der Schneiden — entsprechend der Länge der Mutter — arbeitet; das Drehmoment wird dadurch kleiner. Deshalb haben Mutterbohrer, Schneideisenbohrer und überhaupt alle Bohrer, die für kurze Durchgangslöcher bestimmt sind, einen so langen Anschnitt. Sie lassen sich ohne großen Kraftaufwand durchdrehen, und die dünnen Späne, deren Gesamtvolumen auf den langen Anschnitt verteilt ist, erfordern nur kleine Span-Nuten. Anders wird dies bei Sacklöchern und solchen, bei denen der Bohrer nicht weit austreten darf. Damit man das Sackloch nicht zu tief vorbohren muß, was konstruktiv oft unangenehm ist, müßte ein derartiger Gewindebohrer einen sehr kurzen Anschnitt haben. Dann wird aber das Drehmoment zum Schneiden so groß, daß der Bohrer brechen müßte, zumal dann auch noch die Span-Nuten möglichst geräumig sein sollen. Deshalb ist man gezwungen, die Zerspanung auf mehrere Werkzeuge zu verteilen, und man erhält den „Satzbohrer".

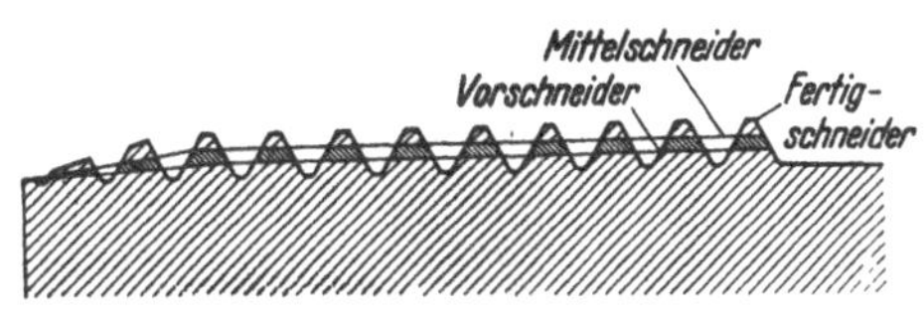

Abb. 80. Aufteilung der Spanvolumen beim Satz-Gewindebohrer.

Bei diesen werden die Späne meist so aufgeteilt, wie es Abb. 80 erkennen läßt. Der erste Bohrer des Satzes, der Vorschneider, ist am Gewindekamm stark gekürzt, der zweite weniger, und der Nachschneider hat endlich das volle Profil. Ein Satz besteht meist aus drei, manchmal auch zwei und für sehr harte Werkstoffe aus vier Einzelwerkzeugen. Der Vorschneider hat einen längeren Anschnitt, der Fertigschneider entsprechend der Konstruktionsforderung einen sehr kurzen. Demnach muß der Fertigschneider im Grunde des Gewindes die Gewindelücke zum großen Teil allein ausräumen. Das ist für seine Benutzung und für das Vermeiden von Bruch zu beachten.

Die Führung in Richtung der Steigung ist so lange unvollkommen, bis die vollen Gewindegänge in das angeschnittene Loch eintauchen. Man muß sich einmal vorstellen, daß der Mittelschneider an den schmalen, niedrigen Gängen, die der Vorschneider erzeugt hat, anfangs seinen gesamten Vorschub abstützen muß. Dies ist noch zweifelhafter am Anschnitt des Vorschneiders. Deshalb sucht sich der Bohrer in Preßstoff oder in weichem Aluminium beim mehrfachen Ansetzen oft einen anderen Weg, so daß man am Schluß ein aufgeriebenes Loch, aber kein Muttergewinde vor sich hat. Bis die Führung genügend kräftig geworden ist, muß also eine Vorschubkraft ausgeübt werden, damit der Bohrer nicht durch die parallel zur Achse wirkende Rückkraft, oder, anders ausgedrückt, durch die Kegelwirkung des Anschnittes, aus dem Loch herausgedrückt wird. Man muß also, besonders bei weichen Werkstoffen, entweder mit Gefühl nachhelfen oder zwangläufig führen, wie bei einer Gewindeschneidemaschine mit Patronenführung.

Feingängige Gewinde in weichen und zähen Werkstoffen reißen beim Schneiden leicht aus. Dies ist besonders auf die ungünstige Spanbildung in der Gewindelücke und die starke Belastung der schwachen Gänge durch die Vorschubkraft zurückzuführen. Man hat versucht, diesen Nachteil zu vermeiden, indem man am Gewindebohrer einen über den anderen Zahn fortläßt, also am fertig geschnittenen Gewinde des Werkzeuges einzelne Gewindezähne wegarbeitet.

Bei Trapez-, Sägen-, Rund- und auch Spitzgewinde werden die Späne besser verteilt und die Schnittbedingungen günstiger, wenn jeder Zahn nicht die volle Gewindelücke anschneidet, sondern nur etwas mehr als die halbe Breite derselben, wobei die Zähne abwechselnd die rechte und die linke Hälfte bearbeiten. Einen so gestalteten „Hartex"-Bohrer (R. Stock & Co., Berlin), zeigt Abb. 81. Grobe Profile und große Steigungen können auf diese Weise mit nur einem oder zwei Werkzeugen, Vor- und Fertigschneider, wirtschaftlich geschnitten werden. Für mehrgängige Gewinde dieser Art und große Steigungen wird ein Vorschnittkegel vorgesehen, der zunächst eine schmalere Gewindelücke ausarbeitet, so daß der nachfolgende Teil des Bohrers genügend Führung in der Längsrichtung hat. Abb. 82 zeigt ein solches Werkzeug und läßt erkennen, wie die „Mantelschnitt-Unterteilung" durch teilweises Wegschleifen der Schneidzähne herbeigeführt wird, wobei immer ein Zahn übersprungen wird.

Genormt sind folgende Arten von Gewindebohrern:

Bezeichnung	Metrisches Gewinde	Whitworth-Gewinde	Whitworth-Rohrgewinde
Satzgewindebohrer	DIN 352	DIN 351	DIN 353
Muttergewindebohrer mit langem Schaft .	DIN 357	DIN 356	—
Schneideisengewindebohrer	DIN 359	DIN 358	DIN 360
Handbacken-Gewindebohrer	DIN 362	DIN 361	DIN 363
Einschnittgewindebohrer	DIN 376	—	—
Maschinenbacken-Gewindebohrer	DIN 511	DIN 510	DIN 512

Außerdem sind folgende Normen zu beachten: DIN 802 Gewindebohrer, Herstellungsgenauigkeiten; DIN 377 Verlängerer für Gewindebohrer.

Verwendung:

Satzgewindebohrer: Hand- oder Maschinenarbeit, Sacklöcher und nicht zu lange Durchgangslöcher, auch für metr. Feingewinde genormt.

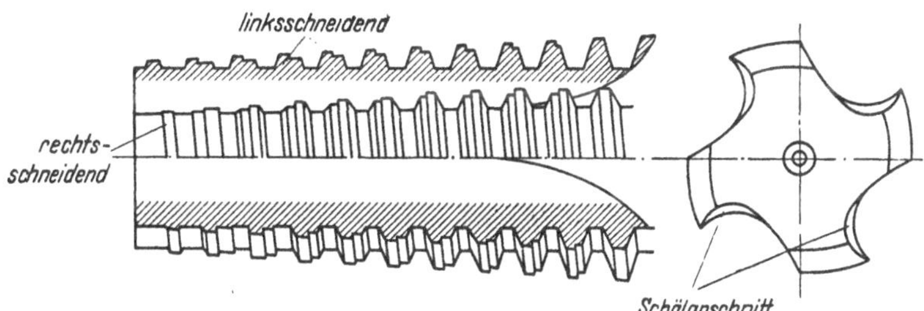

Abb. 81. Hochleistungs-Gewindebohrer für Trapezgewinde (Hartex-Bohrer, R. Stock, Berlin). Aufteilen des Spanvolumens.

Muttergewindebohrer: Vorwiegend zum Schneiden von Muttern, aber auch für lange, durchgehende Gewinde.

Schneideisengewindebohrer: Zum Schneiden des Gewindes in Schneideisen. Gewindemaße im unteren Drittel des Bolzentoleranzfeldes.

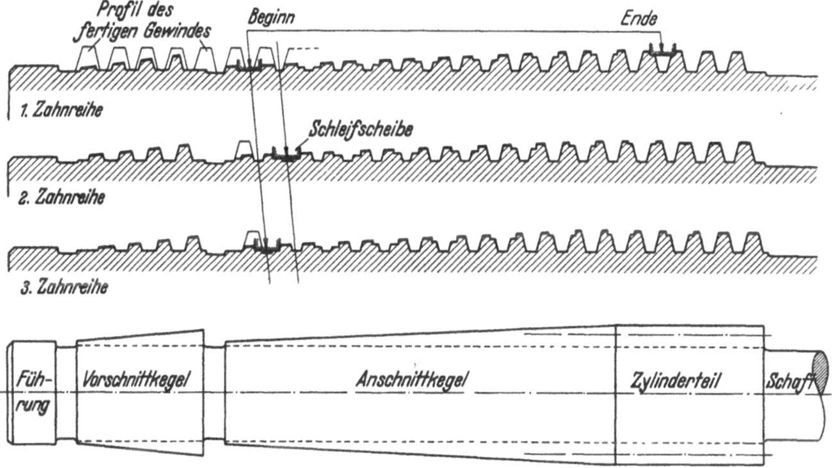

Abb. 82. Hartex-Gewindebohrer mit Vorschnittkegel und Mantelschnitt-Unterteilung im Anschnittkegel (R. Stock, Berlin). Für große Steigung, mehrgängiges Gewinde. Oben sind die drei Zahnreihen dargestellt und gezeigt, wie in einem Arbeitsgang unter jedesmaligem Überspringen eines Zahnes die rechte oder die linke Hälfte der Zähne weggearbeitet wird. Der Vorschnittkegel dient dazu, erst eine Führung im Werkstück zu schaffen, bei der die Lücken schmaler sind als am fertigen Gewinde.

Handbacken-Gewindebohrer: Dienen zum Einschneiden des Gewindes in die Backen von Schneidkluppen, Gewindemaße um $2 \cdot t_1$ größer als theoretische Gewindemaße (denn die Kluppe wird zuerst auf dem Außendurchmesser angesetzt, dann darf die Backe nicht an den Kanten kneifen).

Einschnittgewindebohrer: Vorwiegend für Maschinenarbeit, Handarbeit nur bei kurzem Gewinde. Anschnitt $1 \cdot d$ bis $1{,}5 \cdot d$.

Maschinenbacken-Gewindebohrer: Dienen zum Einschneiden des Gewindes in die Backen von Schneidköpfen. Maße gleich der zu schneidenden Schraube.

Unter einem *Überlaufbohrer* versteht man einen Gewindebohrer, dessen glatter Schaft etwas dünner ist als der Kerndurchmesser des zu schneidenden Gewindes. Dieser Schaft wird meist lang ausgeführt. Mit diesem Werkzeug kann man, wegen seines langen Anschnittes, mehrere Muttern gleichzeitig oder auch nacheinander schneiden, die sich dann auf dem langen Schaft ansammeln. Von Zeit zu Zeit wird das Werkzeug ausgespannt, und die fertigen Werkstücke werden abgenommen. Man spart dafür aber das Zurückschrauben.

Für das Bohren des *Kernlochdurchmessers* sind schwerlich allgemeingültige Richtlinien zu geben. Die früher herausgegebenen Normen DIN 769, Blatt 1 bis 10, sind für die Praxis unbrauchbar, weil sie nur die Grenzwerte für den Kerndurchmesser des fertigen Gewindes wiedergeben. Weiche Werkstoffe bilden beim Gewindeschneiden einen kleinen Wulst, der den Gewindegrund des Bohrers ausfüllt und so den Kamm des Gewindeganges in der Mutter bildet (Abb. 83). Deshalb bohrt man in weiche und zähe Werkstoffe etwas größer, als der Kerndurchmesser beträgt, bei spröden Stoffen dagegen nur sehr wenig größer. Auch für lange Gewinde wird größer gebohrt. Das Ausreißen von Gängen beim Gewindebohren rührt oft davon her, daß das Kernloch zu eng gebohrt ist. Eine zu große Bohrung aber vermindert die Überdeckung und schwächt die Tragkraft des Gewindes.

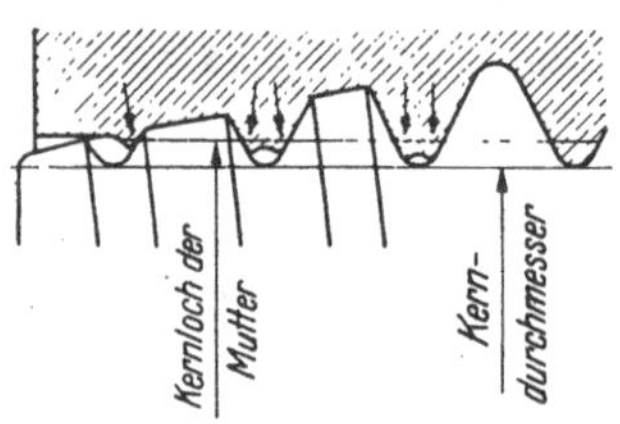

Abb. 83. Aufwulsten weicher Werkstoffe am Kerndurchmesser.

Beim Gewindebohren auf der Maschine muß eine zuverlässig wirkende Rutschkupplung benutzt werden, damit der Bohrer nicht überlastet wird und bricht. Dies gilt besonders für Sacklöcher, bei denen der Fertigschneider am Schluß besonders viel zu leisten hat. Wenn dem Bohrer ein zwangweiser Vorschub gegeben wird, muß darauf geachtet werden, daß Vorschubsteigung und Bohrersteigung *genau* übereinstimmen, denn sonst wird nicht nur ein zu großer Flankendurchmesser erzeugt, sondern auch der Bohrer überlastet.

Schmieren ist wegen der Reibung der „Führungsgänge" auch bei Messing, Rotguß und Bronze zu empfehlen. Für diese Werkstoffe und weichen Stahl genügt Bohrwasser. Für andere Werkstoffe sind die gleichen fetten Öle zweckmäßig, wie beim Schneiden auf der Leitspindelbank. Bei Leichtmetallen hat sich Spiritus bewährt. Maschinenöl ist ungeeignet. Bei Preßstoffen wird mit Wachs geschmiert.

432 Fertigung und Instandhaltung.

Gewindebohrer werden meist aus Werkzeugstahl, für hohe Maschinenleistung aus Schnellstahl gefertigt. Bei dicken Werkzeugen wird an den arbeitenden Teil aus Schnellstahl ein Stahlschaft stumpf angeschweißt, um hochwertigen Werkstoff zu sparen.

Wegen des Härteverzuges sind dreinutige Bohrer vorzuziehen, wenn die Flanken des Werkzeuges nicht geschliffen werden. Von vier oder mehr Zähnen auf dem Umfang schneiden doch meist zwei oder drei mehr als die übrigen und jene werden überlastet und die bei mehr Nuten kleineren Span-Nuten vermögen die entstehenden Späne nicht aufzunehmen.

Der dreinutige Bohrer kann nur mit Sondereinrichtungen gemessen werden. Da aber beim nur geschnittenen Bohrer nach dem Härten doch nichts mehr bearbeitet wird, kann man ihn auch messen, bevor die Span-Nuten eingefräst werden. Den Härteverzug kann man für jede Werkstoffcharge durch ein Probestück bestimmen; danach richten sich Flankendurchmesser und Steigung des aufzuschneidenden Gewindes.

Bedeutend höhere Genauigkeitsansprüche erfüllen geschliffene und noch besser in den Flanken hinterschliffene Bohrer. Damit das Werkzeug nicht einhakt, läßt man meist das Gewinde auf 0,5 bis 2 mm Breite zylindrisch stehen. Diese schmale Fläche gibt geringe Reibung, gute Führung und gestattet auch Nachschleifen in den Span-Nuten, ohne daß dadurch gleich die Maße des Gewindes kleiner werden. Vor allem aber werden durch das Schleifen nach dem Härten die Steigungsfehler herabgesetzt.

Zum *Schärfen* wird in erster Linie der Anschnitt nachgeschliffen. Dies ist freihändig unmöglich in einer Weise, daß die drei oder mehr Schneiden auf einem Kreis liegen und somit gleichmäßig belastet werden. Von Zeit zu Zeit sind auch die Span-Nuten an der Spanfläche nachzuschleifen, um die gestumpften Kanten im Führungsteil und dadurch die Klemmgefahr und erhöhte Reibung zu beseitigen.

Das Herstellungstoleranzfeld für den Bohrer liegt zweckmäßig im oberen Drittel des Werkstücktoleranzfeldes; durch Abnutzung in den Flanken nähert sich das Werkzeug beim Gebrauch immer mehr der Nullinie, so daß ein Bohrer für den Gütegrad „mittel“ später für „fein“ benutzt werden kann.

433 Werkstücktoleranzen.

Manche Werkstoffe federn nach dem Vorbeigehen der Schneide wieder etwas zurück, so daß das geschnittene Gewinde enger wird als die Maße des Bohrers; vorwiegend spröde, wie Messing und auch Grauguß, spritzen weg, und der Bohrer wackelt nach dem Schneiden etwas im Gewinde. Für den Werkmann ist aber der tatsächlich erreichte Flankendurchmesser des Werkstückes maßgebend. Wenn man sehr kleine Toleranzen einhalten will, muß man die Werkzeugmaße für den betreffenden Werkstoff ausprobieren. Die in DIN 802 gegebenen Abmaße können somit nur einen guten Mittelwert darstellen.

Die Steigung des Werkzeuges wird recht genau auf das Werkstück übertragen, wie Versuche gezeigt haben. Einzelne unregelmäßige oder kurzperiodische Fehler werden beim Durchdrehen ausgeglichen. Bei richtiger Konstruktion des Werkzeuges werden auch die Flankenwinkel ziemlich getreu am Werkstück wiedergegeben.

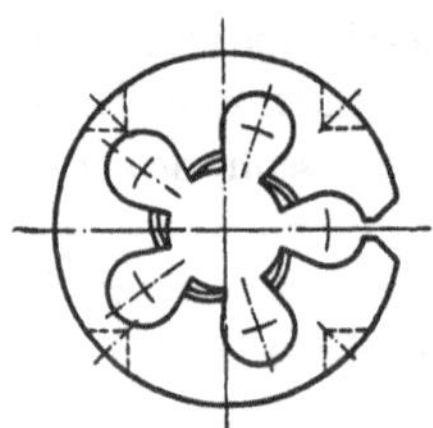

Abb. 84. Schneideisen.

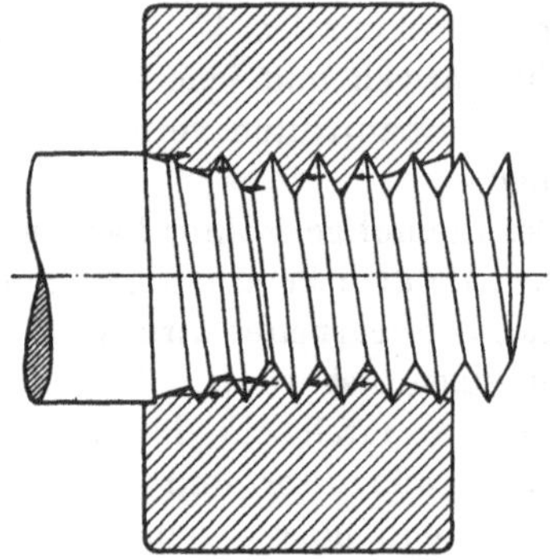

Abb. 85. Anschnitt des Schneideisens. Vorschubkräfte.

Als Toleranzen, die eingehalten werden können, wurden bei Versuchen folgende Werte gefunden: für den Flankendurchmesser 0,15 mm, für die Steigung 0,01 mm und für den Teilflankenwinkel 30′. Diese Werte sind Gesamttoleranzen (also nicht Zahlenwerte zu ±-Toleranzen). Demnach kann die Toleranz „mittel" leicht eingehalten werden. Man vergleiche dazu die Tafeln am Schluß. Die Feintoleranz ist nur mit geschliffenen und am besten mit im Führungsteil hinterschliffenen Werkzeugen zuverlässig einzuhalten. Es sei jedoch schon hier darauf hingewiesen, daß die Feintoleranz in der Praxis selten wirklich benötigt wird.

44 Schneideisen und Schneidkopf.

In gleicher Weise, wie der Gewindebohrer an der Mutter, arbeitet das *Schneideisen* (Abb. 84) am Bolzen die Gewindegänge ein. Den Anschnitt zeigt Abb. 85, er wird meist auf beiden Seiten angebracht, um das Werkzeug länger ohne Schärfen benutzen zu können. Die Gänge können nur bei großem Gewinde geschliffen oder gar hinterschliffen werden; für kleine Gewinde kann man sie nach dem Härten mit einem Guß- oder Kupfergewindedorn schmirgeln oder läppen. Auf die Einhaltung genauer Gewindemaße kommt es nicht sosehr an, wenn das Werkzeug geschlitzt ist. Es wird dann in einer Kapsel oder einem Schneideisenhalter nach Abb. 86 aufgenommen. Zieht man die Schraube an, die mit einem Kegelzapfen in den Schlitz eingreift, so wird es elastisch aufgeweitet. Dreht man jedoch diese Schraube zurück und zieht statt dessen die beiden seitlich angeordneten Schrauben an, so wird der geschnittene

Flankendurchmesser kleiner. Man muß aber nach dem Einstellen stets auch die übrigen Schrauben leicht anziehen.

Da die Werkstoffe sich, wie in Abschnitt 431 und 433 ausgeführt, verschieden verhalten, muß man die richtige Einstellung zur Erzielung einer bestimmten Toleranz durch Probieren finden. Man kann also jedes beliebige Toleranzfeld einhalten, sofern es für die Streuung der laufend anfallenden Werkstücke und unter Berücksichtigung der Abnutzung nicht zu klein ist.

Die Span-Nuten können so ausgebildet werden, daß sie einen positiven Spanwinkel ergeben, der auch beim Schärfen zu beachten ist.

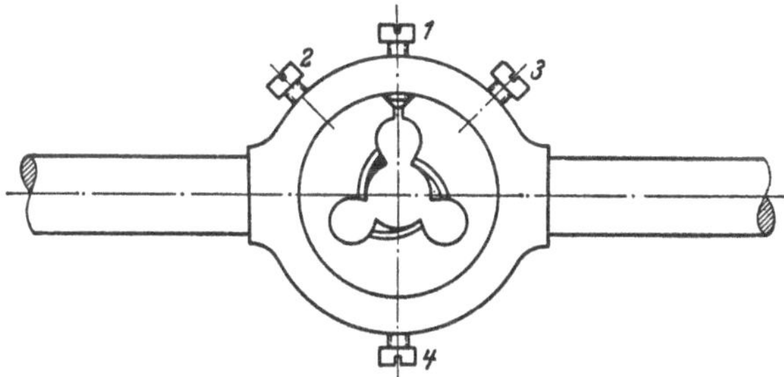

Abb. 86. Schneideisenhalter. Anziehen der Schraube *1* weitet das Schneideisen, Schrauben *2* und *3* stellen es enger. Schraube *4* hält es gegen Verdrehen und Herausfallen.

Zuerst wird aber immer der Anschnitt nachgeschliffen. Dieser muß „freischneiden", also einen positiven Freiwinkel haben. Dadurch wird vor allem verhindert, daß die Reibung zu groß wird und dadurch der Bolzenwerkstoff zu sehr auf Drehung beansprucht wird. Bei dünnem Gewinde und stumpfem Werkzeug wird der Schaft oft abgewürgt. Man findet leider immer noch Schneideisen im Handel, die mehr drücken, auch in neuem Zustande, als schneiden.

Beim *Ansetzen* des Schneideisens von Hand wird es leicht einmal schief angesetzt, und man erhält dann ein trunkenes Gewinde. Beim *Zurückdrehen* setzen sich leicht Späne in den keilförmigen Spalt des Anschnittes und verderben dadurch das Werkstück, ebenso wie auch beim Gewindebohrer. Bei Werkstoffen, die lange Späne bilden, ist die Gefahr geringer, bei spröden ist keine Abhilfe möglich als Vorsicht und gute Schmierung. Zum *Schmieren* eignen sich die gleichen Mittel, die beim Gewindebohrer aufgeführt sind (Abschn. 431). Durch entsprechende Formgebung der Span-Nuten muß vermieden werden, daß sich Späne im Führungsteil festklemmen können.

Wegen des Anschnittes kann ein Gewinde nicht ganz bis an einen Bund heran geschnitten werden. Diese Tatsache muß bereits bei der Konstruktion berücksichtigt werden. Bei besonders schwierig zu bearbeitendem Werkstoff und grobem Profil werden wie beim Gewindebohrer mehrere Werkzeuge benutzt, auf welche das Spanvolumen aufgeteilt ist. Dem letzten kann man dann einen sehr kurzen Anschnitt geben.

Über Schneideisen gibt es folgende Normen:

DIN 223 Runde Schneideisen (für metrisches und Whitworth-Gewinde),
DIN 224 Schneideisenkapseln,
DIN 225 Schneideisenhalter,
DIN 382 Sechskantige Nachschneideisen.

Die zuletzt genannten Nachschneideisen sind ungeschlitzt und werden im Installationsgewerbe zum Säubern und Nachschneiden eines Gewindes benutzt. Man braucht dazu keine Kapsel und keinen Halter, sondern das Werkzeug wird mit einem gewöhnlichen Schlüssel gedreht.

Im Installationsgewerbe ist außerdem noch vielfach die Schneidkluppe im Gebrauch, die in einem Halter verstellbare Schneidbacken hat. Mit diesem Werkzeug läßt sich ein Gewinde in gewissen Grenzen mit jedem beliebigen Durchmesser schneiden, wie es bei solchen Arbeiten manchmal erwünscht ist. Wurde dann einmal aus Versehen ein Gewinde zu klein geschnitten, so muß Dichtungsmasse das „Spiel“ ausfüllen. Da die üblichen Fittinge praktisch austauschbar hergestellt werden, besteht kaum noch ein Anlaß, Gewinde in dieser Weise „anzupassen“.

Beim Benutzen eines Schneideisens an der Werkzeugmaschine muß es vor allem genau mittig zum Werkstück „eingerichtet“ werden. Man kann im allgemeinen überhaupt nicht von einem mit Schneideisen geschnittenen Gewinde erwarten, daß es mittig läuft. Dies trifft vielmehr nur für das mit der Leitspindel geschnittene zu. Aber außermittiges Ansetzen belastet die einzelnen Stege des Werkzeuges verschieden und beeinträchtigt die Genauigkeit in den Flanken. Außerdem muß auf das Werkzeug beim Ansetzen ein Druck in der Achsenrichtung ausgeübt werden. Dann aber soll es sich entsprechend der Gewindesteigung frei längs verschieben können, weil es selbst führt. Außerdem ist eine Rutschkupplung erforderlich. Um die Schnittgeschwindigkeit herabzusetzen, wird entweder die Hauptspindel umgeschaltet oder, wie bei manchen Automaten, dem Werkzeug eine Drehung in gleicher Richtung, aber mit geringerer Drehzahl erteilt. Wirksam als Schnittgeschwindigkeit wird dann nur die Differenz der beiden Geschwindigkeiten. Erhöht man nach dem Schneiden die Drehzahl des Werkzeuges über diejenige der Hauptspindel hinaus, so wird das Schneideisen wieder abgeschraubt. Da es durch seine erhöhte Drehzahl das Werkstück überholt, wird dieser Zusatzapparat Überholeinrichtung genannt.

Die Zeit für das Überholen oder das Umschalten der Maschinenspindel wird gespart beim *selbsttätig öffnenden Schneidkopf*, von dem Abb. 87 eine Ausführungsform zeigt. In einem futterartigen Körper sind Schneidbacken radial verschiebbar angeordnet, die als Profilstähle nach

Abb. 72 ausgebildet sind, aber mehrere Zähne nach Art eines Strählers haben. Der zu erzeugende Flankendurchmesser ist einstellbar. Nach dem Fertigschneiden des Gewindes öffnen sich die Backen selbsttätig, und der Kopf kann zurückgezogen werden, während die Werkstückspindel weiterläuft.

Die *Genauigkeit* der Werkstücke im Flankendurchmesser kann beim Schneideisen höher getrieben werden als beim Gewindebohrer. Beim Teilflankenwinkel hängt sie von der des Schneideisengewindebohrers ab; beim Herstellen des Schneideisens kommen jedoch weitere Abweichungen hinzu, weil sich das Profil des Bohrers nicht genau abbildet.

Abb. 87. Selbstöffnender Gewindeschneidkopf (Wagner, Reutlingen). Die Strählerbacken können einzeln und gemeinsam feinverstellt werden. Die Späne fließen frei ab. Im Kopf befindet sich eine Momentauslösung, welche die Backen nach Fertigstellen des Gewindes zurückzieht.

Die *Steigung* wird oft größer als am Werkzeug. Dies ist auf folgende Weise zu erklären. Das Schneideisen führt sich auf den von ihm selbst geschnittenen Gängen; die in Abb. 85 durch Pfeile angedeutete Vorschubkraft infolge des schrägen Anschnittes wirkt in der Abbildung nach rechts und muß von den schon geschnittenen Gängen aufgenommen werden. Dadurch wird der Bolzen bleibend gelängt. Je gröber das Profil, je steiler der Anschnitt und je dünner der Bolzen, um so mehr wird er gestreckt. Daß dies beim Gewindebohrer nicht auch bemerkt wird, sondern festgestellt wurde, daß die Steigung genau übertragen wird, liegt daran, daß die Mutter einen viel größeren Querschnitt hat und infolgedessen die Vorschubkraft nur im elastischen Gebiet wirkt. Man erkennt auch hieraus, wie wichtig ein richtiger Anschnitt des Schneideisens ist. Um die bleibende Längung zu vermindern, kann man bei Maschinenarbeit dem Werkzeug einen zwangsweisen Vorschub erteilen, der jedoch genau mit der Steigung im Schneideisen übereinstimmen muß. Besser würde für diesen Zweck eine Federkraft in der Längsrichtung sein.

45 Fräsen.

Ersetzt man das einschnittige Werkzeug der Leitspindel- oder Revolverdrehbank durch ein mehrschnittiges, rotierendes, also einen Fräser, so erhält man das Grundsätzliche des Vorganges beim Gewindefräsen. Dem einfachen Gewindestahl entspricht der Scheibenfräser, dessen Schneiden das Profil *einer* Gewindelücke haben. Bildet man den

Fräser aber so aus, daß er *mehrere* Lücken gleichzeitig schneidet, so erhält man den Kurzgewindefräser, der sich im Wesen vom Strähler noch dadurch unterscheidet, daß er keinen Anschnitt hat, weil es der Fräsvorgang eher erlaubt, radial in den Bolzenwerkstoff einzutauchen. Daß beim Einscheibenfräser das Werkzeug an seinem Platz verharrt und sich nur dreht und daß das sich drehende Werkstück entsprechend der Steigung an ihm längs vorbeigeführt wird, ist nur ein unwesentlicher Unterschied, der eine konstruktive Angelegenheit der Werkzeugmaschine ist.

Dementsprechend unterscheidet man:

1. Fräsen von Langgewinde mit einem Einscheibenfräser,
2. Fräsen von Kurzgewinde mit einem Rillenfräser.

Beide Verfahren sind auch für Innengewinde anwendbar, sofern das Werkzeug kräftig genug ausgebildet werden kann, das Gewinde also groß genug ist.

451 Langgewinde.

Der Fräser wird gleich auf volle Tiefe zugestellt und muß dann die ganze Länge der Gewindelücke durchlaufen. Das Gewinde wird also in einem Arbeitsgang fertiggestellt, wenn man nicht vor- und fertigfräst, um beim zweiten Schnitt höhere Genauigkeit und bessere Oberflächengüte zu erreichen. Bei mehrgängigem Gewinde werden die Gänge nacheinander bearbeitet. Wegen der großen Schnittleistung sind auch die Schnittkräfte groß. Deshalb muß das Werkstück in einer Führungsbuchse abgestützt werden, die sich gegenüber der Schnittstelle befindet. Die Länge des zu bearbeitenden Gewindes ist nur durch die Baumaße der Maschine begrenzt. Demnach eignet sich das Verfahren vorwiegend für lange Gewindespindeln für Pressen, Schnecken, Leitspindeln usw.

Das Werkzeug wird aus Werkzeugstahl oder Schnellstahl gefertigt. Dieser ist hier zweckmäßig, weil eine hohe Schnittleistung dem Verfahren eigen ist. Auch Schnellstahl mit besonders hoher Leistung kommt in Betracht. Das Werkzeug wird gefräst oder hinterdreht. Gefräste Fräser werden meist so ausgeführt, daß abwechselnd der rechte und der linke Zahn schneidet. Nur ein einziger Zahn schneidet auf beiden Seiten und dient als „Kontrollzahn“ beim Prüfen und beim Einstellen an der Maschine. Hinterdreht werden die Fräser mit Rücksicht auf die Profilverzerrung, die ja nur beim hinterdrehten Fräser ausgeglichen werden kann.

Beim rotierenden, scheibenförmigen Werkzeug sind die geometrischen Verhältnisse in bezug auf die Erzeugung des richtigen Gewindeprofils noch etwas verwickelter als beim Gewindestahl. Wir wollen sie uns etwas klarzumachen versuchen, ohne auf die mathematische Behandlung einzugehen, die sehr verwickelt ist. Dazu betrachten wir das Trapezgewinde in Abb. 88 und stellen es uns räumlich vor. Wir gehen von der Stelle vorn am Gewinde aus, die durch einen dicken Strich gekennzeichnet ist, und verfolgen, wie das Gewinde von dort aus verläuft. Da es *rund* ist, laufen die Flanken von dort aus nach oben und unten, anfangs langsam, später immer schneller, nach hinten weg. Da es ein

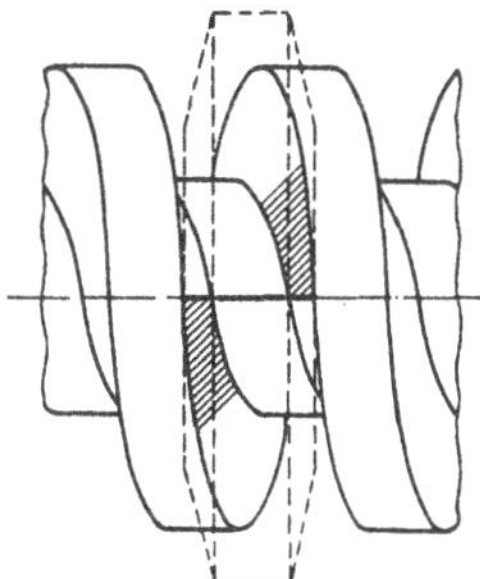

Abb. 88. Trapezgewinde und achsenparallel dazu stehender Fräser.

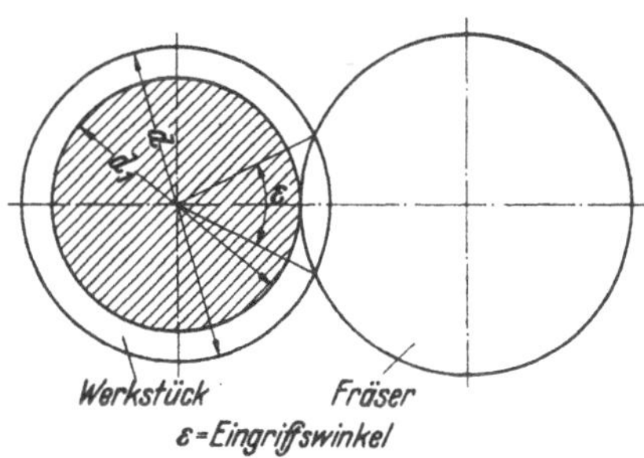

Abb. 89. Eingriff beim Außengewinde-Fräsen.

Gewinde ist — und zwar ein Rechtsgewinde —, laufen die Flanken, wenn wir sie nach oben verfolgen, beide nach links, nach unten beide nach rechts. Bringen wir nun in die Gewindelücke einen Fräser mit dem Profil des Gewindes, und zwar parallelachsig zum Gewinde, und lassen diesen Fräser alles fortfräsen, was ihm in den Weg kommt, bis er auf den Gewindekern gestoßen ist, so müssen wir befürchten, daß er die rechte Flanke oberhalb der Mitte und die linke unterhalb anfräst. Diese Stellen sind durch Schraffur kenntlich gemacht. Er tut dies auch, obwohl das Gewinde oberhalb und unterhalb der Mitte nach hinten zurückweicht, und obwohl der Fräser gleichzeitig auch aus der Zeichenebene heraus nach vorn zurückweicht. Dieses Zurückweichen wird klarer, wenn wir den Seitenriß dieses „Eingriffs" in Abb. 89 betrachten.

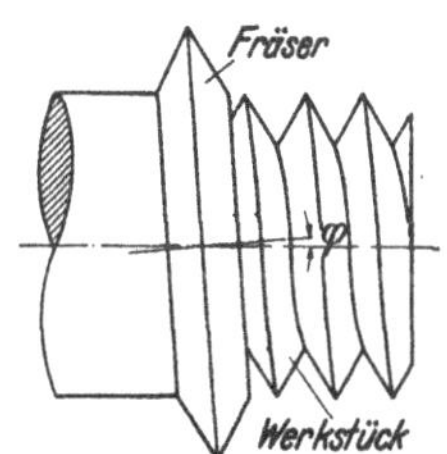

Abb. 90. Der Fräser wird um den Steigungswinkel φ gegen die Gewindeachse geneigt. $\operatorname{tg} \varphi = \frac{h}{\pi d_2}$.

Wir vermuten auch, daß eine Scheibe von der in Abb. 88 gestrichelt gezeichneten Gestalt, die wir in die Gewindegänge hineinzudrücken versuchen, sich schrägstellt, wie in Abb. 90, und zwar um den Steigungswinkel. Wenn wir uns zum Versuch ein Gewinde und eine zugehörige Scheibe drehen, so werden wir diese Vermutung mit Sicherheit bestätigt finden. Wir können daraus schließen, daß der Fräser mit dem Gewindeprofil weniger „wegschneidet", wenn er schräggestellt wird. In die Praxis des Gewindefräsens übertragen bedeutet das, daß wir das Profil des Fräsers dann weniger zu berichtigen brauchen. Der Versuch mit den gedrehten Teilen würde uns aber auch lehren, daß eine gewisse Profilberichtigung auch noch nötig ist, wenn der Fräser entsprechend der Steigung schräggestellt wird. Wenn wir nämlich zwischen Gewinde und gedrehter Scheibe hindurchschauen, so sehen wir einen keilförmigen Lichtspalt und stellen fest, daß die Scheibe an jeder Flanke nur in einem Punkt anliegt. Diesen Punkt können wir an den Drehteilen durch Antuschieren feststellen. Die Punkte liegen nicht einander gegenüber, sondern etwas versetzt zueinander.

Das ist der Grund, weshalb Fräser für Langgewinde dann hinterdreht sein, also ein korrigiertes Profil haben müssen, wenn das Gewinde einen großen Steigungswinkel und einen kleinen Flankenwinkel hat. Bei flachgängigem (φ klein) und Spitzgewinde (α groß) wird die Berichtigung vernachlässigbar klein. Das wird klar, wenn man ein solches Gewinde betrachtet und es mit einem mehrgängigen Trapezgewinde vergleicht.

Hier sei eine kurze Betrachtung des *Flach*gewindes eingeschaltet, das nicht mit einem *flachgängigen* Gewinde verwechselt werden darf, bei dem φ klein ist. Beim Flachgewinde ist $\alpha_1 = \alpha_2 = 0$, es hat also rechteckiges Profil, φ kann aber sehr groß sein.

Ein solches Gewinde läßt sich überhaupt nicht fräsen. Denn eine genaue Untersuchung würde ergeben, daß der Fräser außen breiter sein müßte als am Grunde der Zähne, um das rechteckige Profil hervorzubringen. Dann würde er aber wieder mit der spitzwinkligen Ecke die Gewindeflanken an Stellen anschneiden, die den schraffierten in Abb. 88 entsprechen. Nähme man ihm diese Ecken fort, so käme wieder kein rechtwinkliges Profil zustande: Es geht also nicht. Da das Flachgewinde auch auf der Drehbank schlecht geschnitten werden kann und außerdem wenig fest ist, wird es in der Praxis nicht mehr benutzt, und man findet es nur noch in Büchern. Beim Trapezgewinde hat der Gewindegang einen Querschnitt, der mehr einem Träger gleicher Festigkeit ähnelt, er ist an der Wurzel breiter und trägt deshalb bei gleicher Gewindetiefe und Steigung weit mehr als ein Flachgewindegang. Die Reibung ist, wie aus der in Abschnitt 35 gegebenen Tabelle hervorgeht, nur um 3% größer als beim Flachgewinde, so daß kein Anlaß besteht, dieses überhaupt noch zu behandeln.

Nun verstehen wir aber auch, warum man dem Sägengewinde, das für Belastung in einer Richtung festigkeitsmäßig *noch* besser ist, an der tragenden Flanke einen Teilflankenwinkel von $\alpha_1 = 3°$ gegeben hat: Es geschah mit Rücksicht auf das Fräsen. Da die andere, unter 30° stehende keine große Kraft übertragen soll, braucht der Fräser auf dieser Seite auch nicht berichtigt zu werden.

Die Größe der Profilberichtigung hängt von φ und α ab. Sie ist beispielsweise:

bei eingängigem Gewinde M 10 ($\varphi = 3°2'$) rund 2',

bei Sägengewinde mit $d = 100$ mm und $\varphi = 8°$ etwa 0,1 mm, und der Unterschied der Berichtigung zwischen Außen- und Kerndurchmesser beträgt etwa 0,08 mm. Diese Beträge dürfen nicht mehr vernachlässigt werden, wenn man auf die aus Festigkeitsrücksichten so sehr erwünschte satte Flankenanlage Wert legt.

Für die Schrägstellung des Fräsers wählt man die Steigung für den mittleren oder Flankendurchmesser d_2 (Abb. 90). Für den praktischen Bedarf sind die Zahlenwerte dafür aus Tafel 30 zu entnehmen. Wegen der Änderung der Profilberichtigung ist jeder Fräser genau nur für eine bestimmte Steigung brauchbar.

Ist φ so klein und α_1 so groß, daß die Profilverzerrung vernachlässigt werden darf, so benutzt man statt des hinterdrehten ein hinterfrästes Werkzeug, weil es ruhiger arbeitet und glattere Flächen erzeugt. Fräser für Gewindeprofile, die größere Bogenstücke enthalten (Rundgewinde), müssen natürlich immer hinterdreht werden.

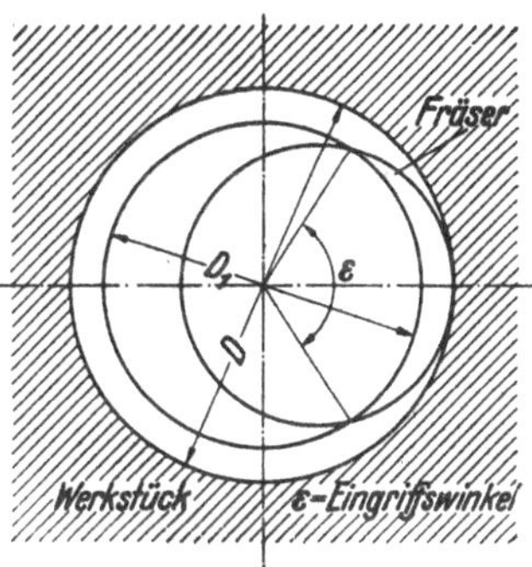

Abb. 91. Eingriff beim Innengewinde-Fräsen.

Innengewinde lassen sich mit scheibenförmigen Fräsern nur herstellen, wenn d ziemlich groß und φ nicht sehr groß ist. Abb. 91 läßt erkennen, daß beim Fräsen von Innengewinde der Eingriffswinkel ε im Verhältnis viel größer ist als beim Außengewinde. Infolgedessen wird die Profilverzerrung größer, und man möchte gern den Fräserdurchmesser klein machen, damit ε kleiner wird, dadurch wird aber die Frässpindel schwach und biegt sich durch, und man kann keinen großen Vorschub wählen. Da der Fräser schräggestellt werden muß, kann man auch nur kurze Innengewinde nach diesem Verfahren herstellen.

452 Kurzgewinde.

Beim zweiten Verfahren steht die Achse des sog. Gruppen- oder Rillenfräsers parallel zur Werkstückachse. Würde man sie um φ schräg legen, so bekäme man kein zylindrisches Gewinde, sondern ein solches, das an der Stelle dünner ist, wo die windschiefen Achsen einander am nächsten kommen. Genau gesprochen würde das Gewinde die Form eines Rotations-Hyperboloides erhalten.

Wegen des „Wegschneidens" und der größeren Profilkorrektur eignet sich das Verfahren vorwiegend für Gewinde mit kleinem φ und großem α, also für eingängige Spitzgewinde. Dabei wird nur der Flankenwinkel berichtigt, nicht aber der Flankenlinie eine Krümmung gegeben. Um dabei nicht zu große Beträge zu vernachlässigen, macht man den Fräser so klein, wie es die Schnittkräfte zulassen. Abb. 92 zeigt einen Aufsteckfräser dieser Art nach DIN 852 und Abb. 93 einen Gruppenfräser mit Kegelschaft.

Der Ablauf der Vorgänge beim Kurzgewindefräsen ist folgender: Während das Werkstück etwa $^1/_6$ Umdrehung macht, wird der Fräser radial bis auf volle Gewindetiefe zugestellt. Dann wird in dieser Tiefe auf dem ganzen Umfang weitergeschnitten, wobei gleichzeitig das Werkzeug eine Bewegung in der Achsenrichtung entsprechend der Gewindesteigung ausführt. Demnach ist das Gewinde nach $1^1/_6$ Umdrehung des Werkstückes fertiggestellt.

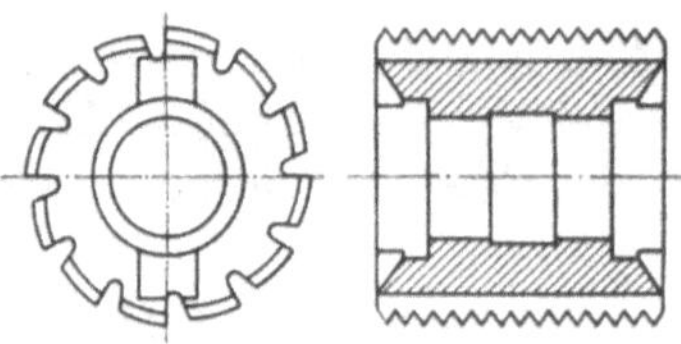

Abb. 92. Aufsteck-Gewindefräser nach DIN 852.

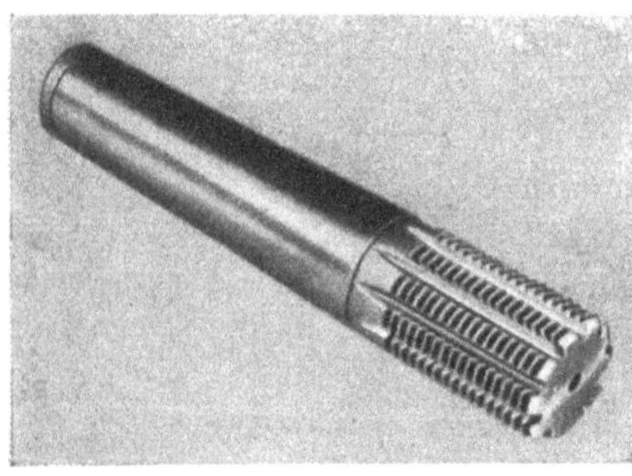

Abb. 93. Gewinde-Rillenfräser mit Kegelschaft Umlaufende Rillen mit dem Profil des Gewindes, die durch Span-Nuten unterbrochen sind.

453 Wirtschaftlichkeit.

Ihrem Wesen entsprechend kommen dem Lang- und dem Kurzgewindefräsen verschiedene Arbeitsgebiete zu. Die wirtschaftliche Überlegenheit über andere Verfahren hängt davon ab, ob die Stückzahl so groß ist, daß die erforderlichen Sondermaschinen dauernd beschäftigt sind, und ob ein Mann mehrere Maschinen bedient. Die Wirtschaftlichkeit kann an Hand der nachstehenden Formeln für die Hauptzeiten für jeden Einzelfall nachgeprüft werden, wobei die Neben- und Rüstzeiten nicht vergessen werden dürfen.

Langgewindefräsen:

$$t_h = \frac{d \cdot \pi \cdot L}{s \cdot h} \cdot z \text{ min}$$

Kurzgewindefräsen:

$$t_h = 1{,}17 \cdot \frac{d \cdot \pi}{s} \text{ min}$$

d = Gewindeaußendurchmesser mm
L = Gewindelänge mm
$s = d \pi n$ = Vorschub mm/min; n = Drehzahl des Werkstückes U/min
h = Steigung mm
z = Gangzahl des Gewindes.

Es muß noch darauf hingewiesen werden, daß gefräste Gewinde auch bis nahe an einen Wellenabsatz herangeführt werden können. Dabei ist ein Freistich oder ein Auslauf erforderlich, der breiter sein sollte als die Steigung h. Bei größeren Gruppenfräsern muß die Frässpindel beiderseits abgestützt werden, und dadurch ist die zulässige Größe des Wellenabsatzes begrenzt.

454 Wirbeln.

Ein noch junges Verfahren ist das Gewindewirbeln[1], dessen Wesen in Abb. 94 dargestellt ist. Ein einzahniges Werkzeug aus Hartmetall mit negativem Spanwinkel läuft mit großer Geschwindigkeit um. Die Drehachse ist um α_1 gegen die Gewindeachse geneigt, um ähnlich günstige Schnittbedingungen wie in Abb. 60 zu erreichen. Das Werkstück dreht sich. Der Schlitten mit der Wirbelachse wird entsprechend der Steigung längsverschoben; der Vorgang ähnelt insofern dem Langgewindefräsen. Schnittgeschwindigkeit und Vorschub können aber besonders groß gewählt werden, weil die Schneide des Werkzeuges auf dem größten Teil eines Umlaufes nicht im Eingriff ist und Zeit hat, sich abzukühlen. Der Vorschub ist durch die gewünschte Oberflächengüte bestimmt. Das Verfahren, das seinem Wesen nach auch schon zum Planfräsen benutzt wurde, ist den übrigen Verfahren, vielleicht mit Ausnahme des Walzens, wirtschaftlich überlegen, da bei den bisherigen Versuchen unglaublich kurze Schnittzeiten erreicht wurden und die Oberflächengüte ausgezeichnet war (siehe Tafel 31). Es hat zudem den Vorzug, daß es nur einer verhältnismäßig einfachen Zusatzeinrichtung zur Leitspindeldrehbank oder Gewindeschneidmaschine bedarf. Allerdings muß die schnellaufende Werkzeugspindel einen eigenen Antrieb haben und ganz besonders gut gelagert sein. Das Verfahren ist auch schon mit Erfolg für Innengewinde sowie für Gleichlauffräsen benutzt worden. Eigentümer der Schutzrechte ist Ing. KARL BURGSMÜLLER, Kreiensen.

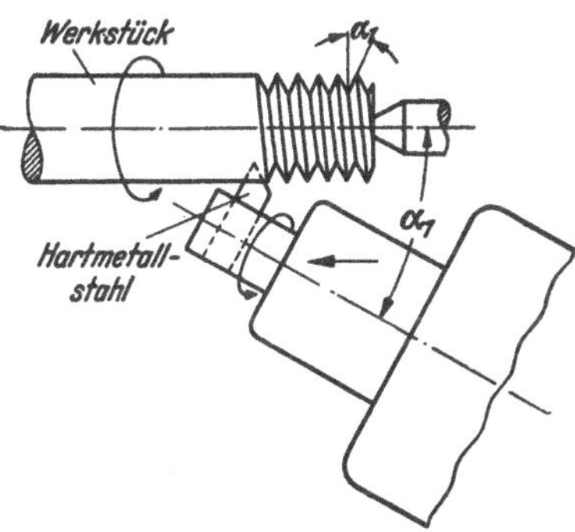

Abb. 94. Gewindewirbeln. Umlaufendes Hartmetallwerkzeug mit einem Zahn.

455 Genauigkeit.

Beim *Langfräsen* bestehen die gleichen Fehlerquellen wie an der Leitspindeldrehbank: Leitspindel, Zahnräder, Schlittenführung, Werkzeugform. Entsprechend dem schwereren Schnitt muß bei Herstellung in einem Arbeitsgang, also ohne Nachfräsen, mit größerer Toleranz gerechnet werden.

[1] An Stelle der etwas merkwürdigen Bezeichnung „Wirbeln“ hat KIENZLE vorgeschlagen, das Verfahren „Einzahnfräsen“ zu nennen.

Beim *Kurzfräsen* werden Fehler in Richtung von h (Leitspindel, Vorgelege, Schlittenführung) auf alle Gänge des Gewindes gleichzeitig übertragen. Die Periode solcher Fehler beträgt also h bzw. 360°. Wenn man den Fräser über die Anschnittstelle hinaus überlaufen läßt, schabt er hier noch einen dünnen Span ab, der bei Steigungsfehlern auf der rechten und linken Flanke verschieden groß sein kann. Bei neuzeitlichen Maschinen braucht man nicht mehr überlaufen zu lassen, und die Steigungsfehler sind so klein, daß es nicht mehr vorzukommen braucht, daß in einem Querschnitt des Gewindes die Ausschußlehre hinübergeht, während alle anderen Stellen innerhalb der Toleranz liegen.

Bei solchen, gut instand gehaltenen Maschinen kann die Toleranz „mittel" bei einiger Sorgfalt beim Einrichten eingehalten werden. Die Maschine liefert dann aber auch bis zum Stumpfwerden des Fräsers gleichmäßige Werkstücke und kann von angelernten Kräften bedient werden. Der Gütegrad „fein" ist wegen der im allgemeinen vernachlässigten Berichtigung der Profillinie (Krümmung) meist nicht zu erreichen. Vielgebrauchte Maschinen und Behelfseinrichtungen erlauben meist nur den Gütegrad „grob".

46 Schleifen.

Setzt man an die Stelle des Fräsers eine Schleifscheibe, so hat man die grundsätzliche Anordnung beim Gewindeschleifen. Dementsprechend ist zu unterscheiden:

1. *Einprofiliges Durchgangsschleifen.* Die Scheibe ist um den mittleren Steigungswinkel des zu erzeugenden Gewindes geneigt. Das Gewinde wird fortlaufend geschliffen, das Werkstück muß so viel Umdrehungen machen, wie es Gewindegänge hat.

2. *Einstechschleifen* mit der mehrprofiligen Schleifscheibe. Die Schleifscheibenachse steht parallel zur Werkstückachse. Das Gewinde wird während einer Umdrehung des Werkstückes erzeugt. Die Schleifscheibe ist mindestens so breit, wie das zu schleifende Gewinde lang ist.

In Anlehnung an den Vorgang des Strählens kommt hinzu:

3. *Mehrprofiliges Durchgangsschleifen.* Eine mehrprofilige Scheibe hat einen Anschnitt, der aber nicht wie beim Strähler durch Kürzen der Gewindespitzen, sondern durch kegelige Form der Scheibe bewirkt wird. Die einzelnen Stege schneiden fortlaufend immer tiefer in das Werkstück ein, bis die volle Tiefe erreicht ist und die letzten Rillen das Gewinde schlichten (Abb. 95). Das Verfahren ist dem einprofiligen Schleifen wirtschaftlich überlegen, im Vergleich mit dem Einstechschleifen genauer. Es ist vorteilhaft für lange Spindeln, deren Gewinde genau in bezug auf Winkel, Steigung und Durchmesser sein soll, und für Innengewinde.

Gewindeschleifen hat folgende Vorteile:

1. Große *Genauigkeit* hinsichtlich Profil, Flankendurchmesser und Steigung.

2. *Gehärteter* oder vergüteter Stahl, *Hartguß*, *keramische Baustoffe* können mit Gewinde versehen werden. Dadurch wird *Verzug* bei gehärteten Teilen ausgeschaltet. Selbstverständlich können auch an allen weicheren Werkstoffen Gewinde geschliffen werden.

3. Hohe *Oberflächengüte* und dadurch großer Verschleißwiderstand und große Wechselfestigkeit. Gewindelehren und Werkzeuge brauchen nicht geläppt zu werden.

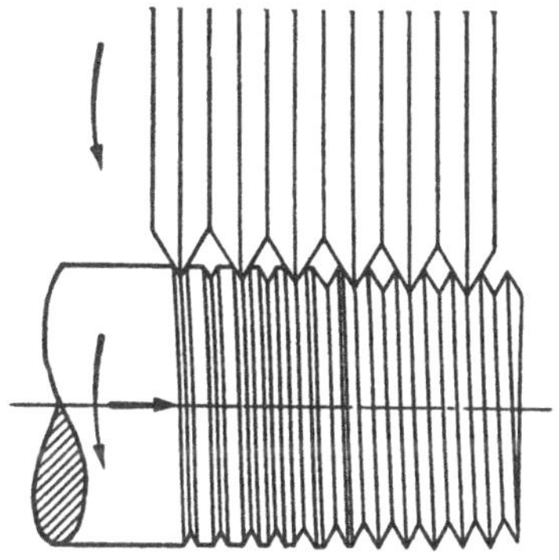

Abb. 95. Durchgangsschleifen mit mehrprofiliger Schleifscheibe.

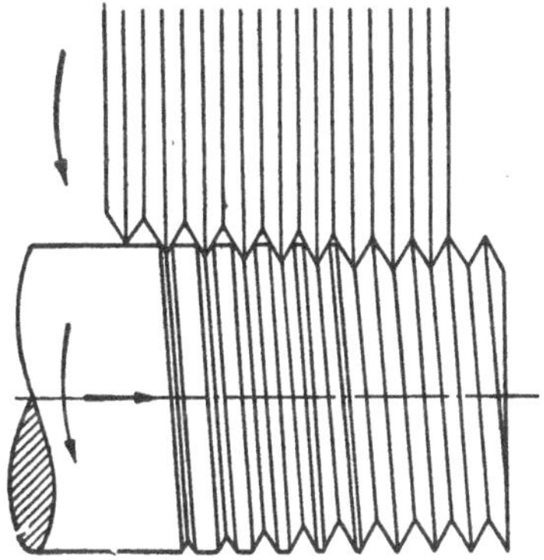

Abb. 96. Durchgangsschleifen eines feingängigen Gewindes.

4. Bei Anwendung des richtigen Arbeitsverfahrens und geeigneter Werkzeuge und Maschinen ist Gewindeschleifen auch *wirtschaftlich*, vor allem Einstechschleifen in den vollen Werkstoff. Spitzgewinde bis $h = 3$ mm werden aus dem Vollen geschliffen, bei größerer Steigung wird vorgeschruppt.

5. *Kegeliges Gewinde* kann mit Leitlineal geschliffen werden.

6. *Hinterschleifen* von Werkzeugen im Gewinde und am Anschnitt ist möglich.

Wird eine hohe Genauigkeit gefordert, so schleift man zweckmäßig und wirtschaftlich nach dem Einstechverfahren vor und schlichtet mit der Einprofilscheibe. Zu härtende Werkstücke fräst man vor dem Härten vor, härtet, richtet und schleift dann einprofilig fertig.

Mehrprofilige Scheiben werden durch Einrollen von Profilrollen aus gehärtetem Werkzeugstahl, solche für eine Steigung von weniger als 1 mm mit Formdiamanten abgerichtet. Beim mehrprofiligen Durchgangsschleifen eines feinen Profils führt man die Schleifscheibe auch so aus, wie Abb. 96 zeigt: Sie erhält die doppelte Ganghöhe des Gewindes. Dadurch werden die Stege kräftiger, und das Abziehen wird erleichtert. Dieses Verfahren ist aber nur anwendbar, wenn das zu schleifende Gewinde nicht auch am Bolzenaußendurchmesser oder am Mutterkerndurchmesser bearbeitet werden muß. Es muß also an diesen Stellen eckiges Profil haben.

Die Spitze des Scheibenprofils nutzt sich naturgemäß am schnellsten ab, und dadurch wird die Standzeit der Scheibe von einem Abziehen bis zum nächsten bestimmt.

Bei grobem Gewinde besteht die Gefahr, daß infolge der größeren Berührungsfläche zwischen Schleifscheibe und Werkstück dieses unzulässig erwärmt und ausgeglüht wird und sich verzieht. Deshalb benutzt man dafür Scheiben mit weicherer Bindung, die wiederum schneller abgenutzt sind. Die Erfahrung hat gelehrt, daß häufiges Abziehen wirtschaftlicher ist, als wenn man versucht, die Profilhaltigkeit durch kleine Werkstückgeschwindigkeit und geringe Spanabnahme zu verlängern. Dies ist ja ein alter Grundsatz, der für alle Werkzeuge gilt: Leistungsfähigkeit voll ausnutzen und oft schärfen!

Im Hinblick auf die Werkstückerwärmung, die Oberflächengüte und die Standzeit der Scheibe ist die Verwendung des richtigen Kühlmittels beim Gewindeschleifen besonders wichtig. Man nimmt dazu reines Öl und nicht Emulsion, wie sonst beim Schleifen vielfach üblich. Um die Scheibe zu reinigen, empfiehlt es sich auch sehr, einen besonderen, scharfen Kühlmittelstrahl radial auf die Scheibe zu leiten.

Für das Erreichen der möglichen Genauigkeit und zum Ausnutzen der wirtschaftlichen Vorteile sind Wahl und Behandlung von Werkzeug und Maschine ausschlaggebend. Mit Behelfseinrichtungen kann man nicht genau und wirtschaftlich Gewinde schleifen. Neben der Wahl des richtigen Scheibenwerkstoffes ist die Schnittgeschwindigkeit entscheidend für die Wirtschaftlichkeit.

Alle umlaufenden Teile und besonders die Schleifscheibe müssen mit großer Sorgfalt ausgewuchtet und besonders gut gelagert sein. Es hat lange gedauert, bis in der technischen Entwicklung eine brauchbare Lagerung für eine Gewindeschleifspindel geschaffen war. Erschütterungen vom Antrieb her müssen durch endlos gewebte Seidenriemen vermieden werden, die Antriebsmotoren getrennt aufgestellt und die Maschine selbst von Erschütterungen von außen isoliert werden. Schließlich muß die Maschine in sich ungewöhnlich starr und schwer konstruiert sein. Eine weitere Voraussetzung sind schwingungsfrei arbeitende Abziehvorrichtungen und die Zustellmöglichkeit der Schleifspindel mit einer Feinstellung von 1 μ.

Die Überlegungen, die für das Fräsen in bezug auf Profilverzerrung und -berichtigung angestellt wurden, gelten an sich in erhöhtem Maße auch für das Schleifen, weil die Scheibe, wenigstens bei Außengewinde, größer ist als der Fräser. Die Profilberichtigung kann bei der einprofiligen

Durchgangsscheibe dadurch in einfacher Weise herbeigeführt werden, daß der Abrichtdiamant in einer Ebene geführt wird, die parallel zur Gewindeachse liegt. (Vgl. die Erläuterungen zu Abb. 65.) Dadurch wird aber das Vor- und Nachschneiden nicht beseitigt. Dies gilt aber nur für die einprofilige Scheibe.

Scheiben mit Abrundungen außen und am Kern, wie für Whitworth-, Rund- und Edison-Gewinde, werden mit Formdiamanten abgezogen.

Für die erreichbare Genauigkeit gab die Firma Herbert Lindner, die solche Maschinen in Deutschland herstellte, folgende Werte an:

	Einprofilig	Mehrprofilig
Flankendurchmesser . .	± 2 μ	± 15 μ
Steigung	± 2 μ auf 25 mm Länge ± 8 μ auf 1000 mm Länge	± 10 μ auf 25 mm Länge bzw. auf Schleifscheibenbreite
Flankenwinkel	± 5′	± 10′

Demnach kann nicht allein jede genormte Werkstücktoleranz, sondern es können auch die Herstellungstoleranzen der Werkzeuge und Lehren in laufender Fertigung eingehalten werden.

47 Drücken und Walzen.

Die stoffverformende (spanlose) Fertigung hat als das natürlichere Verfahren, im Gegensatz zum Abtrennen des überflüssigen Werkstoffes als Späne, in den letzten Jahrzehnten auf allen Gebieten unerhörte Fortschritte gemacht. In der Form des Gießens, Schmiedens und Walzens ist es das älteste Verfahren, dann wurde es von der „Spänefertigung" überflügelt und konnte erst wieder aufholen, als die Werkzeugfertigung und die Werkzeugmaschinen einen ganz bestimmten Entwicklungsstand erreicht hatten, und vor allem als in der industriellen Fertigung Stückzahlen üblich wurden, an die bis dahin niemand gedacht hatte.

Die Vorteile liegen auch für Gewinde in der kurzen Bearbeitungszeit und den dadurch trotz hoher Werkzeug- und Maschinenkosten niedrigen Stückkosten. Die Genauigkeit spanlos hergestellter Gewinde konnte so weit gesteigert werden, daß auch Werkzeuge und Lehren nach diesem Verfahren bearbeitet werden. Die Maschinen sind verhältnismäßig einfach im Aufbau, und die Werkzeuge können mit der zu hoher Vollkommenheit entwickelten Gewindeschleifmaschine einfach und leicht bearbeitet werden.

Aber nicht allein Wirtschaftlichkeitsberechnungen und Kostenvergleiche führen auf die spanlose Fertigung. In Abb. 97 ist oben ein Schliffbild durch eine geschnittene, unten durch eine gewalzte Schraube schematisch gezeichnet. Gewalztes Stabeisen ist nicht homogen, sondern die beim Gießen unvermeidlichen kleinen Schlacken- und Gaseinschlüsse werden durch den Walzvorgang in die Länge gestreckt und bilden Zeilen, die nach dem Schleifen und Ätzen eines Längsschnittes sichtbar werden. Daß es sich in der Tat um mikroskopisch kleine Unterbrechungen des Metallgefüges handelt, geht daraus hervor, daß Blech längs der Walzrichtung leichter bricht, wenn es gebogen wird, als quer dazu. Dies ist

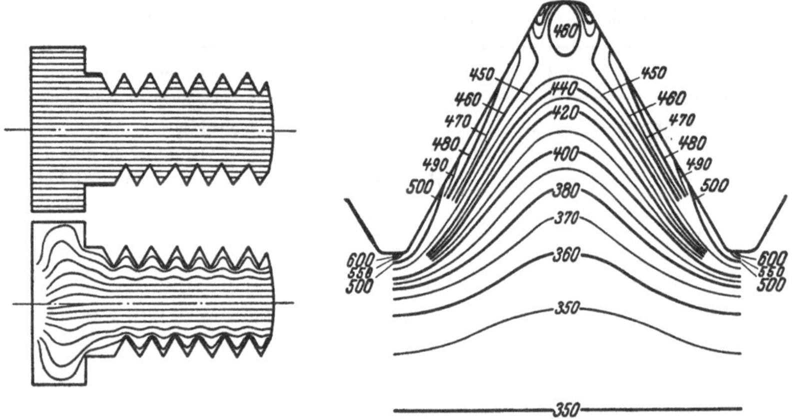

Abb. 97. Faserverlauf in einer Schraube bei spanender und spanloser Herstellung.

Abb. 98. Härtesteigerung durch Kaltwalzen. Verlauf der Pyramidenhärte an einem kalt gewalzten Gewinde M 8 aus Chrom-Vanadium-Stahl[1].

eine Tatsache, um die jeder Konstrukteur von Stanzwerkzeugen weiß, und ein Anlaß, daß die Blechwalzwerke die Tafeln mitunter längs und quer durch die Walze schicken, solange sie nicht kontinuierlich walzen.

Wenn man nun in einen gewalzten oder gezogenen Rundstab ein Gewinde ein*schneidet*, so werden diese Zeilen durchschnitten, und sie verlaufen innerhalb der Gänge in der Längsrichtung weiter, wie die obere Darstellung der Abb. 97 zeigt. Wenn man sich nun aus Abschnitt 3 erinnert, wie die Gewindegänge unter Belastung auf Biegung, Abscherung und Wechselfestigkeit beansprucht werden, so erkennt man, daß dies gerade die ungünstigste Fertigungsart aus einem durch Walzzeilen in bestimmter Richtung geschwächten Werkstoff darstellt. Beim Walzen, wie in Abb. 97 unten, wird der Werkstoff aus den Gewinderillen heraus verdrängt und in die Kämme gedrängt. Die Fasern werden gar nicht unterbrochen, sondern gerade an der gefährlichsten Stelle, im Gewindegrund, zusammengedrängt, dort wird der Werkstoff verdichtet und kalt verfestigt (Abb. 98). Eine solche Schraube erweist sich bei

[1] SCHIMZ: Gewindewalzen mit Rundwerkzeugen, Maschinenbau-Betrieb. Bd. 20 (1941), Heft 3, S. 105.

ruhender wie bei wechselnder Belastung als beträchtlich fester als eine geschnittene. Eine festere Schraube erspart aber dem Konstrukteur Platz und Gewicht, um die er geizen soll; denn er kann eine dünnere nehmen. Außerdem hat man auch noch für die Schraubenherstellung viel festere Werkstoffe zu benutzen begonnen und deren Eigenschaften durch hohe Vergütung voll auszunutzen verstanden.

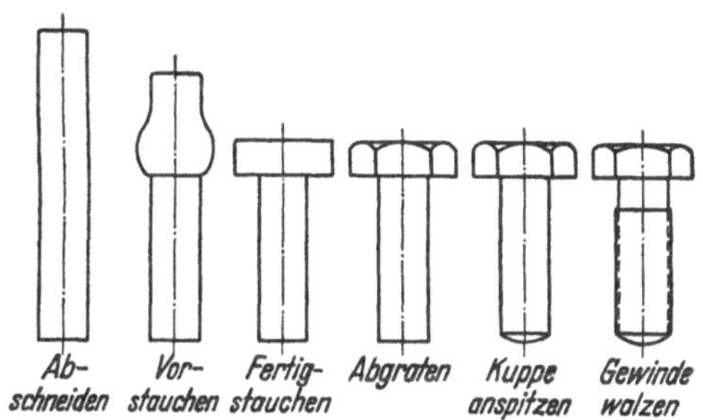

Abb. 99. Arbeitsgänge bei der spanlosen Fertigung einer Kopfschraube.

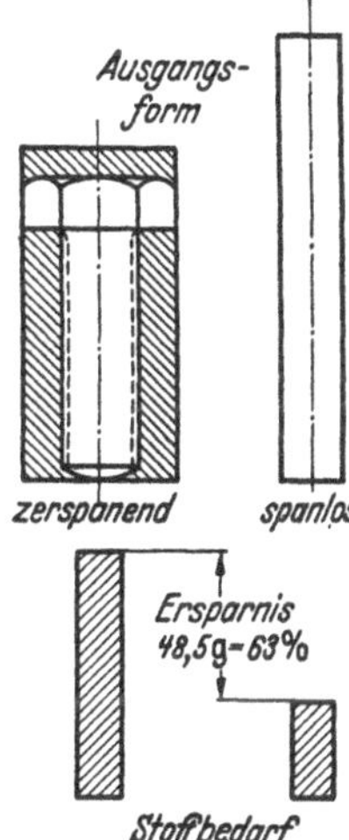

Abb. 100. Werkstoffersparnis durch spanlose Formung einer Schraube. Bei längeren Schrauben ist die Ersparnis noch größer.

Die spanlose Bearbeitung von Gewinde hat somit folgende Vorteile:

1. niedrigere Stückkosten,
2. kleinere Toleranzen als bei allen stofftrennenden Verfahren — außer Schleifen,
3. hohe Oberflächengüte,
4. höhere Festigkeit, insbesondere bei Wechselbeanspruchung.

Der erste Vorzug hat dazu geführt, daß in den letzten Jahren bei weitem die meisten aller erzeugten Schrauben spanlos gefertigt wurden. Es sei nebenbei vermerkt, daß auch die *Köpfe* der kleineren Schrauben spanlos gefertigt, und zwar aus gewalztem Halbzeug gestaucht werden. Abb. 99 zeigt die einzelnen Stufen dieser Verformung, die bis etwa 12 mm in kaltem Zustande vorgenommen wird, und zwar auch bei Stahl, der nach dem Vergüten eine Festigkeit bis zu 140 kg/mm² erreicht. Als einzige Arbeitsgänge, bei denen noch ein klein wenig Abfall entsteht, verbleiben das Abgraten, das Anspitzen der Kuppe (die im übrigen künftig fortfällt) und bei Schlitzschrauben das Einsägen des Schlitzes für den Schraubenzieher. Auch angespitzt wird neuerdings abfallos. Als weiteren Vorzug erbringt die ganz spanlose Schraubenherstellung eine beträchtliche Werkstoffersparnis. Dies läßt Abb. 100 an einem Beispiel erkennen. Nur spanlos kann man bis heute auf vernünftige Weise die konstruktiv sehr nützliche Innensechskantschraube herstellen — zu mehreren tausend Stück in der Stunde mit einer Presse und einer Gewindewalze.

471 Drücken.

Die älteste Art, ein Gewinde spanlos zu formen, ist das *Drücken in Blech*. Allbekannte Beispiele hierfür sind Glühlampensockel und -fassungen und Schraubdeckel. In den aus dünnem Blech zylindrisch vorgeformten Körper wird das Gewinde mit zwei profilierten Rollen eingedrückt (Abb. 101). Dabei muß ein Teil des Bleches nach innen gedrückt, also gestaucht, ein anderer gestreckt werden. Blech läßt sich leichter strecken als stauchen; man denke an die Berechnung der gestreckten Länge gebogener und gestanzter Blechteile, bei der nicht mit der Mittellinie durch den Blechquerschnitt, sondern mit einer weiter innen liegenden Länge gerechnet werden muß. Folglich wird der Blechzylinder beim Einwalzen des Gewindes im Durchschnitt etwas weiter. Außerdem wird das Blech zwischen den Rollen noch etwas in die Länge gewalzt. Man muß also dem glatten Zylinder einen etwas kleineren Durchmesser geben, als der mittlere des fertigen Gewindes beträgt. Damit die Rollen das Blech zwischen sich sicher mitnehmen, werden sie schwach gerändelt. Dieses Rändel drückt sich auf dem fertigen Gewinde ab und gibt eine kleine Sicherung gegen Lösen des Gewindes.

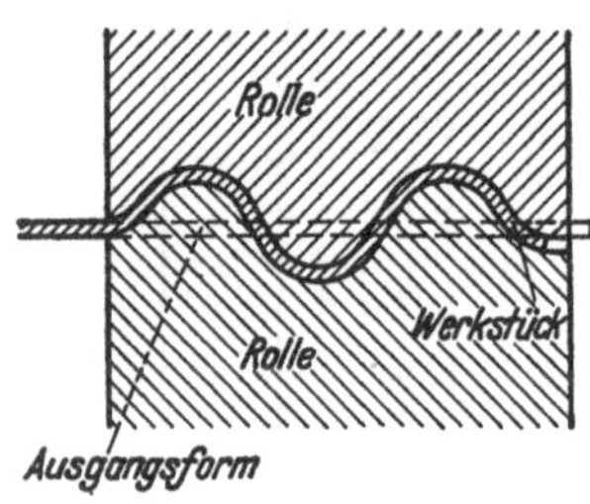

Abb. 101. Drücken eines Gewindes in Blech.

Da sich Blech nicht beliebig strecken und stauchen läßt, können keine Gewinde mit scharfen Ecken im Profil in Blech gedrückt werden. Am besten sind Rund-, (Kordel-) und Edison-Gewinde geeignet, die auch für die Herstellung von Konservenbehältern aus Glas, Keramik oder Preßstoff eine günstige Form haben (Tafel 27).

Im übrigen hat diese Art der Gewindebearbeitung mit der Formung hohler Drehkörper aus Blech mit dem Drückstahl oder der Drückrolle auf einem Futter nur den Namen gemein.

472 Walzen mit Backen.

Beim *Walzen* wird das Gewinde auf einen *vollen* Rundstab gebracht. Ein Profil mit geringen Abrundungen oder Abflachungen am Außen- und Kerndurchmesser bietet keine grundsätzlichen Schwierigkeiten.

Man unterscheidet:

1. Gewindewalzen mit profilierten Backen,
2. Gewindewalzen mit profilierten Rollen; dabei ist wiederum zu unterscheiden

a) das Einstechwalzen kurzer Gewinde und an Teilen mit Bund oder Kopf,

b) das Durchgangswalzen langer Gewinde.

Die Unterscheidung zwischen Einstech- und Durchgangswalzen entspricht den Arten des Gewindefräsens und -schleifens und des spitzenlosen Schleifens. Dabei werden kurze Körper gleich auf der ganzen Länge bearbeitet, oder ein langer Stab wird fortlaufend verformt. Mit dem spitzenlosen Schleifen hat das Gewindewalzen mit Rollen eine gewisse Ähnlichkeit, die auch Schlüsse auf die erreichbare Genauigkeit zuläßt.

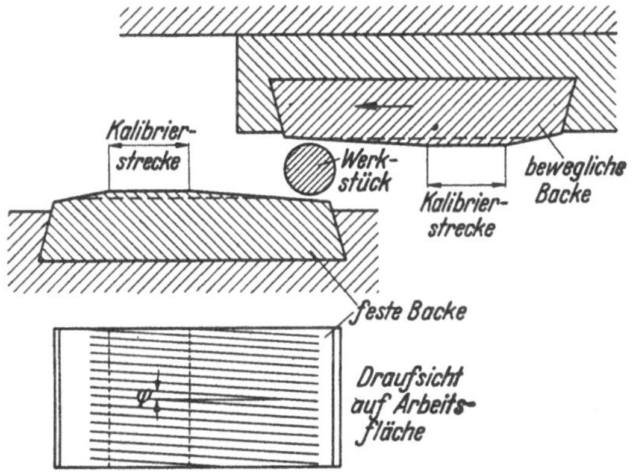

Abb. 102. Gewindewalzen mit Backen. Anfangsstellung, das Werkstück wird eingelegt.

Der Arbeitsvorgang des Walzens mit Backen ist in den Abb. 102 und 103 schematisch dargestellt. Auf der Arbeitsfläche der Backen sind Rillen eingearbeitet und poliert, die das Profil des zu walzenden Gewindes haben und unter dem mittleren Steigungswinkel geneigt zur Bewegungsrichtung verlaufen. Die Anordnung in der Maschine ist so, daß die Abbildungen eine Ansicht von oben wiedergeben. Die im Bilde untenliegende Backe ist in der Maschine fest gelagert, die andere wird während des Arbeitsganges durch einen Kurbeltrieb nach links bewegt. Als Einlauf und Auslauf sind die Backen an beiden Enden abgeschrägt, dazwischen liegt die Kalibrierstrecke, deren Länge gleich dem halben Umfang des Werkstückes ist. In der Ausgangsstellung, Abb. 102, stehen die Einlaufschrägen so weit auseinander, daß man das Werkstück bequem dazwischen einlegen kann. Bei der Bewegung der oberen Backe nach links wird der Raum für das Werkstück alsbald enger, und der Vorgang des Einwalzens beginnt. Die obere Backe bewegt sich parallel zur unteren, und beide werden durch die sehr kräftige Maschine abgestützt. Das Werkstück wälzt sich auf beiden Einlaufschrägen ab und empfängt dabei das allmählich immer tiefer werdende Gewindeprofil. In Abb. 103 ist die volle Gewindetiefe erreicht und das Kalibrieren auf der geraden Strecke beginnt. Dabei rollt auf jeder der Backen die Hälfte

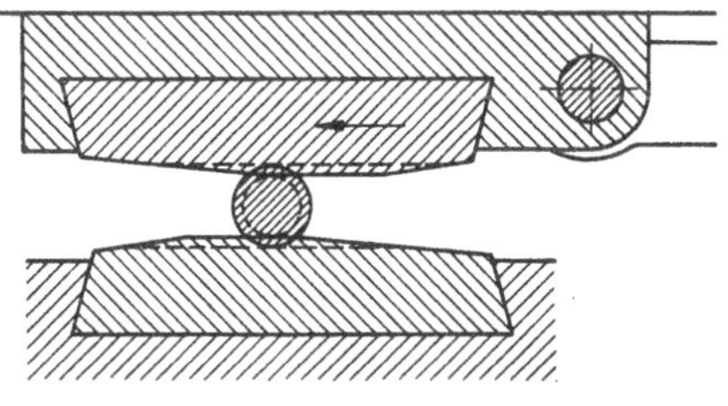

Abb. 103. Gewindewalzen mit Backen. Beginn des Kalibrierens.

des Umfanges des Werkstückes ab. Schließlich erreicht es die steilere Auslaufschräge und kann dort entnommen werden, oder es fällt frei herunter. So wird in weniger als einer Sekunde das Gewinde *fertig*gestellt. Die neueren Maschinen dieser Art haben eine selbsttätige Zuführung und sind somit Vollautomaten.

Die Verformungsarbeit wird ganz in Wärme umgesetzt, so daß sich die Werkstücke und auch die Backen stark erwärmen. Um diese Wärme von den teuren Werkzeugen abzuführen und gleichzeitig durch gute Schmierung eine glatte Oberfläche am Werkstück zu erzielen, wird reichlich Öl zugeführt.

Kopfschrauben und Werkstücke mit einem Bund können bis nahe an diesen heran mit Gewinde versehen werden. Der Kopf dient beim Einlegen als willkommene Möglichkeit, das Werkstück aufzuhängen.

Abb. 104. Ausgangsdurchmesser d_2' beim Gewindewalzen. Verdrängte Werkstoffmenge = hochgedrückte Werkstoffmenge.

Beim Gewindewalzen wird weder Werkstoff entfernt, noch — selbstverständlich — hinzugefügt. Somit muß das fertige Gewinde gebildet werden, indem aus dem Grunde der Lücke Werkstoff verdrängt und in den First des Kammes hochgedrückt wird. Der Ausgangsquerschnitt muß also so gelegt werden, daß die verdrängte Werkstoffmenge gleich der auf den Kamm gedrückten ist. Die schraffierten Flächen in Abb. 104 müßten also gleich sein. Genauer betrachtet, müßte die Teilungslinie etwas höher liegen, weil ja das Volumen eines Rotationskörpers (oder eines schraubenförmig verlaufenden Querschnittes) größer ist, wenn er auf einem größeren Durchmesser liegt. Die Erfahrung hat aber gelehrt, daß der glatte Bolzen mit seinem Durchmesser ein wenig *unter* dem mittleren Maß des Gewindes liegen muß, damit er das Profil der Rillen gerade voll ausfüllt. Ist überschüssiger Werkstoff vorhanden, so wird das Gewinde im Außen-, Kern- und Flankendurchmesser zu dick, und die Maschinen und Werkzeuge werden über Gebühr beansprucht, wenn sie richtig eingestellt sind.

Für die Erzeugung einwandfreier und maßhaltiger Gewinde durch Walzen ist somit der Ausgangsdurchmesser von großer Wichtigkeit. Seitens der Firmen, die Gewindewalzmaschinen herstellen, werden dafür die richtigen Erfahrungswerte und Toleranzen angegeben. Danach liegt der Ausgangsdurchmesser um 15 bis 31 μ unter dem Flankendurchmesser, und seine Toleranz beträgt für gewöhnliche Schrauben mit Gütegrad mittel $-50\,\mu$, für Gewindebohrer $-20\,\mu$, für Lehren noch weniger. Dementsprechend muß das Halbzeug blank gezogen oder spitzenlos geschliffen sein.

Wenn man sich noch einmal erinnert, wie das Werkstück zwischen den parallelen Backen nur durch Reibung mitgenommen wird, so erkennt man, daß es auch auf die Rundheit des Rohlings ankommt, ganz ähnlich wie beim spitzenlosen Schleifen. Auch die starrste Maschine gibt unter dem Einfluß der Verformungskraft etwas nach; deshalb kann auf einem unrunden Bolzen nur ein unrundes Gewinde entstehen. Aber nun ersehen wir den großen Vorteil der spanlosen Gewindefertigung: Die Vorform, ein glatter Zylinder, kann leicht mit großer Genauigkeit, einfach und mit geringen Kosten hergestellt und geprüft werden. Man sorgt für einen runden Ziehring, eine gute und richtig eingestellte spitzenlose Schleifmaschine, eine glatte Grenzrachenlehre. Dann braucht man das Gewinde nur in Stichproben zu prüfen.

Für die Herstellung eines guten Gewindes durch Walzen ist noch zu beachten, daß das Werkstück nicht schräg eingeführt wird und daß die Profile der Backen einander genau entsprechend gegenüberstehen. Andernfalls entsteht ein taumelndes oder trunkenes, bei größeren Abweichungen unsauberes oder völlig unbrauchbares Gewinde. Außerdem werden Werkzeuge und Maschine dabei überlastet. Sonach werden an die Zuverlässigkeit der Zuführungseinrichtung, an die Genauigkeit und Haltbarkeit der Werkzeuge und deren Führungen an der Maschine hohe Anforderungen gestellt.

Für jeden Gewindedurchmesser und für jede Steigung sind besondere Werkzeugpaare erforderlich. Eine Schraubenfabrik mit vielseitigem Programm muß demnach ein umfangreiches und kostspieliges Werkzeuglager haben. Dies sollte ein weiterer Anlaß sein, die Zahl der Gewindearten und Schraubensorten durch Verbesserung der Normen und sorgfältige Beachtung derselben durch jedermann zu verringern und klein zu halten. Vernünftig wäre es auch, wenn die Schraubenfabriken eines Wirtschaftsgebietes ihre Fertigungsprogramme gegenseitig abstimmen und nicht *jeder alles* herstellen wollte.

473 Walzen mit Rollen.

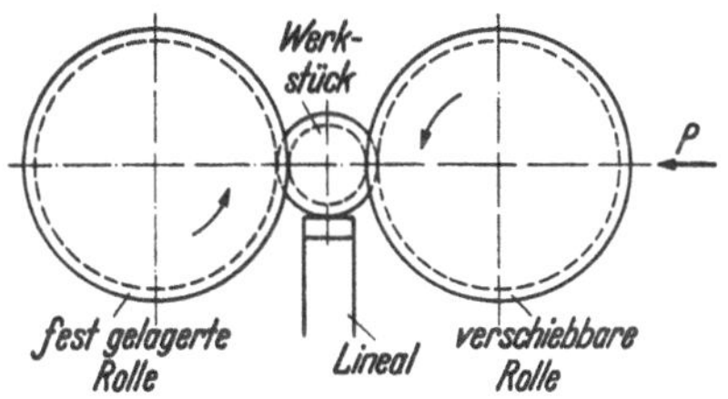

Abb. 105. Schema des Gewindewalzens mit Rollen.

Das Gewindewalzen mit Rollen zeigt Abb. 105 schematisch, Abb. 106 im Lichtbild. Der Bolzen liegt auf einem Lineal mit Hartmetallauflage, beide Rollen werden in den Pfeilrichtungen angetrieben und die eine nach dem Einlegen des Werkstückes in der Richtung P bewegt. Die Rollen tragen auf ihrem Umfang ein Gewinde, dessen Profil das Negativ des zu walzenden ist. Aus konstruktiven Gründen und mit Rücksicht auf ihre Festigkeit macht man die Rollen größer als das Werkstück. Die Steigung muß gleich der des Werkstückgewindes sein, deshalb ist das Gewinde der Rolle mehrgängig und der Durchmesser ein ganzes Vielfaches des Werkstückdurchmessers.

Der Durchmesser der Rolle beeinflußt den Druck an der augenblicklichen Berührungsstelle. Bei gleicher Kraft P ist bei kleineren Rollen

Abb. 106. Gewindewalzen mit Rollen. Die Hand hält das Werkstück und legt es gerade ein. Oben Druckanzeiger und selbsttätiges Zeitschaltgerät (Pee-Wee, Berlin).

der Druck auf die Flächeneinheit größer. Bei zu kleinen Rollen wird deren Werkstoff überlastet, und außerdem können Schieben und Gleiten im Werkstück auftreten, die dessen Festigkeit beeinträchtigen.

Die Kraft P wird für gewöhnlichen Schraubenstahl beispielsweise wie folgt angegeben:

$h = 1$ mm: 450 kg für 10 mm Gewindelänge,
$h = 3$ mm: 930 kg für 10 mm Gewindelänge.

Die Kraft wird hydraulisch erzeugt und durch Manometer und Überdruckventil überwacht, so daß Werkzeuge und Maschine vor Überlastung

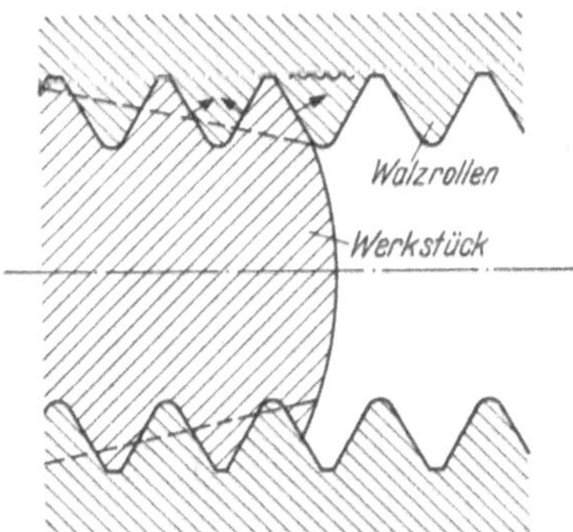

Abb. 107. Am Ende des Werkstückes wird ein Kamm der Werkzeuge einseitig belastet; deshalb muß das Werkstück vor dem Walzen angefast werden, wie gestrichelt gezeichnet. Dadurch wird der Schub auf mehrere Kämme verteilt.

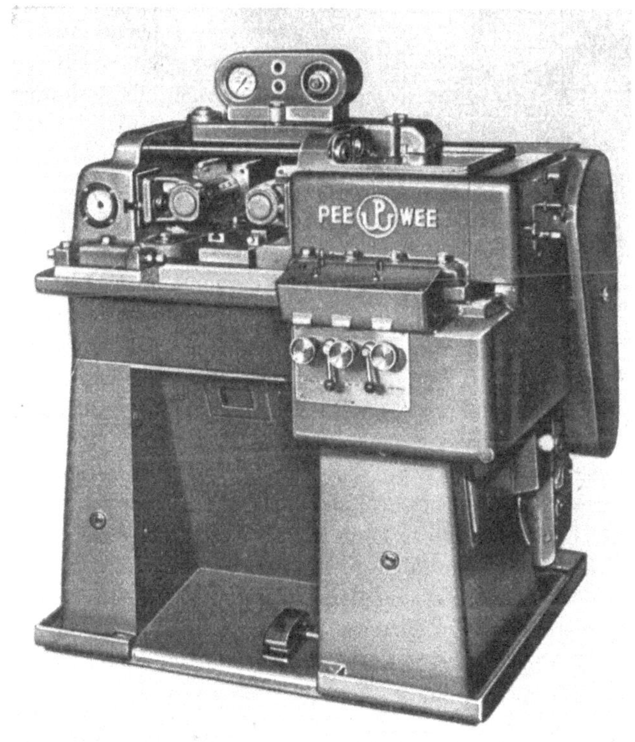

Abb. 108. Gewindewalzmaschine (Pee-Wee, Berlin).

geschützt sind. Zur selbsttätigen Begrenzung der Walzzeit dient ein Zeitschaltgerät.

Für die Genauigkeit des Ausgangsdurchmessers gilt das gleiche wie für das Walzen mit Backen. Mit einem Walzenpaar können gewöhnlich 120000 bis 150000 Werkstücke bearbeitet werden; vereinzelt geht die Lebensdauer bis 400000 Stück.

Ist das zu walzende Gewinde kürzer, als die Rollen breit sind, so muß das Ende des glatten Bolzens um 15 bis 28° bis unter den Kerndurchmesser kegelig ausgebildet sein. Abb. 107 läßt erkennen, daß die Gänge der Walzen einseitig beansprucht werden, wenn diese Anfasung fehlt, und sie würden dann ausbrechen.

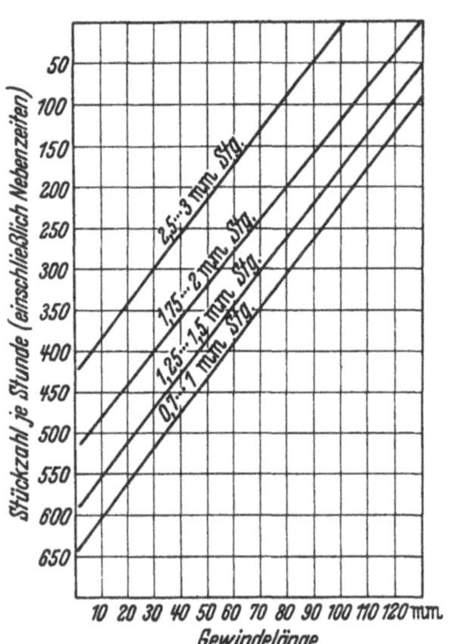

Abb. 109. Stundenleistung beim Gewindewalzen (Pee-Wee). Die Werte gelten für Stahl mit einer Festigkeit von 90 kg/mm². Bei Stahl höherer Festigkeit: 15% niedrigere Leistung, bei Stahl geringerer Festigkeit: bis 20% höhere Leistung, bei Werkstoffen mit großer Bruchdehnung: bis 40% höhere Leistung.

Mit der auch nach dem Kriege wieder in Deutschland hergestellten Pee-Wee-Maschine (Abb. 108) können Gewinde von 3 bis 60 mm Ø und bis 115 mm Länge im Einstechverfahren gewalzt werden, die Steigungen gehen von 0,7 bis 3 mm.

Über die Leistungsfähigkeit und Wirtschaftlichkeit des Verfahrens gibt Abb. 109 Aufschluß. Es können alle Werkstoffe bearbeitet werden, deren Bruchdehnung (δ 10) größer ist als 8 bis 10%.

Auch an Hohlkörpern können Gewinde eingerollt werden, wenn die Teile nicht allzu dünnwandig sind, wie Radkappenverschraubungen und Zündkerzen.

Bei entsprechender Vorbearbeitung kann die Toleranz fein leicht eingehalten werden. Seit etwa 15 Jahren werden auch schon laufend die Gewinde an Gewindebohrern gewalzt; als Zerspanungsvorgänge bleiben dabei Einfräsen oder Einschleifen der Span-Nuten, sowie Abstechen und Anspitzen übrig. Auch Gewindelehren, deren Genauigkeit noch größer sein muß, werden seit mehreren Jahren gewalzt. Wegen des Härteverzuges muß aber das Gewinde nach dem Härten noch geschliffen oder wenigstens geläppt werden.

5 Toleranzen.

Bei der Betrachtung der Wirkungsweise und Berechnung eines Gewindes im Kapitel 3 haben sich eine Reihe von Forderungen und Wünschen ergeben, deren möglichste Erfüllung die Aufgabe der Fertigung ist. Im Kapitel 4 haben wir gesehen, was fertigungstechnisch möglich ist. Zweck der *Festlegung von Toleranzen* ist, je nach den besonderen Bedürfnissen und Anwendungsgebieten den konstruktiven Forderungen gerecht zu werden und sie mit den Möglichkeiten einer wirtschaftlichen Fertigung in Einklang zu bringen. Zweck des *Messens* ist, die Einhaltung der Toleranzen in der Fertigung zu verfolgen und nachzuprüfen. Die aufgefundenen Forderungen sind daher nachstehend zusammengestellt und ergänzt, bevor auf die Toleranzen selbst eingegangen wird.

51 Anforderungen an ein gutes Gewinde.

511 Teilflankenwinkel und Steigung.

Die Festigkeitsrechnungen gehen großenteils von der Annahme aus, daß die Flanken von Bolzen und Mutter „satt" aneinanderliegen, damit die Kräfte gleichmäßig übertragen, Spannungsspitzen vermieden werden und der Flächendruck nicht örtlich zu große Werte annimmt. Deshalb steht die Einhaltung der Werte für α_1, α_2 und h im Vordergrund. Die Abb. 28 und 29 ließen erkennen, daß Abweichungen hiervon Überlastungen hervorrufen, die zu Bruch, Fressen und einer Verkleinerung des für sich schon schlechten Wirkungsgrades führen. Dieser ist aber bei Bewegungsgewinde oft von Bedeutung, z. B. für die Bemessung der Antriebsleistung einer Spindelpresse. Wo viel Arbeit in Wärme umgesetzt wird, tritt auch große Abnutzung ein, und diese ist bei Bewegungsgewinde ebenfalls unerwünscht.

Wir haben aber auch gelernt, das Gewinde als ein elastisches Gebilde anzusehen, und entnehmen aus dieser Erkenntnis, daß kleine Abweichungen von der guten Flankenanlage durch Formänderungen im elastischen Bereich ausgeglichen werden.

Die *Oberflächengüte der Flanken* ist nicht nur bei Bewegungsgewinde im Hinblick auf die Heraufsetzung des Wirkungsgrades und der Abnutzung bedeutsam, sondern in einem gewissen Maße auch bei Befestigungsgewinde. Denn das „Fressen" in den Gängen war als eine Gefahr erkannt worden, die ihre Ursache in schlechter Oberfläche haben kann.

512 Flankendurchmesser.

Wenn man das Gewinde nur vom Festigkeitsstandpunkt aus betrachtet, scheint der Flankendurchmesser d_2 weniger wichtig zu sein. Ist d_2 beim Bolzen zu klein oder D_2 bei der Mutter zu groß, sind Steigung und Teilflankenwinkel aber genau eingehalten, wie in Abb. 110, so hat das Gewinde in der *Achsenrichtung* Spiel. Wenn es genügend Spitzenspiel hat, kann die Mutter auch in *radialer* Richtung auf dem Bolzen schlottern. Im Augenblick des Anziehens verschwindet dieses Schlottern, weil sich die tragenden Gewindegänge aneinanderlegen, wie in der Zeichnung, und Gewinde mit großem Teilflankenwinkel zentrieren bis zu einem gewissen Grade, ohne daß man, wegen der verhältnismäßig großen Toleranzen, ein Gewinde deswegen konstruktiv als Zentrierung gebrauchen könnte.

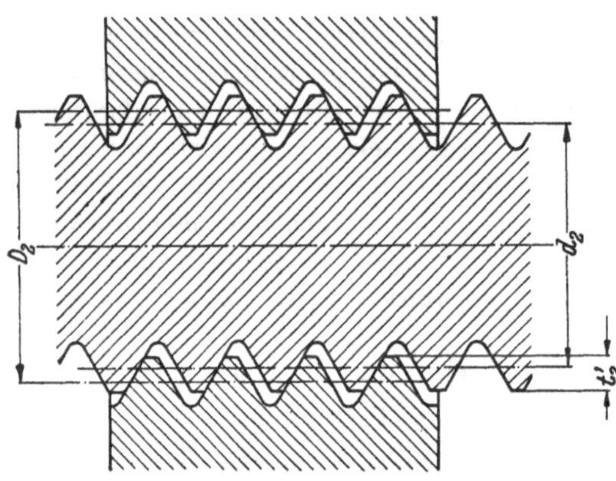

Abb. 110. Beziehung zwischen Flankendurchmessertoleranz und tatsächlicher Überdeckung (Eingriff) t_2'.

Dieses Schlottern oder Wackeln bei austauschbarem Gewinde wird immer noch von vielen als ein Mangel und ein Zeichen nachlässiger Fertigung angesehen. *Diese Auffassung ist aber vor allem für Befestigungsgewinde grundfalsch.* Es wird gezeigt werden, daß die als Vorzug angesehene Zügigkeit einer Gewindepassung oft einen großen Mangel und Nachteil verbirgt.

513 Spitzenspiel und Überdeckung.

Bevor auf das „Schlottern" weiter eingegangen wird, muß noch ein geometrischer Zusammenhang zwischen d, d_1 und d_2 aufgezeigt werden.

In Abb. 111 ist für einen Gewindebolzen das Nennprofil dick gezeichnet. Links ist dazu ein verhältnismäßig kleines Toleranzfeld für den Flankendurchmesser durch Schraffur gekennzeichnet, rechts ein größeres. Man sieht sofort, daß durch Ausnutzung dieser Toleranzen der Gewindekamm am Außendurchmesser spitzer wird. Von einer gewissen Grenze an kann der durch das Nennprofil gegebene Außendurchmesser gar nicht mehr erreicht werden. Dementsprechend

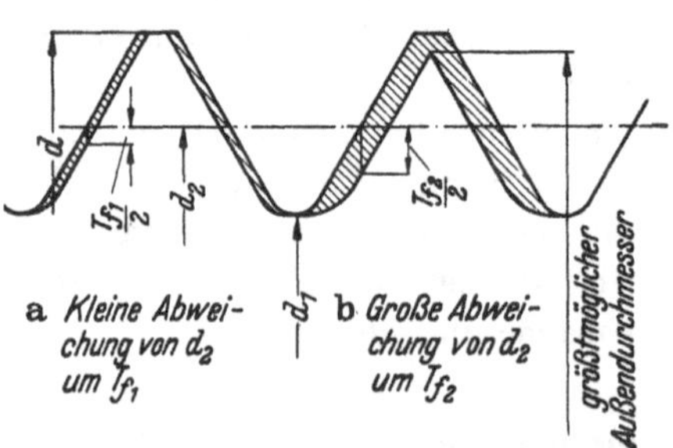

Abb. 111. Beziehung zwischen den Toleranzen für Flanken- und Außendurchmesser. Bei Ausnutzung einer großen Toleranz für d_2 wird der Gang scharfkantig, und das Nennmaß von d kann nicht mehr erreicht werden. Die Rundung am Kern dagegen kann größer werden.

liegen die Verhältnisse bei der Mutter: Bei Ausnutzung einer Flankendurchmessertoleranz nach plus kann der Gang am Kerndurchmesser scharfkantig werden, wenn die Toleranz doppelt so groß ist wie die Abflachung des Profils.

Am Kerndurchmesser des Bolzens und am Außendurchmesser der Mutter dagegen entsteht durch Ausnutzung der Flankendurchmessertoleranz eine größere Rundung, wenn jene Durchmesser am Nennmaß liegen.

Die drei Durchmesser d, d_1 und d_2 sind also zu einem gewissen Grade voneinander abhängig.

Das Gewinde in Abb. 28, dessen Flankenwinkel bei einem der Teile vom richtigen Wert abweicht, trägt an den Spitzen, es kann nicht schlottern und geht zügig. Trotzdem ist es sehr schlecht. Die biegende Last greift an einem nahezu doppelt so großen Hebelarm an den Gängen des Bolzens an, als der Berechnung zugrunde gelegt wurde, und der Flächendruck wird auf der schmalen Berührungsfläche sehr groß. Wenn nun die Kämme außerdem noch durch Ausnutzung eines negativen Abmaßes geschwächt sind, so werden sie schon bei geringer Last bleibend verformt. Dann schlottert das Gewinde nach dem Lösen. Ein noch drastischeres Beispiel zeigt Abb. 112, bei dem Außendurchmesser, Flankenwinkel und Steigung beider Teile sehr gut übereinstimmen, die Flankendurchmesser dagegen stark unterschiedlich sind. Solche Fälle sind nicht etwa theoretische Phantasieprodukte, sondern sie kommen in der Praxis häufig vor. Auch das Gewinde in Abb. 29 geht nach dem gänzlichen Einschrauben zügig, die Kraftübertragung und die Belastung der Gänge sind jedoch sehr ungünstig.

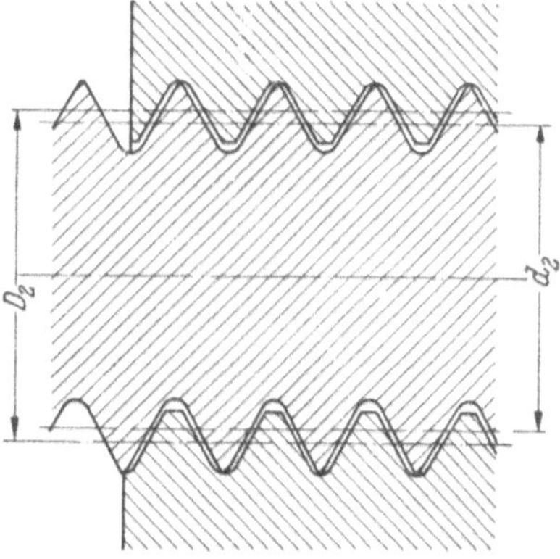

Abb. 112. Das Gewinde trägt in den Spitzen und ist sehr schlecht.

Damit das Tragen an den Spitzen vermieden wird, möglichst nur die Flanken zur Kraftübertragung dienen und nicht eine scheinbare Güte des Gewindes vorgetäuscht werden kann, ist bei allen genormten Spitzgewinden ein *Spitzenspiel* vorgesehen. Man hat entweder durch

Unterschiede des Profils für Mutter und Bolzen oder durch entsprechende Lage der Toleranzfelder für Außen- und Kerndurchmesser dafür gesorgt, daß an dieser Stelle immer Spiel entsteht. Ausgenommen sind lediglich dampfdichte Gewinde, obwohl noch nicht erwiesen ist, daß durch das lange Labyrinth des Gewindeganges und den dünnen Kanal wirklich Flüssigkeiten oder Gase in nennenswertem Umfange hindurchtreten. Beim metrischen Gewinde nach DIN wurde in früheren Ausgaben der Normen das Spitzenspiel durch die verschiedenen Profile für Mutter und Bolzen festgelegt, in letzter Zeit haben beide Teile das gleiche Nennprofil. Das Spitzenspiel wird also durch entsprechende Lage der Toleranzfelder herbeigeführt.

Dieses Spitzenspiel bewirkt nun aber auch eine Verkleinerung der tragenden Fläche an den Flanken. Die Breite dieser tragenden Fläche ist durch die tatsächliche Gewindetiefe t_2', auch *Überdeckung* genannt, gekennzeichnet (Abb. 110). Die Überdeckung wird in Prozenten von derjenigen angegeben, die bei genauer Einhaltung des Nennprofils an beiden Gewindeteilen vorhanden wäre. Durch das Verkleinern der Tragtiefe t_2 infolge Ausnutzung der Toleranzen für Außen- und Kerndurchmesser an beiden Teilen wird die Beanspruchung der Gewindegänge ungünstiger.

Vor dem Festlegen der Gewindetoleranzen hat man Versuche angestellt, um zu ermitteln, welche Mindestüberdeckung für die Tragfähigkeit des Gewindes notwendig ist. Man ist dabei durchschnittlich zu dem Ergebnis gekommen, daß bei einer Überdeckung von weniger als 60% meist die Gänge des Gewindes ausreißen, bevor der Bolzen im Kernquerschnitt reißt. Dieser Wert muß also bei der Festlegung von Toleranzen beachtet werden. Der kleinste vorkommende Betrag ist etwa 50%. Die Verringerung der Überdeckung durch Toleranzausnutzung erscheint sehr hoch. Aber für das Kernloch der Mutter, das bei einem Teil der Fertigung gestanzt wird, und ebenso für den Außendurchmesser des Bolzens möchte man gern die zulässigen Abmaße recht groß festsetzen.

514 Kerndurchmesser.

Der Kerndurchmesser des Bolzens darf nicht zu klein werden. Geometrisch ist die Grenze durch das Spitzwerden des Profils gegeben (Abb. 113). Sie wird jedoch nie erreicht, weil eine derartige Spitze am Werkzeug sich beim ersten Ansetzen bereits abnutzt oder noch wahrscheinlicher ausbricht. Außerdem schneidet, wie im Abschnitt 4 gezeigt wurde, das Werkzeug an dieser Stelle besonders ungünstig.

Ein Gewinde mit einer zu kleinen Ausrundung am Kern des Bolzens ist sehr wenig dauerhaltbar. Die Formziffer α_k (Abschn. 33) wächst mit kleiner werdender Ausrundung sehr stark an. Demnach ist das untere Grenzmaß für den Bolzenkerndurchmesser eines Gewindes, das einer *Wechselbeanspruchung* unterworfen ist, besonders wichtig.

Am Außendurchmesser der Mutter liegen die geometrischen Verhältnisse entsprechend. Da die gewöhnliche Mutter jedoch, wie die Festigkeitsbetrachtungen erkennen ließen, weit weniger stark beansprucht ist und außerdem scharfe Kerben bei Druckbeanspruchung nicht so schädlich sind wie bei Zugbelastung, besteht kein Anlaß, das Spitzwerden des Gewindegrundes der Mutter durch Toleranzen für den Außendurchmesser zu verhindern.

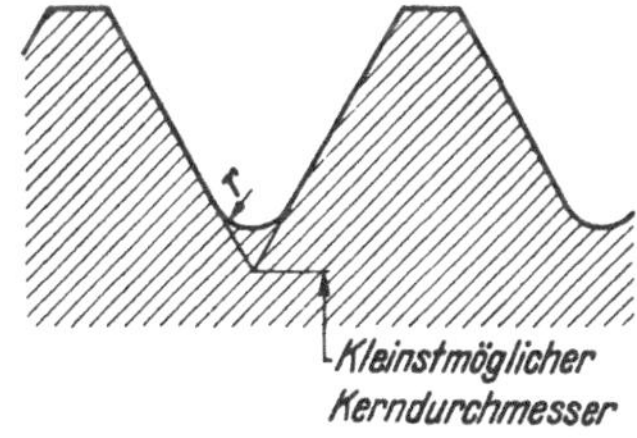

Abb. 113. Wenn die Flanken gerade sind, kann der Kerndurchmesser nicht beliebig klein werden.

Für die Dauerhaltbarkeit des Bolzens ist es von Bedeutung, ob der Gewindegrund durch einen die Flankenlinien tangierenden Kreisbogen ausgerundet oder scharfkantig begrenzt ist. Das erste ist gewiß vorteilhafter. Selbst wenn ein schneidendes oder spanlos wirkendes Werkzeug mit solchen Kanten ausgeführt würde, so würden diese im Gebrauch doch sehr bald abgenutzt werden, und dadurch würde die für die Festigkeit erwünschte Rundung von selbst entstehen.

515 Austauschbarkeit.

Zusammengehörige Werkstücke sind *austauschbar*, wenn die Abweichungen der Flächen, an denen die beiden Teile zusammenwirken (= irgendwie funktionieren) sollen, so begrenzt sind, daß nach dem Zusammenbau die gewünschte Art des Zusammenwirkens (Funktionierens) zustande kommt.

Diese allgemeine Fassung des Begriffes muß noch etwas weiter zerlegt werden: Die Abweichungen sollen so begrenzt sein, daß die Teile in zusammengebautem Zustande weder zu stramm, noch zu lose miteinander sitzen. Darauf kommt es immer hinaus! Das trifft auf glatte Bolzen und Bohrungen zu, auf Zahnräder, die miteinander kämmen, auf Teile, die durch Erwärmen des Außenteiles zusammengeschrumpft werden. Immer soll durch die Forderung des Austauschbaues das Spiel oder Übermaß begrenzt werden, und zwar nach oben wie nach unten. Es sind also Größe und Art der *Paßtoleranz*, — ein Begriff, der im Abschnitt 12 erläutert ist — welche für den Austauschbau maßgeblich sind.

Was kann nun in bezug auf den Austauschbau nach allem, was bisher über Festigkeit, Reibung, Fertigung usw. besprochen wurde, von einem Gewinde verlangt werden?

1. Die Gewindeteile sollen zusammengehen, und zwar ohne Kraftanwendung. Von dem Ausnahmefall, daß ein Gewinde stramm sitzen soll, wie bei der Stiftschraube, sei hier abgesehen.

2. Die Teile sollen an keiner Stelle, die für Wirkungsweise und Trag kraft wichtig ist, zu viel Spiel miteinander haben. Man kann die Forderungen dieser Art in drei Einzelforderungen zusammenfassen:

a) gute Anlage in den Flanken,

b) ausreichende Tragtiefe,

c) genügend große Ausrundung am Bolzenkern (Dauerfestigkeit!).

Außerdem ist die Oberflächengüte wichtig.

Dann hat man u. a. erreicht, daß keine Stelle der Gewindeverbindung überlastet wird und reißt oder frißt und daß die Reibung nicht zu groß wird.

Man kann die Forderung 1 auch so ausdrücken, daß die Abweichungen aller Funktionsflächen *aus dem Werkstoff heraus* in bestimmten Grenzen liegen müssen, und die zweite dementsprechend so, daß die Abweichungen *in den Werkstoff hinein* zweckmäßig zu begrenzen sind. Denn wenn auf dem Bolzen oder im Gewinde der Mutter „noch zu viel darauf“ ist, lassen sich die Teile nicht zusammenschrauben. Ist aber irgendwo „zu wenig darauf“, also zu viel „in den Werkstoff hinein“ gedreht, gefräst oder geschliffen, so entsteht nach dem Fügen dort Luft, und dies hat die unerwünschten Folgen des Tragens in den Spitzen.

Diese Forderungen müssen mit den *Möglichkeiten der Fertigung* so weit in Einklang gebracht werden, daß diese in *wirtschaftlicher* Weise möglich ist, das heißt mit einem Kostenaufwand, der zur Wichtigkeit der Forderung oder des Erzeugnisses in einem vernünftigen Verhältnis steht.

Die erste Forderung lautete: Die Teile sollen sich zwanglos fügen lassen.

Um sie zu erfüllen, ist es vernünftig, eine Grenze festzusetzen, welche von beiden Teilen nicht „aus dem Werkstoff heraus“ überschritten werden darf, und als diese Grenze das Nennprofil zu wählen, das bei Abb. 2 als die Nullinie der Gewindepassungen bezeichnet wurde. Die Mutter darf also das Nennprofil nicht nach innen, der Bolzen nicht nach außen überschreiten. Dann kann man in der Tat jeden beliebigen Bolzen in jede beliebige so gefertigte Mutter einschrauben.

Man könnte daran denken, zur Sicherheit, daß das Zusammenschrauben *leicht* möglich ist, auch noch ein Kleinstspiel festzusetzen. Die Praxis hat aber ergeben, daß dies nicht not tut, sondern daß auch zwei Teile, die gerade mit allen ihren Meßgrößen an der Nullinie liegen oder diese gar überschreiten, wenn sie zufällig beim Zusammenbau zusammenkommen, noch mit durchaus erträglicher Kraftanstrengung zusammengeschraubt werden können. Die Praxis hat ferner ergeben, daß dies äußerst selten einmal vorkommt.

52 Meßtechnische Beziehungen zwischen den Meßgrößen.

In den vorigen Abschnitten haben sich für die Tolerierung und Prüfung eines Gewindes eine Reihe von Forderungen ergeben, die zunächst sehr vielfältig und verwickelt erscheinen mögen. In der Praxis lassen sich diese Einzelheiten außerordentlich vereinfachen. Es ist aber unerläßlich, daß jeder, der Gewinde entweder beim Konstruieren zu benutzen oder es zu fertigen oder zu prüfen hat, die scheinbar so verwickelten Zusammenhänge, die jetzt besprochen werden sollen, beherrscht, nicht allein um die genormten Toleranzen und Meßgeräte zu verstehen und richtig anzuwenden, sondern auch um sich vor vergeblichen Bemühungen, Mißerfolgen und Rückschlägen zu schützen. Dies ist der Grund, weshalb das Problem hier mit solcher Ausführlichkeit von allen Seiten beleuchtet wird.

Man könnte auf den Gedanken kommen, von den vielen Meßgrößen eines Gewindes die wichtigsten auszuwählen und jede für sich zu tolerieren und die Einhaltung dieser Toleranzen laufend zu prüfen. Die Meßgrößen sind aber nicht voneinander unabhängig, und eine ausnahmsweise große Abweichung einer derselben kann sehr wohl durch ein besonders kleines Istabmaß einer anderen ausgeglichen werden. Man würde also dann im ganzen genommen zu genau fertigen.

521 Flankendurchmesser, Steigung, Flankenwinkel.

Einige solcher Abhängigkeiten und Beziehungen wurden bereits in Abschnitt 513 aufgezeigt. Die wichtigste aber ist der Zusammenhang zwischen Flankendurchmesser, Steigung und Teilflankenwinkel.

Zuerst ist die *Steigung* für sich behandelt. In Abb. 114 ist ein Paar von Gewindeteilen gezeichnet, bei dem die Mutter genau das Nennprofil des (metrischen) Gewindes haben möge. Der Bolzen habe aber eine etwas zu große Steigung $h + \Delta h$, was ja in der Fertigung unvermeidlich ist. Der Bolzen läßt sich um einen Gang gut einschrauben, und dann tritt an den Flanken Übermaß ein; es ist durch Schraffur deutlich gemacht. Damit der Bolzen sich ganz in die Mutter einschrauben läßt, muß man ihn *dünner* schneiden. Da, wie im Abschnitt 513 ausgeführt, alle Gewinde Spitzenspiel haben, betrifft diese Maßnahme *nur den Flankendurchmesser*. (An der Mutter dürfen wir nichts ändern, denn ihre

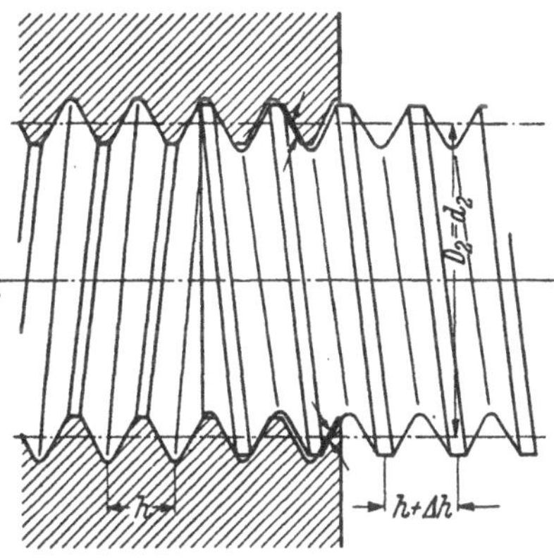

Abb. 114. Steigungsfehler verhindern das Zusammenschrauben. An den eng schraffierten Stellen tritt Pressung ein.

Maße haben ja das Nennprofil nicht unterschritten. Würden wir sie zur Abhilfe größer schneiden, so würde sie mit einem Bolzen, der das genaue Profil hat, zu viel Spiel ergeben.)

In Abb. 115 sind die Teile zusammengeschraubt gezeigt, nachdem vom Bolzen gerade so viel abgedreht wurde, daß er sich ganz einschrauben läßt. Der Betrag f_1, der vom Bolzen im Flankendurchmesser abgedreht werden mußte, läßt sich aus dem kleinen Dreieck, das unten vergrößert herausgezeichnet ist, berechnen.

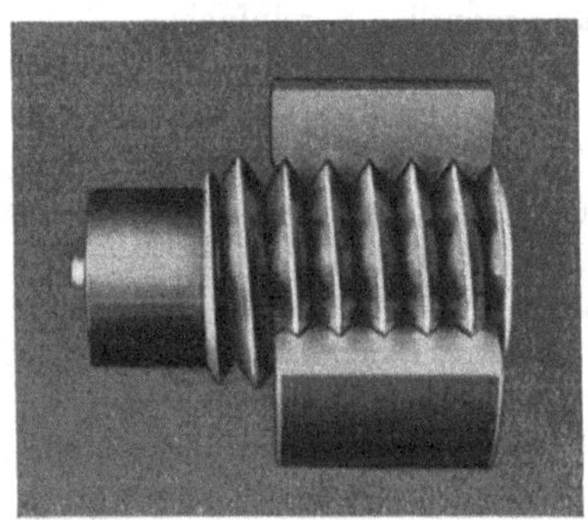

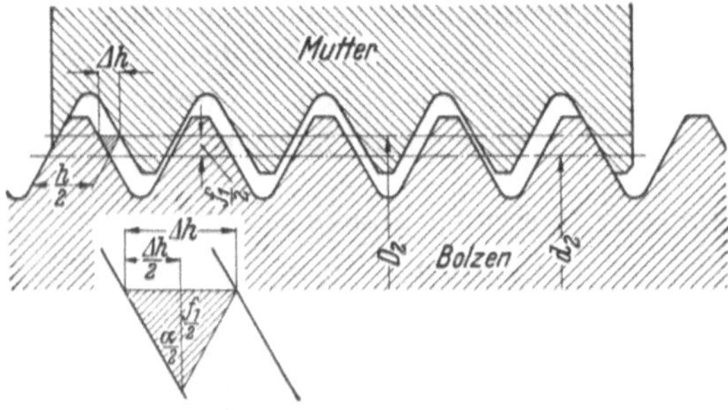

Abb. 115. Zum Ausgleich eines Steigungsfehlers Δh am Bolzen muß sein Flankendurchmesser verkleinert werden.

Der Betrag, um den das ganze, mit einer falschen Steigung behaftete Profil, also auch der Flankendurchmesser, nach innen geschoben werden muß, ist oben und unten je $f_1/2$ (oben *und* unten, weil es sich um einen Durchmesser handelt); der *ganze* Steigungsfehler, der *auf der Länge der Mutter* zur Auswirkung kommt, sei mit Δh bezeichnet, dann ist

$$\frac{f_1/2}{\Delta h/2} = \operatorname{ctg}\frac{\alpha}{2}.$$

(Die Formeln sind hier alle für Gewinde mit symmetrischem Profil abgeleitet; denn bei dem einzigen unsymmetrischen Gewinde, das genormt ist, dem Sägengewinde, hat die 30°-Flanke nur eine untergeordnete Bedeutung. Die Verhältnisse liegen also dort anders. Deshalb ist hier statt α_1 immer $\alpha/2$ eingesetzt.) Durch einfache Umformung ergibt sich[1]

$$f_1 = \Delta h \cdot \operatorname{ctg}\frac{\alpha}{2}.$$

[1] Streng genommen müßte es für *fortlaufenden* Steigungsfehler heißen: $f_1 = \left(\Delta h \pm \frac{\Delta h}{n-1}\right) \operatorname{ctg}\frac{\alpha}{2}$. Das Minuszeichen gilt für *zu kleine* Steigung. Da n meist größer als 6 bis 8 ist, wird der Summand $\Delta h/(n-1)$ vernachlässigt, vor allem um eine einfache und auch für periodische und unregelmäßige Steigungsfehler gültige Beziehung zu finden, für die eine Näherungslösung genügt.

Dasselbe hätte sich ergeben, wenn h am Bolzen *zu klein* gewesen wäre, anstatt zu groß. Das sieht man aus der Abb. 116. Man muß also in die Formel Δh stets positiv einsetzen, oder mathematisch gesprochen, den Absolutwert von Δh. Dies drückt man symbolisch dadurch aus, daß man Δh zwischen parallele Striche setzt. Also lautet die Formel genau:

$$f_1 = |\Delta h| \cdot \operatorname{ctg} \frac{\alpha}{2}.$$

Nun sei der umgekehrte Fall betrachtet, daß nämlich der Bolzen genau das Nennprofil habe, aber die *Mutter* eine zu große oder zu kleine Steigung. Man findet leicht, daß man dann die *Mutter* um f_1 *größer*

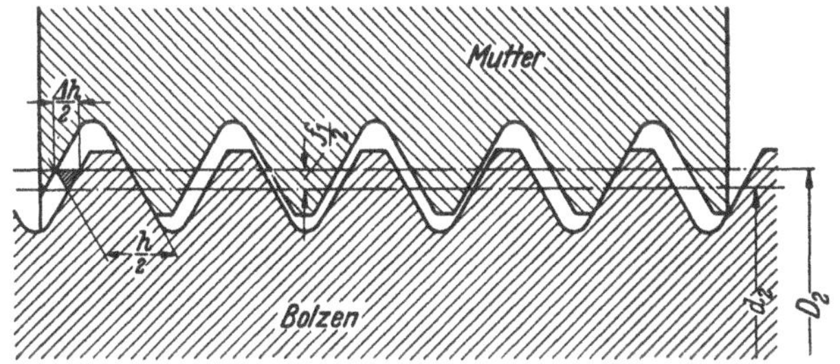

Abb. 116. Auch ein negativer Steigungsfehler beim Bolzen bedingt eine Verkleinerung seines Flankendurchmessers.

schneiden muß, um das Zusammenfügen im Sinne der Austauschbarkeit zu ermöglichen. Die geometrischen Verhältnisse sind nämlich genau die gleichen wie in den Abb. 115 und 116. Es spielt auch keine Rolle dabei, ob es sich um einen *fortlaufenden* Steigungsfehler handelt oder um einen periodischen oder unregelmäßigen; maßgeblich ist nur die *größte, innerhalb der Einschraublänge vorkommende Abweichung zweier beliebiger Gänge von der Sollsteigung.*

Wir fassen nun zusammen:

Damit sich die Teile zusammenschrauben lassen, muß zum Ausgleich eines Steigungsfehlers am Bolzen dessen Flankendurchmesser verkleinert werden; ein Steigungsfehler an der Mutter bedingt eine Vergrößerung von deren Flankendurchmesser. Der zum Ausgleich eines fortlaufenden Steigungsfehlers erforderliche Betrag f_1 ist abhängig von der Einschraublänge, bei anderen Steigungsfehlern ist die größte innerhalb der Einschraublänge vorkommende Abweichung vom Sollwert h zwischen zwei beliebigen Gängen maßgeblich. Es ist gleichgültig, ob die Abweichung vom Sollwert h der Steigung positiv oder negativ ist.

Nunmehr sollen Abweichungen vom Sollmaß des *Teilflankenwinkels* betrachtet werden.

In Abb. 117 möge wieder die Mutter genau das Nennprofil haben, der Bolzen habe diesmal zwar richtige Steigung, aber einen falschen Teilflankenwinkel, und zwar sei α_1 und somit auch α um den Betrag $\Delta\alpha$ zu groß. Wie man sieht, kann auch hier die Zusammenschraubbarkeit nur dadurch ermöglicht werden, daß man den Flankendurchmesser des

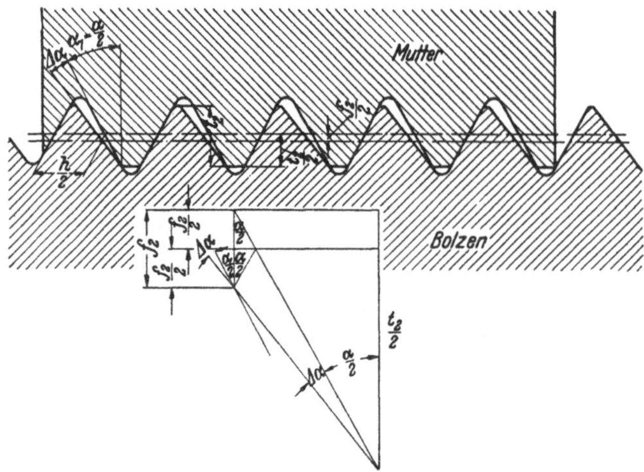

Abb. 117. Ein Fehler $\Delta\alpha$ des Teilflankenwinkels α_1 bedingt eine Verkleinerung des Flankendurchmessers, damit der Bolzen in eine Mutter geschraubt werden kann, die gerade das Nennprofil hat.

mit dem Fehler behafteten Bolzens kleiner macht. In der geometrischen Figur, die vergrößert herausgezeichnet ist, ergibt sich nach dem Sinussatz:

$$\frac{f_2}{\sin\Delta\alpha} = \frac{t_2 + f_2}{2\cos\frac{\alpha}{2}\cdot\sin\left(\frac{\alpha}{2}+\Delta\alpha\right)}.$$

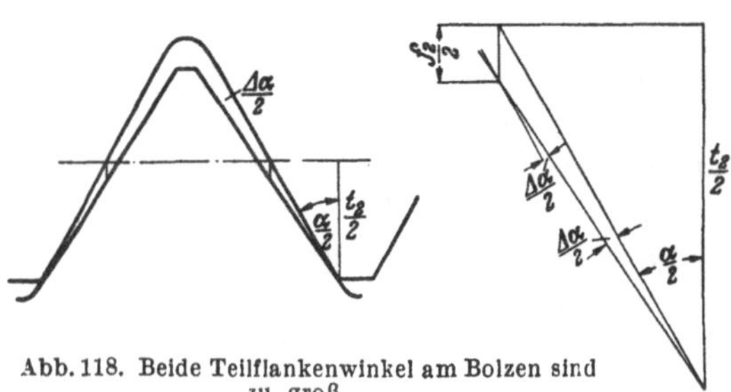

Abb. 118. Beide Teilflankenwinkel am Bolzen sind zu groß.

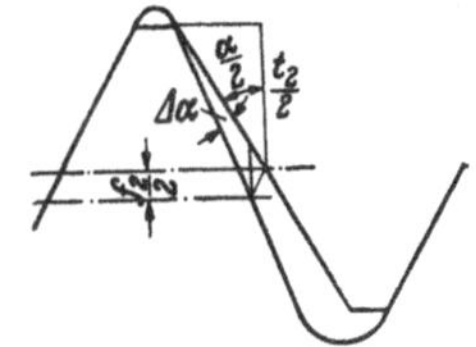

Abb. 119. Ein Teilflankenwinkel am Bolzen ist zu klein.

Durch Umformung erhält man:

$$f_2 = \frac{t_2\cdot\sin\Delta\alpha}{\sin(\alpha+\Delta\alpha)}.$$

Wenn *beide* Teilflankenwinkel um den Betrag $\Delta\alpha/2$ zu groß wären, wie in Abb. 118, ergibt sich:

$$f_2 = \frac{t_2 \cdot 2 \sin \frac{\Delta\alpha}{2}}{\sin\left(\alpha + \frac{\Delta\alpha}{2}\right) + \sin \frac{\Delta\alpha}{2}}.$$

Für den Fall, daß einer der Teilflankenwinkel *zu klein* ist, ergibt sich aus Abb. 119

$$f_2 = \frac{t_2 \cdot \sin \Delta\alpha}{\sin(\alpha - \Delta\alpha)},$$

und für den Fall, daß *beide* Teilflankenwinkel um $\Delta\alpha/2$ *zu klein* sind, erhält man

$$f_2 = \frac{t_2 \cdot 2 \sin \frac{\Delta\alpha}{2}}{\sin\left(\alpha - \frac{\Delta\alpha}{2}\right) - \sin \frac{\Delta\alpha}{2}}.$$

Abb. 120 bringt ein praktisches Beispiel für die letzte Möglichkeit, daß der eine Teilflankenwinkel zu groß, der andere zu klein ist. Der Stahl hatte zwar den richtigen Winkel α, war aber arg schief angesetzt.

Die gefundenen 4 Gleichungen unterscheiden sich nun erstens dadurch, daß im Zähler abwechselnd $\sin\Delta\alpha$ und $2 \cdot \sin\Delta\alpha/2$ vorkommt. Nun ist aber allgemein

$$2 \cdot \sin\frac{\alpha}{2} \cos\frac{\alpha}{2} = \sin\alpha$$

und $\Delta\alpha$ soll klein sein, so daß wir $\cos\Delta\alpha/2 \approx 1$ setzen können Also wird

$$2 \cdot \sin\frac{\Delta\alpha}{2} \approx \sin\Delta\alpha.$$

Da $\Delta\alpha$ klein gegen α sein soll, können wir im Nenner, um eine allgemeine und einfache Näherungsformel zu finden, alle Summanden mit $\Delta\alpha$ und $\Delta\alpha/2$ vernachlässigen, und wir erhalten dann die Näherungsgleichung:

$$f_2 = \frac{t_2 \cdot \sin\Delta\alpha}{\sin\alpha}.$$

Darin kann man noch näherungsweise $\sin\Delta\alpha = \Delta\alpha$ (Bogenmaß) setzen, oder besser, wenn man $\Delta\alpha$ in Bogenminuten einsetzen und f_2 in μ erhalten will:

Abb. 120. Das Profil ist am Bolzen schief eingeschnitten. Sein Flankendurchmesser mußte verkleinert werden, damit er sich einschrauben läßt.

$$\sin\Delta\alpha = 0{,}291\,\Delta\alpha\,10^{-3}.$$

Damit geht die Gleichung über in die Näherungsformel:

[5 — 1] $$f_2 = \frac{0{,}291 \cdot t_2}{\sin\alpha}\,|\Delta\alpha| \qquad (f_2 \text{ in } \mu,\ \Delta\alpha \text{ in }').$$

Um f_1 auch dementsprechend in μ zu erhalten, müssen wir Δh in μ einsetzen und erhalten:

[5 — 2] $$f_1 = |\Delta h| \cdot \operatorname{ctg} \frac{\alpha}{2} \qquad (f_1 \text{ und } \Delta h \text{ in } \mu).$$

Für Winkelabweichungen an der *Mutter* ergeben sich die gleichen Beziehungen.

Wir fassen wiederum zusammen:

Damit sich die Teile zusammenschrauben lassen, muß zum Ausgleich eines Winkelfehlers am Bolzen dessen Flankendurchmesser verkleinert werden; ein Winkelfehler an der Mutter bedingt eine Vergrößerung von deren Flankendurchmesser. Dabei ist es gleichgültig, ob die Abweichung vom Sollwert des Flankenwinkels positiv oder negativ ist. Es ist auch gleichgültig, ob nur einer der Teilflankenwinkel abweicht oder beide; maßgebend ist die Summe der Abweichungen der beiden Teilflankenwinkel.

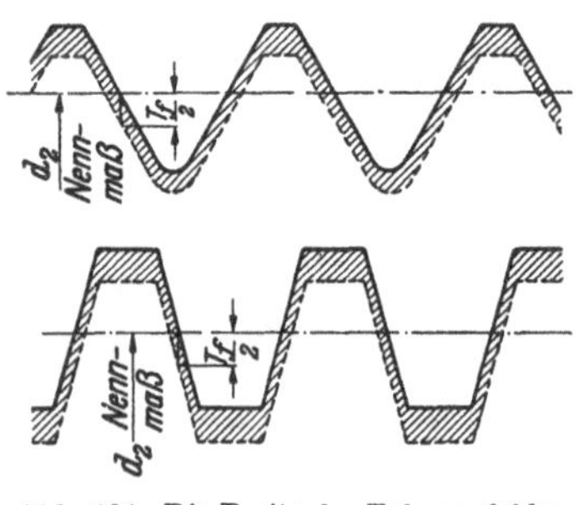

Abb. 121. Die Breite des Toleranzfeldes, senkrecht zur Flanke gemessen, hängt von der Neigung der Flanke ab.

Nun seien noch die beiden Formeln [5 — 1] und [5 — 2] daraufhin untersucht, wie sich die Profilgestalt auf die Größe der Ausgleichsbeträge auswirkt. *Verkleinert* man α, so wird nach beiden Formeln der Ausgleichsbetrag größer, denn sowohl $\operatorname{ctg}\alpha/2$ als auch $1/\sin\alpha$ wachsen mit kleiner werdendem α. Die erforderliche Berichtigung für den Flankendurchmesser wird also um so größer, je kleiner der Flankenwinkel des Gewindes ist. Abb. 121 macht das anschaulich. Oben ist ein Nennprofil gezeichnet mit $\alpha = 60°$ und dazu ein Toleranzfeld für Außen-, Kern- und Flankendurchmesser. Die vorgesehene Flankendurchmessertoleranz ist mit T_f bezeichnet; das Toleranzfeld selbst ist, senkrecht zur Flanke gemessen, schmaler als T_f. Darunter ist ein Trapezgewinde mit $\alpha = 30°$ gezeichnet: Obwohl hier T_f genau ebenso groß angenommen wurde, ist das Toleranzfeld noch schmaler, einfach weil die Flanke weniger geneigt ist. Damit ist das Ergebnis der Untersuchung an den Formeln auch zeichnerisch veranschaulicht. Um einen Fehler bestimmter Größe auszugleichen, braucht man also an einem Gewinde mit kleinem Teilflankenwinkel einen größeren Wert von f_1 und f_2, also eine größere Toleranz für den Flankendurchmesser.

Außerdem kommt in der Formel für f_2 noch t_2 im Zähler vor. Der Ausgleichsbetrag für Winkelabweichungen muß demnach um so größer sein, je größer die Eingriffstiefe t_2 ist, d. h. je gröber das ganze Profil ist. Auch das ist einleuchtend, denn desto länger ist die Flanke, der Schenkel des Winkels $\Delta\alpha$.

Bei den vorstehenden Ableitungen wurden Abweichungen nur ganz bestimmter Meßgrößen vorausgesetzt, von denen man wohl sagen kann, daß sie in der Praxis in dieser Einseitigkeit nicht vorkommen. Es läßt sich aber auch ohne mathematischen Beweis einsehen, daß Abweichungen an einem Teil in bezug auf h und α eine Änderung des Flankendurchmessers um den Betrag $f_1 + f_2$ notwendig machen.

Zwischen den Toleranzen für Flankenwinkel, Steigung und Flankendurchmesser besteht also ein außerordentlich enger Zusammenhang. Sind Fehler im Flankenwinkel und in der Steigung vorhanden, so kann durch Änderung des Flankendurchmessers die Möglichkeit des Zusammenschraubens wieder herbeigeführt werden.

Damit hat der Flankendurchmesser, der bei der Betrachtung der Festigkeit eine geringere Bedeutung zu haben schien, besondere Wichtigkeit für die Tolerierung und Prüfung von Gewinde erlangt.

Da es möglich ist, den Flankendurchmesser im Sinne der vorstehenden Überlegungen einwandfrei zu messen (Abschn. 53), brauchen Flankenwinkel und Steigung gewöhnlich gar nicht mehr besonders nachgeprüft zu werden.

Um Toleranzen für ein Gewinde festzusetzen, stellt man fest, welche Abweichungen für h und α als äußerst zulässig anzusehen und fertigungstechnisch erreichbar sind, und rechnet die Werte für f_1 und f_2 aus. Für den Flankendurchmesser selbst als Durchmessermaß muß man auch noch eine Toleranz zulassen, die mit f bezeichnet sei. Dann ergibt sich die Gesamttoleranz für den Flankendurchmesser zu

$$T_f = f + f_1 + f_2.$$

Nun kann aber doch mit Recht gegen diese summarische Prüfung der drei wichtigen Meßgrößen eingewandt werden, daß die Gesamttoleranz T_f einmal zum großen Teile nur für eine Abweichung von α oder h ausgenutzt werden könnte. Dann hätte man also ein sehr schlechtes Gewinde in bezug auf Flankenanlage. Aber der Fall ist verhältnismäßig unwahrscheinlich, weil die Genauigkeit eines gefertigten Gewindes in allen Einzelheiten in *jeder* Hinsicht begrenzt ist. Es ist also anzunehmen, daß sich ein so einseitig großer Fehler bald durch erhöhten Ausschuß bei der Kontrolle bemerkbar macht. Aber da die einzelnen Meßgrößen durch die vereinfachte Prüfung des Flankendurchmessers der Kontrolle etwas entglitten sind, *erwächst für die Fertigung die Notwendigkeit,* Winkel und Steigung an den Maschinen und Werkzeugen besonders beim Beginn der Fertigung aufmerksam zu beobachten und laufend zu prüfen.

522 Zuschläge zur Flankendurchmessertoleranz.

Für die Tolerierung von Gewinde ergeben sich aus vorstehendem zwei weitere Folgerungen:

1. Weicht die Einschraublänge von der normalen beträchtlich ab, so muß wegen eines möglichen fortlaufenden Steigungsfehlers auch die Flankendurchmessertoleranz eine andere sein. Hierbei ist unter Einschraublänge diejenige Länge zu verstehen, auf der die beiden Gewindeteile, Bolzen und Mutter, miteinander in Eingriff kommen. Dies kann sowohl die Mutterhöhe bei einer langen Gewindespindel sein wie auch die Länge des Bolzengewindestückes, das sich z. B. in einer langen Mutter bewegen soll. Das kürzeste der beiden Teile ist also maßgebend.

Für eine Einschraublänge, die *wesentlich* größer ist als die gewöhnliche (0,8 $\cdot d$ hohe Mutter beim Regelgewinde), muß also die sonst übliche Flankendurchmessertoleranz vergrößert werden; für eine ungewöhnlich kleine, wie es in der Feinwerktechnik häufig vorkommt, wird sie zweckmäßig verkleinert.

Außerdem ist zu beachten, daß die *Länge der Lehren*, die zum Prüfen benutzt werden, ebenfalls der üblichen Einschraublänge entsprechen muß. Für besonders große oder besonders kleine Einschraublängen sind also auch andere Lehren zweckmäßig.

Dies ist der Einschraublängen-Zuschlag.

Für seine Größe gibt BERNDT[1] folgende Formel an:

$$Z_e = 0{,}2 \cdot T_f \left(\frac{l}{L} - 1\right). \qquad [5-3]$$

T_f = normale Flankendurchmessertoleranz
l = abweichende Einschraublänge
L = gewöhnliche Einschraublänge

Dieser Formel liegt folgende Überlegung zugrunde. *Nur ein Teil* der Steigungsfehler sind fortlaufende. Man kann das Verhältnis vielleicht zu $^2/_5$ für fortschreitende und $^3/_5$ für innere Steigungsfehler ansetzen. Außerdem ist aber ja f_1 nur ein Bruchteil von T_f, vielleicht ein Drittel. In der Formel ist vorsichtshalber angenommen, daß die Flankendurchmessertoleranz *zur Hälfte* von Steigungsfehlern aller Art in Anspruch genommen wird.

2. Bei Feingewinde[2] wird auf einen größeren Durchmesser als gewöhnlich eine kleinere Steigung, also ein feineres Profil geschnitten. Die Beträge f_1 und f_2 zum Ausgleich von Steigungs- und Winkelfehlern

---

[1] BERNDT: Die deutschen Gewindetoleranzen. Berlin: Springer 1929. Dies ist das grundlegende und umfassendste Werk über Gewindetoleranzen. Es enthält vor allem die ganze geschichtliche Entwicklung der austauschbaren Gewindefertigung sowie die Theorie, die letzte Auflage ist aber leider veraltet.

[2] Wohl zu unterscheiden vom Güte- oder Toleranzgrad „fein“, siehe weiter unten.

sind nur von der Größe des Profils und seiner Form abhängig, nicht vom Durchmesser. Durch das Profil sind Flankenlänge und Steigung gegeben. Für eine Flanke von nur wenigen Zehntelmillimetern Länge muß man aber eine größere Winkelabweichung zulassen als für eine solche, die mehrere Millimeter lang ist. Das ist beim Aufstellen der Toleranzreihen berücksichtigt. Diese Toleranzen kann man also unverändert benutzen, wenn man ein feines Profil auf einen großen Durchmesser schneidet. Folglich können auch die Ausgleichsbeträge dafür in der Flankendurchmessertoleranz gleich groß sein.

Für die Fertigung bietet aber die Einhaltung einer bestimmten Toleranz bei einem *großen* Durchmesser größere Schwierigkeiten als bei einem kleinen, deshalb sind die genormten Toleranzen für *glatte* Durchmesser ja auch nach dem Nennmaß gestuft. Somit ist es richtig, auf denjenigen Teil der Toleranz, der für den Flankendurchmesser selbst gedacht ist (f), einen Zuschlag zu geben und diesen entsprechend den Verhältnissen bei den Rundpassungen zu wählen.

Dies ist der Durchmesserzuschlag.

Seine Größe ist von BERNDT an Hand des früher üblichen DIN-Passungssystems (Rundpassungen!) proportional der Paßeinheit vorgeschlagen. In diesem System ist $1\ \text{PE} = 5\sqrt[3]{D}$ (D = Nenndurchmesser).

Zuschläge für Gewindegütegrad:

$$\text{fein} \quad Z_d = 15\left(\sqrt[3]{d'} - \sqrt[3]{d_n}\right) = 3\ \text{PE}$$

$$\text{mittel} \quad Z_d = 25\left(\sqrt[3]{d'} - \sqrt[3]{d_n}\right) = 5\ \text{PE}$$

$$\text{grob} \quad Z_d = 40\left(\sqrt[3]{d'} - \sqrt[3]{d_n}\right) = 8\ \text{PE}$$

d_n = Durchmesser des Gewindes mit gewöhnlicher Steigung (Regelgewinde)
d' = Durchmesser des Feingewindes

Wenn, was selten vorkommt, ein Profil auf einen *kleineren* Durchmesser als bei Regelgewinde geschnitten wird, so ist die Toleranz des Flankendurchmessers entsprechend zu verkleinern.

Bei den neuen *ISA-Gewindetoleranzen*, die auf den nicht ganz abgeschlossenen Arbeiten der ISA beruhen, wird der Durchmesserzuschlag in einfachster Weise berücksichtigt: Die Grundtoleranzen für den Flankendurchmesser sind nach den Nennmaßen für den Durchmesser des Gewindes gestuft. Der Durchmesserzuschlag ist also in der Toleranz ohne weiteres enthalten.

Es muß aber vermerkt werden, daß die *früher* benutzten Toleranzen für Feingewinde nach LgN 112 24 *keinen* Durchmesserzuschlag enthielten. Folglich waren die Toleranzen für den betreffenden Gütegrad zu fein. Erst in der *letzten* Ausgabe jenes Normblattes war der Mangel beseitigt.

53 Prüfen der Toleranzen.

Nach den Ausführungen des Abschnittes 52 lassen sich die Meßaufgaben, die sich bisher ergeben hatten und die in Abschnitt 51 zusammengestellt waren, wesentlich vereinfachen. Die unübersehbar erscheinende Vielfalt ist für den Leser, der bis hierhin folgen konnte, der Einfachheit und Übersichtlichkeit gewichen. Es sind folgende Aufgaben übriggeblieben:

1. Zusammenschraubbarkeit,
2. Flankendurchmessertoleranz,
3. Außendurchmessertoleranz des Bolzens,
4. Kerndurchmessertoleranz der Mutter,
5. Kerndurchmessertoleranz des Bolzens.

Die alleinige Prüfung des Flankendurchmessers schließt nicht aus, daß Winkel und Steigung in der Fertigung beachtet und überwacht werden müssen, denn es kommt ja wegen der guten Flankenanlage sehr darauf an. Das tut man schon, damit einer der drei Fehler: Flankendurchmesser, Flankenwinkel, Steigung nicht zu groß wird, so daß für die anderen nicht mehr viel übrigbleibt und die Fertigung sich damit plagen muß. Durch die Prüfung nach Punkt 3 und 4 wird die Mindestüberdeckung sichergestellt, Punkt 5 ist für die Dauerhaltbarkeit von Bedeutung. Das Mindestspitzenspiel wird durch die Art der Lehrung nach Punkt 1 und 3 bis 5 erreicht.

531 Grenzlehren.

Bei der Festlegung und Beurteilung von Toleranzen müssen das Meßverfahren und seine Möglichkeiten und Mängel ebenso ins Auge gefaßt werden wie Konstruktion, Festigkeit und Fertigung. Deshalb werden zuvor die Gewindelehren für den Austauschbau behandelt.

Die erste der oben zusammengestellten Meßaufgaben, die Sicherstellung der Zusammenschraubbarkeit, erfüllt eine Lehre, die verhindert, daß beim Bolzen das Größtmaß überschritten, bei der Mutter, dem Hohlgewinde, das Kleinstmaß irgendwo unterschritten wird. Das Nennprofil, das für die meist gebrauchte Passungsart die Grenze zwischen Bolzen und Mutter zu bilden hat, darf also nirgends „aus dem Stoff heraus" überschritten sein.

Dies kann man erreichen, indem man auf den Bolzen eine Lehrmutter aufschraubt, in die ein Gewinde mit den Maßen des Nennprofils eingeschnitten ist (Abb. 122 und 123). Läßt sie sich aufschrauben, so läßt sich der Bolzen auch mit jeder Mutter paaren, die entsprechend geprüft wurde, die Austauschbarkeit ist also insoweit gesichert. Für die Prüfung der Mutter eignet sich dementsprechend ein Lehrdorn, der ebenfalls das Nennprofil aufweist (Abb. 124). Mit Rücksicht auf die möglichen Steigungsfehler müssen *beide Lehren eine Länge* haben, die der *Einschraublänge* wenigstens angenähert entspricht, das ist die Länge, auf der die gefügten *Werkstücke* miteinander im Eingriff sind.

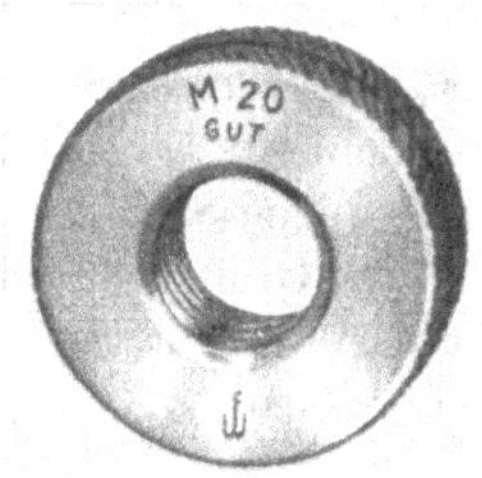

Abb. 122. Gewinde-Gutlehrring (Fritz Werner, Berlin).

Dies sind die Gutlehren.

Aus verschiedenen Gründen läßt sich der Wunsch, sie möchten möglichst genau das Nennprofil aufweisen, nicht ganz erfüllen. Der Kerndurchmesser eines Gewindelehrdornes und die dort vorgeschriebene Rundung lassen sich nur schwierig gleichzeitig mit dem genauen Maß des Flankendurchmessers einhalten. Deshalb spart man den Kerndurchmesser aus oder macht die Rundung klein genug und prüft ihn am Werkstück besonders. Das gleiche gilt sinngemäß für den Gewindeaußendurchmesser eines Lehrringes. Man braucht also zur vollständigen Prüfung der Werkstücke noch je eine glatte Gutlehre für Mutterkern- und Bolzenaußendurchmesser.

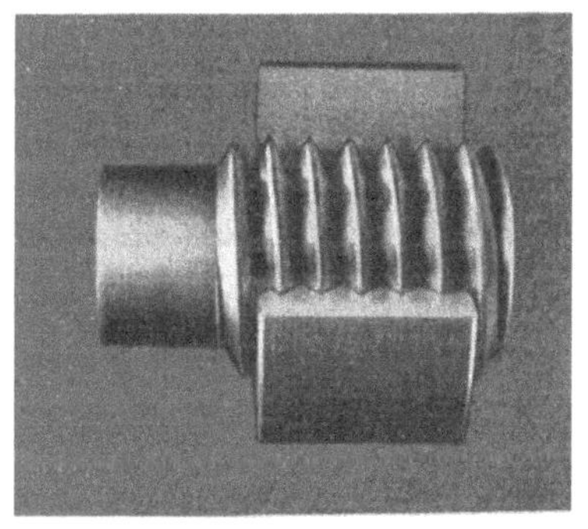
Abb. 123. Der Gewinde-Gutlehrring (aufgeschnitten) umschließt den Werkstückbolzen völlig und verhindert eine Überschreitung des Nenn-Profiles, also „aus dem Stoffraum heraus".

Dagegen kann der Bolzenkern- und der Mutteraußendurchmesser von der Gewindegutlehre mit erfaßt werden, weil diese Maße an den Lehren (= Gegenstücke) leicht gefertigt und geprüft werden können.

Ferner ist bei der Festsetzung der Maße für die Gutlehren zu berücksichtigen, daß diese sich durch das immer wiederholte Ein- und Ausschrauben sehr rasch abnutzen. Dadurch wird der Lehrdorn dünner, die Mutter kann also enger werden; der Lehrring wird weiter, und somit kann der Bolzen dicker werden. Dadurch würde die Zusammenschraubbarkeit der Werkstücke in Frage gestellt sein. Dem beugt man durch eine gewisse Zugabe für einen Teil der zulässigen Abnutzung vor. Folglich lassen sich Gewindegutlehrdorn und -gutlehrring in neuem Zustande nicht ineinanderschrauben.

Eine allzu große Abweichung, oder sagen wir gleich: eine Überschreitung der Toleranz „in den Stoffraum hinein" wird durch die Ausschußlehren verhindert. Denn wenn an einer Stelle zu viel Stoff weggearbeitet ist, muß das Stück weggeworfen werden, wenn man es nicht etwa durch Aufchromen oder ähnliche Hilfen retten will. Es ist also meist „Ausschuß". Während die Gutlehren nur die Paarungsmöglichkeit gewährleisten, sind die Ausschußlehren dazu da, die Abweichungen aller Art, die möglich sind und bisher besprochen wurden, in ihrer Größe zu begrenzen. Sie stellen also sicher, daß die vielfältigen Forderungen erfüllt sind, wie Flankenanlage, Tragtiefe, Rundung am Bolzenkern.

Der Wesensunterschied zwischen Gut- und Ausschußlehren besteht also immer darin, daß die ersteren nur die Paarung der Werkstücke sicherstellen; die Ausschußlehren dagegen gewährleisten die technische Brauchbarkeit des Gegenstandes in bezug auf Festigkeit, Funktion, Abnutzung, kurzum die technische Zweckmäßigkeit.

Um eine Ausschußlehre für den Flankendurchmesser richtig zu gestalten, erinnern wir uns des Zusammenhanges zwischen Flankendurchmessertoleranz, Steigung und Flankenwinkel. In Abb. 125 ist für einen Gewindebolzen ein bestimmtes negatives Abmaß A für den Flankendurchmesser angenommen und verschiedene Möglichkeiten extremer Abweichungen im Flankenwinkel und in der Steigung sowie im Flankendurchmesser selbst hineingezeichnet. Das Wesentliche der Abb. 110 und 115 bis 119 ist gleichsam übereinandergelegt. Die stillschweigende Voraussetzung, die dabei noch gemacht ist, besteht darin, daß die Flankenlinie immer gerade angenommen ist. Wenn man verhindern will, daß der Flankendurchmesser kleiner wird als $d_2 - A$, muß man ihn *in der Mitte der Flanke* messen. Die Lehre müßte demnach das Werkstückprofil möglichst nur an diesem Punkt berühren; sie muß das kleinstzulässige Maß von d_2 haben, und man muß festsetzen, daß sie *nicht hinüber*gehen darf.

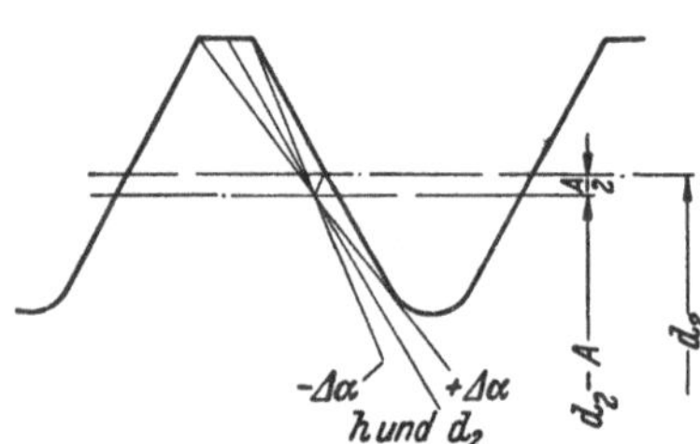

Abb. 125. Verschiedene mögliche Lagen der Flanke bei einer bestimmten Abweichung A des Flankendurchmessers vom Gutmaß.

Ginge sie hinüber, dann wäre ja das zulässige Kleinstmaß unterschritten. Würde man sie mit einem vollen Gewindeprofil versehen, so würde sie bei Vorhandensein von Winkelabweichungen nicht den tatsächlichen Flankendurchmesser in der Profilmittellinie erfassen. Punktförmig kann man die Meßflächen nicht machen, denn dann würden sie sich zu schnell abnutzen und auch das Werkstück beschädigen. Man macht sie also so klein, wie es eben noch angängig erscheint. *Die Ausschußlehre muß also verkürzte Meßflächen haben.*

Aber noch eine weitere Bedingung muß erfüllt werden. Das Bolzengewinde kann auch Steigungsfehler haben. Wenn man die Abb. 115 und 116 betrachtet, kommt man zu dem Schluß, daß der Flankendurchmesser an diesen Bolzen nur richtig gemessen werden kann, wenn die Lehre *nur einen Gewindegang* erfaßt. *Die Ausschußlehre darf also nur einen oder höchstens sehr wenige Gänge haben.*

Wenn wir nur eine derartige Lehre mit verkürzten Flanken und nur 1 oder 2 Gängen konstruieren und anwenden, so gibt es noch eine dritte Möglichkeit, daß der tatsächliche Flankendurchmesser *doch noch kleiner* ist. Das Gewinde kann *unrund* sein, eine Möglichkeit, die beim Kurzgewindefräsen festgestellt wurde. Wir dürfen also die Lehre nicht als Ring ausbilden, sondern als Rachenlehre, mit der man den Flankendurchmesser an verschiedenen Stellen des Umfanges prüfen kann, ob er nicht zu klein ist, d. h. ob die Lehre nicht hinübergeht. *Die Ausschußlehre für den Bolzen muß also als Rachenlehre ausgebildet sein.*

Wir stellen also zusammen:

Gutlehre: Volles Profil, Maße an der Gutseite des Toleranzfeldes, Länge gleich der Einschraublänge der Werkstücke, voller Lehrdorn oder Lehrring; soll sich ein- oder aufschrauben lassen.

Ausschußlehre: Verkürzte Flanken, Maße an der Ausschußseite des Toleranzfeldes, nur einen oder höchstens wenige Gänge, Dorn, Rachenlehre; darf sich nicht ein- oder überführen lassen.

Damit haben wir das Wesen eines wichtigen meßtechnischen Grundsatzes erfaßt, der zuerst vom Engländer W. Taylor aufgestellt worden ist. Es läßt sich so fassen:

„Die Gutlehre soll sich möglichst in Form und Größe an diejenigen des Gegenwerkstückes anlehnen, also volle Form haben; die Ausschußlehre dagegen soll möglichst punktweise messen.“

Dieser Grundsatz gilt nicht nur für Gewinde, sondern ganz allgemein für die Konstruktion von Lehren für den Austauschbau.

Abb. 126 zeigt das Wesentliche einer Ausschuß-Flankenrachenlehre für den Bolzen im Schnitt; Abb. 127 einen ebenfalls nach diesem Grundsatz konstruierten Ausschuß-Gewindelehrdorn. Dabei ist der dritte Punkt, den wir für eine Ausschußlehre als beachtlich erkannten, nicht berücksichtigt: Der Ausschuß-Gewindelehrdorn ist als voller Dorn ausgebildet, mißt also nicht nur an zwei gegenüberliegenden Punkten wie die Rachenlehre. Eine Lehre, die gleichsam nur ein Stichmaß darstellt, ist vor allem bei kleinem Gewinde schwierig zu konstruieren, sie würde teuer und empfindlich und vor allem schlecht zu handhaben sein.

Mit diesen insgesamt 4 Lehren, Gut- und Ausschußlehre je für Mutter und Bolzen, ist der wichtigste Teil der Gewindeprüfung erfüllt, die Zusammenschraubbarkeit und die Flankendurchmessertoleranz; damit sind gleichzeitig auch Flankenwinkel und Steigung erfaßt. Es bleiben noch die Punkte 3 bis 5 der in Abschnitt 53 zu Anfang gemachten Zusammenstellung.

Die Gutseite, das Größtmaß des *Bolzenaußendurchmessers*, wird von dem Gut-Gewindelehrring nicht erfaßt, weil dieser aus fertigungstech-

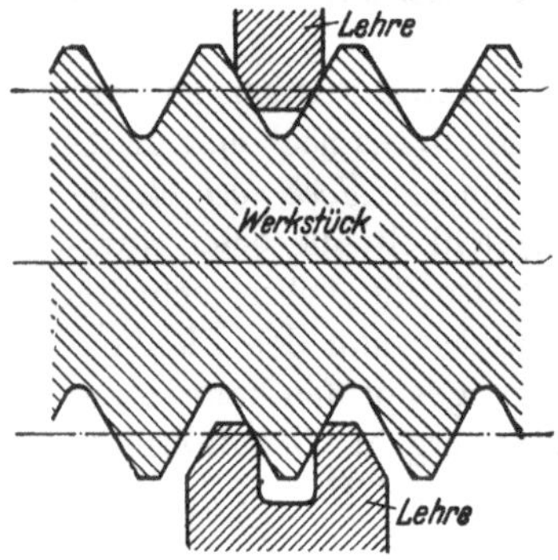

Abb. 126. Ausschußflankenrachenlehre. Die Meßstücke müssen drehbar sein, damit sie sich auf den Steigungswinkel einstellen können.

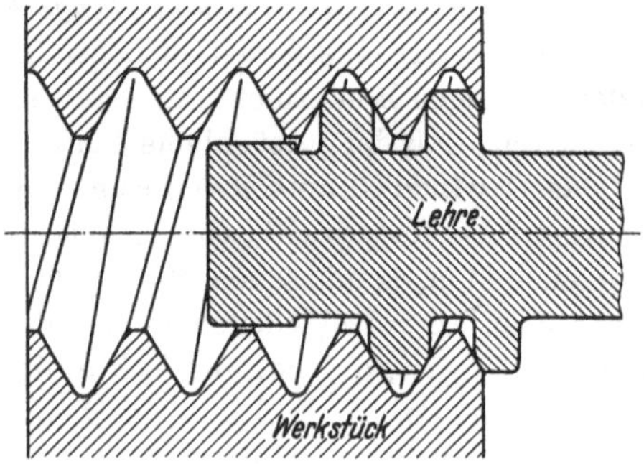

Abb. 127. Ausschuß-Gewindelehrdorn. Verkürzte Meßflächen und nur wenige Gänge.

nischen Gründen an dieser Stelle freigearbeitet ist oder eine entsprechend kleine Rundung hat. Also müßte man zu dem Zweck, entsprechend dem TAYLORschen Grundsatz, einen glatten Lehrring vorsehen, der so lang ist wie der Eingriff der Gewindeteile. Meist begnügt man sich aber, wie auch bei glatten Paßteilen, mit einer Gutrachenlehre. Jedes Stück

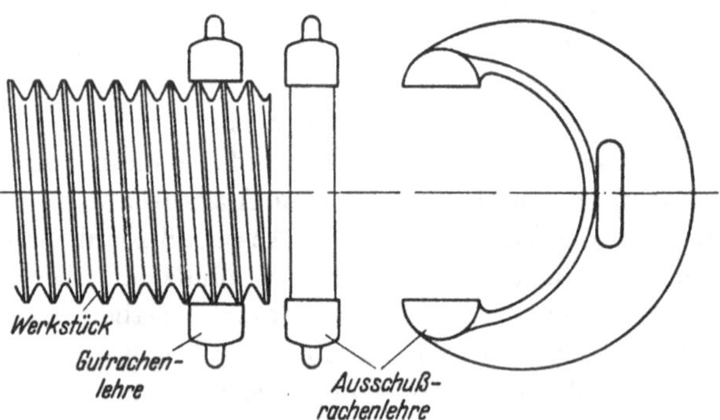

Abb. 128. Gut- und Ausschußrachenlehre für den Bolzenaußendurchmesser.

muß zurückgewiesen werden, über das sie sich *nicht* überführen läßt. Sie stellt also, was den Bolzen angeht, sicher, daß das Mindestspitzenspiel eingehalten wird. Wichtiger ist die Ausschußlehre, durch deren Anwendung dafür gesorgt wird, daß die Überdeckung oder Tragtiefe nicht zu klein wird. Sie darf also *nicht* hinübergehen. Beide Lehren zeigt Abb. 128. Ihre Meßflächen müssen so breit sein, daß sie mindestens zwei Gänge erfassen, damit nicht schräg von einem Kamm zum versetzt gegenüberliegenden gemessen wird.

Der *Bolzenkerndurchmesser* wird, was die Gutseite angeht, von dem Gut-Gewindelehrring erfaßt. Dieser hat die Maße des Mutterkerndurchmessers. Für die Ausschußseite kommt eine Lehre nach Abb. 129 in Betracht, die wiederum auf einer Seite zwei Meßflächen haben muß, damit nicht übereck gemessen wird. Durch die Anwendung dieser Lehre, die *nicht* hinübergehen darf, wird dafür gesorgt, daß der Bolzenkern nicht zu klein und somit die Ausrundung an dieser Stelle nicht zu spitz wird, eine Bedingung, die für die Dauerhaltbarkeit des Bolzens als besonders wichtig erkannt wurde. Man wird demnach diese Lehre vor allem anwenden, wenn die Gewindeverbindung wechselnd beansprucht wird. Damit ist Punkt 5 der Zusammenstellung auf Seite **146** berücksichtigt. Es bleibt noch Punkt 4 übrig.

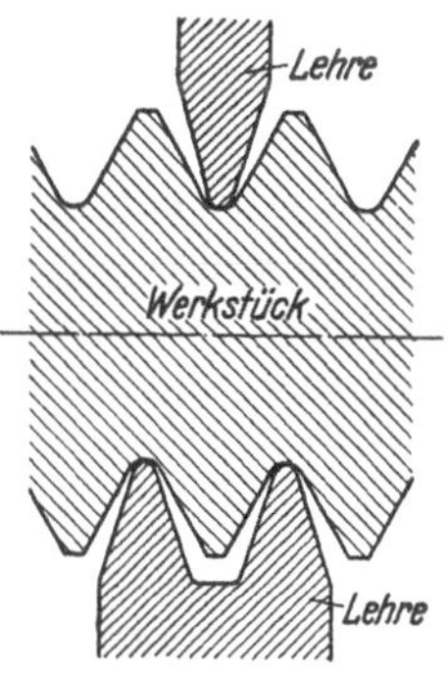

Abb. 129. Ausschußrachenlehre für den Bolzenkerndurchmesser. Die Meßstücke müssen drehbar sein.

Der *Mutterkerndurchmesser*, der auf der Gutseite vom Gut-Gewindelehrdorn nicht erfaßt wurde, wird mit einem glatten Lehrdorn geprüft, der *hineingehen* soll (Abb. 130). Wichtig für die Überdeckung ist wiederum die Ausschußprüfung; dazu dient ein Lehrdorn mit verkleinerter Meßfläche. Meist wird jedoch einfach ein glatter Lehrdorn benutzt. Er darf sich nicht einführen lassen, denn sonst wären die Kämme zu niedrig und die Überdeckung nicht ausreichend.

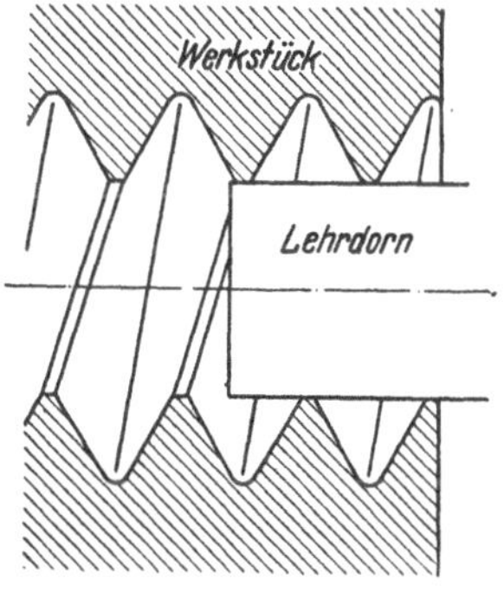

Abb. 130. Gutlehrdorn für Mutterkerndurchmesser.

Nunmehr sind alle früher zusammengestellten Forderungen hinsichtlich der Maßhaltigkeit der beiden Gewinde geprüft, und es ist eine hübsche Anzahl von Lehren der verschiedensten Art zusammengekommen. In Tafel 11 sind sie (nebst einigen anderen, die noch besprochen werden sollen) zusammengestellt und dabei durch verschieden starke Einrahmung nach der Wichtigkeit eingeteilt. Die richtige Auswahl wird der Leser nach allem bisher Gesagten in jedem einzelnen Falle leicht treffen können, je nach den besonderen Anforderungen, die er an das Gewinde stellt.

532 Gegenlehren, Einstellehren, Abnutzungsprüflehren.

Die Tafel 11 enthält in den letzten beiden Spalten noch eine Anzahl von Lehren, die nicht zum Prüfen des *Werkstückes* dienen, sondern ausschließlich zum Prüfen, Überwachen oder Einstellen der *Lehren*.

Eine *Gegenlehre* (*Prüflehre*) ist der Paßdorn zum Gewindegutlehrring. Da die Gewindemaße eines Gutlehrringes in der Werkstatt schwierig zu messen sind, werden solche Lehrringe meist nach einem Lehrbolzen oder Paßdorn angepaßt, der entsprechende Maße hat. Der Paßdorn selbst kann an den Flanken leicht und zuverlässig gemessen werden, und die Übereinstimmung des Lehrringes mit ihm auf der ganzen Flanke läßt sich durch Antuschieren prüfen. Im Außendurchmesser muß nur geprüft werden, ob der Lehrring genügend freigearbeitet ist. Für den Kerndurchmesser des Gutlehrringes wird eine glatte Bohrungsgrenzlehre als „Lehre für die Lehre" benutzt. Man kann den Kerndurchmesser natürlich auch mit geeigneten Innenmeßgeräten prüfen.

Einstellehren dienen zum Einstellen verstellbarer Gewindelehren auf genaues Maß, also z. B. für eine Ausschuß-Flankenrachenlehre. Hat die einzustellende Lehre verkürzte Flanken, so versieht man die Einstelllehre mit vollem Profil, das genauer geprüft werden kann. Dies gilt vor allem sinnentsprechend für Einstellehren zu Abnutzungsprüflehren, welche die Überschreitung der Abnutzungsgrenze an jeder beliebigen Stelle des Flankendurchmessers festzustellen gestatten sollen.

Hat dagegen die Arbeitslehre volles Profil, so verkürzt man die Flanken der Einstellehre.

Abnutzungsprüflehren oder kurz Abnutzungsprüfer dienen zur Feststellung, ob eine Gutlehre an irgendeiner Stelle ihrer Meßfläche die zugelassene Abnutzungsgrenze erreicht oder überschritten hat. Für Ausschußlehren werden im allgemeinen keine Abnutzungsprüfer vorgesehen, weil diese Lehren ja *nicht hinein-* oder hinübergehen sollen und demnach, trotz der meist verkleinerten Meßfläche, nur mit geringer Abnutzung zu rechnen ist.

Der Abnutzungsprüfer für den Flankendurchmesser der Gewinde-Gutlehren hat verkürzte Flanken und nur wenige Gänge, gemäß dem TAYLORschen Grundsatz.

Normallehren sind in der Tafel 11 nicht aufgeführt. Sie werden an Stelle von Grenzlehren noch häufig in der Feinwerktechnik benutzt. Dort kommen besonders kleine Gewinde vor, für welche die Konstruktion und Fertigung einer Lehre mit verkürzten Flanken konstruktiv und fertigungstechnisch große Schwierigkeiten bereiten würde. Normallehren unterscheiden sich von Gewinde-Gutlehren nur durch die Gewindemaße: Während bei den Gutlehren für große Gewinde ein Aufmaß entgegen der Abnutzung vorgesehen und das Herstellungstoleranzfeld dementsprechend zum Nennmaß gelegt ist, haben die Normallehren die Maße des Nennprofils mit einer $\pm$-Toleranz für die Fertigung der Lehre selbst. Besonders um Gegenlehren zu sparen, welche die Fertigung verteuern würden, fertigen die Lehrenhersteller Normallehren meist so, daß Bolzen- und Mutterlehre sich „saugend" zusammenschrauben lassen. Der Normal-Lehrdorn dient also zugleich als Gegenlehre oder Prüflehre (Paßdorn) für den Normal-Lehrring.

Mit Normallehren läßt sich also am Werkstück nur prüfen, ob die Zusammenschraubbarkeit gewährleistet ist, nicht aber, ob das Gewinde allen anderen Anforderungen genügt.

Die Abweichungen nach der Ausschußseite hin können nur gefühlsmäßig nach dem „Wackeln" oder „Schlottern" des Werkstückes zur Lehre beurteilt werden; wir haben aber erkannt, daß dies eine sehr unvollkommene Art der Prüfung ist, auf Grund deren man zu Trugschlüssen gelangen kann.

Deshalb kann nur empfohlen werden, von Normallehren möglichst auf Gewinde-Gutlehren genormter Konstruktion überzugehen.

Mit der Normallehrung der Flanken wird häufig auch eine Normallehrung des Mutterkern- und des Bolzenaußendurchmessers verbunden. Auch hierfür werden nur einzelne glatte Lehrdorne bzw. Rachenlehren mit dem Nennmaß benutzt. Die zulässige Abweichung dieser Maße am Werkstück, die wir als besonders wichtig erkannten (Überdeckung), bleibt also dem Gefühl des Prüfenden überlassen.

Die Normallehrung erlaubt somit keinerlei Urteil über die Brauchbarkeit und die Festigkeitseigenschaften des Gewindes.

533 Zusammenschraubbarkeit, Anlagefehler.

Zahlreiche praktische Versuche haben ergeben, daß sich zwei *Werkstücke* auch noch gut zusammenschrauben lassen, wenn im Flankendurchmesser ein Übermaß bis zu 40 μ vorhanden ist. Diese merkwürdige Erscheinung hat ihre Ursache darin, daß durch das Zusammenschrauben die Rauheiten der Gewindeflanken geglättet werden, und daß Mutter und Bolzen im ganzen wie auch an einzelnen Stellen der Gewindekämme elastisch oder bleibend verformt werden. Dabei spielt die Keilwirkung der Gewindegänge infolge des Flankenwinkels α eine beachtliche Rolle.

Lehren sind in bezug auf alle Meßgrößen ungleich genauer gefertigt als Werkstücke und haben eine weit bessere Oberfläche an den Flanken. So kommt es, daß sich ein Gewindelehrdorn in einen -ring gerade noch einschrauben läßt, wenn das tatsächliche Übermaß im Flankendurchmesser — also nach Abzug der Ausgleichsbeträge für h und $\alpha/2$ — 10μ beträgt. Es sei erwähnt, daß auch ein glatter Ring sich mit einem glatten Dorn noch zusammenfügen läßt, wenn ein Übermaß von 10 bis 15 μ vorhanden ist. Die Teile müssen leicht mit Talg gefettet sein und richtig gefügt werden, was Geschick und Übung voraussetzt. Dann aber lassen sich die Teile leicht zueinander bewegen. Man *muß* sie nur dauernd in Bewegung halten, sonst fressen sie unverzüglich fest.

Diese Erscheinung an glatten wie an Gewindeteilen läßt sich nur mit der elastischen Verformung der *ganzen* Stücke erklären.

Für die Anwendung von Lehren hat dies praktische Bedeutung. Wenn sich nämlich eine *Gutlehre* nur stramm ein- oder überschrauben läßt, und diese Lehre hat die richtigen Maße, so kann man sicher sein, daß die geprüften Werkstücke auch gut zusammengeschraubt werden können. Denn dabei kommen ja zwei rauhe Werkstückflächen zusammen, während es beim Prüfen eine Werkstück- und eine Lehrenfläche waren.

Wenn man somit einen Gewinde-Gutlehrring mit einer Gegenlehre geprüft hat, und er ließ sich ziemlich stramm schrauben, so kann man sicher sein, daß Werkstücke, die mit einem solchen Gewindelehrring geprüft wurden, der Forderung der Zusammenschraubbarkeit noch vollauf genügen, vorausgesetzt natürlich, daß die Gegenlehre zweckentsprechend richtige Maße hatte.

Für die Abnutzungsprüfung ergibt sich dagegen, daß der Abnutzungsprüfer nur mit geringer Kraft angewendet werden darf, denn sonst wirft man eine Gutlehre zu frühzeitig fort. Deshalb ist festgesetzt worden, daß die Abnutzungsgrenze dann erreicht ist, wenn der Abnutzungsprüfer gerade durch sein Eigengewicht, und zwar aus dem Zustande der Ruhe, hinübergleitet. Durch die letzte Einschränkung wird verhindert, daß durch die kinetische Energie die Meßkraft unkontrolliert einen höheren Wert annimmt. Ein Abnutzungsprüfdorn für den Gewinde-Gutlehrring muß demnach auch nur mit geringer Kraft eingeschraubt werden, damit die Gutlehre nicht zu früh verworfen wird.

54 Die deutschen Gewindetoleranzen.

Um die Zeit des Erscheinens dieses Buches werden die bisherigen DIN-Toleranzen für Gewinde, die sich seit 1923 bewährt haben, durch neue genormte Toleranzen ersetzt, die den letzten Beschlüssen und vorbereitenden Arbeiten der internationalen Normenvereinigung ISA entsprechen. Da beide längere Zeit nebeneinander benützt werden dürften, sind sie hier beide besprochen und auch in den anhängenden Tafeln wiedergegeben.

Durch die Umstellung treten nur unwesentliche Änderungen in der Größe der Toleranzfelder ein. Werkstücke alter und neuer Ausführung sind untereinander austauschbar. Damit wird aber dem Durcheinander ein Ende bereitet, das durch eine ungeregelte, aber notwendige Weiterentwicklung für Feingewinde im Laufe der Zeit entstanden war.

Die Toleranzen nach den bisher gültigen Normen seien kurz mit DIN-Toleranzen bezeichnet, die neuen zum Unterschied davon mit ISA-Toleranzen, obwohl es sich bei beiden um Dinormen handelt.

541 DIN-Toleranzen.

Bei der Aufstellung der Normen für Gewindetoleranzen suchte man einen systematischen Aufbau dadurch herbeizuführen, daß man eine große Anzahl von Gewinden aus der laufenden Fertigung nachmaß, die für brauchbar gehalten wurden. Man suchte also nach einer Gesetzmäßigkeit ähnlich der Paßeinheit bei den Rundpassungen, die im Abschnitt 522 erwähnt ist. Bei diesen Messungen, die später zur Nachprüfung mehrfach wiederholt wurden, fand man, daß die Abweichungen im Flankendurchmesser für die meisten Gewinde nur von der Steigung abhängig sind, und zwar nach der Beziehung $T_f = 100\sqrt{h}$. Gewinde mit höherer Genauigkeit hatten etwa Abweichungen bis zu $^2/_3$ davon und gröbere etwa das $1^1/_2$fache. Man setzte deshalb die „Gewindepaßeinheit“ für die genauesten Gewinde zu

$$1\ \text{GPE} = 67\sqrt{h} \qquad (h \text{ in mm, GPE in } \mu)$$

fest[1] und schuf drei Gütegrade für Gewinde:

Gütegrad	GPE	Flanken-durchmesser-toleranz
fein	1	$67\sqrt{h}$
mittel	1,5	$100\sqrt{h}$
grob	2,5	$167\sqrt{h}$

Zunächst ist also die *Flankendurchmesser*toleranz nur von der Steigung abhängig. Wird ein Profil aber auf einen größeren Durchmesser geschnitten als beim Regelgewinde, so muß der im Abschnitt 522 besprochene Durchmesserzuschlag gemacht werden.

Wie bereits mehrfach erwähnt, wird für Gewindepassungen zweckmäßig ein Nennprofil (als Nullinie) festgelegt, von dem aus die Toleranzen angegeben werden. Ebenso hat es sich als vorteilhaft erwiesen, beim Flankendurchmesser *von der Nullinie* aus für den Bolzen ein negatives und für die Mutter ein positives Abmaß festzusetzen. Dies entspricht bei den Rundpassungen einer Paarung, wie sie durch Fügen z. B. einer *h*-Welle mit einer *H*-Bohrung zustande kommt, z.B. H 8/*h* 8. Ein Bedürfnis für Gewindespielpassungen hat sich erst in letzter Zeit ergeben und ist bei den ISA-Gewindetoleranzen berücksichtigt, bei den DIN-Toleranzen dagegen noch nicht. Für eine Reihe von Zwecken wurde ein Gewindefestsitz gebraucht und ebenso ein dampfdichtes Gewinde.

Ebenso wie bei den Rundpassungen erhebt sich die Frage nach der Wahl des Passungssystems: Einheitsbohrung oder Einheitswelle. Beim ersten System ist die Bohrung für alle Arten von Passungen gleich; sie hat zwar je nach dem Gütegrad und dem Nennmaß eine verschieden große Toleranz, diese geht aber *immer von der Nullinie aus nach plus.* Beim *Einheitswellensystem* geht die Toleranz der Welle *immer von der*

[1] In England war man 1918 auf das gleiche Gesetz gekommen. Dort war $1\ \text{GPE} = 10\sqrt{h} \cdot 10^{-3}$ Zoll (*h* und GPE in Zoll) festgesetzt worden.

Nullinie aus nach minus. Bei den Rundpassungen hat die Erfahrung gelehrt, daß man auf die *beiden* Systeme nebeneinander in der Praxis nicht verzichten kann. Bei Gewinde ist das anders. Ein Gewinde ist

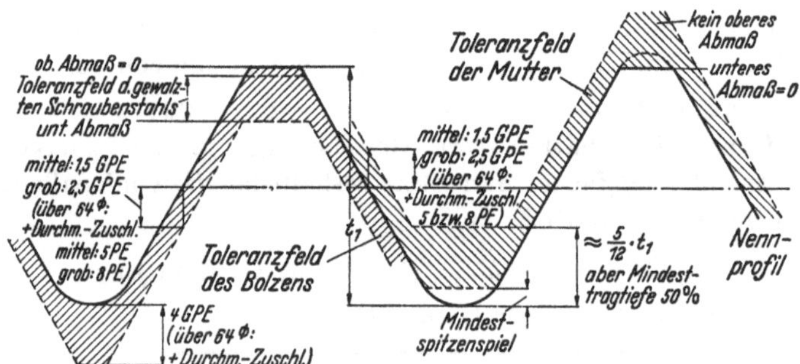

Abb. 131. Metrisches Regelgewinde. Toleranzfelder für Bolzen und Mutter, Gütegrade „mittel" und „grob", Gesichtspunkte für die Festlegung der Lage und Größe nach DIN 2244. (Die Toleranzen sind in voller Größe angegeben; an jedem Ende eines Durchmessermaßes ist aber nur die Hälfte davon zu bemerken.)

ein ungleich verwickelteres Gebilde als eine glatte Welle oder Bohrung, es erfordert meist besondere Werkzeuge und Maschinen. Muttergewinde werden vorwiegend mit unverstellbaren Werkzeugen, Gewindebohrern hergestellt. Schneideisen und Schneidköpfe sowie Gewindewalzmaschinen für *Bolzengewinde* dagegen sind verstellbar.

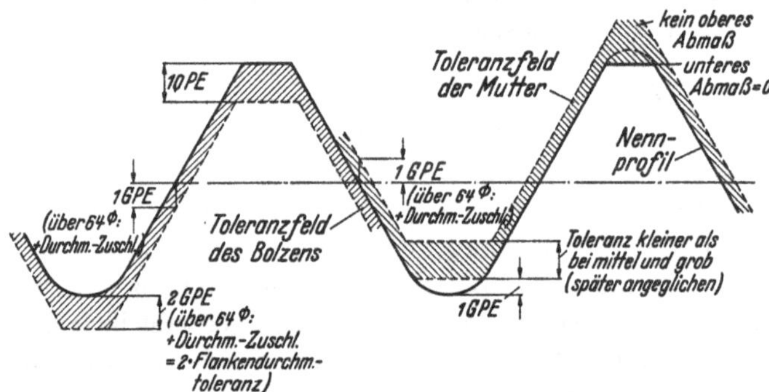

Abb. 132. Metrisches Gewinde. Toleranzfelder „fein" für Bolzen und Mutter, Gesichtspunkte für die Festlegung der Lage und Größe nach DIN 2244. (Darstellung wie in Abb. 131.)

Sonach liegt es nahe, für Gewindepassungen nur das System Einheitsbohrung vorzusehen, und hiergegen hat sich auch kein Einwand erhoben. Somit ist das Toleranzfeld des Muttergewindes für alle Arten von Gewindepassungen einheitlich, und ein loserer oder festerer Sitz als der gewöhnliche wird durch entsprechende Lage des Toleranzfeldes *beim Bolzen* erreicht.

Die bisher gültigen Gewindetoleranzen nach DIN waren in den bisherigen Beiblättern zu DIN 11 für Whitworth-Gewinde und zu DIN 13 für metrisches Gewinde enthalten. Tafel 1 gibt eine Zusammenstellung aller deutschen Normen über Gewinde, die zur Zeit der Abfassung dieses Buches gültig waren. Maßgebend ist jedoch immer das neueste Normblatt-Verzeichnis, das vom Beuth-Vertrieb bezogen werden kann[1]. Die

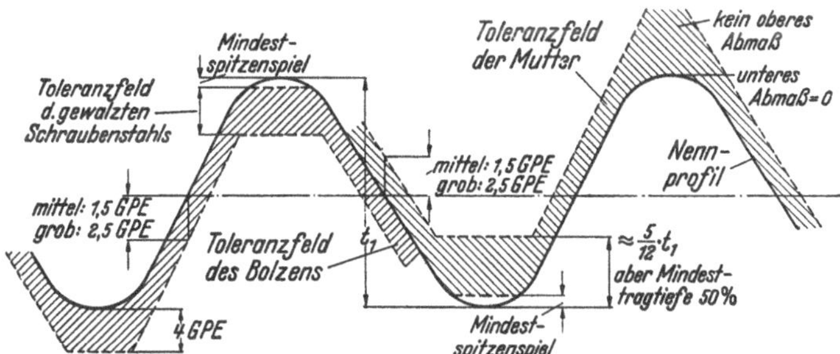

Abb. 133. Whitworth-Gewinde. Toleranzfelder „mittel" und „grob" für Bolzen und Mutter, Gesichtspunkte für die Festlegung der Lage und Größe nach DIN 2244. (Darstellung wie in Abb. 131.) DIN 11 Beiblatt.

Gewindetoleranzen sind in der Norm DIN 2244 ausführlich erläutert und begründet. Da solche Ausführungen an die Greifkraft des Verstandes bei demjenigen, der nicht täglich mit Gewinde und Toleranzen umzugehen hat, hohe Anforderungen stellen, sind die wesentlichen Punkte in den Abb. 131 bis 134 herausgezogen und nach dem Stande dargestellt, der etwa vor Herausgabe der neuen Normen bestand. Nur wer sich über

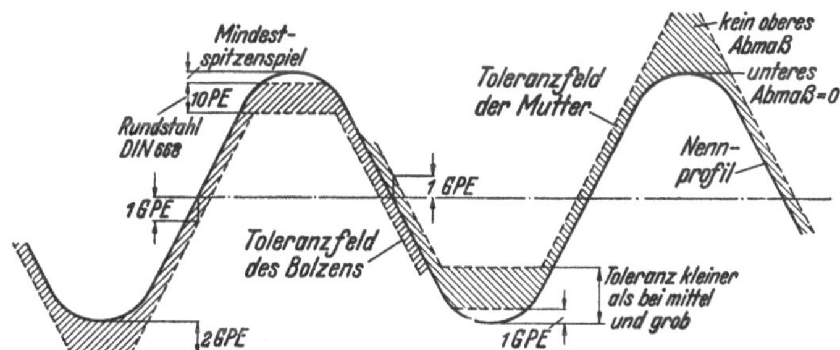

Abb. 134. Whitworth-Gewinde. Toleranzfelder „fein" für Bolzen und Mutter, Gesichtspunkte für die Festlegung der Lage und Größe nach DIN 2244. (Darstellung wie in Abb. 131.)

das Zustandekommen der Toleranzen für die einzelnen Bestimmungsgrößen noch eingehender zu unterrichten wünscht, muß in das erwähnte Normblatt eindringen.

In Abb. 131 ist das Nennprofil des metrischen Regelgewindes dick ausgezogen. Im linken Teil ist durch dünne Linien und Schraffur das Toleranzfeld für den Bolzen, im rechten das der Mutter eingezeichnet.

[1] Beuth-Vertrieb G. m. b. H., Berlin W 15, Uhlandstraße 175, und Köln, Friesenplatz 16.

Die Größe der Toleranzen ist jedoch nicht maßstäblich, zumal sie ja auch je nach Steigung und Durchmesser verschieden ist.

Da die metrischen Gewinde über 64 mm ⌀ alle die Steigung 6 mm haben, kommt zu den Toleranzen von 1,5 bzw. 2,5 GPE für den Flankendurchmesser ein Durchmesserzuschlag von 5 bzw. 8 PE (Rundpassungseinheiten!), gemäß Abschnitt 522.

Außendurchmesser Bolzen: Bei schwarzen Schrauben wird das Gewinde auf gewalzten Schraubenstahl (DIN 1613) geschnitten. Dessen Größtmaß liegt nach Auswahl des Verbrauchers mehr oder weniger unterhalb des Nennmaßes des Gewindes. Dieses Untermaß wird beim Gewindeschneiden durch Aufwulsten des Werkstoffes nach Abb. 83 aufgebraucht, so daß *für das Gewinde* das obere Abmaß an das Nennprofil gelegt werden mußte. Das untere Abmaß ergab sich aus den Normen für Schraubenstahl, die zur Zeit der Aufstellung der Gewindenormen gültig waren. Es ist für die Gütegrade mittel und grob gleich groß.

Kerndurchmesser Bolzen: Das obere Abmaß liegt am Nennprofil, ist also = 0. Wegen der ungünstigen Schnittbedingungen und der Abnutzung der Schneidzeuge an dieser Stelle ist eine große Toleranz erwünscht, andererseits darf die Rundung im Gewindegrund im Hinblick auf die Dauerhaltbarkeit nicht zu klein werden. Man bediente sich auch hierfür der Gewindepaßeinheit und legte für mittel und grob einheitlich 4 GPE fest. Dazu kommt über 64 mm ⌀ wie beim Flankendurchmesser ein Zuschlag. Die Einheitlichkeit der Toleranzen, soweit angängig, für beide Gütegrade erbringt den Vorteil, daß weniger Lehren angeschafft werden müssen.

Aus der Abb. 125 geht hervor, daß zwischen den Toleranzen für den Flanken- und für den Kerndurchmesser eine geometrische Beziehung besteht, ebenso wie es an Abb. 111 für Außen- und Flankendurchmesser gezeigt wurde. Wenn nämlich die Flankendurchmessertoleranz nur durch einen negativen Teilflankenwinkelfehler aufgebraucht wird, muß entweder die Rundung im Kern viel größer werden, oder die Kerndurchmessertoleranz kann doppelt so groß gemacht werden wie die des Flankendurchmessers, immer geradlinige Flanke vorausgesetzt. Da aber die Annahme einer so einseitigen Ausnutzung der Toleranz nur theoretischen Charakter hat und eine große Rundung erwünscht ist, braucht darauf bei der Festsetzung der Toleranzen keine Rücksicht genommen zu werden. Mit 4 GPE ist sie immerhin erheblich größer als die Flankendurchmessertoleranz von 2,5 GPE für „grob", und das genügt.

Außendurchmesser Mutter: Das untere Abmaß ist = 0. Somit ist toleranzmäßig kein Spitzenspiel vorgesehen, das aber doch in Abschnitt 513 als unbedingt wichtig hingestellt wurde! Es ergibt sich durch die Fertigung und Lehrung zwangsläufig, weil das Profil scharfkantig ist. Der Gut-Gewindelehrdorn wird nämlich auch scharfkantig ausgeführt. Folglich ist man gezwungen, die Werkzeuge größer auszuführen, damit sich die Gutlehre einführen läßt; dies tut man auch ohnedies, um nach Abnutzung des Werkzeuges immer noch möglichst lange innerhalb des Toleranzfeldes zu bleiben. Selbst wenn man nun das Werkzeug mit scharfen Ecken versehen hätte, würden sich diese bald abnutzen, und das ist eben der Grund, weshalb man das Werkzeug am Außendurchmesser des Werkstückes größer fertigen muß. Führt man dagegen das Werkzeug mit einer Rundung aus, so muß man diese so legen, daß die scharfkantige Gutlehre sich in jedem Falle einführen läßt, also etwa nach der gestrichelt eingezeichneten Linie.

Somit ist das Spitzenspiel hier nicht durch die Toleranzfestlegung, sondern durch die Lehrung und Fertigung zwangsläufig herbeigeführt.

Ein oberes Abmaß ist nicht festgelegt worden, weil es niemand einfallen wird, das Werkzeug hier allzu spitz zu machen, denn eine solche Spitze nützt sich sehr schnell ab. Andererseits ist eine Beeinträchtigung der Festigkeit durch eine zu kleine Rundung am Außendurchmesser der Mutter nicht zu befürchten.

Kerndurchmesser Mutter: Hier liegen die Verhältnisse anders als beim Außendurchmesser, denn das Nennprofil ist gerundet gezeichnet. Demgemäß ist in DIN 13 Bl. 2 vom Januar 1945 ein Mindestspitzenspiel vorgesehen. (Die diesbezüglichen Ausführungen in DIN 2244 Ausg. 1933 sind veraltet.) Eine möglichst große Toleranz war erwünscht, weil bei rohen Muttern die Kernlöcher gestanzt werden, andererseits mußte eine genügende Mindesttragtiefe vorhanden sein, wenn eine Mutter mit größtem Kern und ein Bolzen mit kleinstem Außendurchmesser zusammenkamen. Die oberen Abmaße folgten früher ungefähr der Faustformel $\frac{5}{12} \cdot t_1$ (t_1 = theoretische Gewindetiefe), mit der Einschränkung, daß eine Tragtiefe von 50% nicht unterschritten wurde; später wurden die Werte etwas verkleinert, um bei allen Gütegraden gleiche Lehren verwenden zu können und doch bei Gütegrad fein nicht eine zu kleine Überdeckung zu bekommen, die der hohen Güte nicht angemessen wäre.

Für die Gewinde *unter M 5* sind die Abmaße und Toleranzen für Außen- und Kerndurchmesser nach anderen Richtlinien festgesetzt worden, weil sich sonst zu kleine Überdeckungen ergeben hätten.

Zu beachten ist, daß die so festgelegten Gewindegrenzmaße nur die *Nennmaße der Lehren* sind. Deren Herstelltoleranzfelder liegen großenteils noch etwas abweichend, vor allem mit Rücksicht auf die Abnutzung. Entscheidend ist ja letzten Endes nicht die theoretische Begründung für ein Toleranzsystem, sondern die praktische Bewährung, und in dieser Beziehung haben sich keine Anstände grundsätzlicher Art ergeben. Bei der Lehrung eines Gewindes treten ja noch Anlage- und Berührungsfehler auf, die wiederum Abweichungen von den *Nenn*maßen der Werkstücktoleranzen bedingen. Jedes Werkstück ist als gut anzusehen, das bei der Prüfung mit normgemäß ausgeführten Lehren für gut befunden wird.

Bezüglich der *Unrundheit* des Bolzengewindes ist bestimmt worden, daß die Ausschußlehre an *einer* Stelle des Umfanges hinübergehen darf. Das Gewinde ist deswegen noch nicht als Ausschuß zu erklären, wenn an drei *anderen* Stellen, die um 45° versetzt sind, die Ausschußlehre *nicht* hinübergeht. Dadurch soll verhindert werden, daß ein Gewinde wegen einer örtlichen Überschreitung der Toleranz verworfen wird, die für seine Brauchbarkeit als unwesentlich angesehen werden darf. Eine solche Abweichung kann aber in der Fertigung leicht einmal vorkommen, z. B. wenn der Ausgangsquerschnitt unrund ist, der Schneidkopf oder das Schneideisen außermittig sitzt, oder durch Überlaufen beim Kurzgewindefräsen.

Beim *Gütegrad fein* (Abb. 132) liegen die Toleranzfelder entsprechend wie bei den anderen Gütegraden mit dem Unterschied, daß die Toleranzen kleiner sind. Der Flankendurchmesser hat eine Toleranz von 1 GPE, für den Außendurchmesser des Bolzens wurde die Toleranz des gezogenen Rundstahles nach DIN 668 mit 10 PE übernommen, die Toleranz des Kerndurchmessers beträgt 2 GPE. Das Toleranzfeld für den Mutterkerndurchmesser ist in den letzten Ausgaben der Normen das gleiche wie bei den anderen Gütegraden.

Die Toleranzen für *Whitworth-Gewinde* sind in Abb. 133 für die Gütegrade mittel und grob und in Abb. 134 für den Gütegrad fein dargestellt. Dazu muß bemerkt werden, daß die diesbezüglichen Normen in der letzten Zeit nicht mehr nach den neuesten Erkenntnissen und Beschlüssen überarbeitet worden sind, weil angestrebt wurde, nur eine Gewindeart in Deutschland zur Einführung zu bringen. Dies sollte das metrische sein, da in Deutschland allgemein das metrische Maßsystem gilt. Eine solche Umstellung braucht jedoch geraume Zeit, und es sind dabei mannigfache Schwierigkeiten und Widerstände zu überwinden, so daß es angebracht erscheint, dieses Gewinde hier wenigstens auch noch zu erwähnen.

Beim Whitworth-Gewinde ist das Nennprofil auch im Außendurchmesser gerundet. Demgemäß ist an dieser Stelle auch ein Spitzenspiel durch entsprechende Lage der Toleranzfelder vorgesehen.

542 ISA-Toleranzen.

Mit ISA-Toleranzen sind hier kurz die neuen DIN-Toleranzen bezeichnet, die den Beschlüssen und Vorarbeiten des ISA-Komitees entsprechen.

Bei der internationalen Vereinheitlichung der Gewindetoleranzen ging man im wesentlichen den gleichen Weg wie bei den Rundpassungen:

Man stellte zunächst fest, welche Verbesserungen an den bisher bestehenden Systemen in den einzelnen Ländern sich im Laufe der Zeit als wünschenswert herausgestellt hatten, und suchte dann nach einem Toleranzsystem, in dem alle diese Erkenntnisse berücksichtigt sind und das gleichzeitig einer möglichen künftigen Weiterentwicklung Rechnung trägt. Eine solche kann z. B. darin bestehen, daß es fertigungstechnisch möglich und auch konstruktiv notwendig wird, Gewinde mit kleineren Toleranzen herzustellen; in der Tat haben sich ja in den letzten Jahrzehnten solche Möglichkeiten durch das Schleifen und Walzen von Gewinde bereits deutlich abgezeichnet. Höchste Wirtschaftlichkeit kann es andererseits auch notwendig machen, Gewinde mit gröberen Toleranzen zu fertigen, nämlich dort, wo eine hohe Genauigkeit nicht unbedingt nötig ist.

Obwohl der internationale Erfahrungsaustausch ergab, daß die deutschen drei Gütegrade „fein“, „mittel“ und „grob“ zur Zeit allen Bedürfnissen genügen, wurde auf Grund der vorstehenden Überlegungen sowohl eine Verfeinerung als auch eine Vergröberung über die bisherigen Grenzen hinaus vorgesehen. Um ganz bestimmte Ansprüche mit größerer Treffsicherheit befriedigen zu können, war eine feinere Stufung der Toleranzgrößen erwünscht. Denn wenn die Konstrukteure erst einmal gelernt haben, toleranztechnisch zu denken, und wenn die Werkstätten sich daran gewöhnt haben, nach Toleranzen austauschbar zu arbeiten, wird auch alsbald der Wunsch laut, eine bestimmte Toleranzgröße, die man im Einzelfalle auf Grund der Erfahrungen für zweckmäßig befindet, auch möglichst genau im genormten Toleranzsystem zu finden. Denn die Wirtschaftlichkeit der Fertigung reagiert sehr empfindlich auf die Größe der vorgeschriebenen Toleranzen.

Eine Erweiterung über den bisher bestrichenen Bereich der Toleranzgrößen hinaus und gleichzeitig eine feinere Stufung darf aber keinesfalls zu einer Komplizierung führen und schließlich das ganze Gewindetoleranz- und -passungssystem so unübersichtlich machen, daß sich der Ingenieur, der sich seiner nur *bedienen* soll und der nicht die Zeit zu einem einmaligen und immer wiederholten längeren Studium hat, darin nur schwer zurechtfindet. Ebenso wichtig wie die vorher genannten Punkte ist daher für die allgemeine und richtige Anwendung der Gewindetoleranzen die Einfachheit des Aufbaues. Dazu bedarf es dann auch einer guten Anleitung für die Benutzung, wie sie in diesem Buch gegeben werden soll.

Die Entwicklung der Gewindepassungen deckt sich durchaus mit derjenigen der Rundpassungen, auch insofern, als man zuerst nach einer empirischen Formel suchte, um einen systematischen Aufbau zu gewährleisten. Dies war zu einer Zeit, als allgemein noch wenig Erfahrungen mit Toleranzen vorlagen. Der Paßeinheit $1 \text{ PE} = 5\sqrt[3]{d}$ bei den Rundpassungen entsprach im gleichen Stadium der Entwicklung die Gewindepaßeinheit 1 GPE = 67 $\sqrt{h}$. Später, nachdem man mit dem so geschaffenen Aufbau reichlich Erfahrungen gesammelt hatte, wurde diese Stütze entbehrlich.

Für die wichtigste Meßgröße am Gewinde, den Flankendurchmesser, wurde demgemäß eine Tafel der Grundtoleranzen aufgestellt, die in ihrem Aufbau selbstverständlich folgerichtig sein muß, auch wenn dem Namen nach der Begriff der Gewindepaßeinheit fallen gelassen wurde.

542.1 ISA-Rundpassungen. Für diejenigen Leser, denen das *ISA-System für Rundpassungen* nicht völlig geläufig ist, sei an dieser Stelle eine kurze Darstellung desselben eingeschaltet, weil sie zum Verständnis der Gewindepassungen wesentlich beiträgt und durch die Gleichartigkeit der Systeme dem Ingenieur das Arbeiten mit beiden außerordentlich erleichtert.

Das System der ISA-Rundpassungen, die im übrigen ebensowohl für flache Passungen anwendbar sind, gliedert sich in drei Gebiete, die eng miteinander verknüpft sind:

1. Toleranzen,
2. Passungen,
3. Lehren.

Das erste Gebiet betrifft die Größe der Toleranz an sich, das zweite die Lage des Toleranzfeldes zur Nullinie; aus dieser Lage ergibt sich die Art der Passung, je nach Größe der Spiele und Übermaße. Schließlich ist im ISA-Lehrensystem festgelegt, wie die genormten Toleranzen zu prüfen sind.

Hinsichtlich der *Größe der Toleranz* gibt es insgesamt 18 Toleranzstufen, mit Rücksicht auf die internationale Sprachbezeichnung „Qualitäten" genannt. Jede Qualität oder „Toleranzreihe" enthält eine Stufenfolge von „Grundtoleranzen", die nur vom Nennmaß (= Durchmesser) abhängig sind. Man bezeichnet eine solche Reihe auch als „Internationale Toleranz", abgekürzt IT, IT 5 ist demzufolge z. B. eine Spalte in der Tafel der Grundtoleranzen, die einem ganz bestimmten Genauigkeitsanspruch genügt. Der ganze erfaßte Nennmaßbereich, von 0,05 mm bis 500 mm, ist in „Nennmaßbereiche" aufgeteilt, und z. B. für den Bereich „über 10 bis 18 mm" ist in der Spalte IT 5 die Toleranz von 8 μ angegeben. Von einem Bereich bis zum nächsten wird die Toleranz größer, da ja bei einem größeren Nennmaß, z. B. im Bereich „über 180 bis 250" eine größere Toleranz nicht nur fertigungstechnisch notwendig, sondern auch konstruktiv und passungstechnisch bedingt ist. Eine Passung von gleich hoher Güte erfordert naturgemäß bei einem Durchmesser von 200 mm eine größere Toleranz als bei einem Maß von 15 mm. Dieser Größenstufung innerhalb der einzelnen Qualitäten liegt eine

Formel für die internationale Toleranzeinheit zugrunde, die aus der Formel für die Paßeinheit entwickelt wurde[1]. Der Unterschied gegen das DIN-Passungssystem besteht aber darin, daß man nicht mehr mit der „Paßeinheit" *rechnet*, vielmehr diente die internationale Toleranzeinheit nur dazu, einen systematischen Aufbau der Grundtoleranzenreihen herbeizuführen; den Benutzer der Toleranzen geht sie nichts mehr an.

Die Grundtoleranzen IT 5 bis IT 18 sind für Werkstücke vorgesehen, IT 1 bis IT 4 sind in erster Linie für Herstelltoleranzen von Lehren gedacht. IT 5 ist feiner als die frühere Edelpassung, und IT 11 entspricht etwa der bisherigen Grobpassung. Die Qualitäten IT 12 bis IT 18 stellen also eine beträchtliche Erweiterung nach der groben Seite dar. Es steht grundsätzlich auch nichts im Wege, die kleinen Toleranzen IT 1 bis IT 4 in ganz besonderen Fällen auch für Werkstücke anzuwenden. Von einer Qualität zur nächsten werden die Toleranzen um rund 60% gröber, der Aufbau entspricht also einer geometrischen Reihe mit dem Stufungsfaktor 1,6. Nur für IT 1 bis IT 4 trifft dies nicht zu, weil hier andere Gesichtspunkte ausschlaggebend sein mußten.

Somit ist man in der Lage, im ISA-Rundpassungssystem stets eine geeignete Toleranzgröße zu finden, die sich im ungünstigsten Falle um etwa ±30% von einer vorgegebenen unterscheidet, die man auf Grund von Erfahrungen oder Versuchen für richtig hält. Eine solche Abweichung ist aber wirtschaftlich wie konstruktiv stets unbedenklich. Es sei daran erinnert, daß beim DIN-Passungssystem die Grobpassung dreimal so grob war wie die nächstfeinere Schlichtpassung; hier war also die Auswahlmöglichkeit und Treffsicherheit viel geringer.

Somit ist die Größe der Toleranz festgelegt, und sie wird durch die Qualitätsnummer bezeichnet, z. B. IT 5. Für den Abstand des Toleranzfeldes von der Nullinie, also die *Art der Passung*, hat man auf Grund der inzwischen gesammelten Erfahrungen und — um einen systematischen Aufbau zu gewährleisten — ebenfalls nach bestimmten empirisch gefundenen Formeln Werte festgelegt, und damit kommen wir zum zweiten Punkt, den Passungen. Die „Passungssysteme" Einheitswelle und Einheitsbohrung wurden bereits im Abschnitt 541 auf Seite 155 besprochen, so daß an dieser Stelle dorthin verwiesen werden kann. Die Abstände von der Nullinie und damit die Passungsart werden durch Buchstaben gekennzeichnet, die für die Bohrung — als dem größeren Teil angehörig — groß, für die Welle klein geschrieben werden. Diejenige Bohrung, die den Abstand Null von der Nullinie hat und von dieser nach *plus* toleriert ist, hat den Buchstaben *H* erhalten, dies ist die Einheitsbohrung. Die Einheitswelle mit dem *oberen* Abmaß Null und einem

[1] Die internationale Toleranzeinheit ist $i = 0{,}45\sqrt[3]{D} + 0{,}001\,D$; i in μ, D in mm.

unteren entsprechend der gewählten IT-Reihe hat dementsprechend den Buchstaben *h* als Kennzeichen. Um ein Toleranzfeld für ein bestimmtes Nennmaß, z. B. 120 mm, zu bezeichnen, schreibt man also z. B. 120 *h* 8. Damit ist eine Welle (kleiner Buchstabe) von 120 ⌀ gemeint, die eine Toleranz aufweist, welche von der Nullinie nach minus geht (dies besagt der Buchstabe *h*) und der Grundtoleranzenreihe IT 8 entnommen ist (dies ist durch die Zahl 8 ausgedrückt).

Die Buchstaben *a* bis *g* für Wellen und *A* bis *G* für Bohrungen bezeichnen Toleranzfelder für Passungen, die immer *Spiel* haben, und zwar haben die Toleranzfelder *a* und *A* den größten Abstand von der Nulllinie, den man überhaupt für erforderlich hielt. Weiter im Abece bezeichnen *j* bis *z* und *J* bis *Z* Toleranzfelder, die mit der zugehörigen Einheitsbohrung oder Einheitswelle immer größer werdende Übermaße ergeben. Da man Buchstaben, die leicht zu Irrtümern Anlaß geben, wie *o* und *l*, sowie solche, die nicht in allen Sprachen vorkommen, wie *q* und *w*, ausgelassen hat, reichte das Abece nicht aus, und man fing bei den Passungen mit den größten Übermaßen wieder von vorn an und nannte die Toleranzfelder *za*, *zb* und *zc* bzw. *ZA*, *ZB* und *ZC*. Die Toleranzfelder *zc* und *ZC* ergeben also mit der Einheitsbohrung (*H*) bzw. Einheitswelle (*h*) die festesten Passungen.

Schließlich sind im *ISA-Lehrensystem* (DIN 7162) Lage und Größe der Herstelltoleranzfelder für die Grenzlehren zum Prüfen der Werkstücktoleranzen festgelegt sowie der Abnutzungsbereich der Lehren. Dies ist insofern eine wesentliche Ergänzung des Toleranz- und Passungssystemes, als alle Werkstücke als brauchbar zu bezeichnen sind, die mit solchen Lehren geprüft und für gut befunden wurden; im Streitfalle sind also nicht die genauen Nennwerte der genormten Toleranzgrenzen entscheidend, sondern die normgemäße Ausführung und Anwendung der Lehren. Man erkennt nicht nur, daß dies eine beachtliche Vereinfachung in der Handhabung bedeutet, sondern daß auch Passungs- und Lehrensystem so aufeinander abgestimmt sein müssen, daß ihr Zusammenwirken zu brauchbaren Werkstücken führt.

542.2 S-Reihen (Grundtoleranzen für Gewinde). Auch bei den neuen Gewindetoleranzen für den Flankendurchmesser wurde die Formel für die Gewindepaßeinheit (GPE) für den Benutzer abgeschafft. Das hindert nicht, daß sie nach wie vor bei der Aufstellung der Toleranztabelle zugrunde gelegt wurde. Diese ist in Tafel 6 (DIN 13, Blatt 14) wiedergegeben. Der Stufungsfaktor von 1,6, der den DIN-Gewindepassungen zugrunde lag, erwies sich für eine vorausschauende Normung als zu groß, und man wählte den nächst-feineren in der dezimalgeometrischen Stufungsreihe, nämlich 1,25. Die Gütegrade sind hier als „S-Reihen“ bezeichnet (S = Serie, Reihe). Dieser Buchstabe muß auch bei der Bezeichnung eines Toleranzfeldes angegeben werden, einmal um Verwechslungen mit gleichlautenden Rundpassungen zu vermeiden, denn ein Uneingeweihter könnte die Angabe *h* 8 als eine Toleranz für den Außendurchmesser ansehen; zum andern aber wären Verwechslungen mit den bisher üblichen Buchstaben *f* für fein, *m* für mittel, und *g* für grob möglich gewesen, die im übrigen auch künftig noch angewendet werden, dann aber ohne den Zusatz S und die Zahl. Denn die Buchstaben *f*, *m* und *g* bezeichnen auch im ISA-Gewindepassungssystem eine bestimmte Lage des Toleranzfeldes zum Nullprofil, genau wie bei den ISA-Rundpassungen.

Wie im Abschnitt 541 ausgeführt, benötigt man bei Gewinde nur das Paßsystem der Einheitsbohrung, auf das Einheitswellensystem kann verzichtet werden. Dies bedeutet eine beachtliche Vereinfachung. Deshalb braucht auch nicht der Unterschied zwischen Bohrung und Welle durch Groß- und Kleinbuchstaben hervorgehoben zu werden, denn alle Muttergewinde haben die Toleranz der Einheitsbohrung *h*, und zwar je nach Gütegrad (S-Reihe) z. B. *h* 6 oder *h* 8 usw. Dieses Toleranzfeld für das Muttergewinde geht vom Nullprofil aus nach plus.

Auffallend ist, daß die Gewindegrundtoleranzen, abweichend von der früher gültigen Gewindepaßeinheit $67\sqrt{h}$, nach dem *Nenndurchmesser* des Gewindes gestuft sind. Da sich an der Zuordnung der Steigungen zu den Durchmessern bei Regelgewinde nichts geändert hat und die neuen Toleranzen mit den früheren für Regelgewinde sehr gut übereinstimmen, folgt die Gewindetolerierung nach wie vor der Paßeinheit als Aufbauformel. Diese Übereinstimmung läßt Abb. 135 erkennen; nur in einem Falle ist die jetzige Toleranz um 25% gröber als die frühere, und zweimal ist sie um 20% kleiner. Bei Feingewinde kommt es nur darauf an, entsprechend zuzuordnen. Dann braucht man sich um den Durchmesserzuschlag nicht weiter zu kümmern, er ist in den S-Reihen schon enthalten. Dies vereinfacht die Benutzung.

Dagegen darf der Einschraublängenzuschlag (Abschn. 522) nicht ganz vernachlässigt werden. Man braucht aber nicht zu rechnen, sondern wählt einfach eine kleinere S-Reihe, wenn die Einschraublänge kürzer ist als gewöhnlich, und die nächstgrößere, wenn sie größer ist. Diese Zuordnung ist in Tafel 8 (DIN 13, Blatt 14) als Empfehlung wiedergegeben. Die Tafel läßt aber erkennen, daß man daran nur zu denken braucht, wenn die Einschraublänge sehr von der meist üblichen von $0{,}8 \cdot d$ bei Regelgewinde abweicht. Dies kommt in der Feinwerktechnik häufig vor, wo besonders kurze Gewinde gebräuchlich sind. Dann könnte auch die Gutlehre entsprechend kürzer sein, aber eine längere Lehre schadet höchstens in einem seltenen Grenzfalle einmal etwas, wenn sie nämlich ein Werkstück mit fortschreitendem Steigungsfehler für unbrauchbar erklärt, das in Wirklichkeit mit dem ungleich kürzeren Gegenstück noch gut gepaart werden könnte. Bedenklicher ist es, wenn die

Einschraublänge bedeutend größer ist als die Lehre. Da aber der fortschreitende Steigungsfehler wohl meist nur einen kleinen Bruchteil der ganzen Flankendurchmessertoleranz beansprucht, braucht man auch dabei nicht allzu ängstlich zu sein, zumal die Wahrscheinlichkeit für

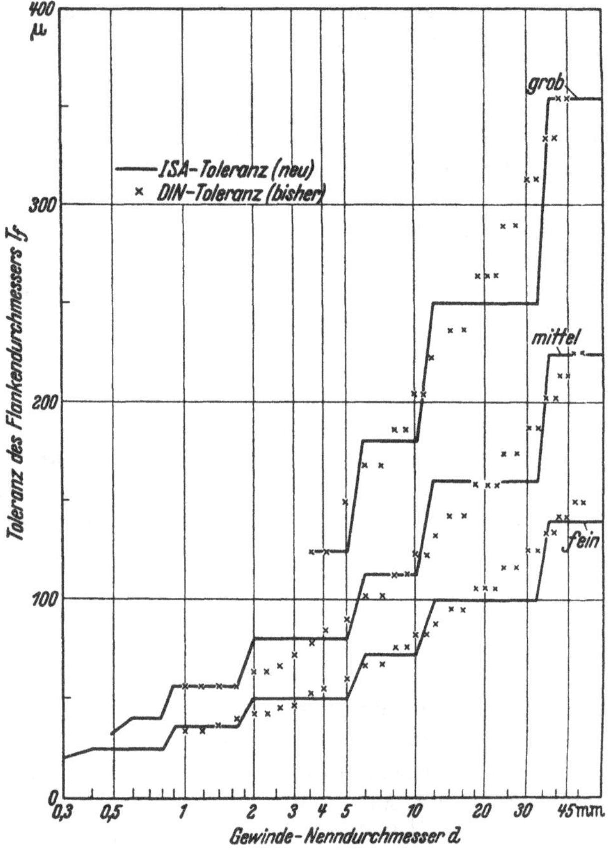

Abb. 135. Größenvergleich der neuen DIN-Toleranzen mit den früheren. Regelgewinde nach DIN 13, Blatt 1.

das Zusammentreffen der Grenzfälle — Mutter *und* Bolzen dicht an der Nullinie — klein ist.

Die für eine vorsichtige und auch theoretisch wohlbegründete Prüfung anzuwendende Lehrenlänge ist aus der Tafel 9 zu ersehen. Meist werden die in Tafel 8 dick eingerahmten Längen in Betracht kommen, die übrigen nur in seltenen Ausnahmefällen. Damit ist die wirtschaftliche Fertigung der Lehren in großen Stückzahlen möglich.

Tafel 8 gibt auch in den unteren Zeilen an, welche S-Reihe man benutzen kann, wenn man mit den bisherigen Gütegraden „fein", „mittel" und „grob" gute Erfahrungen gemacht hat und sinngemäß danach weiter verfahren möchte. Man kann die bisherige Bezeichnungsweise beibehalten und darf annehmen, daß der Lehrenplaner dann aus Tafel 8 die richtige Toleranzgröße heraussucht, die sich von der bisherigen nur wenig unterscheidet.

Die Grundtoleranzen der Tafel 6 werden gleichzeitig auch für den *Kerndurchmesser des Bolzens* benutzt, dessen Abhängigkeit vom Flankendurchmesser im Abschnitt 514 dargelegt wurde. Man wählt die Toleranz im Kern um eine S-Reihe, also um 1,25mal gröber als für den Flankendurchmesser. Ebenso wie bei den früheren Toleranzen ist für den *Außendurchmesser der Mutter* keine Toleranz festgelegt, sondern nur das untere Grenzmaß. Das Spitzenspiel wird dadurch zwangsläufig hervorgerufen, daß der Gutlehrdorn am Außendurchmesser ein eckiges Profil hat. Das Werkzeug wird durch Abnutzung der Spitzen schnell rund und muß folglich von vornherein größer gehalten werden, damit die Gutlehre sich einschrauben läßt.

Für den *Außendurchmesser des Bolzens* und den *Kerndurchmesser der Mutter* gelten ganz andere Gesichtspunkte als für den Flankendurchmesser und den Bolzenkerndurchmesser. Für den Kern muß zunächst ein Spitzenspiel vorgesehen sein; dieses ist durch das untere Abmaß festgelegt, das mit Steigung und Durchmesser zunimmt. Die Ausschußmaße, also Kleinstmaß des Bolzens und Größtmaß der Mutter, sollen möglichst groß sein wegen der Herstellung des Bolzens aus gewalztem Rundstahl und des Mutterloches durch Stanzen. Andererseits muß eine genügende Mindesttragtiefe oder -überdeckung vorhanden sein, für die man rund 50% des theoretischen Wertes angenommen hat. Der daraus sich ergebende mögliche Gesamtbetrag der beiden Toleranzen ist so aufgeteilt, daß der Mutterkerndurchmesser zum Teil einen etwas größeren Anteil erhalten hat. Die Zahlenwerte der Toleranzen für alle metrischen Gewinde sind in Tafel 7 zusammengestellt.

Wie aus Tafel 7 zu ersehen ist, sind die Toleranzen T_a für den Bolzenaußendurchmesser und T_k für den Mutterkerndurchmesser für alle S-Reihen gleich groß. Wenn man aber will, daß die Toleranz für den Flankendurchmesser nicht größer wird als die für den Außendurchmesser des Bolzens — wegen des im Abschnitt 513 aufgezeigten Zusammenhanges —, so darf man die Grundtoleranz (S-Reihe) für den Flankendurchmesser nicht beliebig groß wählen. Dies ist der Sinn der letzten Spalte in Tafel 7, und daraus ergibt sich, daß in Tafel 7 für eine Reihe von Gewindegrößen keine Toleranzen T_f für mittel und grob angegeben sind. Für diese Größen gibt es also nur die Toleranz „fein".

Dieser Maßnahme liegt folgende Überlegung zugrunde: Bei der Fertigung eines Gewindes mit einem profilierten Werkzeug — Strähler,

Bohrer, Schneideisen, Walzrolle, Schleifscheibe — verschiebt sich beim Bolzen der Außendurchmesser gleichzeitig mit dem Flankenmaß. Vorausgesetzt ist dabei, daß das Werkzeug angenähert das Nennprofil hat (unter Berücksichtigung des Spitzenspiels). Wenn man somit für den Flankendurchmesser eine gröbere S-Reihe wählt, als in Tafel 7 (DIN 13, Blatt 15) unter gS angegeben, muß man bei Fertigung mit einem Profilwerkzeug damit rechnen, daß die Außendurchmessertoleranz T_a überschritten und somit die Überdeckung zu klein wird; nicht aber, wenn der Außendurchmesser besonders bearbeitet wird und das Gewindewerkzeug ihn nicht mehr angreift. Das gleiche gilt sinngemäß für den Kerndurchmesser der Mutter.

542.3 Gewindepassungen. Die Flankendurchmessertoleranzen in Tafel 7 gehen bei der Mutter von der Nullinie nach plus, beim Bolzen nach minus. Dementsprechend ergibt sich eine Gewindepassung, die im einen Grenzfalle das Kleinstspiel Null, im anderen ein Größtspiel haben kann, das gleich der doppelten Flankendurchmessertoleranz T_f ist. Diese Passungsart, die der Paarung einer H-Bohrung mit einer h-Welle bei den Rundpassungen entspricht und deren Toleranzfelder dementsprechend auch mit dem Buchstaben h bezeichnet werden, eignet sich für die weitaus meisten Anwendungsfälle.

Übergangspassungen haben (je nach Ausfall der Werkstücke innerhalb des Toleranzfeldes) Spiel oder Übermaß. Sie sind somit im Durchschnitt fester als die gewöhnliche Passung. Sie sind beispielsweise beim Einschraubende einer Stiftschraube nötig. Die Bezeichnung Gewindefestsitz in den Normen ist ungenau, denn unter einem Festsitz wird bei den Rundpassungen eine Paarung verstanden, die immer *Übermaß* hat, bei der demnach die dünnste mögliche Welle dicker ist als die weiteste Bohrung.

Da eine solche Übergangspassung bei Gewinde kein zu großes Größtübermaß haben darf, damit sich die Teile noch zusammenschrauben lassen, ohne zu fressen oder sonstwie zerstört zu werden, aber auch kein zu großes Größtspiel haben darf, damit die Passung nicht zu lose werden kann, sind kleine Toleranzen nötig. Dementsprechend erhalten Mutter und Bolzen eine Toleranz mindestens vom Gütegrad „fein". In Tafel 10 sind die beiden genormten Toleranzfelder der für den Bolzen $S\,n\,4$ und $S\,k\,6$ wiedergegeben. Das erstere ergibt mit der Mutter mit dem Toleranzfeld „fein" eine feste, das zweite eine losere Passung. Die Bezeichnung der Toleranzfelder mit den Buchstaben n und k lehnt sich an diejenige bei Rundpassungen an.

Bei $S\,n\,4$ ist die Toleranz T_f der S-Reihe 4 so zur Nullinie gelegt, daß das untere Grenzmaß um etwa $T_f/4$, das obere um etwa $\frac{5}{4} \cdot T_f$ über der Nullinie liegt. Bei $S\,k\,6$ beträgt das untere Abmaß etwa $-T_f/5$, das obere $+\frac{4}{5} \cdot T_f$. Im Hinblick auf die Ausführungen im Abschnitt 513 muß möglichst dafür gesorgt werden, daß der Festsitz wirklich in den Flanken und nicht in den Spitzen bewirkt wird; deshalb hat der *Außendurchmesser* des Bolzens die gleiche Toleranz wie bei der Toleranz *S h*. Da der *Kerndurchmesser* vom Flankendurchmesser abhängig ist und dieser verschoben wird, muß das Toleranzfeld des Kerndurchmessers verlegt werden, weil sonst das Gewinde an dieser Stelle zu spitz würde. Das Toleranzfeld liegt zu etwa $^1/_5$ oberhalb und zu $^4/_5$ unterhalb des Nennprofils. Seine Größe entspricht der Reihe *S 8*.

Außerdem werden aber auch festsitzende Gewindeverbindungen gebraucht, die Flüssigkeit oder Gase nicht durchlassen. Das Abdichten wird durch Aufdornen, Verstemmen und ähnliche Maßnahmen erreicht. Da hierbei der Werkstoff nicht in die Gewindeecken hineingeht, muß das Spitzenspiel möglichst verschwinden oder klein werden. Dazu muß auch der Außendurchmesser, abweichend vom Nennprofil, gerundet werden. Das Toleranzfeld im Außendurchmesser ist zu $^1/_5$ oberhalb und zu $^4/_5$ unterhalb des Profils gelegt worden. Im Kerndurchmesser ist, um möglichste Dichtheit zu erzielen, das Toleranzfeld weiter heraufgerückt worden als bei der nichtdichten Verbindung, und zwar je zur Hälfte oberhalb und unterhalb der Nullinie. Eine größere Toleranz, entsprechend *Sk6*, ist für diesen Zweck nicht gut brauchbar, somit ist für die *dichte* Verbindung nur *Sn4* mit dem Zusatz „dicht" festgelegt worden.

Gewindepassungen, die immer *Spiel* haben, also nicht im einen Grenzfall das Kleinstspiel Null, werden ebenfalls mitunter gebraucht, beispielsweise wenn die Teile verzundern oder verrosten können und jederzeit wieder leicht lösbar sein sollen. Für diesen Fall ist beabsichtigt, ein Toleranzfeld zu normen, das etwa die Bezeichnung Sg 8 oder Sf 8 erhalten wird und mit der Mutter nach dem Einheitsbohrungssystem ein Kleinstspiel von etwa $T_f/4$ ergibt.

Ein größeres Kleinstspiel ist erwünscht für solche Gewindeteile, die einen galvanischen Überzug oder eine Phosphatschutzschicht erhalten sollen. Damit sie vor dieser Behandlung geprüft werden können, müßte ein entsprechendes Größtspiel für die mechanische Bearbeitung vorgesehen werden. Dies ist beabsichtigt, sobald genügend zahlenmäßige Erfahrungen mit diesen Verfahren vorliegen.

542.4 Toleranzen für andere Gewindearten. Die S-Reihen für die Toleranz des Flankendurchmessers sind ohne weiteres auch für andere Gewindearten anwendbar. Bei Trapezgewinde und Sägengewinde ist bei der Auswahl der S-Reihe zu berücksichtigen, daß entsprechend dem kleineren Teilflankenwinkel das Toleranzfeld schmaler wird, wie dies an Abb. 121 erläutert wurde. Sägengewinde erfordert eine ganz andere Behandlung wegen des kleinen Teilflankenwinkels von 3° und weil die andere Flanke, die unter 30° steht, nur geringe funktionelle Bedeutung hat. Sie hat, wie Abb. 17 erkennen läßt, ein großes Kleinstspiel schon im Nennprofil erhalten. Somit wird die Messung des Flankendurchmessers illusorisch, weil dabei immer die rechte *und* die linke Flanke zusammen erfaßt werden. Bei Sägengewinde wird deswegen am zweckmäßigsten nur die Steigung und der Teilflankenwinkel von 3° geprüft, beides, um eine gute Anlage in den Flanken zu gewährleisten. Da Sägengewinde meist ein recht großes Profil hat, ist dies mit verhältnismäßig einfachen Meßmitteln möglich. Dabei wird meist das Lichtspaltverfahren benutzt. Schwierig ist die Messung aber bei der Mutter eines Sägengewindes, wenn der Durchmesser nicht sehr groß ist. Schon diese Schwierigkeiten der einwandfreien Tolerierung und Messung sollten Veranlassung geben, das Sägengewinde möglichst selten zu benutzen.

Für *Whitworth*-Gewinde und *Whitworth-Fein*gewinde sind in den deutschen Normen keine ISA-Toleranzen festgelegt, weil man dahin kommen möchte, daß in Deutschland nur eine Art von Spitzgewinde benutzt wird und sich dabei auf das metrische geeinigt hat. Demgemäß gelten die früher festgelegten Toleranzen, die in Tafel 22 (DIN 11, Beibl.) enthalten sind.

Whitworth-Rohrgewinde soll nach einem Beschluß des Gewindeausschusses nicht mehr als Konstruktionsgewinde, sondern nur noch für Rohrleitungen, Armaturen und Fittings, also für Installationszwecke benutzt werden. Demgemäß sind hier für Bolzenaußen- und Mutterkerndurchmesser andere Gesichtspunkte maßgebend. Da diese Gewinde mit Dichtstoffen zusammengeschraubt werden, die in den Spitzen Platz finden sollen, muß ein großes Mindestspitzenspiel vorgesehen werden. Die Abmaße und Toleranzen sind in Tafel 24 enthalten.

Rundgewinde erfordern ebenfalls eine abweichende Behandlung, weil das gerade Stück der Flankenlinie sehr kurz oder gleich Null ist. Nach Tafel 29 verläuft das Toleranzfeld parallel zum Nennprofil.

Bei *kegeligem* Gewinde (Tafel 20) ist es am einfachsten, die Toleranz in der Längsrichtung zu prüfen. Dementsprechend wird eine zylindrische oder wegen der Abnutzung besser eine kegelige Lehre vorgesehen, die sich innerhalb eines gewissen Toleranzbereiches, in der Längsrichtung gemessen, aufschrauben lassen muß. Damit ist aber *nicht* auch eine einwandfreie Ausschußlehrung nach dem TAYLORschen Grundsatz durchgeführt. Dafür ist eine Lehre mit verkürzten Flanken, nur wenigen Gängen und möglichst Rachenlehrenform erforderlich.

542.5 Bezeichnung. Die neuen Gewindetoleranzen ändern am grundsätzlichen Aufbau des bisherigen Gewindepassungssystems nichts. Ihre Einführung bringt eine Vereinfachung, Erweiterungen der Toleranzgrößen nach der feinen und groben Seite und feinere Stufung. Die alten Gutlehren können weiter benutzt werden, nur die Toleranzgröße, also die Ausschußmaße, haben sich ein wenig geändert. Aber Teile früherer Fertigung sind mit solchen nach neuen Toleranzen unbedingt austauschbar. Somit besteht Anlaß zu der Erwartung, daß sich die Einführung der ISA-Gewindetoleranzen während einer entsprechenden Übergangszeit reibungslos vollzieht.

Es bleibt noch festzustellen, wie ein toleriertes Gewinde jetzt zu bezeichnen ist, wenn man nicht einfach die früher üblichen Zusätze „fein", „mittel" oder „grob" benutzen will. Dies ist nach Norm zulässig, gestattet aber nicht, alle Vorzüge der neuen Toleranzen auszunutzen.

Ein mit ISA-Toleranzen versehenes Gewinde ist z. B. zu bezeichnen: M 30 Sh 6 oder M 10×1 Sh 8. Ist die Einschraublänge größer als diejenige, die in Tafel 8 dick eingerahmt ist, so muß sie hinzugefügt werden, wie z. B. M 30 Sh 8 L 50. Dabei gibt die letzte Zahl die Einschraublänge an, gemäß der die Länge der Gutlehre zu bemessen ist (Tafel 9).

Wer bisher nach Gütegrad „mittel" gearbeitet hat, gibt entweder überhaupt keine Toleranz an, weil dann immer „mittel" gemeint ist, oder er wählt bei Regelgewinde grundsätzlich Sh 8, sofern nicht eine ungewöhnliche Einschraublänge vorkommt.

Die Erläuterungen zu den neuen Gewindenormen sind zur Zeit der Drucklegung dieses Buches noch nicht fertiggestellt. Im vorliegenden Buch ist erstmalig eine solche Erläuterung der neuen deutschen Gewindetoleranzen gegeben und diese damit den Benutzern verständlich und zugänglich gemacht.

6 Messen der einzelnen Meßgrößen.

Die Möglichkeit, Gewinde mit Grenzlehren auf Zusammenschraubbarkeit und technische Brauchbarkeit mit Grenzlehren zu *prüfen*, befreit nicht von der Notwendigkeit, auch einmal das *Istmaß* einer einzelnen Meßgröße zu bestimmen. Denn besonders bei der Gutlehrung wird eine Reihe von Meßgrößen gleichzeitig erfaßt, ohne daß eine Aussage darüber gemacht werden kann, welche Größe jede von ihnen hat. Es ist also auf Grund einer Lehrung nicht ohne weiteres festzustellen, woran es liegt, daß die Gutlehre sich nicht ein- oder überschrauben läßt, ja es kann sogar vorkommen, daß am gleichen Stück eine der Ausschußlehren anzeigt, daß eine Toleranz überschritten ist. Dann muß man den Fehler suchen, indem man die einzelnen Meßgrößen zahlenmäßig bestimmt, um ihn in der Fertigung abzustellen.

Ebenso müssen die einzelnen Meßgrößen an Werkzeugen und Lehren gemessen und laufend überwacht werden, soweit sie durch den Gebrauch Veränderungen unterworfen sein können.

Das Wissensgebiet des Gewindemessens ist so umfangreich, daß hier nur die wichtigsten Verfahren und Geräte kurz behandelt werden können. Dabei muß einige Kenntnis von den Verfahren und Geräten der Werkstattmeßtechnik vorausgesetzt werden. Besonderer Wert wird auf die erreichbare Meßgenauigkeit gelegt, denn diese ist die Grundlage für die Herstelltoleranz der Lehren. In Anbetracht der geometrischen Verwickeltheit, die ein Gewinde besitzt, muß hierbei manchmal von einer Regel der Meßtechnik abgegangen werden, die besagt: *Das Meßverfahren soll stets genauer sein als die Fertigungstoleranz.* In der Praxis der Werkzeug- und Lehrenfertigung muß oftmals so genau gefertigt werden, wie man gerade eben noch messen kann. Es bleibt dann — theoretisch gesehen — gar keine Fertigungstoleranz mehr übrig, aber das ist eben auch Theorie!

61 Außendurchmesser.

Der Außendurchmesser eines Schraubenbolzens stellt einen Zylinder dar, der durch die fortlaufende Gewindelücke unterbrochen ist. Demnach kann man ihn ebenso messen wie einen glatten Zylinder und muß nur darauf achten, daß die Meßflächen auf den Spitzen der Gewindekämme aufliegen und nicht in die Gewindelücke hineinsinken. Sie müssen also eben und mindestens so breit sein, wie die Steigung oder Teilung des Gewindes beträgt. Meßgeräte mit kugeligem Tastbolzen und Rippentische als Auflageflächen sind also ungeeignet.

Bei der Schieblehre kann man sich dadurch helfen, daß man die Ebene der Schieblehre schräg zur Gewindeachse stellt. Die Meßunsicherheit kann bei $^1/_{10}$-Nonius zu etwa $\pm 50\mu$, bei $^1/_{50}$-Nonius zu $\pm 20\mu$ angesetzt werden. Der Nonius mit dem Nenner 50 ist nur für gelegentliche Messungen zu gebrauchen, weil er die Grenze für das Ablesen mit bloßem Auge darstellt und deshalb der Messende schnell ermüdet und dadurch die Meßunsicherheit ansteigt.

Besser geeignet für kleine Toleranzen des Außendurchmessers ist eine Schraublehre. Bei einiger Übung und Sorgfalt läßt sich eine Meßunsicherheit von etwa $\pm 3\mu$ erreichen. Dazu ist es aber nötig, die Schraublehre öfter mit Hilfe einer genauen Meßscheibe nachzuprüfen, und zwar soll deren Maß in der Nähe des zu messenden liegen.

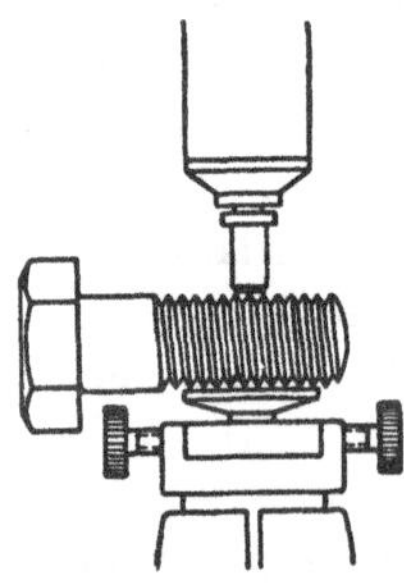

Abb. 136. Messen des Bolzenaußendurchmessers mit Fühlhebel. (Fortuna, Stuttgart.)

Noch genauere Meßergebnisse erzielt man mit einem Fühlhebel, der eine Skalenteilgröße von 1μ hat und der an einem Ständer mit Tisch befestigt ist (Abb. 136). Eingestellt wird das Gerät mit einer Meßscheibe oder mit Endmaßen. Auch hierbei muß darauf geachtet werden, daß die Meßfläche eben ist und senkrecht zur Meßrichtung steht. Ebenso kann es vorkommen, daß die Tastbolzenachse nicht senkrecht auf der Tischfläche steht. Dies prüft man nach, indem man eine Meßscheibe unter der Meßfläche des Tastbolzens hin- und herbewegt.

Der Zeiger des Instrumentes darf sich dabei nicht bewegen, solange nicht die Kante der Meßfläche zur Anlage kommt.

Das Optimeter von Zeiß zeigt Abb. 137, das Orthometer von Leitz Abb. 138. Bei diesen Instrumenten wird durch die Bewegung des Tastbolzens ein Spiegel gekippt, der das Bild einer beleuchteten Skala in das Gesichtsfeld eines Fernrohrokulars wirft. Beim Bewegen des Tastbolzens verschiebt sich das Bild der Skala gegen eine feste Nullmarke, und die Abweichung von der Nullstellung kann abgelesen werden. Die

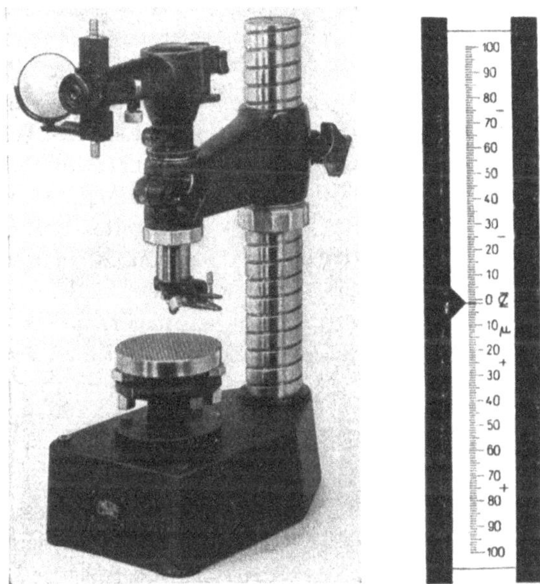

Abb 137. Optimeter mit senkrechtem Ständer. Rechts das Gesichtsfeld (Zeiss, Jena).

Geräte enthalten also die gleiche Anordnung, an die sich manche Leser aus der Physikstunde beim Spiegelgalvanometer erinnern mögen und die besonders genau war. Sie gehören zu den wenigen Fühlhebeln, deren Instrumentfehler wesentlich kleiner sind als ein Skalenteil, hauptsächlich, weil sie auf optischer Grundlage beruhen. Die Geräte werden am besten nach Endmaßen eingestellt.

Bei so genauen Messungen muß auch die Temperatur beachtet werden. Ein Werkstück aus Stahl von 100 mm Durchmesser dehnt sich bei einer Erwärmung um 1° um rund 1μ aus. Wenn also ein Gewinde von 50 ∅ gemessen wird, das eine Temperatur von 25° hat, und das Meßgerät hat eine Temperatur von 20°, so mißt man um $0{,}5 \cdot 5 = 2{,}5\mu$ zu groß. Wenn Meßgerät und Werkstück aus dem gleichen Werkstoff,

z. B. Eisen oder Stahl, bestehen, muß nur darauf geachtet werden, daß die Temperaturen gleich sind, und zwar an allen Teilen, die mit der Messung etwas zu tun haben. Man muß also vermeiden, daß Teile der Meßanordnung der Sonnen- oder einer anderen Wärmestrahlung ausgesetzt sind. Auch Temperaturschwankungen müssen vermieden werden, weil die verschieden massiven Teile der Meßanordnung den Temperaturschwankungen verschieden schnell folgen.

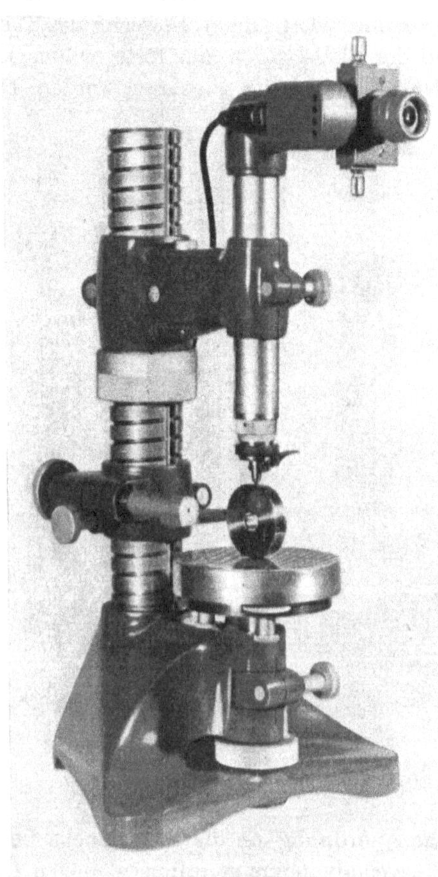

Abb. 138. Orthometer mit Ständer (Leitz, Wetzlar).

Besteht dagegen das Werkstück aus einem Stoff mit anderer Wärmeausdehnungszahl als die Meßanordnung, so muß die genormte Bezugstemperatur von 20° eingehalten werden, und zwar um so genauer, je genauere Meßmittel man verwendet und je höhere Ansprüche man an die Meßgenauigkeit stellt.

Bei einem Gewinde mit besonders scharfkantigen Gängen kann durch die Meßkraft des Meßbolzens eine elastische oder bleibende Verformung bewirkt und dadurch das Meßergebnis verfälscht werden. Deshalb muß man darauf achten, daß die benutzten Meßgeräte keine zu große Meßkraft haben und daß diese über den ganzen Meßbereich hinweg nicht zu sehr schwankt.

Selbstverständlich kann an Stelle des mechanischen oder optischen Feintasters auch eine Meßuhr in einen geeigneten Halter eingespannt werden, wenn man nur eine Genauigkeit von etwa 10μ braucht.

Um den Außendurchmesser eines Gewindebohrers zu messen, der eine ungerade Nutenzahl hat, muß der Bohrer in ein Prisma mit geeignetem Winkel eingelegt werden. Dieser Winkel muß bei 3 Nuten $\psi = 60°$, bei 4 Nuten 90° und bei 5 Nuten $\psi = 108°$ sein. Hiervon darf nur abgewichen werden, wenn der Bohrer nicht hinterschliffen ist und wenn man sich überzeugt hat, daß er wirklich auf dem Außendurchmesser und nicht an einer Kante zur Auflage kommt. Das Meßgerät wird mit einer Meßscheibe oder einem Meßdorn auf Null gestellt, dessen Maß in der Nähe des zu messenden liegt.

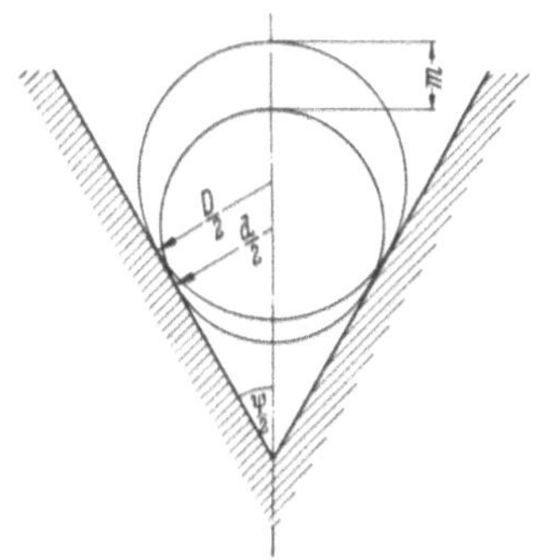

Abb. 139. Messen eines Durchmessers mit Prisma und Fühlhebel. Das Meßergebnis muß umgerechnet werden. Es ist:

$$m = \frac{D}{2\cdot\sin\frac{\psi}{2}} + \frac{D}{2} - \left(\frac{d}{2\cdot\sin\frac{\psi}{2}} + \frac{d}{2}\right).$$

Daraus ergibt sich der Unterschied zwischen Einstellehre D und Werkstück d zu

$$\Delta = D - d = m\cdot k = m\,\frac{2\cdot\sin\frac{\psi}{2}}{1+\sin\frac{\psi}{2}}.$$

Die abgelesene Abweichung am Meßgerät muß mit

$$k = \frac{2\cdot\sin\frac{\psi}{2}}{1+\sin\frac{\psi}{2}}$$

multipliziert werden, um auf das Meßergebnis zu kommen. Dieser Faktor ist für einen Prismenwinkel von

ψ	k
60°	0,6666
90°	0,8284
108°	0,8944

Abb. 140. Waagerecht-Optimeter mit Innenmeßeinrichtung in senkrechter Anordnung. Der Tisch ist in der Meßrichtung frei beweglich, außerdem kann er um eine senkrechte Achse gedreht werden (Zeiss, Jena).

Das Prisma als Unterlage bewirkt also noch eine Vergrößerung der Anzeige. Die mathematische Begründung hierfür gibt Abb. 139.

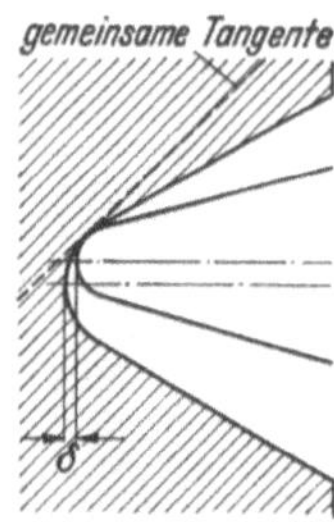

Abb. 141. Der Außendurchmesser einer Mutter wird zu klein gemessen, wenn die Meßspitze nicht genau im Gewindegrund anliegt. Dies kann dadurch eintreten, daß der Höhenunterschied $\frac{h}{2}$ der Meßspitzen nicht mit der Steigung am Werkstück übereinstimmt.

Das Messen des *Außendurchmessers* einer *Mutter* ist demgegenüber recht schwierig und ist sehr selten nötig. Man kann dazu einen Fühlhebel mit Innenmeßeinrichtung benutzen, wie in Abb. 140 in Verbindung mit dem Optimeter wiedergegeben. Die Tastflächen sind Spitzen oder erhaben gekrümmte Schneiden, deren Krümmungshalbmesser kleiner ist als der des zu messenden Gewindes, und die um die halbe Steigung zueinander versetzt sind. Stimmt diese Versetzung nicht genau mit der am Werkstück überein oder liegt das Werkstück schief, so wird nicht der Durchmesser im Gewindegrund der Mutter erfaßt, sondern ein kleineres Maß (Abb. 141). Vorteilhafter ist die Anordnung nach Abb. 142, bei der sich das zu prüfende Stück, auf dem „schwimmenden Tisch" stehend, frei einstellen kann.

Die Umlenkhebel zum Innenmessen müssen so viel Freihub haben, daß die Meßflächen aus den Gängen

Abb. 142. Optimeter mit waagerecht liegender Innenmeßeinrichtung. Der Tisch ist nach allen Seiten frei beweglich, so daß die Taststücke sich zwangfrei in die Gewindegänge einlegen können (Zeiss, Jena).

herauszuheben sind und das Werkstück entfernt werden kann, ohne daß sich die Nullstellung verschiebt. Den Fühlhebel kann man mit Endmaßen und Meßschnäbeln auf Null einstellen. Dabei muß das Einstellmaß genau in der Meßrichtung angeordnet werden und nicht verkantet oder schräg von einer Meßschneide zur andern. Wie dies gemeint ist, läßt Abb. 143 erkennen.

Man könnte auf den Gedanken kommen, in Richtung der gestrichelten Linie zu messen und das Ergebnis umzurechnen. Man könnte weiter meinen, es sei besser, die Meßspitzen auf gleiche Höhe zu bringen und das zu messende Werkstück entsprechend schräg zu legen. Beides ist unvorteilhaft, weil die Rundung an den Meßspitzen in die Rechnung eingeht, aber nicht genau definiert ist, und weil die Anlage der Rundung im Grunde der Gewindelücken durch die Schräglage ungenau wird.

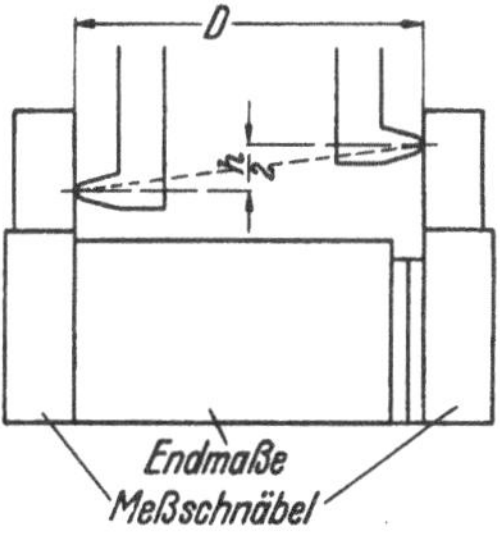

Abb. 143. Einstellen einer Innenmeßeinrichtung für Mutteraußendurchmesser mit Endmaßen und Meßschnäbeln.

62 Kerndurchmesser.

Beim Kerndurchmesser des *Bolzens* liegt im wesentlichen die gleiche Meßaufgabe vor wie beim Außendurchmesser der Mutter, mit dem Unterschied, daß die Unannehmlichkeit des Innenmessens fortfällt. Man benutzt dazu Meßflächen, die als leicht gerundete Schneiden nach Abb. 129 ausgebildet sind. Das eine Meßstück ist fest als Auf- oder Anlage angeordnet, das andere mit dem Tastbolzen eines Meßgerätes verbunden. Als solche kommen in Betracht: Schieblehre, Schraublehre, Meßuhr, Feintaster mit 1μ Skalenteil, Optimeter, je nach der gewünschten Meßgenauigkeit.

Beim Messen eines Bolzens im Gewindegrund können die Meßkörper gerade Schneiden sein und brauchen nicht, wie beim Innengewinde, als Spitzen oder erhaben gekrümmte Schneiden ausgeführt zu sein. Aber sie müssen hier wie dort frei drehbar sein, so daß sie sich entsprechend dem tatsächlich vorhandenen Steigungswinkel im Gewindegrunde einstellen können. Die Bedenken bezüglich der Anlage an der tiefsten Stelle des Grundes, die beim Außendurchmesser der Mutter besprochen wurden, gelten auch hier; aber die Anlage kann beobachtet und dadurch können grobe Fehler vermieden werden, was bei der Mutter schwieriger ist. Auch hier kommt es darauf an, daß der Abstand der Doppelschneide genau gleich der *tatsächlich vorhandenen* Steigung am Werkstück ist und daß die einzelne Schneide so versetzt ist, daß sie in der Mitte des Gewindegrundes zur Anlage kommt. Um das zu erreichen, kann man die Schneidenkörper (bei waagerechter Meßrichtung) an Fäden aufhängen oder sonstwie beweglich anordnen, anstatt sie beide, die eine am Tisch oder festen Meßamboß, die andere am Tastbolzen, zu befestigen. Man muß sich aber darüber klar sein, daß eine Schneide, die sich einmal so aufgesetzt hat wie in Abb. 141, nicht von selber in die Mitte des Gewindegrundes hineinrutscht. Das tut sie nur, solange die Neigung der (gestrichelt eingezeichneten) gemeinsamen Tangente an die beiden Rundungen noch größer ist als der Reibungswinkel.

Auch hier ist es nicht zu empfehlen, geneigt zur Gewindeachse zu messen, wie in Abb. 144 das Maß m. Abgesehen von der Notwendigkeit des Umrechnens, kommt es auf die Rundung der Meßschneiden und die Rundung im Gewindegrund an, die aber beide nicht genügend genau bestimmt werden können.

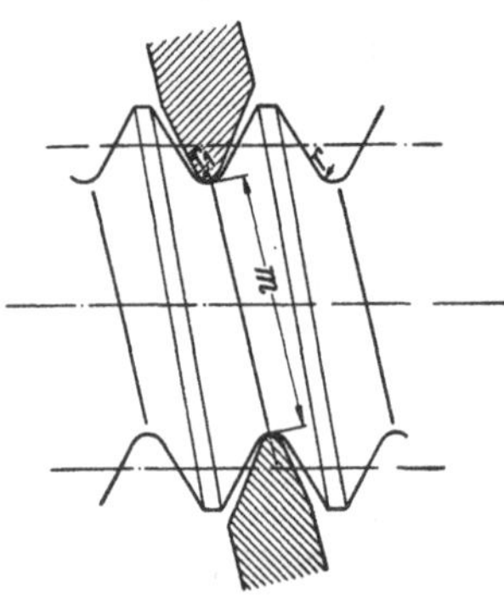

Abb. 144. Messen des Bolzenkerndurchmessers, geneigt zur Gewindeachse, ergibt ungenaue Meßergebnisse, weil die (notwendige) Rundung r_1 an den Meßschneiden schwierig zu messen und rechnerisch zu berücksichtigen ist.

Der Kerndurchmesser der *Mutter* kann mit jeder Innenmeßeinrichtung bestimmt werden, wenn nur die Meßflächen zylindrische Form haben und so lang sind, daß mindestens auf einer Seite zwei Gewindekämme zur Anlage kommen. Der Halbmesser der Meßflächen muß kleiner sein als der Kernhalbmesser des Gewindes.

63 Flankendurchmesser des Bolzens.

Von den sehr zahlreichen Verfahren und Geräten, die im Laufe der Zeit angegeben worden sind, um den Flankendurchmesser eines Bolzens einzeln zu messen, haben heute nur die folgenden besondere praktische Bedeutung:

1. Mit Spitze und Kimme,
2. Dreidrahtverfahren,
3. Werkstattmikroskop,
4. Universal-Meßmikroskop (abgekürzt UMM).

631 Spitze und Kimme.

Ordnet man von den in Abb. 126 dargestellten Meßkörpern für eine Ausschußflankenrachenlehre den einen so an, daß er an einem Tisch oder festen Meßamboß befestigt ist, und verbindet den andern mit einem anzeigenden Meßgerät, so kann nach entsprechender Einstellung des Meßgerätes das Istmaß für den Flankendurchmesser eines Schraubenbolzens abgelesen werden. Das obere Meßstück wird meist „Spitze“ genannt, die Spitze muß natürlich abgestumpft sein, so daß die Berührung nur in der Mitte der Flanke stattfindet. Sie kann also als abgestumpfter Kegel, aber auch als prismatischer Körper ausgebildet werden, wie Abb. 145 zeigt. Das gegenüberliegende Meßstück, die „Kimme“, hat ebenfalls verkürzte Flanken und erfaßt nur einen Gang. Die äußeren schrägen Flächen stehen so weit zurück, daß sie nicht am Werkstück zur Anlage kommen. Bei sehr kleinem Profil läßt man auch wohl die äußeren Flächen anliegen und arbeitet die inneren frei, um die Fertigung dieses kleinen Meßkörpers zu erleichtern. Die Aussparung in der Mitte

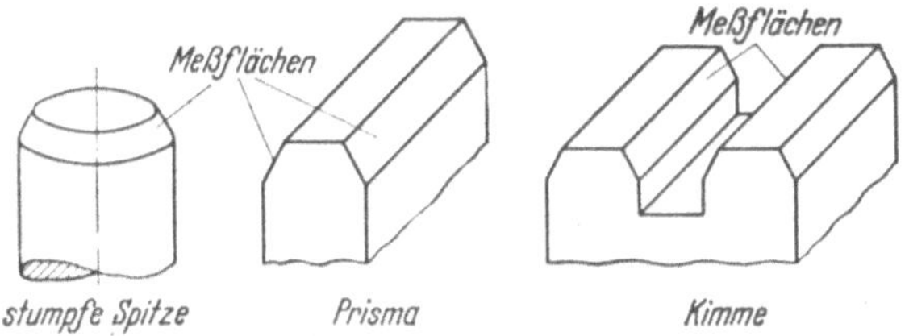

Abb. 145. Meßeinsätze zum Messen des Flankendurchmessers.

muß so tief sein, daß der First des Gewindekammes das Meßstück dort nicht berührt. Die Meßstücke müssen frei einstellbar sein, und zwar beide, damit nicht durch falsche Richtung der Werkstückachse Anlagefehler entstehen. Nur die Kegelspitze darf selbstverständlich fest angeordnet sein.

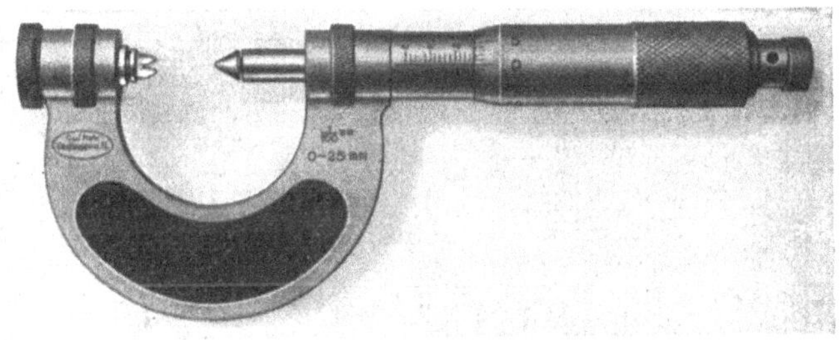

Abb. 146. Flankenschraublehre mit Meßeinsätzen (Mahr, Eßlingen).

Diese Meßkörper haben nun einen geeigneten Ansatz oder eine Hülse (Meßhütchen), so daß man sie in oder auf den Tastbolzen einer Schraublehre (Abb. 146) oder eines Fühlhebels setzen kann (Abb. 147).

Die Meßkörper sollen 1. möglichst nur in der Flankenmittellinie berühren, damit Fehler der Teilflankenwinkel nicht zu einem falschen Meßergebnis führen. Sie sollen 2. nur einen oder möglichst wenige Gänge erfassen, um Steigungsfehler auszuschalten. Die Meßanordnung soll 3. möglichst nur wie eine Rachenlehre wirken und nicht wie ein Lehrring, damit *nur ein* Durchmesser, derjenige in der Meßrichtung, erfaßt wird. Dies sind genau die gleichen Punkte, die bei der Behandlung der Ausschußlehren und des TAYLORschen Grundsatzes im Abschnitt 531 als richtig und notwendig erkannt wurden. Da der Leser auch hier die drei

Forderungen ohne weiteres als richtig anerkennen wird, kommen wir zu dem Schluß, daß der TAYLORsche Satz nicht nur für das Prüfen mit Lehren, sondern auch für das Bestimmen der Istmaße von einzelnen Meßgrößen Gültigkeit hat, und zwar insofern, als zur Bestimmung einer einzelnen Meßgröße möglichst punktweise gemessen werden muß, um den Einfluß anderer Meßgrößen auszuschalten.

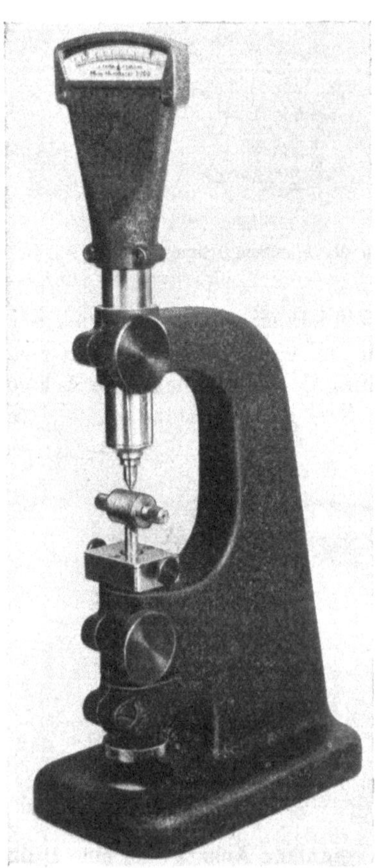

Abb. 147. Messen des Flankendurchmessers mit Minimeter (Fortuna, Stuttgart).

Man kann aber die Meßflächen an den in Abb. 145 skizzierten Meßstücken nicht beliebig klein machen: Sie würden sich dann zu rasch abnutzen, schwer zu fertigen und schwierig zu messen sein. Außerdem würde der (spezifische) Meßdruck an der Berührungsstelle zu groß werden, auch wenn man die Meßkraft sehr klein hält. Die dadurch hervorgerufene Abplattung an der Berührungsstelle würde einen Meßfehler bewirken. Durch die endliche Breite der Meßflächen werden aber vor allem Winkelfehler wirksam.

Wenn man diese nicht vorher bestimmt und durch Rechnung aus dem Meßergebnis beseitigt, ist zu erwarten, daß mit einer solchen Anordnung eine *Lehre* genauer gemessen werden kann als ein *Werkstück*, weil jene in bezug auf die Flankenwinkel im allgemeinen genauer gearbeitet ist. Die verhältnismäßige Verkürzung der Flanken ist um so geringer, je kleiner das Profil des Gewindes ist; von einer bestimmten Steigung an abwärts kann man die Flanken praktisch gar nicht mehr verkürzen — einfach weil sie schon zu kurz sind. Dies ist bei $h < 1{,}0$ mm der Fall.

Unter Berücksichtigung der möglichen ungünstigsten Verhältnisse ergeben sich für die *Flankenschraublehre* Gesamtfehler, die

bei Werkstücken zwischen $20\,\mu$ für $h = 0{,}25$ und $113\,\mu$ für $h = 10$
bei Lehren zwischen $7\,\mu$ für $h = 0{,}25$ und $27\,\mu$ für $h = 10$

liegen.

Dabei ist die Aufbiegung des Bügels durch die Meßkraft berücksichtigt, nicht aber die Abplattung an der Berührungsstelle. Die Zahlenwerte beziehen sich auf Vergleichsmessungen gegen ein Normalgewinde, dessen Flankendurchmesser auf 2 bis 8μ genau bestimmt ist. Bei Absolutmessungen werden die Fehler noch größer, weil dann die Fehler der Schraublehre hinzukommen. Gegenüber diesen großen Fehlern ist der Einfluß der Temperatur bei nicht besonders großen Werkstücken zu vernachlässigen.

Es ist jedoch darauf hinzuweisen, daß die angegebenen Zahlen errechnete theoretische Größtwerte darstellen. Der Fachmann, der eine Flankenrachenlehre guter Ausführung mit Erfahrung und Verständnis anwendet, braucht nur etwa mit $^2/_3$ bis $^1/_2$ der angegebenen Werte zu rechnen.

Die kleinste Größe der Flankenschraublehre, die einen Meßbereich von 0 bis 25 mm hat (Abb. 146), kann auf Null gestellt oder geprüft werden, indem man sie ganz zuschraubt, wie eine gewöhnliche Schraublehre, so daß Kimme und Spitze ineinandergreifen. Dies hat den gleichen Nachteil wie auch bei der gewöhnlichen Schraublehre: Die Steigungsfehler der Meßspindel sind im allgemeinen auf einer größeren Länge größer als in einem kleinen Bereich. Folglich ist es vorzuziehen, nach einem Maß einzustellen, das in der Nähe des zu messenden Werkstückmaßes liegt, möglichst nur um einige Zehntelmillimeter davon unterschiedlich. Ein solches Maß oder eine Einstell- oder Prüflehre braucht man auch, wenn mit Fühlhebel gemessen wird, denn nur bei sehr kleinen Werkstücken wird der Hub des anzeigenden Meßgerätes ausreichen, um auf Null einstellen zu können, indem man Kimme und Spitze aneinanderbringt.

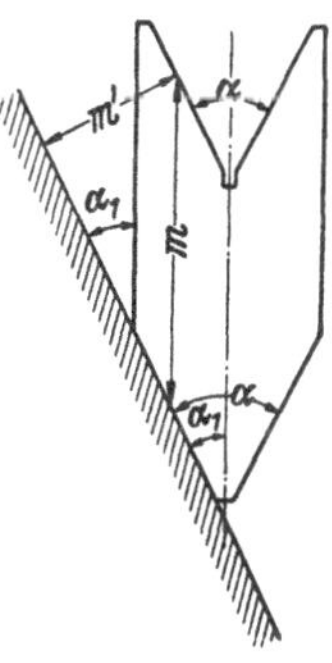

Abb. 148. Einstelllehre zur Flankenschraublehre.

Eine solche Einstellehre zeigt Abb. 148. Sie ist als flache Blechlehre ausgebildet. Bei einer anderen Ausführung befindet sich am einen Ende ein Kegel, am anderen eine Kegelbohrung; diese ist natürlich nur für Kegelstumpfspitzen, nicht aber für prismatische Meßkörper brauchbar. Man kann auch ein Mustergewinde, also eine Einstellehre benutzen, deren Flankendurchmesser genau bestimmt und deren Winkelfehler (wegen der endlichen Flankenlänge der Meßstücke) nachgeprüft ist (Abb. 187).

Die genaue Bestimmung des Flankenmaßes m an der Lehre nach Abb. 148 ist keine einfache und leicht zu lösende Meßaufgabe. Wenn die Meßflächen lang genug sind, kann man die Einstelllehre auf eine ebene Fläche auflegen und das Hilfsmaß m' mit Endmaßen messen. Dann ist $m = m'/\sin\alpha_1$, und man muß demnach erst wieder den Winkel α_1 möglichst genau messen. Außerdem muß beim

Messen von m' festgestellt werden, ob die Meßflächen parallel sind; die Hilfsmeßfläche an der Seite muß so gut bearbeitet sein, daß sie für eine genaue Messung herangezogen werden kann.

Für die Messung des Winkels α_1 kommt ein Universalwinkelmesser in Betracht. Besser ist das in Abb. 149 gezeigte Verfahren, bei dem am einen Ende zwei genau rechtwinklige Meßklötze angelegt werden. Wenn die Winkel stimmen und gleich große Meßscheiben benutzt werden, kann das Flankenmaß m unmittelbar gemessen oder aus m' einfach berechnet werden.

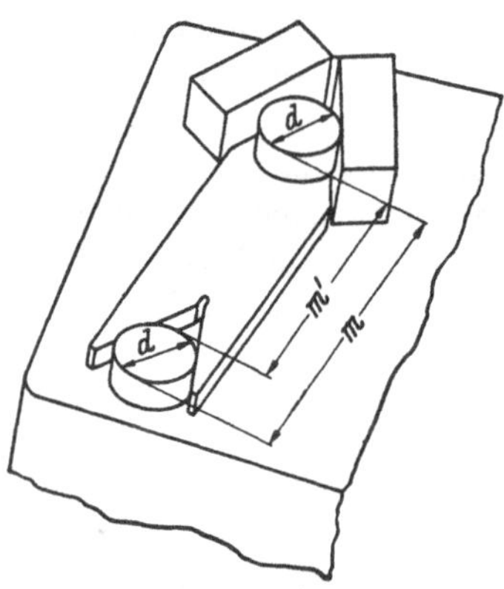

Abb. 149. Messen des Flankenmaßes m der Einstellehre mit rechtwinkligen Meßklötzen und zwei genau gleichen Meßscheiben.

Der mechanischen Messung der Einstellehre haften Mängel an. Das Messen mit Meßdrähten oder -rollen führt zu umständlichen Formeln, wenn man die Istmaße der Winkel α_1 und α_2 berücksichtigen will, und diese sind nur schwierig genügend genau feststellbar. Die optische Messung mit dem Werkstattmikroskop oder dem UMM ist am einfachsten auszuführen und liefert die genauesten Ergebnisse. Das Verfahren ist in Abschnitt 634 beschrieben.

632 Dreidrahtverfahren.

Drei Drähte von genau gleichem und bekanntem Durchmesser und genau zylindrischer Form werden in die Gewindelücken des zu prüfenden Gewindes eingelegt, wie Abb. 150 zeigt. Das „Maß über Draht“ oder Prüfmaß P wird mit einer Schraublehre oder einem geeigneten Fühlhebel gemessen, der in einen Ständer waagerecht oder senkrecht eingespannt ist. Bei waagerechter Meßrichtung kann man die Drähte an Zwirnfäden aufhängen, bei senkrechter Anordnung kann man sie lose auflegen, so daß sie sich in jedem Falle frei in die Richtung des Steigungswinkels an der Anlagestelle einstellen können. Besser sind geeignete Halter, in denen die Drähte die erforderliche Bewegungsfreiheit haben. Solche Halter werden auch mit einem Hütchen zum Aufsetzen auf den

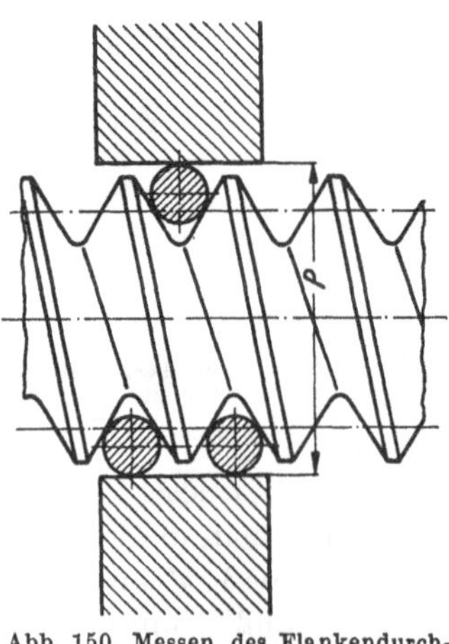

Abb. 150. Messen des Flankendurchmessers mit drei gleichen Drähten.

festen Amboß und die Meßspindel einer Schraublehre versehen. Genauer wird das Meßergebnis, wenn man als anzeigendes Meßgerät an Stelle der Schraublehre einen Fühlhebel mit 1μ Anzeige oder ein Optimeter benutzt. Denn außer den Eigenfehlern des Instrumentes kommen noch eine Reihe weiterer Fehlerquellen hinzu, so daß es sich, besonders wenn Lehren gemessen werden sollen, schon empfiehlt, beherrschbare Fehler von vornherein herabzudrücken.

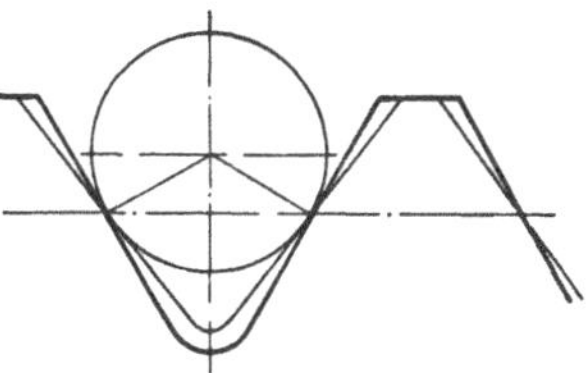

Abb. 151. Wenn der Meßdraht in der Flankenmittellinie anliegt, beeinflussen Winkelfehler das Meßergebnis nicht merklich.

Der Durchmesser der Meßdrähte muß zunächst so gewählt werden, daß sie am geraden Stück der Flanke zur Anlage kommen und nicht etwa auf den Gewindespitzen. Sie dürfen auch nicht so klein sein, daß sie nicht mehr über die Gewindekämme hinüberragen; dadurch würde das Messen mit ebenen Meßflächen erschwert werden. Aber noch ein anderer Gesichtspunkt ist bei der Wahl ihres Durchmessers zu beachten. Im vorigen Abschnitt hatten wir bereits erkannt, daß der Flankendurchmesser am richtigsten an der Flankenmittellinie gemessen wird. Der Durchmesser der Drähte muß also so bemessen werden, daß sie an dieser Stelle der Flanke anliegen. In Abbildung 151 ist in das dick ausgezogene Nennprofil ein solcher Draht eingezeichnet. In dünnen Linien ist ein Gewinde angedeutet, das den gleichen Flankendurchmesser hat, aber erhebliche Abweichungen der Teilflankenwinkel aufweist. Man sieht, daß dadurch das Meßergebnis in seiner Richtigkeit nicht beeinträchtigt wird. Hätte man einen dickeren Draht genommen, so wäre dieser infolge des Winkelfehlers zu tief eingesunken, und man bekäme ein zu kleines Maß. Umgekehrt hätte ein zu dünner Draht ein zu großes Maß P als Meßergebnis erbracht. Dies läßt Abb. 152 erkennen. Der in Abb. 151 gezeichnete wird demgemäß als der günstigste Drahtdurchmesser bezeichnet. Einen solchen gibt es zu jeder Steigung. Er liegt in der Flankenmitte an. Um die Zahl der anzuschaffenden Meßdrähte zu verringern, hat man verschiedentlich versucht, nahe beieinander liegende Durchmesser zusammenzulegen. Man ist aber in letzter Zeit wieder davon abgegangen, weil dann in Zweifelsfällen immer wieder die Teilflankenwinkel

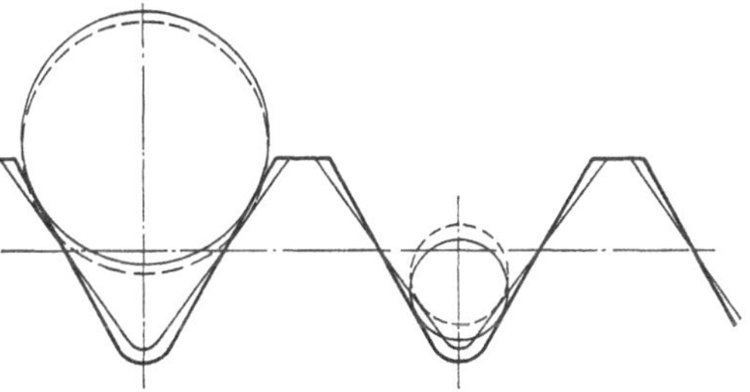

Abb. 152. Bei einem Meßdraht, der nicht den „günstigsten Durchmesser" hat, beeinflussen Winkelfehler das Meßergebnis nach dem Dreidrahtverfahren.

gemessen werden müssen und dann gerechnet werden muß. Beides erfordert so viel Zeit und bietet so viel Fehlerquellen, daß es wirtschaftlicher ist, die Kosten für Meßdrähte von günstigstem Durchmesser aufzuwenden, vor allem, wenn laufend Werkstücke oder Lehren nach diesem Verfahren gemessen werden sollen[1]. Die Teilflankenwinkel brauchen dann nur nach den in den nächsten beiden Abschnitten beschriebenen optischen Verfahren geprüft zu werden, ohne daß kleine Abweichungen zahlenmäßig bestimmt werden.

Die Drähte stellen sich bei richtiger Meßanordnung selbsttätig schräg im Sinne der Gewindesteigung. Die Anlageverhältnisse zwischen einem Zylinder und den Schraubenflächen eines Spitz- oder Trapezgewindes sind mathematisch nur sehr schwierig zu erfassen, und die Berechnung des Prüfmaßes P erfordert daher die Benutzung sehr umständlicher Formeln, die selbst schon Näherungsgleichungen sind. Die Ergebnisse sind in den *Prüfmaß-Tabellen* von Dr. A. PAMPEL[2] enthalten. Darin ist die Schrägstellung der Drähte berücksichtigt und auch die Abplattung bei verschieden großer Meßkraft angegeben. Außerdem sind einfache Formeln und Tafeln zum Umrechnen auf andere Drahtdurchmesser angegeben, sowie Tafeln, um einen Steigungsfehler zu berücksichtigen.

Nach Berechnungen von BERNDT betragen die Meßfehler des Verfahrens *bei ungünstigsten Bedingungen* zwischen 18 und 24 μ für Werkstücke und 11 bis 13 μ für Lehren. Diese Werte können bei einiger Sorgfalt beträchtlich herabgedrückt werden, nämlich auf 2 μ bei metrischem und auf 5 μ bei eingängigem Trapezgewinde, wenn die Istmaße von $\alpha/2$, h, d_0 = Drahtdurchmesser möglichst genau bestimmt und die Abweichungen durch Rechnung berücksichtigt werden.

Das Verfahren eignet sich vorzüglich zum laufenden Messen oder Prüfen großer Mengen von Lehren oder Werkstücken. Wenn gleiche Gewinde zusammengefaßt werden, erfordert die einzelne Messung an mehreren Stellen nur wenige Minuten.

633 Werkstattmikroskop.

Das Werkstattmikroskop stellt die Verbindung eines Koordinatenmeßtisches mit einer Mikroskopoptik dar (Abb. 153, 154, 156, 157). Der Tisch ist in zwei aufeinander senkrecht stehenden Richtungen, längs und quer, durch Meßschrauben verschiebbar. Die Verschiebung kann an den

---

[1] BERNDT: Durchmesser der Drähte für das Dreidrahtverfahren zur Bestimmung des Flankendurchmessers von eingängigen Gewinden mit symmetrischem Profil. Werkstattstechnik Bd. 36 (1942) H. 23/24, S. 507. (Anm. d. Verf.: Mathematische Untersuchung zum Erreichen kleinster Meßunsicherheit); außerdem vom gl. Verf. zu diesem Thema: Z. Instrumentenkde. Bd. 59 (1939) H. 11, S. 439; Bd. 60 (1940) H. 1, S. 14; Bd. 60 (1940), H. 5—9.

[2] PAMPEL, A., Prüfmaß-Tabellen. 2. Aufl. Verlag Paul Flüger, Hamburg-Wandsbeck, Neumann-Reichardt-Str. 29—33 und Vielau über Zwickau/Sa.

Meßtrommeln auf 5μ abgelesen werden. Der Meßbereich beträgt in beiden Richtungen 25 mm, in der Längsrichtung kann er durch Zuhilfenahme von Endmaßen auf 100 mm erweitert werden. Beleuchtet wird von unten durch die Glasplatte des Kreuztisches hindurch. Da das

Abb. 153. Kleines Werkzeugmikroskop, Modell 1949 (Zeiss, Jena). Der Prüfling wird zwischen Spitzen aufgenommen und durch das darüber angeordnete Mikroskop mit Okularstrichplatte anvisiert. Der Tisch wird in zwei rechtwinkligen Koordinaten durch Meßschrauben bewegt,

menschliche Auge bei grünem Licht schärfer zu unterscheiden vermag als bei weißem oder andersfarbigem und außerdem weniger ermüdet, können Glasfilter vorgeschaltet werden.

Auf dem Tisch des großen Werkzeugmikroskops von Zeiss (Abb. 155) ist ein Rundtisch fest angebracht, der Messungen in Polarkoordinaten erlaubt. Für die Aufnahme zylindrischer Prüfstücke können auf dem

Tisch entweder ein Spitzenbock oder zwei verstellbare V-Lager angebracht werden.

Am hinteren Teil des Sockels ist der Arm befestigt, der die Optik trägt. Er ist bis zu 12° nach jeder Seite schwenkbar, so daß der Mikroskoptubus in die Steigungsrichtung eines Gewindes eingestellt werden

Abb. 154. Großes Werkzeugmikroskop von Zeiss, Jena.

kann. Die Vergrößerung ist gewöhnlich etwa 30fach; durch Auswechseln des Objektivs können auch Vergrößerungen 10-, 15-, 20- oder 50fach erzielt werden. Der Einblick ist abgewinkelt, um das Arbeiten zu erleichtern und Ermüden zu vermeiden. Die Optik ist im Gegensatz zum gewöhnlichen Forschermikroskop bildaufrichtend, so daß man den Prüfling im Mikroskop so vergrößert sieht, wie er vor einem auf dem Tisch liegt, und eine Bewegung desselben auch eine gleichsinnige Bewegung des Bildes bewirkt. Auf das Okular kann eine Projektionseinrichtung gesetzt werden; das vergrößerte Bild erscheint dann auf einer Mattscheibe und kann besonders bequem beobachtet und auch photographiert werden (Abb. 158). An die Verzerrungsfreiheit einer Meßoptik müssen besonders hohe Anforderungen gestellt werden, des-

Abb. 155. Tisch des großen Werkzeugmikroskopes (Zeiss, Jena).

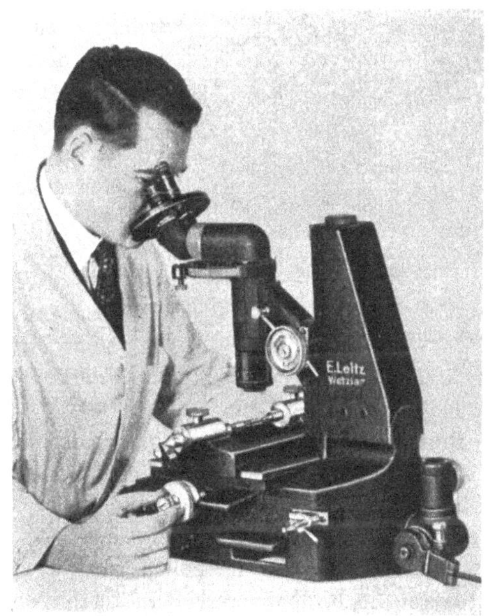

Abb. 156. Werkstattmikroskop, Modell WM II (Leitz, Wetzlar).

halb ist längst nicht jede Mikroskopoptik zum Messen geeignet, sobald außerhalb der Mitte des Gesichtsfeldes beobachtet oder gemessen wird.

Das zu prüfende Gewinde wird auf dem Tisch zwischen Spitzen oder in den V-Prismen aufgenommen und das Profilbild in das Gesichtsfeld des Mikroskops gebracht. Dabei tritt eine Schwierigkeit auf, die wir bereits beim Fräsen von Gewinde (Abschn. 451) festgestellt hatten und die durch Abbildung 159 veranschaulicht wird: Die rechte Flankenfläche läuft (bei Rechtsgewinde) vom Achsenschnitt aus nach unten nach links weg und stört dadurch die Beleuchtung und das Profilbild, das gestrichelt eingezeichnet ist. Die linke Flanke gar verläuft auf den Betrachter zu nach rechts und verdeckt somit das Profil im Achsenschnitt. Dieser Überstand wird um so größer, je größer die Gewindesteigung und je kleiner die Flankenwinkel sind. Das ist der Grund, weshalb der Mikroskoptubus bis zu 12° schwenkbar angeordnet ist, man kann dann um die verdeckende Flankenfläche herum sehen.

Abb 157. Koordinaten-Meßmikroskop von Leitz, Wetzlar.

Dabei wird die Bildebene in der gleichen Weise geschwenkt wie die Spanfläche des Stahles in Abb. 58. Nach der Definition im Abschnitt 211 ist das Gewindeprofil in der Ebene zu messen, die durch die Gewindeachse geht; somit sieht man es nur richtig, wenn man es senkrecht zur Gewindeachse betrachtet. Mit geschwenktem Mikroskop sieht man die Projektion des Profils auf die Bildebene, also ein verzerrtes Profil. Dies muß besonders beim Messen des Flankenwinkels berücksichtigt werden. Hat man den Tubus um den mittleren Steigungswinkel geschwenkt, so sieht man das Gewinde am Kern und an der Spitze gegenüber dem

Achsenschnitt verzerrt, weil es an diesen Stellen einen anderen Steigungswinkel hat. Der Flankenwinkel erscheint demnach nicht nur zu klein, weil die Projektion des Lückenprofils auf die Bildebene betrachtet wird, sondern die Flanken erscheinen auch etwas gekrümmt, weil die Schräg-

Abb. 158. Großes Werkzeugmikroskop mit Projektionseinrichtung (Zeiss, Jena).

stellung genau nur für einen Punkt der Flankenlinie zutrifft. Außerdem sind sie an den übrigen Stellen unscharf.

Bei der mikroskopischen Betrachtung gekrümmter Flächen hängt die Lage der Schattengrenze von der Öffnung des beleuchtenden Büschels ab. Dieses kann durch Verändern der Beleuchtungsblende beeinflußt werden. Die *richtige* Öffnung hängt außer von den optischen Daten vom Durchmesser des Objektes ab, und in dieser Beziehung sind die dem

Instrument beigegebenen Vorschriften sorgfältig zu beachten. Die vorgeschriebene Blendenöffnung gilt aber immer nur für *einen* Durchmesser, zweckmäßig den Flankendurchmesser. Am Kern und nach der Spitze hin tritt eine Verschiebung des Profilbildes ein, die dazu führt, daß die Flanke gekrümmt erscheint. In der Kurvenschar nach Abb. 160 sind die zwei erforderlichen Berichtigungen, Projektions- und Blendenberichtigung, zusammengefaßt.

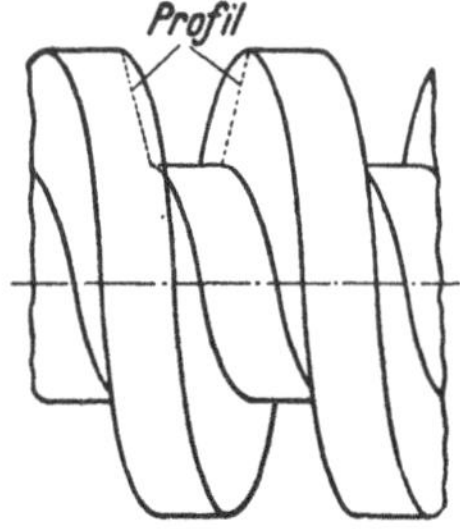

Abb. 159. Die optische Messung am Gewinde wird dadurch erschwert, daß das Profil durch die Gewindeflanken verdeckt oder beschattet wird.

Zum Messen am Gewinde können zwei verschiedene Okulare benutzt werden. Der *Revolverokularkopf* (Abb. 161) enthält eine Glasstrichplatte, auf der die verschiedenen Gewindeprofile eingeätzt sind (Abb. 162). Mit Hilfe des in Abb. 161 sichtbaren Rändelknopfes kann das gewünschte Profil in die Mitte des Gesichtsfeldes gedreht werden. Die Gradeinteilung, die in Abb. 162 links zu sehen ist, dient dazu, das Profilbild bei zylindrischem Gewinde genau parallel zur Meßrichtung zu bringen oder es bei kegeligem Gewinde auf die vorgeschriebene Kegelneigung einzustellen.

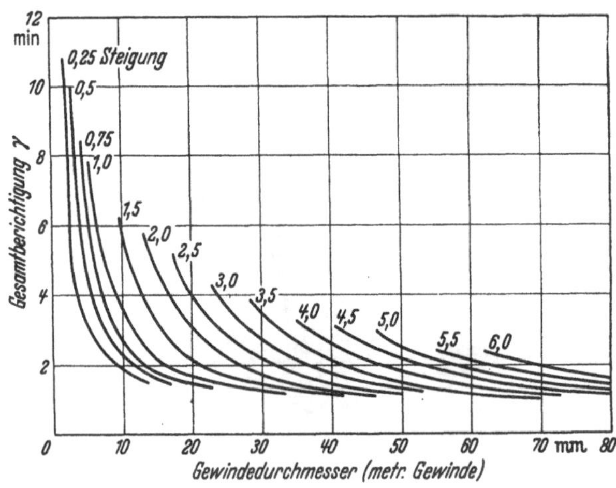

Abb. 160. Gesamtberichtigung für die Flankenwinkelmessung am Schattenbild des Werkzeugmikroskopes, dessen Tubus um den mittleren Steigungswinkel geschwenkt ist. Die Berichtigung γ setzt sich zusammen aus Blendenberichtigung und Projektionsberichtigung. Ist der gemessene Winkel α', so erhält man den tatsächlichen durch Addition der aus der Abbildung zu entnehmenden Berichtigung γ. $\alpha = \alpha' + \gamma$.*

Das vergrößerte Bild des Werkstückprofils wird mit dem Strichbild der Revolverstrichplatte verglichen und Abweichungen des Flankenwinkels, der Teilflankenwinkel, der Abrundung oder Abflachung von den

* Aus: Wolf, Gewindemessungen am Werkzeugmikroskop, Maschinenbau Bd. 21 (1942), H. 10, S. 431.

Sollwerten lassen sich beobachten, aber nicht zahlenmäßig messen. Die Striche sind unterbrochen, damit sie leichter mit den Umrissen des Werkstückbildes zur Deckung gebracht werden können. An den Unterbrechungs-

Abb. 161. Revolverokular von Zeiss.

stellen kann man immer wieder vergleichen, ob der Strich genau auf der Mitte des Bildes steht; außerdem werden dort Abweichungen vom Sollprofil erkennbar, die innerhalb der Strichdicke liegen.

Verschiebt man den Längsschlitten des Kreuztisches mittels der Meßschraube um ein ganzes Vielfaches der Gewindesteigung, so muß das Profilbild wieder mit der Strichplatte zur Deckung kommen. Ist dies nicht der Fall, so liegt ein Steigungsfehler vor, der durch Verdrehen der Meßtrommel, bis Bild und Strich sich wieder decken, der Größe nach festgestellt werden kann.

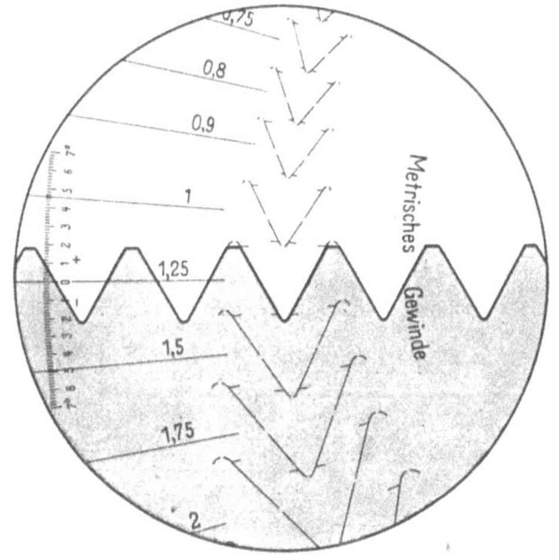

Abb. 162. Strichplatte des Revolverokulars von Zeiss, Gesichtsfeld.

Verschiebt man den Querschlitten und bringt das Profil auf der gegenüberliegenden Seite des Gewindes zur Deckung mit der Strichplatte, so kann an der Meßtrommel die Verschiebung, die gleich dem Flankendurchmesser ist, abgelesen werden.

Der Revolverokularkopf kann gegen den *Winkelmeß-Okularkopf* (Abb. 163) ausgewechselt werden. Dieser enthält eine Strichplatte (Abb. 164), die um den Mittelpunkt des Gesichtsfeldes, also die optische

Abb. 163. Winkelmeßokular von Zeiss.

Achse, drehbar ist. Dazu dient der Rändelknopf, der seitlich unterhalb des Gehäuses für die Strichplatte angebracht ist. Die Winkelstellung wird an der seitlich oben befindlichen Lupe auf 1′ abgelesen (Abb. 165).

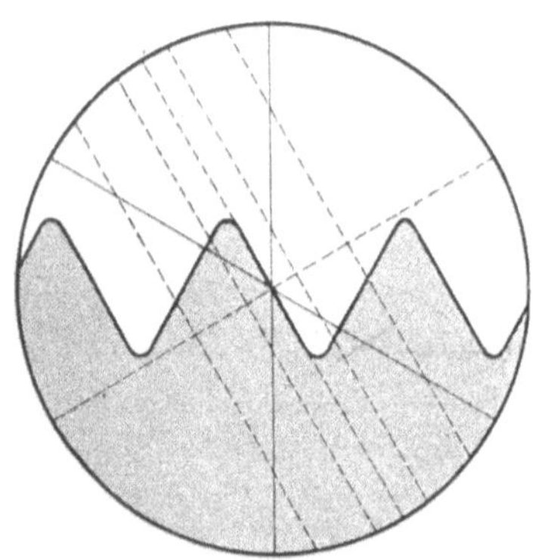

Abb. 164. Gesichtsfeld des Winkelmeßokulars mit Universal-Strichplatte (Zeiss, Jena).

Mit diesem Okular können also Winkelwerte gemessen werden. Die Mittellinie der Strichplatte wird zuerst mit der einen, dann mit der anderen Flanke des Gewindes so zur Deckung gebracht, daß sie zur Hälfte innerhalb, zur Hälfte außerhalb der Schattenkante liegt. Die Winkelstellungen werden mit der Lupe abgelesen, und der Unterschied gibt den Flankenwinkel α. Auch die Teilflankenwinkel können einzeln gemessen werden. Man muß sich nur vorher überzeugen, ob die Strichplatte in der Nullstellung genau senkrecht oder parallel zur Gewindeachse steht. Dies kann dadurch geschehen, daß man den Querstrich auf den Außendurchmesser der Gewindekämme einstellt. Ergibt sich dann nicht die Ablesung 0°, so muß entweder der Winkelmeß-Okularkopf ausgerichtet oder der abgelesene Wert bei der Berechnung des Meßergebnisses be rücksichtigt werden. Es kann aber auch sein, daß das Werkstück nicht genau parallel zur Bewegungsrichtung des Tisches aufgespannt ist. Dies ist zu bedenken, bevor man den Meßkopf neu justiert; um das festzustellen, bewegt man den Längsschlitten innerhalb seines Bereiches und beobachtet dabei die Einstellung zum Außendurchmesser

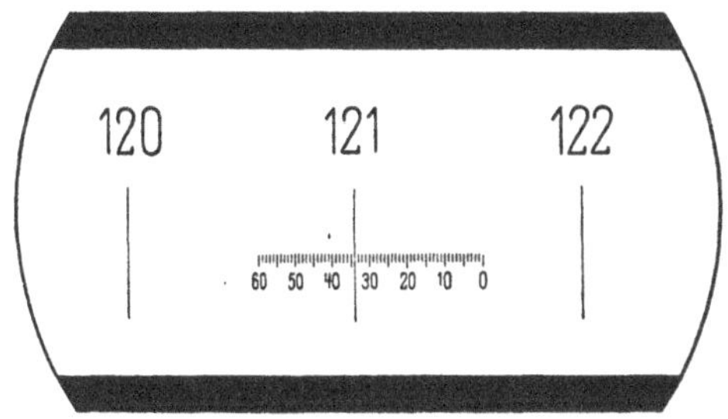

Abb. 165. Gesichtsfeld der Ableselupe zum Winkelmeß-Okularkopf (Zeiss, Jena).

des aufgespannten Gewindes. Ist dieser genau zylindrisch, was vorher festzustellen ist, so darf keine Verschiebung eintreten. Im andern Falle muß das Werkstück oder dessen Aufnahme ausgerichtet werden, nicht der Meßkopf.

Steigung und Flankendurchmesser werden mit dem Winkelmeß-Okularkopf in der gleichen Weise durch Bewegen des Kreuztisches gemessen wie beim Revolverokular. Jenes hat aber den Vorzug, daß Winkel zahlenmäßig bestimmt werden können.

Wenn sich bei der Messung des Flankendurchmessers herausstellt, daß die Teilflankenwinkel der (rechten und linken) Flanke verschieden groß sind, stellt man auf die erste Flanke so ein, daß ihre Mitte mit der Mitte der Strichplatte zusammenfällt. Durch Probieren kann man so einstellen, daß bei Nullstellung der Strichplatte die Querlinie mit der Mittellinie des Gewindes zusammenfällt. Zu diesem Zweck verschiebt man den Längsschlitten nacheinander genau um $h/2$ und beobachtet, ob — nach Verdrehen der Strichplatte — die Flanke mit der Mittellinie zur Deckung kommt. Wenn nötig, verstellt man den Querschlitten um einen geringen Betrag so lange, bis dies zutrifft. Mißt man nun den Flankendurchmesser, so fallen Winkelfehler heraus, auch wenn diese sehr groß oder, bei einem unsymmetrischen Profil, beabsichtigt sind.

Wichtig für alle mikroskopischen Messungen ist die richtige *Fokussierung*. Vor der Beobachtung muß der Beobachter zuerst das Okular für sein Auge richtig einstellen, so daß er die Strichplatte ohne Anstrengung scharf sieht. Dann wird das Objektiv bzw. der ganze Tubus auf die Meßebene eingestellt, bis beide gleichzeitig scharf erscheinen. Hierzu dient eine Feinbewegung am Objektiv, für die BERNDT eine

Strichteilung vorgeschlagen hat, damit immer wieder der gleiche Wert gefunden werden kann. Die richtige Einstellung erkennt man daran, daß Bild und Strichplatte sich nicht gegeneinander verschieben, wenn man das Auge vor der Augenlinse hin- und herbewegt. Außerdem ist es ein Merkmal für die richtige Fokussierung, wenn nach dem Schwenken des Mikroskops um genau den mittleren Steigungswinkel beide Flanken des Gewindes gleich scharf erscheinen.

Wegen des nicht genau parallelen Strahlenganges auf der Objektseite ist die Fokussierung von der Temperatur abhängig.

Die optische Messung hat den Vorzug, meßkraftfrei zu sein; es bedarf also keiner Korrekturen für Abplattung und Anlagefehler, die nur nach Näherungsformeln berechnet werden können und daher unsicher sind.

Die Meßunsicherheit wurde von der Firma Zeiss wie folgt angegeben:

	Allgemein	Metrisches Gewinde	Whitworth-Gewinde	Trapezgewinde
	Flankendurchmesser:			
Revolverokular . .	$\pm\left(5 + \frac{3}{\sin\frac{\alpha}{2}} + \frac{L}{3}\right)\mu$	$\pm\left(11 + \frac{L}{3}\right)\mu$	$\pm\left(11{,}5 + \frac{L}{3}\right)\mu$	$\pm\left(16{,}5 + \frac{L}{3}\right)\mu$
Winkelmeßokular . .	$\pm\left(5 + \frac{2}{\sin\frac{\alpha}{2}} + \frac{L}{3}\right)\mu$	$\pm\left(9 + \frac{L}{3}\right)\mu$	$\pm\left(9{,}5 + \frac{L}{3}\right)\mu$	$\pm\left(13 + \frac{L}{3}\right)\mu$
	Steigung:			
Revolverokular . .	$\pm\left(3 + \frac{3}{\cos\frac{\alpha}{2}} + \frac{L}{11}\right)\mu$	$\pm\left(6{,}5 + \frac{L}{11}\right)\mu$	$\pm\left(6{,}5 + \frac{L}{11}\right)\mu$	$\pm\left(9 + \frac{L}{11}\right)\mu$
Winkelmeßokular . .	$\pm\left(3 + \frac{2}{\cos\frac{\alpha}{2}} + \frac{L}{11}\right)\mu$	$\pm\left(5{,}3 + \frac{L}{11}\right)\mu$	$\pm\left(5{,}3 + \frac{L}{11}\right)\mu$	$\pm\left(7 + \frac{L}{11}\right)\mu$
	Winkel:			
Winkelmeßokular . .	$\pm\left(2 + \frac{1{,}7}{F}\right)$ min			

L = Meßlänge in mm, F = Flankenlänge in mm.

634 Universalmeßmikroskop (UMM).

Während die Werkstattmikroskope der verschiedenen Größe und Bauart für vielseitige optische Meßaufgaben konstruiert sind, war bei der Schaffung des UMM (Abb. 166) in erster Linie an die verschiedenen Messungen an Gewinden, Schnecken, Abwälzfräsern und ähnlichen Prüfstücken gedacht. Dies schließt nicht aus, daß es auch für andersartige Messungen benutzt werden kann.

Abb. 166. Universalmeßmikroskop von Zeiss.

Die ihm eigene höhere Genauigkeit ist in der starren Bauweise und der Ablesung der Tischverschiebung begründet. Die Meßspindeln des Werkstattmikroskops, die nur mit einer begrenzten Genauigkeit hergestellt werden können und der Abnutzung unterworfen sind, wurden hier durch Glasmaßstäbe ersetzt. Diese sind in mm geteilt, auf μ abgelesen wird mit der sog. Spiralstrichplatte, die von ABBE zuerst bei dem nach ihm benannten Längenmesser benutzt wurde. Abb. 167 zeigt das Gesichtsfeld des Spiralmikroskops. Die großen Zahlen gehören der Millimetereinteilung an, die im Sockel des Instrumentes fest eingebaut ist. Die kleine Zehntelteilung befindet sich auf einer festen Strichplatte im Okular. Die Kreisteilung mit den

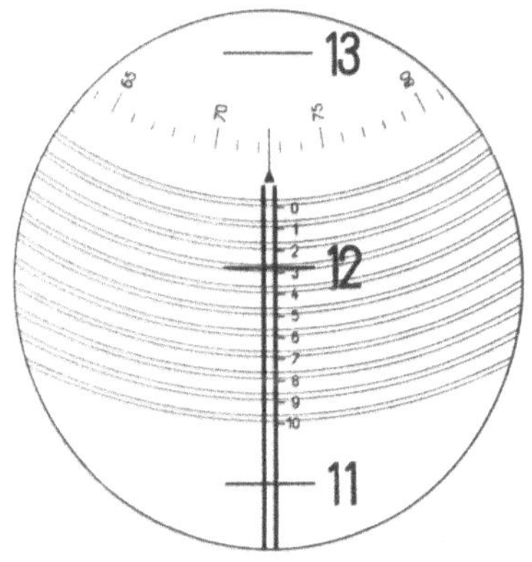

Abb. 167. Gesichtsfeld des Spiralmikroskopes von Zeiss. Ablesebeispiel 12,2725.

gekrümmten Linien ist auf einer Okularstrichplatte angebracht, die von außen gedreht werden kann. Die Linien stellen eine genaue (archimedische) Doppelspirale dar. Doppellinien sind dies, weil zwischen zwei Linien ein Strich genau mittig eingefangen werden kann. Die Spiralstrichplatte wird also so lange gedreht, bis der Millimeterstrich zwischen den beiden senkrechten Marken genau in der Mitte steht. Dann liest man ab: ganze Millimeter = 12, Zehntelmillimeter = 2 und, an der Kreisteilung, die Tausendstel = ,072, sowie geschätzte Zehntausendstel = ,0005. Demnach ist das Ableseergebnis = 12,2725 mm. Die Meßunsicherheit wird von C. Zeiss mit höchstens 0,5 μ angegeben. Man kann sie steigern, wenn man mehrmals nacheinander einstellt und das Mittel aus den Ablesungen nimmt und außerdem die mitgegebene Fehlertafel zu den Maßstabteilungen benutzt. Der Gesamtfehler einer Messung ist größer, man vergleiche dazu die Aufstellung auf Seite **198**.

Die im vorigen Abschnitt besprochene Schwierigkeit des Scharfeinstellens auf die Profilebene und das Verdecken durch hervorstehende und hinter der Bildebene liegende Teile der Flanke wird beim UMM dadurch beseitigt, daß an das zu messende Gewinde in der Achsenhöhe eine *Meßschneide* angeschoben wird (Abb. 168). Man kann dann auf den Lichtspalt zwischen Schneide und Flanke scharf einstellen und ihn mit dem mittleren Strich der Okularstrichplatte zur Deckung bringen. Wegen des Hervorstehens des Gewindes auf einer Seite muß der Tubus geschwenkt werden. Dies verursacht bei der Messung des Flankendurchmessers und der Steigung keinen Fehler, weil das Mikroskop nur Visiergerät ist und die Verschiebung des Tisches mit dem Werkstück, längs oder quer, parallel oder senkrecht zur Gewindeachse vorgenommen wird. Bei Winkelmessungen mit der Universalstrichplatte und beim Profilvergleich mit der Revolverstrichplatte aber entsteht durch das Schwenken ein Fehler.

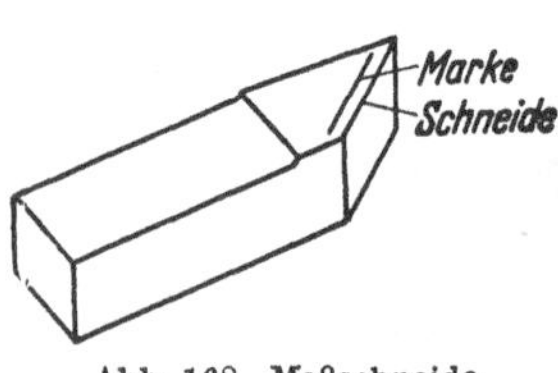

Abb. 168. Meßschneide.

Deshalb trägt die Meßschneide auf ihrer polierten oberen Fläche einen feinen *Markenriß*, auf den nunmehr, unbehindert durch die Gewindegänge, die Okularstrichmarke genau mittig eingestellt werden kann. Der Abstand der Marke von der Schneide beträgt 0,3 oder 0,9 mm. Die Schwenkbarkeit des Tubus dient jetzt nur noch dazu, um die richtige Anlage der Schneide an der Flanke an dem vorstehenden Gewindegang vorbei kontrollieren zu können. Zum Messen wird der Tubus wieder senkrecht gestellt.

Der Abstand des Markenrisses auf der Schneidenoberfläche von der Kante muß nicht nur an der neuen Meßschneide genau festgestellt und bei der Berechnung des Meßergebnisses berücksichtigt werden, sondern er ist auch von Zeit zu Zeit nachzuprüfen, weil er sich durch Abnutzung verändert. Die *Schneidenkorrektur* wird erfahrungsgemäß in der Praxis häufig vergessen oder vernachlässigt, deshalb sei hier besonders darauf aufmerksam gemacht.

Wenn man festgestellt hat, daß sie vernachlässigbar klein ist, kann man sich bei der Messung von Flankendurchmesser und Steigung einer Bequemlichkeit bedienen, die durch den Winkelmeß-Okularkopf gegeben ist. Man sieht aus Abb. 164, daß neben dem Mittelstrich noch rechts und links je 2 Striche angebracht sind. Deren Abstand von der Mitte entspricht, gemäß der Vergrößerung, einem Abstand Schneide-Marke von 0,3 und 0,9 mm. Man stellt dann also nur auf die entsprechende seitliche Linie ein und braucht beim Flankendurchmesser nicht $\frac{2 \cdot 0{,}3}{\sin \alpha_1}$ oder $\frac{2 \cdot 0{,}9}{\sin \alpha_1}$ abzuziehen.

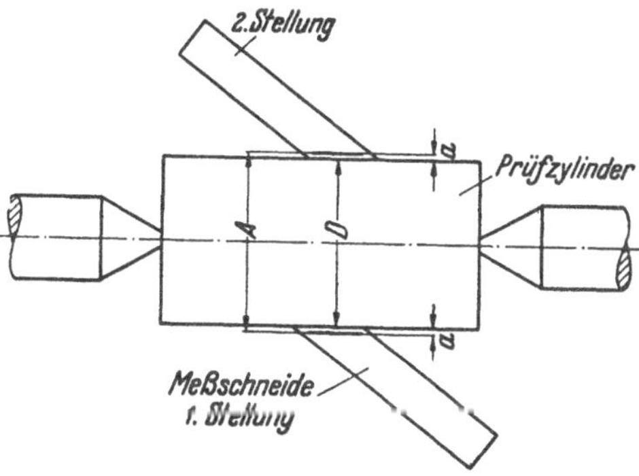

Abb. 169. Ermittlung der Schneidenkorrektur.

Die Bestimmung der Schneidenkorrektur zeigt Abb. 169. Auf dem Mikroskoptisch, zwischen Spitzen oder in V-Lagern, wird ein Meßzylinder aufgenommen, dessen Durchmesser D mit geeigneten Meßmitteln möglichst genau bestimmt wurde. Die zu prüfende Schneide wird einmal vorn und dann hinten in der Achsenhöhe an den Zylinder angeschoben und der Abstand A der beiden Markenstellungen gemessen. Dann ist der Abstand a des Markenrisses von der Schneide:

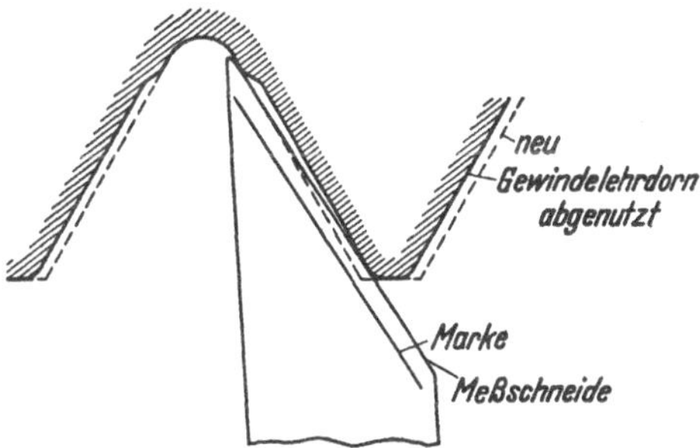

Abb. 170. Fehlerhafte Schneidenanlage bei abgenutzter Gewindelehre.

$$a = \frac{A - D}{2}.$$

Damit wird gleichzeitig auch der Anlagefehler der Schneide an der Gewindeflanke ausgeschaltet, der bei jedem Beobachter verschieden groß sein kann.

Ein Fehler, der beim Messen abgenutzter Gewindelehrdorne entstehen kann, ist in Abb. 170 zu erkennen. Werkstücke mit dem Kleinstmaß des Kerndurchmessers kommen selten vor, und dadurch nutzt sich die Meßflanke der Lehre an dieser Stelle weniger ab als in der Mitte. Die abgenutzte Lehre erhält dadurch eine Flanke von etwa der dargestellten Form. Legt man nun die Meßschneide so an, wie es die Abb. 170 zeigt, und kontrolliert nicht die Anlage bei geneigtem Tubus, so erhält man als Meßergebnis nicht den wahren Flankendurchmesser der Lehre, sondern ein größeres Maß. So kann es kommen, daß gar keine Abnutzung bemerkbar wird, während in Wirklichkeit die Lehre längst die zulässige Abnutzungsgrenze überschritten hat.

Selbstverständlich kann man auch auf dem Werkstattmikroskop den Vorteil der Meßschneide und der dadurch erhöhten Meßgenauigkeit ausnutzen. Allein man wird dann bald zu dem Ergebnis kommen, daß die Meßsicherheit zwar hinsichtlich der Visierung gesteigert wurde, aber die Genauigkeit der Meßspindeln nun nicht mehr ausreicht, weil sie in keinem Verhältnis mehr dazu steht.

Nunmehr weiß der Leser auch schon selbst, wie er die Einstellehre der Abb. 148 optisch mit hoher Genauigkeit messen kann, ein Problem, das im Abschnitt 631 offen gelassen war. Entweder man visiert die Kante der Lehre selbst an, oder, wenn man besonders genau messen will, man legt Schneiden an. Das Ausrichten des Prüflings so, daß die Verbindungslinie der Scheitelpunkte der beiden Winkel genau parallel zu einer der Tischbewegungen verläuft, bietet mit der Universalstrichplatte keine Schwierigkeit, behelfsmäßig kann sie ebensogut mit der Revolverstrichplatte ausgeführt werden, wobei man zweckmäßig das größte vorhandene Profil einstellt, um auf einem möglichst langen Stück Strichplatte und Werkstück vergleichen zu können. Es bedarf bei der optischen Messung

Allgemein	Metrisches Gewinde	Whitworth-Gewinde	Trapezgewinde
Flankendurchmesser: $\pm\left(0{,}5+\dfrac{2}{\sin\frac{\alpha}{2}}+\dfrac{L}{67}\right)\mu$	$\pm\left(4{,}5+\dfrac{L}{67}\right)\mu$	$\pm\left(4{,}8+\dfrac{L}{67}\right)\mu$	$\pm\left(8{,}2+\dfrac{L}{67}\right)\mu$
Steigung: $\pm\left(0{,}5+\dfrac{1{,}7}{\cos\frac{\alpha}{2}}+\dfrac{L}{29}\right)\mu$	$\pm\left(2{,}5+\dfrac{L}{29}\right)\mu$	$\pm\left(2{,}4+\dfrac{L}{29}\right)\mu$	$\pm\left(2{,}3+\dfrac{L}{29}\right)\mu$
Winkel: $\pm\left(2+\dfrac{1{,}7}{F}\right)$ min			

L = Meßlänge, Flankendurchmesser oder Steigung, F = Flankenlänge in mm.

auch keiner Hilfsmeßfläche; die durch deren Zwischenschalten entstehenden Fehler sind vermieden.

Für die mögliche Summe aller Fehler bei Benutzung des Prüfungsprotokolls für die Maßstäbe und bei Wiederholung der Messungen und Mittelbildung wurden von C. Zeiss die Werte der vorstehenden Tabelle angegeben.

635 Profilmeßstand.

Der Profilmeßstand von Leitz-Strasmann (Abb. 171 und 172) ist ein optisches Gerät mit einem Meßbereich von 1000 × 200 mm, das gegenüber den vorbeschriebenen einige Abweichungen aufweist. Das Werk-

Abb. 171. Profilmeßstand von Leitz-Strasmann.

stück steht fest, der Werkstückträger ist nur um seine Mitte schwenkbar, um kegelige Werkstücke bequemer messen zu können, die optische Einrichtung ist in der Längs- und Querrichtung verschieblich. Diese Anordnung macht das Gerät besonders für lange und schwere Prüfstücke geeignet. Dennoch eignet es sich ebensogut auch für kleine Teile, die wie beim Werkstattmikroskop auf eine Glasplatte gelegt und bei durchfallendem Licht beobachtet werden können.

Die Okularstrichplatten sind im wesentlichen die gleichen wie bei den vorher beschriebenen Geräten. Von den Strichplatten wird ein Zwischenbild erzeugt, und dadurch ist es möglich, die Vergrößerung bei Benutzung der gleichen Strichplatte beliebig zu wechseln. Die Optik für die Zwischenabbildung projiziert das Bild des Prüflings im Maßstab 1 : 1 in die Ebene der Strichplatte, an deren Stelle auch Vergleichsobjekte eingesetzt werden können. Das gemeinsame Bild von Prüfling und Platte wird dann erst durch das Mikroskopobjektiv und das Okular vergrößert. Dadurch fallen alle Fehler heraus, die sonst unvermeidlich durch das Verzeichnen des Mikroskopobjektivs entstehen, weil die Strichplatte vor dem eigentlichen Mikroskopobjektiv liegt und in gleicher Weise wie der Prüfling abgebildet wird. Die Vergrößerungen sind 9,5-, 20- und 29fach. Ablese- und Beobachtungsoptik sind abgewinkelt, so daß der Einblick bequem ist. Das Winkelmeßokular ist in der gleichen Weise eingerichtet, wie es in den vorigen Abschnitten beschrieben wurde. Eine Projektionseinrichtung macht das Arbeiten bequemer, weil der Messende nicht ständig durch das Mikroskoprohr zu schauen hat.

Abb. 172. Profilmeßstand, Teilansicht.

Die Anordnung zum Ablesen der Schlittenstellung zeigt Abb. 173 im Schnitt, und Abb. 174 gibt das Gesichtsfeld des Ablesemikroskops wieder. Die Glasmaßstäbe für Längs- und Querstellung sind in das Meßbett bzw. in den Längsschlitten fest eingebaut. Die großen Zahlen und zugehörigen Striche in Abb. 174 stellen die Millimeterteilung dieser Maßstäbe dar. Die Zehntelteilung ist in das Feinmeßokular fest eingebaut; die Strichplatte mit der μ-Teilung ist durch eine Stellschraube längs verschiebbar. Sie ist mit einem Glaskeil verbunden, der folglich mit verschoben wird. Darunter ist genau parallel ein optisch gleicher Glaskeil angeordnet. Das durch die Keile hindurch beobachtete Bild wird innerhalb des parallelen Spaltes zwischen den Keilen um einen bestimmten Betrag abgelenkt. Dies ist die gleiche Erscheinung, die man beobachten kann, wenn man durch eine dicke Glasplatte hindurchschaut und diese schwenkt: Das Bild verschiebt sich durch die zweimalige Brechung der Lichtstrahlen an der Glasplatte, beim Ein- und beim Austritt. Hier findet die Ablenkung an den Keilebenen statt, und der Weg, den der Lichtstrahl in schräger Richtung zurücklegt, und folglich auch seine Parallelverschiebung beim Durchgang durch das ganze System wächst mit zunehmender Dicke des parallelen Luftspaltes. Die Ablenkung ist also genau verhältnisgleich der Verschiebung der Glaskeile. Durch Drehen der Stellschraube werden sie so weit verschoben und dadurch das von unten kommende Bild des Millimeterstriches so weit abgelenkt, bis es zwischen einem der Strichpaare der fest eingebauten Zehntelskala steht. Die Glaskeilverschiebung wird an der Längsskala abgelesen. Abgesehen von der Notwendigkeit einer dauernd genau parallelen Führung des Glaskeiles mit Strichplatte können bei dieser Anordnung mechanische Fehler vermieden werden.

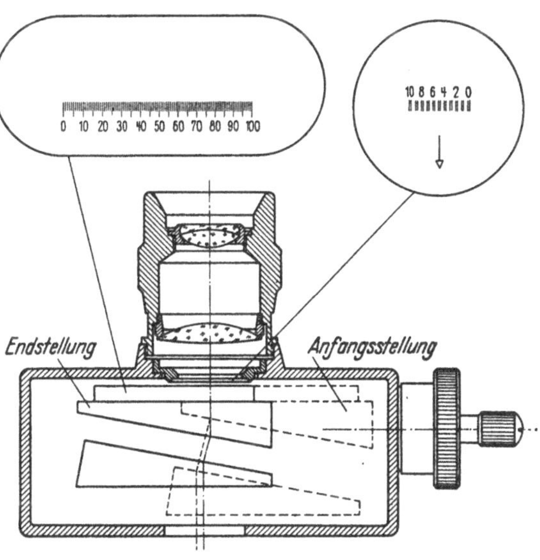

Abb. 173. Ablesemikroskop von Leitz, Wetzlar.

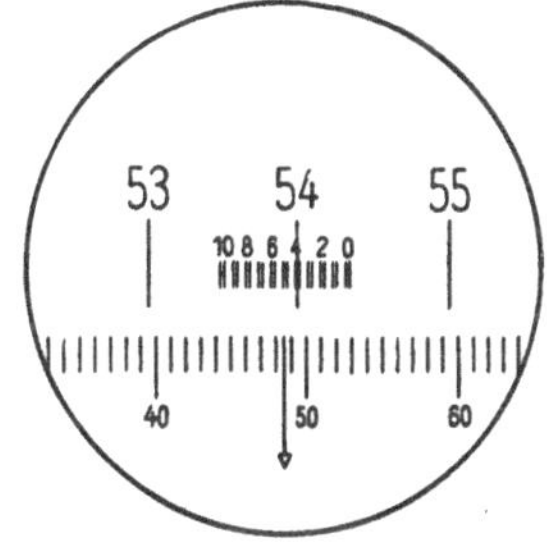

Abb. 174. Gesichtsfeld des Ablesemikroskopes von Leitz.

Die Ablesung in Abb. 174 gestaltet sich folgendermaßen, nachdem der nächstliegende Teilstrich 0,4 mit dem Millimeterstrich 54 zur Deckung gebracht ist: Ganze Millimeter = 54, Zehntelmillimeter = ,4, Tausendstel = ,048, geschätzte μ = ,0005, also Gesamtablesung 54,4485 mm.

Um beim Ablesen von einem runden Wert ausgehen zu können und das Rechnen mit vielstelligen Zahlen als Fehlerquelle zu vermeiden, können die Ablesemikroskope mit der an den Ständern angebrachten Feinstellschraube verschoben werden.

Das Instrument eignet sich ebensowohl zum Messen der Steigung wie des Flankendurchmessers, der Gewindeform und der Flankenwinkel. Die Meßunsicherheit wird bei einer Meßlänge von 200 mm zu $\pm 6\mu$ und bei einer Meßlänge von 1000 mm zu 10μ angegeben.

Zum Messen oder Einstellen einer Winkelstellung ist eine mechanische oder optische Teilscheibe vorgesehen. Mit dieser lassen sich Taumelfehler des Gewindes (trunkenes Gewinde) feststellen und Messungen an einem *identischen* Gewinde vornehmen. Dies ist ein Gewinde, dessen Gänge am Anfang des Gewindes oder an einem bestimmten, durch ein Längenmaß gegebenen Meßpunkt eine bestimmte Winkelstellung zu einer Bezugsfläche am Werkstück haben müssen. Ein solches Gewinde an Bolzen und Mutter ergibt folglich beim Zusammenschrauben um einen bestimmten Betrag eine ganz bestimmte Winkelstellung, oder die beiden Teile nehmen bei einer bestimmten Winkelstellung zueinander auch eine bestimmte Stellung in der Längsrichtung zueinander ein, die maßlich festgelegt ist und durch Toleranzen eingegrenzt sein kann. (Derartige Konstruktionen sollten, wenn irgend möglich, vermieden werden.)

Abb. 175. Steigungsprüfer mit Meßuhr (Mahr, Eßlingen).

Es bleibt noch zu erwähnen, daß Gewinde auch mit einem Profilprojektor behelfsmäßig gemessen werden können, vorausgesetzt, daß der Objekttisch des Instrumentes eine mikrometrische Verstellung hat. Wegen der vorerwähnten Abbildungsschwierigkeiten bei Gewinden ist der Projektor vorwiegend für Fräser und Gewindebohrer geeignet.

64 Steigung.

Mit den im Abschnitt 63 beschriebenen Verfahren und Geräten auf optischer Grundlage läßt sich auch die Steigung eines Gewindes einwandfrei messen.

Steigungsprüfer sind entweder Handgeräte, die auf das zu messende Gewinde aufgesetzt werden, oder Standgeräte wie das in Abb. 175 gezeigte. Beim Steigungsprüfer von ZEISS (Handgerät) geht der Meßbereich von 5 bis 60 mm. Bei einem Durchmesser von mehr als 300 mm können auch Innengewinde geprüft werden. In die Gewindegänge werden Kugeln

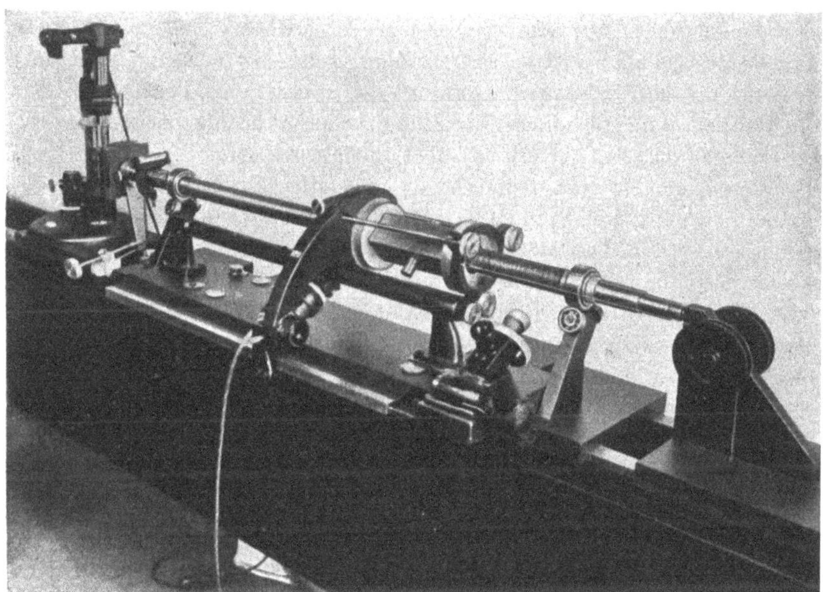

Abb. 176. Steigungsprüfer für Leitspindeln von Zeiss.

eingelegt, die an Taststiften befestigt sind. Von diesen ist der eine einstellbar, aber während des Messens fest, der andere mit einem Fühlhebel verbunden. Dieser wird nach einem Gewindelehrdorn oder einer besonderen Einstellehre auf Null gestellt und die Abweichung davon am Prüfling an der Teilung des Fühlhebels abgelesen. Ein Skalenteil $= 5\mu$, die Meßunsicherheit wird mit $\pm 3\mu$ angegeben.

Der *Steigungsprüfer für Leitspindeln* von Zeiss ist zur Prüfung von Gewinden von 20 bis 80 mm ⌀ und beliebiger Länge geeignet (Abb. 176). Die zu messende Spindel wird mit der zugehörigen Mutter auf Rollenböcken gelagert, die mit Kugellagern ausgerüstet sind, so daß die Spindel in der Längsrichtung leicht beweglich ist; sie wird durch einen Gewichtszug gegen eine Pinole gezogen. In die Grundplatte des Instrumentes ist ein Maßstab aus nichtrostendem Stahl eingelassen. Der Haltearm mit der zur Spindel gehörigen Mutter trägt die Beleuchtungseinrichtung und einen Teil der Ableseoptik. Das Bild der Maßstabstriche wird um 90°, also in die Längsrichtung und die Meßrichtung umgelenkt. Am rechten

Ende des Grundbettes befindet sich der zweite Teil der Optik, der die parallel ankommenden Lichtstrahlen auffängt und im Okular dieses Fernrohrsystems vergrößert abbildet. Mit dem Okularmikrometer können μ abgelesen werden. Zur Prüfung wird die Spindel jeweils um genau 360° gedreht und die Verschiebung mit der eben beschriebenen optischen Einrichtung abgelesen. Damit der Drehungswinkel von 360° genau eingehalten wird, ist auf der zu messenden Spindel eine Schelle mit einer Libelle festgeklemmt. Um auch Fehler innerhalb einer ganzen Umdrehung messen zu können, kann auf die Spindel eine Teilscheibe oder ein Winkelteilungsprüfer mit mikroskopischer Ablesung gesetzt werden, die Einstellung und Ablesung auf 1′ genau gestattet.

Wesentlich ist bei dem Gerät, daß eine *Funktionsprüfung* vorgenommen wird, weil Spindel *und* Mutter in ihrer gemeinsamen Wirkung gemessen werden. Das Meßergebnis gibt also ein richtiges Bild darüber, welche Genauigkeit eine solche Spindel mit ihrer Mutter zusammen ergibt. Um auch örtliche Steigungsfehler zu erfassen und dadurch Fertigungsfehler erkennen und abstellen zu können, kann man statt der Gewindemutter eine im Außendurchmesser genau passende Buchse aufsetzen, die in der Mitte, quer zur Achse, einen Schlitz hat, in dem ein Muttersegment, also ein einzelner Zahn, befestigt ist. Dieser taucht in die Gewindelücke der Spindel ein.

Der Maßstab des Instrumentes ist 500 mm lang. Will man längere Spindeln messen, so wird die Grundplatte mit dem Maßstab jeweils um 500 mm verschoben, so daß eine lange Leitspindel in Abständen von 500 zu 500 mm geprüft wird. Der größte ablesbare Steigungsfehler beträgt ±1 mm, die Meßunsicherheit wird wie folgt angegeben:

$$\text{Meßlänge bis 500 mm:} \quad \pm\left(3{,}5 + \frac{L}{500}\right)\mu\,,$$

$$\text{Meßlänge über 500 mm:} \quad \pm\left(4 + \frac{L}{500}\right)\mu\,.$$

Bei so großen Meßlängen ist auf Temperaturgleichheit zwischen Instrument und Prüfling besonders zu achten; hat dieser eine andere Wärmeausdehnungszahl als Stahl, so muß die Bezugstemperatur von 20° auf Bruchteile von 1° genau eingehalten werden. Vor allem müssen beide Teile genügend Zeit gehabt haben, die Raumtemperatur anzunehmen, die deswegen auch nicht schwanken darf. Der Temperaturausgleich erfordert bei schweren Stücken mehrere Stunden bis zu 1 bis 2 Tagen.

65 Flankenwinkel, Rundung und Abflachung.

Mit einer Genauigkeit, die für Lehren ausreicht, kann der *Flankenwinkel* an einem Gewinde nur nach einem der beschriebenen optischen Verfahren gemessen werden. Auch bei sehr grobem Profil ergeben mechanische Messungen, etwa mit dem Universal-Winkelmesser, zu ungenaue Werte. Man kann sich dadurch helfen, daß man nacheinander zwei verschieden große Meßdrähte in die Lücke einlegt und den Abstand zum gegenüberliegenden Gewindekamm (Außendurchmesser) mißt. Nach einer einfachen mathematischen Beziehung läßt sich daraus der Gesamtflankenwinkel α berechnen; die Größe der Teilflankenwinkel die für die Überwachung der Fertigung ungleich wichtiger ist, kann auf diese Weise nicht bestimmt werden.

Die Größe der *Rundungen und Abflachungen* am Gewinde läßt sich ebenfalls am besten optisch messen. Dazu kann die Revolverstrichplatte benutzt werden, die einen Vergleich mit dem Sollprofil ermöglicht. Mit der Universalstrichplatte läßt sich auch die Abflachung (angenähert auch eine Rundung) bestimmen, indem man den Mittelstrich nacheinander mit beiden Flanken und mit der abgeflachten Außenfläche zur Deckung bringt.

66 Muttergewinde.

Die Einzelmessung der Meßgrößen an einem Muttergewinde ist ungleich schwieriger als an einem Bolzen. Der Flankenschraublehre von Abb. 146 entsprechend sind Meßgeräte im Handel mit ausladenden

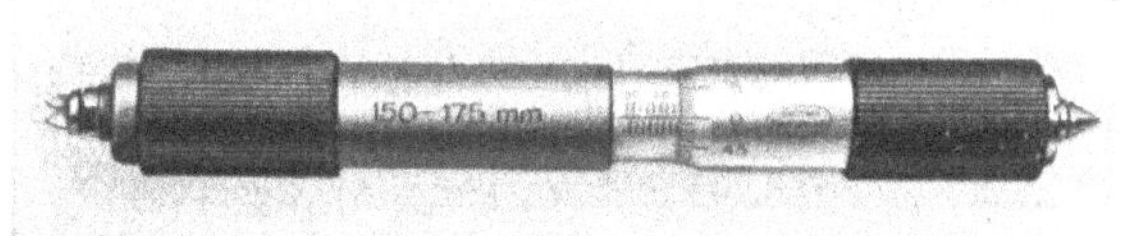

Abb. 177. Meßgerät für Flankendurchmesser, Innengewinde, Einsätze auswechselbar (Mahr, Eßlingen).

Armen wie bei einer Schublehre und mit zweckentsprechend ausgebildeten Meßkörpern. Dabei ist gegen das ABBEsche Prinzip verstoßen, das im Abschnitt 426 behandelt ist. Infolgedessen sind größere Fehler unvermeidlich, als sie einer Meßspindel an sich eigentümlich sind.

Besser sind Innenschraublehren mit Meßeinsätzen nach Abb. 177 und Geräte, bei denen das Meßergebnis durch Keil, Kegel oder Winkelhebel umgelenkt und auf eine Meßuhr oder einen Fühlhebel übertragen wird. Ein solches Instrument entspricht in seiner Konstruktion den üblichen Innenmeßgeräten für glatte Bohrungen. Die Meßeinsätze sind auswechselbar für die verschiedenen Steigungen und Profile. Mit Einsätzen nach Art der in Abb. 141 und 143 dargestellten kann auch der Außendurchmesser des Muttergewindes gemessen werden.

Der Umlenkmechanismus birgt natürlich eine Fehlerquelle, die ein solches Gerät nur bei sehr sorgfältiger Konstruktion und Ausführung für die Messung von Lehrringen geeignet macht. Nur wenn es gelingt, die an der Umlenkung der Meßrichtung beteiligten Teile praktisch spielfrei auszuführen, ist ein solches Instrument zu Vergleichsmessungen an Gewindelehren geeignet. Dann reicht aber die Genauigkeit einer Meßuhr nicht aus, sie muß durch einen genaueren Fühlhebel ersetzt werden. Dabei erhebt sich wiederum die Frage, wonach eingestellt werden soll: Denn eine Lehrmutter als Einstellehre muß ja selbst erst in bezug auf alle Maße genau gemessen sein, wenn man sie zum Einstellen eines anzeigenden Meßgerätes benutzen will.

Diese Schwierigkeit wird bei einem Verfahren geschickt umgangen, bei dem das Waagerechtoptimeter mit Innenmeßeinrichtung, das in Abb. 142 (S. 176) abgebildet ist, als Maßanzeiger dient. Die Bügel für Innenmessungen tragen Kugeln vom günstigsten Durchmesser und liegen abweichend von der gebräuchlichen Anordnung waagerecht. Dann kann man den zu messenden Lehrring auf den schwimmenden Tisch stellen, so daß seine Achse waagerecht liegt. Der Ring stellt sich dann von selbst so ein, daß jede Kugel beide Flanken einer Lücke berührt, wobei die Lücken um $h/2$ gegeneinander versetzt sind. Man mißt also hierbei nicht senkrecht, sondern schräg zur Gewindeachse.

Bei waagerechter Bügellage treten in dem Hebelsystem der Innenmeßeinrichtung Kippungen, Klemmungen und erhöhte Reibung auf, deren schädlichen Einfluß man dadurch vermindern kann, daß man beim Messen und beim Einstellen alle Teile in der gleichen Weise beansprucht, indem man den Tisch langsam von unten nach oben bewegt (um den größten Durchmesser am Lehrring zu suchen), die Tastkugel wiederholt anlüftet und durch Erschütterungen die Reibung der Ruhe zu überwinden sucht.

Für das Einstellen des Optimeters werden die in Abb. 178 gezeigten Kimmen in Verbindung mit Endmaßen und einem U-förmigen Halter benutzt[1]. Die Kimmen werden mit untergelegten Endmaßen um $h/2$ versetzt, so daß von der schrägen Entfernung auf den senkrecht zur Gewindeachse stehenden Flankendurchmesser gar nicht umgerechnet zu werden braucht. Ein Unterschied zwischen dem Sollwert von $h/2$, der durch die Endmaße gegeben ist, und dem Istwert am Lehrring ist auf das Meßergebnis ganz ohne Einfluß, weil durch die waagerechte Anordnung, wie gesagt, erreicht wird,

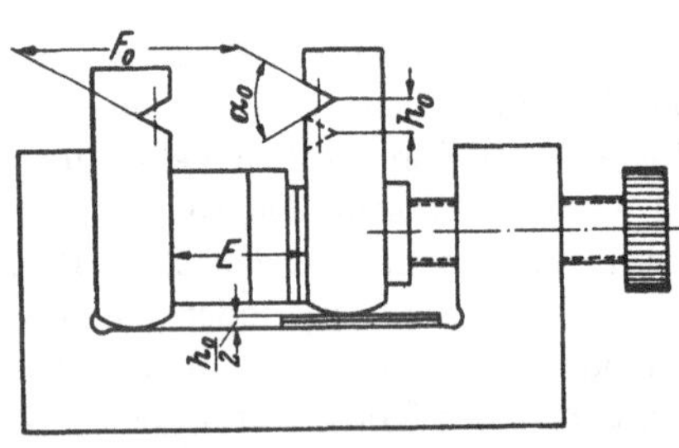

Abb. 178. Anordnung zum Einstellen des Waagerecht-Optimeters für das Messen des Flankendurchmessers eines Innengewindes.

[1] BERNDT-BOCK: Ein neues Verfahren zur Messung von Innengewinden. Z. Instrumentenkde. Bd. 50 (1930) S. 375 und 407.

daß sich die Kugeln an beiden Flanken — der Kimmen wie auch des Lehrringes — anlegen. Das Einstellflankenmaß der Kimmen darf sich nur nicht sehr vom Istmaß des Lehrringes unterscheiden. Man darf also das Optimeter nur als Nullzeiger und nicht als Meßgerät für die Differenz zwischen Einstellmaß und Prüfling benutzen. Denn diese Differenz wird schräg zur Gewindeachse gemessen und nicht, wie es sein soll, senkrecht dazu. Man müßte also eine Abweichung vom Einstellmaß mit $\cos\sigma$ multiplizieren, wobei $\operatorname{tg}\sigma = h/2 \cdot d_2$ ist. Dies kann man vermeiden, da die zwischen den Kimmenstücken in Abb. 178 befindlichen Endmaße schnell gewechselt werden können und so ein Einstellmaß gefunden werden kann, das annähernd dieselbe Anzeige am Optimeter ergibt wie der zu messende Lehrring.

Nun muß das Flankenmaß der Kombination in Abb. 178 bestimmt werden. Dieses ist mit den Bezeichnungen der Abbildung

$$F_0 = E + f_i - \frac{1}{2} h_0 \cdot \operatorname{ctg} \frac{\alpha_0}{2}.$$

Darin ist f_i die sog. innere Kimmenkonstante, die man erhält, wenn man die beiden Kimmen ohne Endmaße so zusammenlegt wie in Abb. 179.

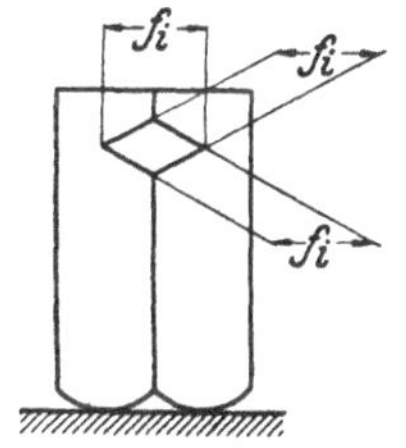

Abb. 179. Innere Kimmenkonstante.

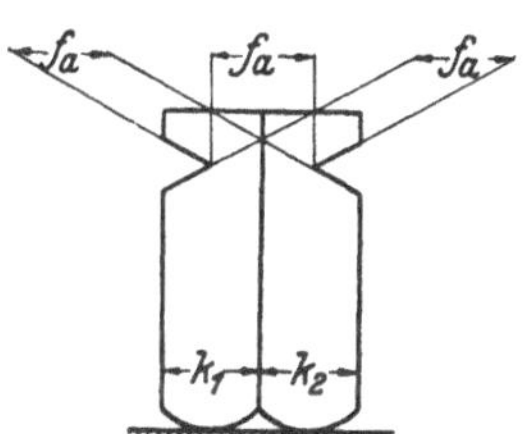

Abb. 180. Äußere Kimmenkonstante.

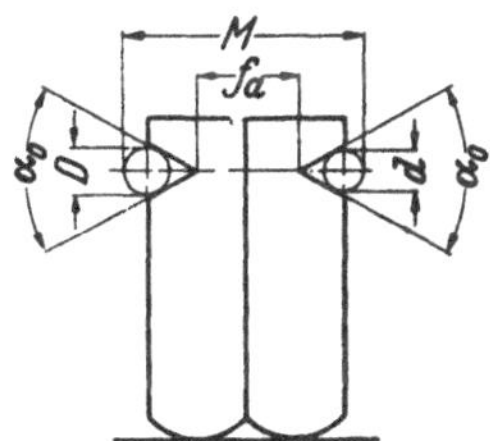

Abb. 181. Bestimmen der äußeren Kimmenkonstante mit Meßdrähten.

Diese kann nur schwierig genau gemessen werden, und deshalb bestimmt man die äußere Kimmenkonstante f_a (Abb. 180), und es ist

$$f_i = k_1 + k_2 - f_a.$$

Die Breiten der Kimmenstücke k_1 und k_2 können leicht mit Endmaßgenauigkeit gefertigt werden. Die Größe von f_a kann optisch auf dem Universalmeßmikroskop mit Meßschneiden und dem Winkelmeßokular gemessen werden. Dabei ist bei großer Sorgfalt eine Genauigkeit von etwa $\pm 1\,\mu$ erreichbar. Die gleiche erreicht man, wenn nach Abb. 181 mit Meßdrähten gemessen wird. Dafür gilt die Beziehung

$$f_a = M - \frac{D-d}{2}\left(1 + \frac{1}{\sin\frac{\alpha_0}{2}}\right).$$

Der halbe Kimmenwinkel, der für die Rechnung gebraucht wird, kann mit dem UMM oder mit zwei verschieden dicken Drähten mit einem (wahrscheinlichen) Fehler von 1′ gemessen werden.

Nunmehr läßt sich der F.ankendurchmesser F des Prüflings aus dem Unterschied der Optimeteranzeige ΔM nach folgender Gleichung berechnen:

$$F = E + f_i + \Delta M + d\left(\frac{1}{\sin\frac{\alpha}{2}} - \frac{1}{\sin\frac{\alpha_0}{2}}\right) - (K_1 + K_2 + K_3).$$

E = Endmaßkombination zwischen den Kimmenstücken,
f_i = innere Kimmenkonstante der zusammengehörigen Kimmenstücke,
ΔM = Unterschied der Optimeteranzeigen Prüfling minus Kimmenkombination.

Das nächste Glied berücksichtigt den Unterschied zwischen dem Flankenwinkel α des Prüflings und demjenigen α_0 der Kimmen. Durch K_1 wird die Versetzung um $h/2$ und durch K_2 und K_3 Fehler von h und $\alpha/2$ am Prüfling berücksichtigt. Bezeichnet man mit H und A die Sollwerte von h und α, so ist

$$K_1 = \frac{H}{2} \cdot \operatorname{ctg}\frac{A}{2},$$

$$K_2 = \frac{\delta h}{2} \cdot \operatorname{ctg}\frac{A}{2},$$

$$K_3 = \delta\frac{\alpha}{2} \cdot \frac{H}{2 \cdot \sin^2\frac{A}{2}}.$$

Das sieht sehr verwickelt aus; da die Gleichung für F aber nur aus einzelnen Summanden besteht, die tabelliert werden können, so läßt sich F sehr schnell als Summe der einzelnen Glieder berechnen. Entsprechende Tabellen finden sich in der auf S. 206 angegebenen Schrifttumsstelle.

Dazu muß aber das Istmaß für h und $\alpha/2$ am Prüfling bekannt sein. Bei einem Innengewinde versagen hier alle optischen Verfahren, die wir bei Außengewinde als so vorteilhaft erkannten. Es ist aber gelungen, mit Hilfe eines geeigneten Einsatzes, der auseinandergenommen und genau so wieder zusammengesetzt werden kann, einen Abdruck des Muttergewindes aus Kupferamalgam zu machen (Abb. 182). Das Amalgam wird in einem Schmelztiegel erhitzt, bis sich auf seiner Oberfläche kleine Quecksilbertröpfchen zeigen, dann in einem Mörser zerrieben, bis sich eine weiche Masse bildet, die man mit der Hand kneten und mit Stopfer in die Nuten und Gewindegänge einfüllen kann. Nach dem Einstampfen des Amalgams — wie beim Zahnarzt — und dem Erhärten wird der Einsatz auseinandergenommen, der Prüfling entfernt, wieder zusammengesetzt, und an dem so gewonnenen Abdruck können h und $\alpha/2$ optisch genau gemessen werden. Das Gewinde wird in bezug auf $\alpha/2$

so genau abgebildet, daß eine Meßunsicherheit von $\pm 8'$ bei einer 1″-Mutter erreichbar ist. Die Reproduktion des Flankendurchmessers bereitet jedoch Schwierigkeiten, die durch das vorbeschriebene Verfahren (Optimeter) überbrückt sind.

Somit ist es möglich, wenn auch nicht so bequem und einfach wie an einem Außengewinde, den Flankendurchmesser einer Lehrmutter mit annähernd der gleichen Genauigkeit zu messen wie einen Lehrdorn; die Verfasser geben eine Meßunsicherheit von $\pm 4\,\mu$ bei einer Mutter von 1″ an.

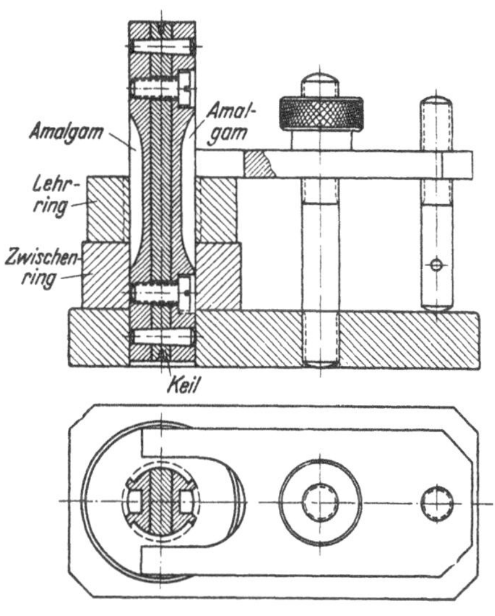

Abb. 182. Abdruckvorrichtung für Muttergewinde nach Berndt.

Ein Gegenstück zur Dreidrahtmethode wäre die Prüfung mit drei Kugeln vom günstigsten Durchmesser. Deren Abstand könnte mit Endmaßen ausgefühlt werden. Doch ist aus mehreren Gründen von diesem Verfahren abzuraten. Kugeln lassen sich viel schwieriger mit gleicher Formgenauigkeit herstellen als zylindrische Drähte. (Beim Messen mit Kimmen nach Abb. 178 findet die Anlage nicht an der gleichen Stelle der Kugel statt, abgesehen von Unterschieden der Flankenwinkel.) Die Meßanordnung mit 3 Kugeln und Endmaßen ist so schwierig zu handhaben, daß es kaum gelingt, die Kugeln in richtige Stellung zu bringen und dabei noch den größten Abstand, nämlich den Durchmesser und nicht die Sehne, zu suchen.

Die *Abflachungen* und *Rundungen* an einem Innengewinde können selbstverständlich auch an dem Amalgamabdruck mit optischen Geräten bestimmt werden, wie dies im Abschnitt 65 beschrieben ist.

7 Lehren.

Für die *laufende Prüfung* bei der Fertigung von Gewindeteilen werden *Lehren* benutzt. Sie sichern bei richtiger Auswahl und Anwendung sowohl die Zusammenschraubbarkeit zusammengehöriger Teile nach den Grundsätzen des Austauschbaues als auch die technische Brauchbarkeit in bezug auf Festigkeit, Flankenanlage, Kraftübertragung und Reibung. Erst wenn sich bei dieser laufenden Prüfung Erscheinungen zeigen, die ein *Eingreifen in die Fertigung* angezeigt erscheinen lassen, müssen die *einzelnen Meßgrößen* untersucht werden, wie dies im vorigen Kapitel dargetan wurde. Solche Erscheinungen können sein: Anwachsen der Zahl der zurückgewiesenen Stücke oder Zurückweisung eines Stückes durch die Gutlehre, während nach der Ausschußprüfung das Stück für gut zu erklären wäre. Dies ist immer ein Anzeichen dafür, daß entweder die Fertigungsmittel nicht im Einklang mit den vorgesehenen Toleranzen stehen oder daß eine einzelne Meßgröße zu große Abweichungen aufweist, die bei der summarischen Erfassung durch die Lehren nicht erkennbar sind. Einzelne Meßgrößen sind außerdem zu betrachten: bei der *Fertigung und Prüfung der Werkzeuge und Lehren* und beim *Einrichten der Werkzeugmaschine.*

Das Grundsätzliche und Wesentliche der Konstruktion von Gewindelehren ist schon im Abschnitt 53 entwickelt worden, weil dies zum Verständnis von Toleranzen am Gewinde unentbehrlich war. Hier bleibt demnach nur noch übrig, über die Lehrenarten und deren Auswahl, die Baumaße genormter Lehren und deren Herstelltoleranzen und Abnutzung zu sprechen. Dabei ist eine Lehrenart nachzuholen, die für die Prüfung von Bolzengewinde weite Verbreitung gefunden hat, die Gewinderollenlehre.

71 Lehrenarten.

Die für die Gewindeprüfung in Betracht kommenden Arten von Lehren sind in Tafel 11 zusammengestellt. Damit diejenigen Leser, die sich zum erstenmal mit Gewindelehren befassen, nicht den Eindruck gewinnen, als sei hier aus unwirklichen Überlegungen eine übergroße Vielzahl entstanden, sei von vornherein darauf hingewiesen, daß selbst für eine sehr sorgfältige Gewindeprüfung längst nicht alle aufgeführten Lehren gebraucht werden. Die Tafel enthält sowohl Lehrenarten, die wahlweise zu benutzen sind, als auch alle Hilfslehren, die zum großen Teil nur vom Hersteller gebraucht werden.

Die Lehrenarten sind durch verschieden dicke Umrahmung und gleichlautende Zahlen 1 bis 4 nach ihrer Wichtigkeit gekennzeichnet. Diese Rangordnung ist jedoch nicht allgemeingültig, sondern es kann z. B. vorkommen, daß die Prüfung des Bolzenkerndurchmessers, die hier mit dünner Einrahmung und der Wichtigkeitsstufe 4 gekennzeichnet ist, ebenso wichtig ist wie die Gutlehrung nach Stufe 1.

711 Bolzenlehren.

Die Zusammenschraubbarkeit wird, was das Bolzengewinde angeht, durch die Prüfung mit dem Gewinde-*Gutlehrring*[1] (Abb. 122 S. 147 und

[1] Da dieses Buch nur von Gewinde handelt, ist meist statt der genauen, ausführlichen Benennung nur die abgekürzte angewandt, um den Text nicht durch zu lange Worte unübersichtlich und schwerverständlich zu machen; z.B. „Gutlehrring" anstatt „Gewinde-Gutlehrring". Im technischen Schriftwechsel ist zum Vermeiden von Zweifeln und Mißverständnissen stets die volle Benennung anzuwenden.

Taf. 12 und 13) gewährleistet. Er hat im Flankendurchmesser die zulässigen Größtwerte des Bolzengewindes, das ist bei der gewöhnlichen (h-) Passung der Wert des Nennprofils. Im Kerndurchmesser hat er, abweichend vom Nennprofil, das gerundet ist, ein eckiges Profil. Ein Werkstück ist aber tatsächlich nur mit gerundetem Gewindegrund herstellbar, weil die scharfen Kanten oder Ecken bei jeder Art von Werkzeug sofort stumpfen. Damit der Gutlehrring sich aufschrauben läßt, muß also am Werkstück der Kern tiefer liegen. Sonach erschien es berechtigt, dem Gutlehrring im Kerndurchmesser ein Maß zu geben, das um das doppelte vorgesehene Spitzenspiel höher liegt als das theoretische Maß d_1. Sonach wird das Spitzenspiel hier nur durch die Konstruktion der Lehren herbeigeführt und nicht durch Unterschiede im Nennprofil, wie beim früheren metrischen Gewinde nach DIN, auch nicht durch entsprechende Lage der Toleranzfelder. Gleichzeitig ist die Möglichkeit geschaffen, daß die Rundung möglichst groß wird, und dadurch wird ein Einwand teilweise entkräftet, der oft gegen das metrische Gewinde erhoben wird.

Im Außendurchmesser ist der Gutlehrring aus Fertigungsgründen freigearbeitet oder gerundet, die Profilform darf an keiner Stelle das Nennprofil unterschreiten.

Wegen dieser Freiarbeitung muß die Gutseite des Außendurchmessers am Werkstück besonders geprüft werden, sofern man dies für unbedingt notwendig hält, etwa um Tragen in den Spitzen mit Sicherheit zu verhindern. Dazu eignet sich eine glatte Rachenlehre (Abb. 183), die ebenso bemessen wird, als wäre sie für eine Rundpassung bestimmt.

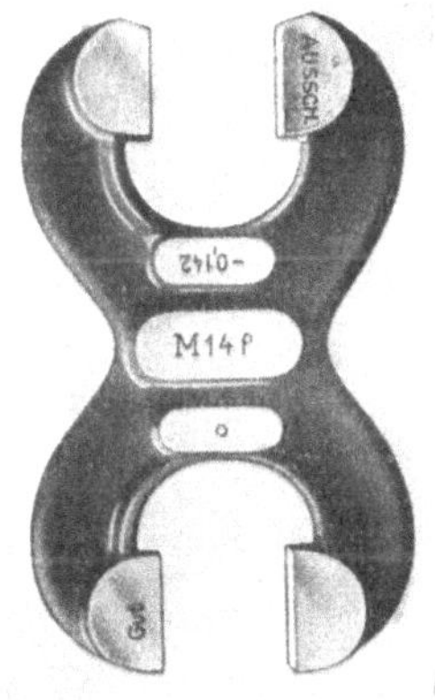

Abb. 183. Grenzrachenlehre für Bolzenaußendurchmesser (Mahr, Eßlingen).

Da ein Gewindelehrring schwieriger zu messen ist als ein Gewindedorn, wird er meist nach einer *Gegenlehre* (Abb. 184) (Paßdorn) gefertigt und diese zum Prüfen benutzt. Der Paßdorn ist mindestens so lang wie der Lehrring und hat ebenfalls volles Profil, wiederum mit Ausnahme des Gewindegrundes, das ist in diesem Falle der Kerndurchmesser. Dieser muß folglich am Gutlehrring besonders geprüft werden, und diesem Zweck dient der in der letzten Spalte der Tafel 11 aufgeführte glatte *Grenzlehrdorn*. Dieser gehört, ebenso wie der danebenstehende glatte *Abnutzungsprüfdorn*, zu denjenigen Lehren der Aufstellung, die am allerseltensten wirklich gebraucht werden. Denn der Kerndurchmesser eines Lehrringes läßt sich ebensogut mit einem gewöhnlichen Innenmeßgerät messen, wenn dieses nur genügend große Meßflächen besitzt. Außerdem ist im Kerndurchmesser des Gutlehrringes wenig Abnutzung zu erwarten, da, wie oben erläutert, hier gewöhnlich Spiel zwischen Lehre und Werkstück vorhanden ist.

Dagegen muß der Flankendurchmesser des Gutlehrringes häufig und regelmäßig geprüft werden, weil er durch Abnutzung größer wird, dann die Werkstücke auch dicker werden können und nicht mehr in jede beliebige Mutter zu schrauben sind. Zu dieser Prüfung dient der *Abnutzungsprüfdorn* (oder Abnutzungsprüfer) *zum Gutlehrring* (Abb. 185). Dieser erhält im Flankendurchmesser das Maß der abgenutzten Gutlehre, das demnach *größer* ist als das der Lehre in neuem Zustande. Läßt er sich einschrauben, so ist damit angezeigt, daß diese Grenze erreicht ist und der Gutlehrring ersetzt werden muß. Er wirkt also genau wie eine Ausschußlehre für ein Werkstück und soll auch nur das Flankenmaß erfassen. Demnach muß er nach dem TAYLORschen Satz verkürzte Flanken und nur wenige Gänge haben. Für die Gütegrade mittel und grob ist er gleich, mit Ausnahme der Toleranz für den Außendurchmesser auch für Feintoleranz; ein Unterschied, der nicht einzusehen ist, so daß hier nur empfohlen werden kann, für die verschiedenen Gütegrade keine zweierlei Abnutzungsprüfer anzuschaffen.

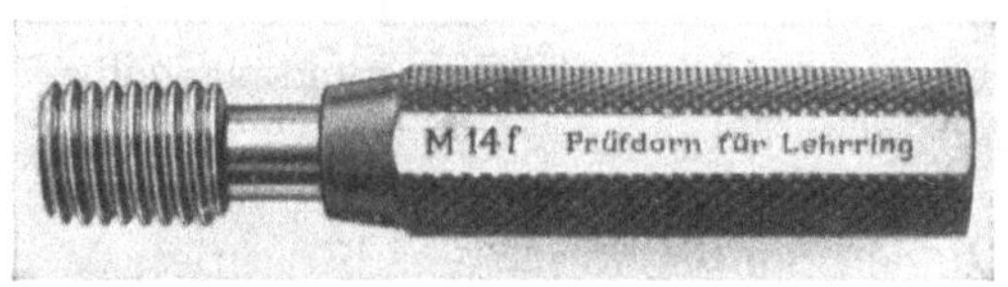

Abb. 184. Gewinde-Gegenlehrdorn (Paßdorn), Mahr, Eßlingen.

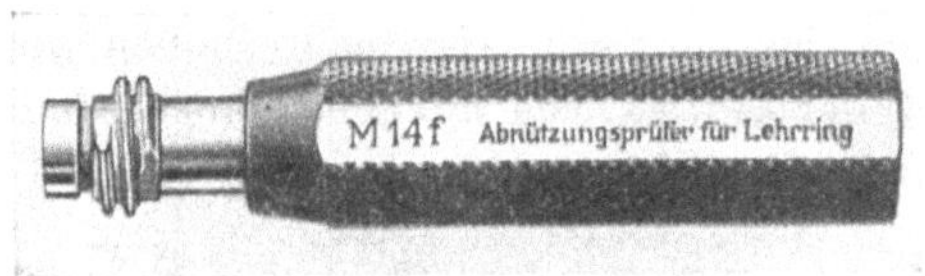

Abb. 185. Gewinde-Prüflehrdorn, Abnutzungsprüfer für Gewinde-Gutlehrring (Mahr, Eßlingen).

Damit die Abnutzungsgrenze des Gutlehrringes auch voll ausgenutzt und nicht eine teure Lehre zu früh verworfen wird, ist festgelegt worden, daß der Abnutzungsprüfer sich zwar einschrauben, aber nicht so weit durchschrauben lassen darf, daß er auf der anderen Seite des Gutlehrringes heraustritt.

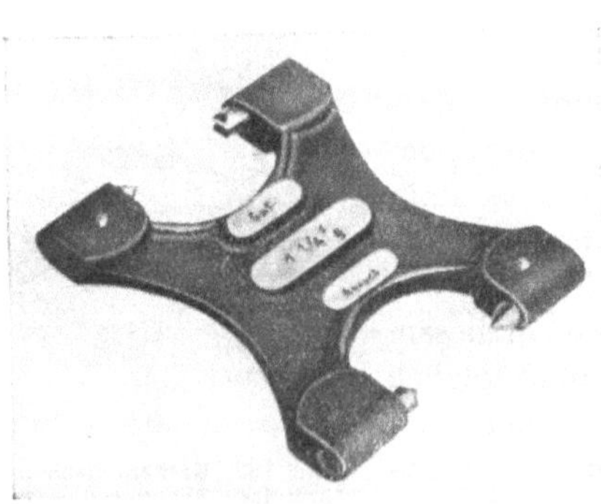

Abb. 186. Gewinde-Grenzrachenlehre für Flankendurchmesser, einstellbar, doppelmäulig, Gut- und Ausschußseite (Werner, Berlin).

An Stelle des Gutlehrringes wird heute meist eine Gewinderachenlehre (Abb. 186) der verschiedenen Bauarten benutzt, die deshalb in der Aufstellung der Tafel 11 als wahlweise aufgeführt ist. Man benötigt also nur höchstens *entweder* die obere *oder* die untere Gruppe der für die Gutprüfung des Bolzens aufgezählten Lehren.

Eine solche Rachenlehre braucht aus Fertigungsgründen im Grund der Lücken nicht freigearbeitet zu sein, sie kann also die Gutseite des Außendurchmessers am Bolzengewinde mit erfassen. Dann wird die in Tafel 11 darunterstehende glatte Rachenlehre überflüssig. Dieses Miterfassen des Außen- und Kerndurchmessers hat aber einen kleinen Nachteil, der wohl zu beachten ist. Nach eingetretener Abnutzung an den Flanken wird die Rachenlehre immer wieder mittels der in der letzten Spalte aufgeführten Einstellehre nachgestellt. Außen und im Grund der Lücke tritt aber geringere Abnutzung ein als an den Flanken; folglich wird nach mehrmaligem Nachstellen die Lehre an diesen Stellen zu eng und weist Werkstücke zurück, die nach den Toleranzen tatsächlich brauchbar wären. Vor allem wird durch diese Erscheinung der Gewindegrund des Werkstückbolzens etwas zu spitz, was höchst unerwünscht ist. Wenn man das nicht will, muß man die Gutrachenlehre an der Spitze der Kämme oder Rollen kürzen und den Kerndurchmesser des Werkstückes besonders prüfen.

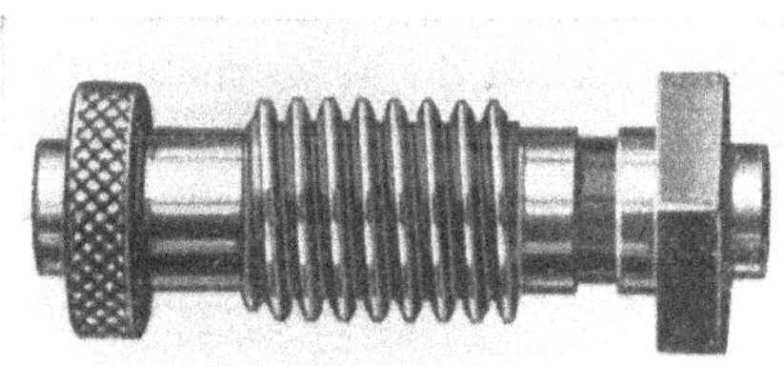

Abb. 187. Gewinde-Guteinstellehre (Mahr, Eßlingen).

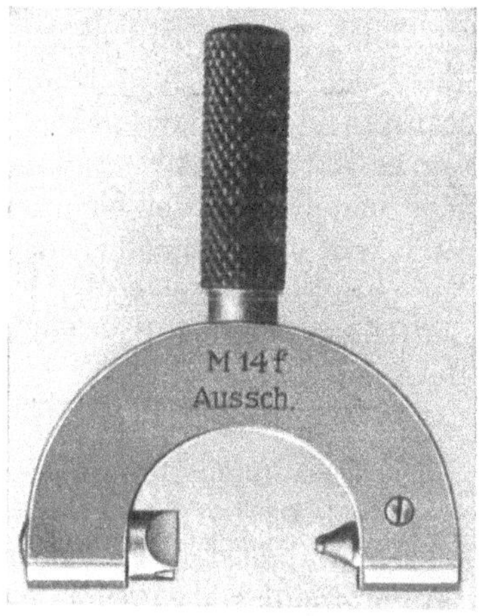

Abb. 188. Gewinde-Ausschußflankenrachenlehre (Mahr, Eßlingen).

Die Einstellehre (Abb. 187) erhält das Größtmaß des Flankendurchmessers, d. i. das theoretische Flankenmaß, verkürzte Flanken und wenige Gänge, damit die Gutrachenlehre nur auf das Flankenmaß eingestellt wird und Steigungs- und Winkelfehler ausgeschaltet sind.

Eine *Rachenlehre* (Gutseite) *für den Kerndurchmesser* wird nur benötigt, wenn dieser nicht vom Gutlehrring oder der Gutrachenlehre mit erfaßt und die Prüfung erforderlich ist. Dazu gehört eine *Einstellehre.*

Zur *Ausschußprüfung* kommt für die Flanke in erster Linie eine *Gewinderachenlehre* (Abb. 188) mit verkürzten Flanken und möglichst wenigen Gängen in Betracht. Ebenso sind aber auch Meßgeräte mit geeigneten Meßeinsätzen brauchbar. Eingestellt werden alle diese Meßmittel nach einer *Einstellgewindelehre.* Diese hat unverkürzte Flanken, weil diese sich leichter und genauer fertigen lassen als verkürzte. Sie braucht aber nur 2 bis 3 Gänge zu haben, da die Ausschußrachenlehre auch nicht länger ist.

Das *Kleinstmaß des Außendurchmessers* darf nicht unterschritten werden, damit die Tragtiefe nicht zu klein wird. Deshalb ist die hierfür vorgesehene *glatte Ausschußrachenlehre,* die nicht hinübergehen darf, meist noch wichtiger als die Gutlehre für den Außendurchmesser.

Abb. 189. Gewinde-Grenzlehrdorn, links Gutseite, rechts Ausschußseite (Mahr, Eßlingen).

Damit die Rundung im Kern des Bolzens nicht zu klein wird, kann der Kerndurchmesser mit einer Ausschußlehre mit entsprechend ausgebildeten Meßkörpern geprüft werden, die nicht hinübergehen darf. Eine solche Lehre *muß* benutzt werden, wenn das Gewinde wechselbeansprucht ist. Dazu gehört eine Einstellehre in Form eines glatten Dornes mit dem Ausschußmaß des Kerndurchmessers. Behelfsmäßig kann man statt dessen auch eine Endmaßkombination benutzen; wegen der Kürze und Schmalheit der Meßflächen ergibt die andere Anlage an den parallelen Flächen der Endmaße eine nicht unwesentlich andere Einstellung als bei Benutzung eines zylindrischen Dornes oder einer Meßscheibe.

712 Mutterlehren.

Die Zusammenschraubbarkeit der Werkstücke, soweit das Muttergewinde betroffen ist, wird durch den *Gewinde-Gutlehrdorn* (Abb. 189 links) gewährleistet. Er hat im Flanken- und Außendurchmesser das Nennprofil, das die Werkstückmutter nicht unterschreiten darf. Im Außendurchmesser ist er scharfkantig und sorgt damit ebenso wie der Gutlehrring im Kern des Bolzens auch im Außendurchmesser der Mutter für ein Mindestspitzenspiel. Im Kern ist der Gutlehrdorn freigearbeitet oder genügend tief ausgerundet. Sofern man die Prüfung des Werkstückes an dieser Stelle für unerläßlich hält, kann hierzu ein *glatter Lehrdorn* benutzt werden.

Die Abnutzung des Gutlehrdornes wird mit einer Flankenrachenlehre (Abb. 188) oder einem entsprechenden Meßgerät überwacht, das verkürzte Flanken hat und nur wenige Gänge erfaßt. Natürlich kann man auch das Dreidrahtverfahren anwenden. Benutzt man anzeigende Meßgeräte mit genügend großem Skalenbereich, so kann man statt der besonderen *Einstellehre* auch einen anderen Gewindedorn als Vergleichsnormal nehmen, dessen Flankendurchmesser genau bestimmt wurde.

Die *glatte Rachenlehre* zum Prüfen der Abnutzung am Außendurchmesser wird ebenso selten gebraucht werden wie der Abnutzungsprüfdorn für den Kerndurchmesser des Lehrringes.

Für die Ausschußprüfung des Flankendurchmessers ist ein *Gewinde-Ausschußlehrdorn* (Abb. 189 rechte Seite) mit verkürzten Flanken und nur 2 bis 3 Gängen erforderlich. Dieser ist, im Gegensatz zu den Gutlehren, für jede S-Reihe verschieden.

Wichtig für die Einhaltung der Überdeckung ist wiederum der *glatte Ausschußlehrdorn für den Kerndurchmesser.* Er hat in neuem Zustande das Größtmaß des Kerndurchmessers, entsprechend den Rundpassungslehren. Eine Abnutzungsgrenze ist nicht festgelegt.

713 Arbeits-, Revisions- und Abnahmelehren.

Wenn der Arbeiter die Werkstücke während der Fertigung prüft und die Teile hinterher durch die Revision laufen, so kann es vorkommen, daß beide Stellen zu verschiedenen Ergebnissen über die Brauchbarkeit kommen, weil sie zwar gleiche, aber doch nicht dieselben Lehren benutzen. Diese Unterschiede können von verschiedenem Ausfall der Lehren innerhalb ihrer Herstelltoleranz herrühren, aber auch von verschieden großer Abnutzung. Um solche Meinungsverschiedenheiten zu vermeiden, hat man bisweilen besondere Revisionslehren vorgesehen. Diese lagen mit ihren Maßen in neuem Zustande dort, wo die Arbeitslehren hingelangen, wenn sie die zulässige Abnutzungsgrenze erreicht haben (Abb. 190). Dies gilt für die Gutlehren. Die Ausschußlehren, bei denen die Abnutzung gering und deshalb keine Abnutzungsgrenze festgelegt ist, haben für die Revision ein Herstelltoleranzfeld, das gegen das der Arbeitslehren um seine halbe Breite nach außen verschoben ist, um auch hier in jedem Fall „toleranter" zu sein als die Arbeitslehre.

Wenn nun außerdem noch eine Prüfung durch den Besteller vorgenommen wird, so werden dessen *Abnahmelehren* eine *noch* größere Toleranz für das Werkstück zulassen müssen. Man erhält dadurch ein regelrechtes „Gebäude" von hintereinandergeschalteten Lehren, das nicht nur für sich kostspielig ist. Auch die Unterbringung der gesamten Herstell- und Abnutzungsbereiche an den Nenngrenzen der Werkstücktoleranz ist schlechterdings unmöglich, ohne entweder eine fühlbare Einengung oder eine beachtliche Überschreitung der Werkstücktoleranz hervorzurufen. Im einen Fall wird die Fertigung unwirtschaftlich; im andern Fall *können* die Werkstücke schlecht werden. Man muß sich daher fragen, ob ein solcher Aufbau wirtschaftlich gerechtfertigt ist.

der nur dazu dienen soll, Streitfälle zu verhüten. Die technische Einsicht der beteiligten Personen und der Betriebs- und Kontrolleitung sollte dies ohne so großen Aufwand ermöglichen.

Daher kann nur empfohlen werden, von solchen Maßnahmen abzusehen und so zu verfahren, wie es im Kontrollwesen allgemein bewährter Brauch geworden ist: Der Arbeiter an der Werkzeugmaschine erhält die *neuen* Arbeitslehren und die Revision solche, die schon etwas abgenutzt sind, aber die vorgeschriebene Abnutzungsgrenze noch *nicht erreicht* haben.

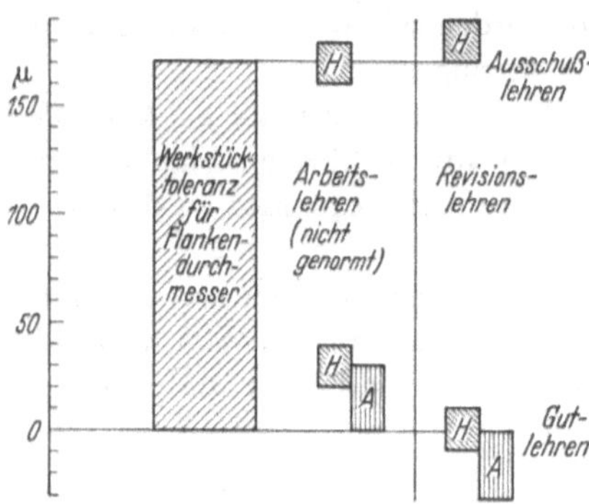

Abb. 190. Herstelltoleranzen *H* und Abnutzungsbereiche *A* von hintereinander geschalteten Arbeits- und Revisionslehren.

Trotz dieser Ansicht des Verfassers sei bemerkt, daß in England und den Vereinigten Staaten die drei Lehrenarten (working, inspection und master gauges) bekannt und genormt sind. Wieweit sie in der Tat benutzt werden, ist allerdings zur Zeit nicht bekannt.

*Die Gewindelehren mit Maßen, wie sie im deutschen Normenwerk festgelegt sind, stellen **Revisionslehren** dar, oder, wenn der Besteller eine Abnahme vornimmt, **Abnahmelehren**.* Sollen daneben besondere Arbeitslehren (oder auch besondere Revisionslehren) vorgesehen werden, so müssen deren Maße *in das Toleranzfeld hineingerückt* werden.

72 Gewinderollenlehren.

Im Abschnitt 13 wurde bereits erwähnt, daß heute statt des Gutlehrringes, der aufgeschraubt werden muß, fast nur noch die Gewinderollenlehre benutzt wird, die wie eine glatte Rachenlehre auch über das zwischen Spitzen eingespannte Werkstück geführt werden kann (Abb. 191 bis 193). Sie besitzt als Meßkörper Rollen, die mit umlaufenden Rillen vom Profil des zu prüfenden Gewindes versehen sind. Die Rollen sind meist frei drehbar und lassen sich auf ein gewünschtes Maß einstellen, da ihre Achsen außermittig gelagert und feststellbar sind (Abb. 194). Auf der Gutseite haben sie

Abb. 191. Gewinde-Grenzrollenlehre (Mahr, Eßlingen).

volles Profil und die volle Lehrenlänge, auf der Ausschußseite verkürzte Flanken und nur zwei oder drei Rippen. Gut- und Ausschußseite liegen hintereinander, so daß mit einmaligem Überführen festgestellt wird, ob das Werkstück innerhalb der Toleranzgrenzen (für den Flankendurchmesser) liegt.

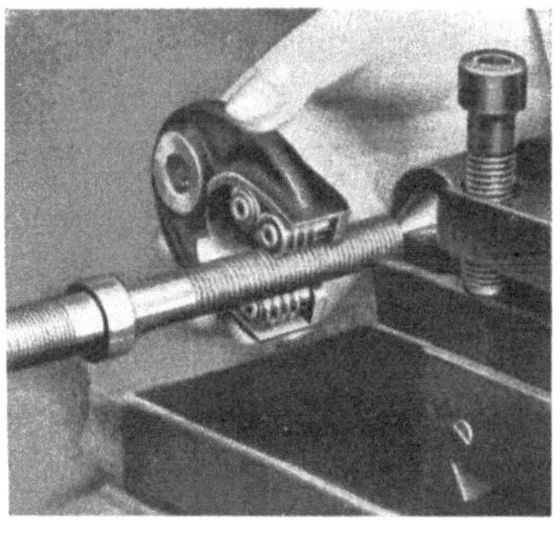

Abb. 192. Anwendung der Gewinde-Grenzrollenlehre (Kordt, Eschweiler).

Damit auch Gewinde geprüft werden können, die bis an einen Bund herangehen, sind bei der Ausführung nach Abb. 191 die Rollen auf fliegenden Achsen gelagert.

Die beim Aufkommen dieser Lehren geäußerten Bedenken wegen der Abweichung vom TAYLORschen Grundsatz haben sich als praktisch gegenstandslos erwiesen, zumal auch in den letzten Jahrzehnten die Fertigungsverfahren für Gewinde so verbessert worden sind, daß die Werkstücke genügend genau rund sind.

Abb. 193. Gewinde-Grenzrollenlehre (Hommelwerke, Mannheim).

Zahlreiche Versuche haben ergeben, daß die Meßzeit bei der Benutzung von Gewinderollenlehren nur etwa 8 bis 20% von derjenigen beträgt, die für das Überschrauben des Gutlehrringes und die gesonderte Prüfung mit einer Ausschuß-Flankenrachenlehre gebraucht wird. Die Versuche haben gleichzeitig den Beweis erbracht, daß nur ein sehr geringer Prozentsatz der Werkstücke von der Gewinde-Gutrollenlehre anders beurteilt wird als vom vollen Gutlehrring. Unter einer großen Anzahl von Werkstücken wurden nur etwa 2 bis 3% gefunden, die nach dem Prüfergebnis mit dem Lehrring noch nicht gut waren, nach der Rollenlehre jedoch als gut zu bezeichnen waren, und umgekehrt. Im Hinblick auf die schwierige Fertigung eines Gutlehrringes wären vermutlich auch ähnliche Unterschiede zu erwarten gewesen, wenn man zwei „gleiche“ Gutlehrringe nacheinander benutzt hätte.

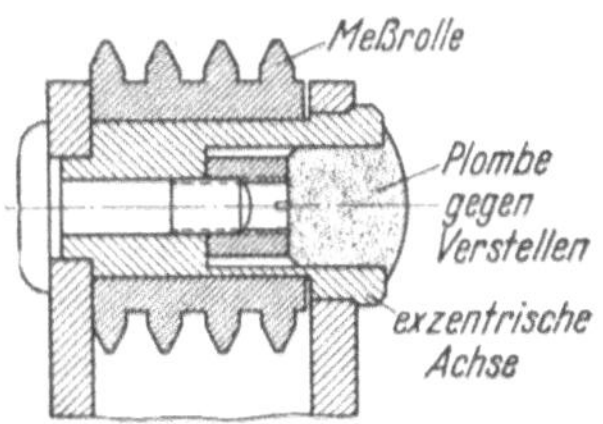

Abb. 194. Lagerung der Rollen bei der Aggra-Gewinderollenlehre.

Somit ist es im Hinblick auf die Austauschbarkeit unbedenklich, Gewindebolzen mit Gewinderollenlehren auf Einhaltung der Gut- und der Ausschußgrenze zu prüfen. Will man ganz sicher gehen, so kann man außerdem

Stichproben mit einem Lehrring machen und dadurch das Fertigungsverfahren besonders scharf überwachen. Es ist jedoch zu bedenken, daß eine beträchtliche Unrundheit am Gewinde mit einer Rachen- oder Rollenlehre aufgedeckt werden kann, auch wenn das Gewinde innerhalb der Toleranzgrenzen liegt. Mit dem Gutlehrring dagegen ist dies nicht möglich.

Die Benutzung von Gewinderollenlehren verbietet sich bei dünnwandigen Werkstücken, die durch die Meßkraft oval gedrückt werden. Für solche Werkstücke muß man nicht nur einen Lehrring für die Gutprüfung vorsehen, sondern auch einen Ausschußlehrring, der verkürzte Flanken und nur wenige Gänge hat.

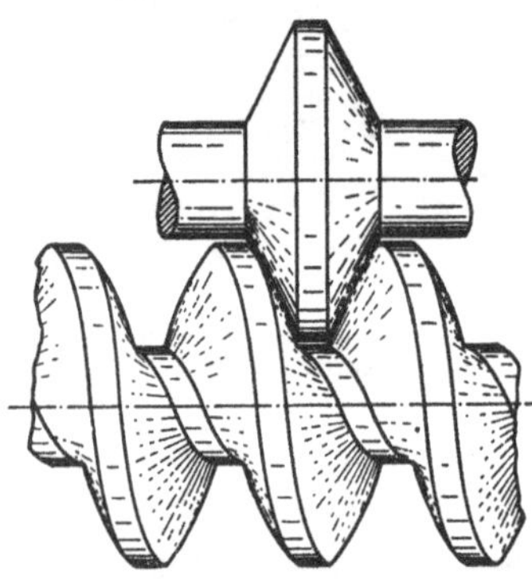

Abb. 195. Anlage einer Meßrolle am Werkstückgewinde. Infolge des schraubenförmigen Verlaufes der Gewindegänge kommt die Rolle nur an zwei Punkten der Gewindeflanken zur Anlage; diese liegen links vor und rechts hinter der Bildebene. Um Linienanlage zu erreichen, müßte das Profil der Rolle korrigiert werden. Gleiche Anlageverhältnisse bestehen aber bei Einstelldorn und Werkstück: deshalb fällt der Anlagefehler praktisch heraus.

Gegen die Gewinderollenlehre hört man mitunter den Einwand, daß die Rollen an der Gewindeflanke nicht „satt“ anliegen. Dies ist in der Tat der Fall, wie die Abb. 195 erkennen läßt, die den Leser an den Abschnitt über das Gewindefräsen und -schleifen erinnern wird. Der Anlagefehler zwischen den (ohne Steigung) umlaufenden Kämmen und dem (steigenden) Gewinde des Werkstückes entsteht vor allem, weil die Gänge der Rolle nicht im Steigungswinkel stehen. Wollte man den Fehler beseitigen, indem man die Rollen ebenfalls mit Gewinde versieht, so müßte man sie ebenso groß machen wie das zu prüfende Gewinde; die Lehre würde dadurch sehr unhandlich und schwer werden. Aber man würde dadurch nur einen Teil des Anlagefehlers beseitigen. Andererseits könnte man das Profil der Meßrolle so korrigieren, daß der Anlagefehler ganz verschwindet. Bei den Regelgewinden ist indessen die erforderliche Korrektur in den meisten Fällen kleiner als die Herstellungstoleranz für genormte Lehren. (Aber Außen- und Kerndurchmesser erfordern eine Korrektur, wenn diese Meßgrößen mit erfaßt werden sollen.)

Entscheidend ist die Tatsache, daß die Gewinderollenlehre als Taster aufgefaßt werden kann, der das Flankenmaß von der Einstellehre auf das Werkstück überträgt und dieses dadurch prüft. Folglich tritt der beanstandete Anlagefehler beide Male auf: beim Einstellen der Lehre und beim Prüfen mit der Lehre. Ein fehlerhaftes Prüfergebnis kann nur dadurch entstehen, daß das Werkstück naturgemäß gröbere Abweichungen aller Art aufweist als die sorgfältig gearbeitete Einstellehre. Es ist somit denkbar, daß beide Male ganz verschiedene Punkte zur Anlage gelangen, und auch, daß das Werkstück an einer Stelle, wo die Rolle infolge des Anlagefehlers nicht anliegt, dicker ist und dadurch das Nennprofil überschritten wird. Aber der Luftspalt, der außerhalb der Anlagepunkte der Rolle bei einem ganz genauen Gewinde vorhanden ist, beträgt nur wenige μ, und die Möglichkeit der Überschreitung des Nennprofils ist somit praktisch völlig bedeutungslos.

Die Rollen können in neuem Zustand Schlag haben. Der Umfangsschlag ist in den deutschen Gewindenormen auf den Höchstwert 5μ begrenzt; dies ist der Unterschied zwischen dem beim Drehen der Rolle zu beobachtenden größten und kleinsten Ausschlag eines Fühlhebels, der zweckmäßig an den Flanken angesetzt wird (unter Zwischenlegen eines Meßdrahtes). Dieser Wert kann bei der Fertigung auf neuzeitlichen Gewindeschleifmaschinen leicht unterschritten werden. Um den Schlag unschädlich zu machen, hat man versucht, die Rollen gegen Verdrehen zu sichern. Sie müssen aber in ihrer Achsenrichtung ein wenig frei verschiebbar sein, so daß sie sich von selbst auf jeder Lehrenseite in die Profilmitte des Gewindes einstellen; denn das richtige Gegenüberstehen der Rollen an der Lehre ist schwer meßbar, und außerdem kann das Werkstück örtliche Steigungsfehler oder Taumelgewinde haben.

Die Drehsicherung und gleichzeitige axiale Verschiebbarkeit verursacht aber konstruktive Schwierigkeiten.

Man glaubt aber bei festgestellter Rolle auch, die Abnutzung besser beherrschen zu können. Man kann dann ja nach eingetretener Abnutzung die Rolle ein wenig weiterdrehen. Die Praxis hat aber gezeigt, daß die Abnutzung bei frei drehbarer Rolle recht gleichmäßig am ganzen Umfang auftritt und somit die Befürchtungen ungerechtfertigt sind.

Vor allem aber glaubte man, daß die rollende Reibung bei der frei drehbaren Rolle größeren Schwankungen unterliegt als die Gleitreibung bei festgesetzter Rolle. Versuche haben ergeben, daß das Gegenteil richtig ist: Die Schwankungen der Reibungszahl betragen bei einer Kammlehre 14%, bei einer Rollenlehre dagegen nur 5%. Der Reibungswert „rollend" ist aber kleiner (0,052) als „gleitend" (0,12) und somit die Aufspreizung bei gleicher Kraft zum Überführen größer. Aus diesen Beziehungen läßt sich berechnen, daß die Schwankungen der Aufspreizung und damit die Meßunsicherheit bei der Rollenlehre etwa halb so groß ist wie bei der Kammlehre[1].

Folglich wird in den Grenzfällen nicht unsicherer gemessen als bei

---

[1] SCHMIDT: Berührungsfehler der Meßstücke von Gewinde-Rachenlehren. Meßtechn. 1931, H. 7. — SCHMIDT: Die Meßgenauigkeit von Gewinde-Rachenlehren. Meßtechn. 1932, H. 4. — SCHORSCH: Untersuchungen von Gewinde-Rachenlehren. Diss. Dresden 1935.

festgesetzter Rolle, sondern genauer. Nur muß man in einem solchen Grenzfalle und auch beim Einstellen die Rollenlehre gemäß der „Definition für das Arbeitsmaß einer Rachenlehre“ anwenden. Diese lautet: „Die Rachenlehre soll, leicht eingefettet und dann sauber abgewischt aus dem Zustande der Ruhe durch ihr Eigengewicht gerade hinübergleiten.“ Verfährt man hiernach, so hat man die Gewähr, daß Reibung, elastische Aufspreizung des Lehrenbügels und Abplattung an den Berührungsstellen stets hinreichend genau gleich groß und somit zwischen Einstellehre und Werkstück praktisch eliminiert sind.

Auf eine Schwierigkeit muß noch hingewiesen werden, von der eigenartigerweise am wenigsten Aufhebens gemacht worden ist. Es ist schwieriger, bei einer Rolle die Abstände der Rillen genau einzuhalten als bei einem fortlaufenden Gewinde die Steigung. Da beim Schleifen weitergeschaltet und jedesmal nur zugestellt werden muß, können außerdem beachtliche Unterschiede im Flankendurchmesser der einzelnen Rillen auftreten. Ein Teilungsfehler oder große Unterschiede der Flankendurchmesser an einer Rolle können aber erhebliche Abweichungen am Werkstück unbemerkt durchschlüpfen lassen. Allerdings ist es unwahrscheinlich, daß die Fehler am Werkstück gerade genau denen an der Meßrolle entsprechen. Im übrigen erheischt die Fertigung von Rollen für Gewindelehren beste Fertigungseinrichtungen und große Sorgfalt und Erfahrung.

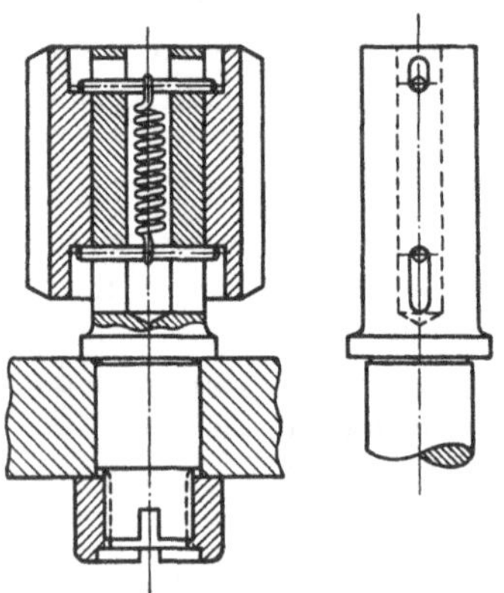

Abb. 196. Besondere Befestigungsart der Meßrollen einer Gewinderollenlehre. Gut geeignet für feingängiges Gewinde. Die Schraubenfeder zieht die Rolle immer wieder in die gezeichnete Ausgangsstellung zurück. Konstruktion des M. S. L. Maribyrnong, Vic., Australien.

Bei besonders feingängigem Gewinde finden manchmal die Rollenkämme nicht leicht in die Gewindegänge hinein, besonders auch, wenn die Rollen entsprechend der Einschraublänge bei Feingewinde nur kurz sind und die Lehre folglich nicht gut nach ihnen auszurichten ist und verkantet angesetzt wird. Diesem Übelstand hilft eine Konstruktion ab, die dem Verfasser aus Australien mitgeteilt wurde und in Abb. 196 wiedergegeben ist. Die Rolle kann sich aus ihrer mittleren Ruhelage nach beiden Richtungen entfernen, wenn der Eingriff mit den Gewindegängen dies erfordert. Nach dem Meßgang zieht die Feder die Rolle wieder in die Ruhestellung zurück. Das untere Langloch für den Querstift ist länger, so daß die Rolle so tief heruntergedrückt werden kann, bis der obere Stift eingesetzt oder herausgenommen werden kann. Mit einfachsten Mitteln ist so eine zuverlässige Anordnung getroffen worden.

Nachdem nunmehr die Bedenken gegen die Gewinderollenlehre ausführlich besprochen und zum Teil widerlegt sind, seien die Vorzüge kurz zusammengestellt:

1. Gut- und Ausschußseite werden in einem Meßgang (Handgriff) geprüft. Kurze Meßzeit.
2. Das Messen erfordert keine besondere Geschicklichkeit und Übung, wie sie zum Aufschrauben eines feingängigen großen Gewindelehrringes immerhin notwendig sind.
3. Unrundheit des Werkstückes wird leicht bemerkt.
4. Reibungskraft und Reibungsweg sind klein, und Abnutzung und Lehrenverbrauch sind daher ebenfalls klein.
5. Die gleiche Lehre ist für Rechts- und Linksgewinde benutzbar.
6. Man kann ein Gewinde messen, das bis an einen Wellenabsatz herangeht.
7. Man kann die Lehre schnell auf eine andere Toleranz einstellen.
8. Die Lehre kann nach dem Einstellen plombiert werden und ist dann gegen unbefugtes Verstellen gesichert.

73 Auswahl.

An Hand der Stufung nach der Wichtigkeit, die in Tafel 11 vorgenommen ist, wird dem Leser die zweckmäßige Auswahl aus der Vielzahl der möglichen Meßmittel für eine einzelne Prüfaufgabe erleichtert. Wer bis hierhin durch alle Kapitel hindurch aufmerksam folgen konnte, dem wird die Tafel meist nur als Gedächtnisstütze dienen, und er wird selbst in der Lage sein, zu beurteilen, welche Meßmittel gebraucht werden, — besser als ein Schema, in dem längst nicht alles Erforderliche ausgedrückt werden kann.

Dennoch seien die verschiedenen Vollständigkeitsgrade des Lehrenparkes kurz besprochen:

Die erste Stufe — dick eingerahmt — gewährleistet lediglich die Zusammenschraubbarkeit von Bolzen und Mutter. Weder über die Anlage in den Flanken noch über die tatsächliche Tragtiefe kann etwas ausgesagt werden.

Um eine hinreichend gute Anlage in den Flanken sicherzustellen, müssen außer den mit 1 bezeichneten noch Ausschußlehren für den Flankendurchmesser benutzt werden: Stufe 2.

Um die Mindestüberdeckung zu sichern, müssen Ausschußlehren für den Bolzenaußendurchmesser (damit dieser nicht zu klein wird) und für den Mutterkerndurchmesser (damit er nicht zu groß wird) vorgesehen werden: Stufe 3.

Die 4. Stufe umfaßt alle Lehren, die für eine Gewindeprüfung überhaupt in Betracht kommen. Von diesen sind für die laufende Prüfung von Werkstücken diejenigen Lehren der letzten Spalte entbehrlich, die nur den Lehrenhersteller angehen; dies sind alle außer den Einstellehren.

Kommt es auf die Haltbarkeit bei Wechsellast besonders an, so wird man nur die Ausschußlehre für den Bolzenkerndurchmesser von den mit 4 bezeichneten Meßzeugen auswählen.

Es darf aber bei allem Streben, zu sparen, nicht vergessen werden, daß neben den Lehren für die Überwachung einer ausgesprochenen Massenfertigung von Gewindeteilen eine Anzahl der im Abschnitt 6 behandelten Meßzeuge unentbehrlich ist.

Es ist auch zu überlegen, welche Nachteile dadurch entstehen, wenn sich ausnahmsweise einmal Mutter und Bolzen nicht zusammenschrauben lassen. Bei einem fließenden Zusammenbau nimmt der Arbeiter dann schnell eine andere Mutter oder Schraube, die dann sehr wahrscheinlich passen wird. Es kann also auch zweckmäßig sein, Muttern, die mit dem Gewindebohrer geschnitten werden, nur mit dem Gewinde-Ausschußlehrdorn zu prüfen und die Gutprüfung nur in Stichproben vorzunehmen.

Für die Bestellung von Gewindelehren sind folgende Angaben erforderlich:

1. Gewindeart, Bezeichnung nach DIN: Profil, Nenndurchmesser, Steigung, Gangrichtung, Gangzahl,
2. Toleranzfeld: fein, mittel oder grob, bei Abweichungen davon die S-Reihe nach ISA mit dem Buchstaben für die Lage des Toleranzfeldes (meist *h*, auch *k*, *n*, *f*, *g*),
3. Einschraublänge, soweit sie von der in Tafel 7 angegebenen VL abweicht,
4. Lehrenart nach Tafel 11,
5. Stückzahl.

74 Wahl des Gütegrades.

Bisher ist die deutsche Industrie mit den drei Gütegraden „fein", „mittel" und „grob" völlig ausgekommen, und es hat sich niemals das Bedürfnis nach einer feineren Abstufung gezeigt. Falls es sich in der Zukunft ergeben sollte, so ist die Möglichkeit seiner Befriedigung in den neuen Normen gegeben.

Weitaus in den meisten Fällen genügt der bisherige Gütegrad „mittel", für rohe Schrauben und untergeordnete Zwecke ist „grob" angebracht, und wenn besondere Ansprüche hinsichtlich des Tragens der Flanken zu stellen sind, ist der Gütegrad „fein" zu wählen.

Die Gutlehren für die S-Reihen 4 bis 6 (Gütegrad fein) und 7 bis 12 (mittel und grob) sind hinsichtlich Größe und Lage der Herstelltoleranz gleich, sofern nicht ungewöhnlich große Einschraublängen Sonderausführungen nötig machen. Demnach brauchen nur die Ausschußlehren andere Maße zu haben. Die üblichen einstellbaren Gewinderachen- oder -rollenlehren können leicht und schnell auf ein anderes Maß eingestellt werden.

Man kann — mit einer gewissen Einschränkung — mehrere Sätze von Einstellehren hierfür ersparen, wenn man die Ausschußlehre zuerst nach der einzigen vorhandenen einstellt, den Abstand zwischen den Außendurchmessern der Rollen oder sonstigen Meßstücken ausmißt und nach einer entsprechend kleineren oder größeren Endmaßzusammenstellung auf die gewünschte Toleranz umstellt. Die erwähnte Einschränkung besteht darin, daß bei diesem Verfahren die genau konzentrische Lage von Außen- und Flankendurchmesser der Meßrolle zueinander vorausgesetzt ist. Dies muß also vorher geprüft werden.

75 Auslesepaarung.

Bei einer Übergangspassung — fälschlich in den Normen Gewindefestsitz genannt — müssen die Toleranzen für den Flankendurchmesser recht klein gewählt werden, damit die Werkstücke sich einerseits noch zusammenschrauben lassen — wenn auch unter Kraftanwendung —, ohne in den Gängen zu fressen, und andererseits auch noch eine genügend feste Passung erzielt wird, wenn einmal zufällig der dünnste Bolzen mit der weitesten Mutter zusammenkommt. Diese kleinen Toleranzen sind aus Tafel 10 zu ersehen, welche die genormten Toleranzfelder für den Bolzen für Sn 4, Sk 6 und „Sn 4 dicht“ enthält. (Sn 4 und „Sn 4 dicht“ unterscheiden sich dadurch, daß bei dem letzteren auch an den Spitzen des Gewindeprofils eine Übergangspassung vorgesehen ist.) Für ein Beispiel aus Tafel 10 ist die Lage der Toleranzfelder von Mutter und Bolzen in Abb. 197 bildlich dargestellt. Rechnerisch ergibt sich zwar im einen Grenzfalle auch ein Spiel, aber im Mittel sind die Flankendurchmesser bei Sn 4 bei Mutter und Bolzen etwa gleich groß, so daß anzunehmen ist, daß bei einer Stiftschraube das Einschraubende stets fester sitzt als das Mutterende, zumal es sich außerdem im Gewindeauslauf festklemmt.

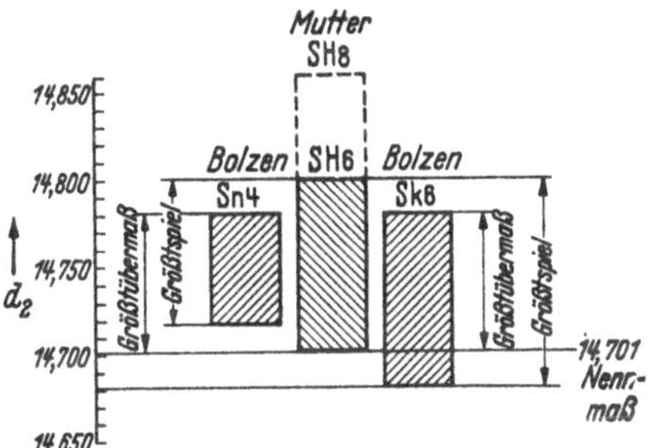

Abb. 197. Toleranzfelder für Übergangspassungen. M 16, Sn 4 und Sk 6 bei Paarung mit SH 6 und SH 8. (Vgl. Taf. 10.)

Um die kleinen Toleranzen, die nur durch Schleifen oder Walzen eingehalten werden können, in der Fertigung zu vermeiden, kann man vom Verfahren des *Auslesens oder Sortierens* Gebrauch machen, das auch bei Rundpassungen angewendet wird, z. B. bei Kolbenbolzen. Zu diesem

Zweck werden Bolzen und Mutter nach einer verhältnismäßig groben Toleranz gefertigt und die Toleranzfelder in mehrere gleich große Abschnitte eingeteilt. Im Beispiel der Abb. 198 ist die Toleranz des Flankendurchmessers ($77{,}701^{+0{,}16}$) für das Muttergewinde M 79×2 in drei gleich große Sortierstufen 1, 2 und 3 eingeteilt. Das Toleranzfeld für den zugehörigen Bolzen ist ebenso groß (0,16) festgelegt, entsprechend gelegt und ebenfalls in drei Stufen eingeteilt. Paart man nun Bolzen der Sortierstufe 1 mit Muttern der Sortierstufe 1, so ergibt sich eine Übergangspassung mit dem eingetragenen Größtspiel und Größtübermaß. Das gleiche Ergebnis erhält man, wenn 2 mit 2 oder wenn 3 mit 3 gepaart wird.

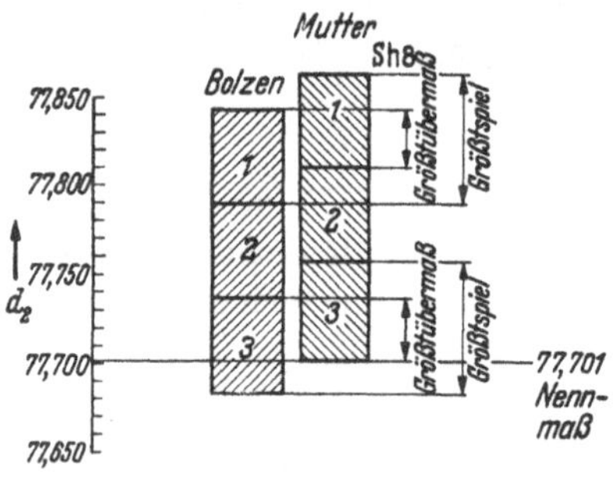

Abb. 198. Auslesepaarung (Sortieren). Die gesamte Fertigungstoleranz wird z. B. in drei Auslesestufen eingeteilt und Bolzen, die in Stufe 1 liegen, mit Muttern der Stufe 1 gepaart; ebenso für Stufen 2 und 3.

Damit das gewünschte Ergebnis in allen drei Sortierstufen erreicht wird, müssen beim Sortieren folgende Bedingungen erfüllt sein:

1. Die Gesamttoleranzfelder für Bolzen und Mutter müssen gleich groß sein.

2. Die Gesamttoleranzfelder für Bolzen und Mutter müssen eine entsprechende Lage zueinander haben, die von der bei gewöhnlicher Passung und Fertigungsart abweicht.

3. Die Fertigung muß so geregelt werden, daß in jeder Sortierstufe gleich viele Werkstücke anfallen, damit beim Paaren keine Stücke übrigbleiben, die keinen passenden Partner haben.

Wie das Auslesen oder Sortieren praktisch durchgeführt werden kann, zeigt Abb. 199. Die Toleranzfelder von Abb. 198 sind vergrößert herausgezeichnet, die Nennmaße und Herstelltoleranzfelder der Sortierlehren angegeben und die Lehrdorne sowie die Einstelldorne für die Gewinderollenlehren angedeutet. Schließlich ist unten links eine Sortierlehre nach dem Prinzip der Rollenlehre skizziert, die von der Firma Bauer & Schaurte hergestellt wurde.

Somit scheint dies Verfahren eine sehr bequeme Möglichkeit zu bieten, um kleine Gewindetoleranzen in der Massenfertigung zu vermeiden. Die Fertigungstoleranz ist grob, die Werkstücke werden sortiert, zweckmäßig mit entsprechenden Farben gekennzeichnet, und man braucht beim Zusammenbau nur dafür zu sorgen, daß nur Teile mit gleichen Farben zusammengefügt werden. Aber das Verfahren hat doch einen Haken, auf den man stößt, wenn man überlegt, wie die Sortierlehren aussehen sollen. Soll man sie als Gutlehren ausbilden oder als Ausschußlehren? Da es sich um das Problem „Zusammenschraubbarkeit“ handelt, kommen gemäß Abschnitt 531 nur Lehren mit vollem Profil und voller Gangzahl in Betracht. Wo bleibt aber die Ausschußlehre für den Flankendurchmesser? Diese erfaßt ja indirekt nicht allein die Abweichung des Flankendurchmessers nach der Ausschußseite hin, sondern auch Steigungs- und Winkelfehler! Streng genommen müßte man für jede der drei Sortierstufen eine Gut- und eine Ausschußlehre vorsehen.

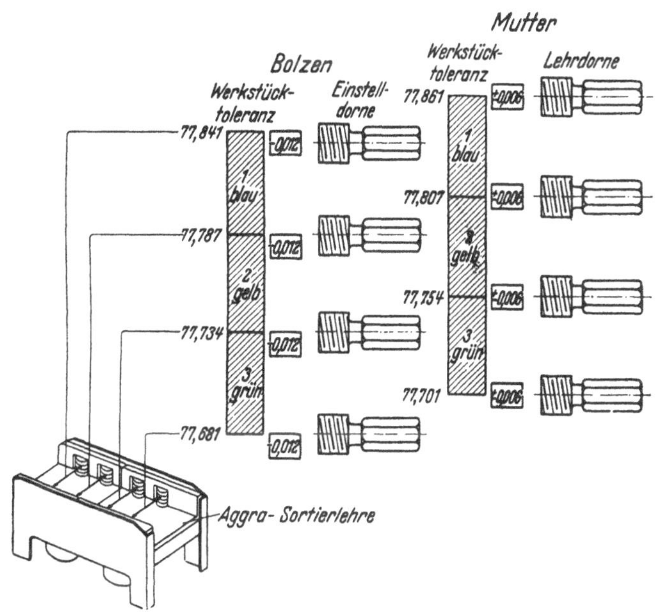

Abb. 199. Auslesepaarung nach Abb. 198 mit der Aggra-Sortierlehre. Die zu sortierenden Bolzengewinde werden von rechts nach links zwischen den Rollenpaaren durchgeschoben, bis sie nicht mehr weiter gehen.

Das würde aber bedeuten, daß die Abweichungen für Steigung und Teilflankenwinkel *nicht so groß* sein dürfen wie bei der Fertigung und beim Zusammenbauen *ohne* Auslesen. Sieht man davon ab, schon um das Sortieren nicht zu umständlich und zeitraubend werden zu lassen, so muß man sich darüber klar sein, daß der *tatsächliche* Flankendurchmesser, also das Maß in der Flankenmitte und unter Berücksichtigung von Steigungs- und Winkelfehlern, sehr wohl *außerhalb* der Sortiergrenze liegen kann, nämlich beim Bolzen niedriger und bei der Mutter höher. Es ergeben sich also doch nicht die gleichen Anlageverhältnisse beim Paaren, als wenn nach einer Toleranz gefertigt und gelehrt worden wäre, die nur ein Drittel der Gesamttoleranz beträgt. Setzt man nun z. B. bei der Mutter den Lehrdorn für die obere Grenze als Ausschußlehre ein (verkürzte Flanken und nur wenige Gänge), so ist damit *für die Toleranzstufe 1* der Mutter die Einschränkung der Abweichungen für

Steigung und Winkel sichergestellt, nicht aber für die Toleranzstufen 2 und 3. So war das Ausleseverfahren von der Firma Bauer & Schaurte vorgesehen. Es hat sich in der Praxis bewährt; man muß sich nur bei der Anwendung über die vorstehende Einschränkung im klaren sein, damit man keine unangenehmen Überraschungen erlebt.

Auf Grund der vorstehenden Überlegungen hat BERNDT darauf hingewiesen, daß für ein *dampfdichtes* Gewinde die Werkstücke mit *Gutlehren* geprüft werden müssen, die ebenso wie die Ausschußlehren verkürzte Flanken und nur wenige Gänge aufweisen, so daß die Steigungs- und Winkelfehler in die Gutlehrung *nicht* eingehen. Diese sind vielmehr am Bolzen besonders zu prüfen. Da Steigung und Winkel an der Mutter schwierig besonders geprüft werden können, aber das Werkstück ein ziemlich genaues Abbild des Werkzeuges ist, sind diese Werte am Werkzeug zu prüfen. Bei dieser Art zu lehren wird die hinreichend dichte Anlage an den Flanken gewährleistet. Die zulässigen Abweichungen für Winkel und Steigung müssen für diesen Fall besonders angegeben werden. Die Flankendurchmessertoleranz kann somit nur für diesen selbst verbraucht werden, weil keine Anteile für Steigung und Winkel in Betracht kommen. Dies ist angesichts der erforderlichen kleinen Toleranzen der S-Reihe 4 ein fertigungstechnischer Vorteil.

76 Baumaße.

Die sachliche Kürze, die dem deutschen Normenwerk zu eigen ist, läßt es angezeigt erscheinen, auch die Baumaßnormen für Gewindelehren kurz zu erläutern, soweit sie nicht für sich selbst sprechen. Die DIN-Nummern der Blätter für metrisches Gewinde, die alle in der jüngsten Zeit überarbeitet wurden oder neu entstanden sind, können aus Tafel 1 entnommen werden. Besonders wertvoll für Arbeitsvorbereitung und Lehrenplanung ist DIN 2279, das eine Übersicht mit Skizzen über alle genormten (und noch zu normenden) Gewindelehren gibt. Lehren für Whitworth-Gewinde sind darin nicht enthalten, und die in Tafel 1 aufgeführten entsprechenden Normblätter sind als veraltet zu betrachten. Eine Überarbeitung im gleichen Sinne wie beim metrischen Gewinde ist nicht geplant, weil in Deutschland als einziges Gewinde das metrische einzuführen beabsichtigt ist und dazu die Zustimmung weitester Industriekreise vorliegt.

Bis zu einem Gewinde-Nenndurchmesser von 30 mm sind die Einsteckgriffe nach DIN 2240 mit einer Kegelbohrung 1 : 50 benutzt, die auch bei glatten Lehrdornen verwendet werden. Der Griff kann außen rund und gekordelt oder sechskantig gezogen sein. Beide Ausführungen sind freigestellt, weil von manchen Benutzern die runde vorgezogen, von andern aber abgelehnt wird, weil sie zu Schwielen und Hautverletzungen Anlaß gibt, wenn die Kordelung zu scharf ausgeprägt ist. Als Werkstoffe sind Stahl, Preßstoff und Leichtmetall vorgesehen, die letzten beiden vor allem wegen des geringen Gewichtes, das für das Meßgefühl wichtig ist, und obwohl zur Zeit der Herausgabe der Blätter noch nicht abzusehen war, ob diese Werkstoffe in Deutschland künftig ausreichend zur Verfügung stehen. Aus Leichtmetall kommt nur die blankgezogene Sechskantausführung in Betracht.

Über 30 mm bis 100 mm ⌀ sind die Meßkörper auf dem Griff so bebefestigt, daß sie nach Abnutzung von einer Seite gewendet und von der anderen Seite benutzt werden können. Die Art der Befestigung ist noch freigestellt, weil es zwar eine ganze Reihe bewährter Befestigungsarten gibt, aber bei keiner von ihnen eine bedeutende Überlegenheit offensichtlich ist. Dies ist ein Mangel, weil die Meßkörper und Griffe bei verschiedenen Erzeugnissen nicht untereinander ausgetauscht werden können. Es ist lediglich ausgesprochen, daß die Befestigungsmittel nicht an der Stirnseite des Meßkörpers vorstehen und dadurch beim Prüfen eines Sacklochgewindes hindern dürfen.

Für die kleinsten Gewindedorne unter 1 mm ist eine befriedigende Befestigungsart noch nicht gefunden, so daß vorläufig auch hier ein Einsteckgriff mit Kegelzapfen vorgesehen werden mußte. Dieser hat bei kleinen Meßzapfen den Nachteil, daß der Zapfen leicht abbricht. Die Meßkörper bis 5 mm ⌀ können entweder mit Zentrierbohrung oder mit Zentrierspitze versehen werden, weil bei den Herstellern verschiedene Gepflogenheiten bestehen und auch der Winkel der Zentrierspitze verschieden gewählt wird (60° und 90°).

Die Ausschußmeßzapfen haben an der Einführseite einen Vorführzapfen, der das Ansetzen der Lehre sehr erleichtert. Bei umsteckbaren Meßkörpern sind demgemäß auf beiden Seiten Vorführzapfen vorhanden.

Die Länge der Gewinde entspricht den in Tafel 7 wiedergegebenen Normen. Die Härte der Meßflächen ist abweichend von ausländischen Normen nicht vorgeschrieben, weil auch auf diesem Gebiet die Erfahrungen der Hersteller verschieden lauten. Im allgemeinen ist eine Rockwellhärte von $R_c = 62$ bis 63 angebracht. Aber auch mit $R_c = 65$ sowie mit kleineren Werten sind bisweilen gute Erfahrungen gemacht worden.

Gewindeanfang und -ende, die in eine scharfe Schneide auslaufen, müssen so weit beseitigt werden, daß die Schneide, die leicht ausbricht, verschwunden ist. Eine Vorschrift darüber, wie das zu geschehen hat, ist nicht gegeben. Am besten wäre es, wenn der Gewindeanfang so weggearbeitet werden könnte, wie dies Abb. 200 zeigt. Da dies schwer auszuführen ist, läßt man zumeist den Gewindeanfang tangential anlaufen, bis der volle Gang erreicht ist, wie dies in Abb. 201 angedeutet ist.

Für den Verbrauch an Lehren durch Abnutzung sehr wichtig ist die sog. *Schmutznut.* Dies ist eine Rille, die quer durch die Gewindegänge geht, wie in Abb. 202. In dieser sammelt sich beim Einschrauben des

Gutlehrdornes der in den Gängen des Werkstückes befindliche Schmutz und die Späne, die beide zu einer Verfälschung des Meßergebnisses Anlaß geben können. Die Schmutznut darf aber keinesfalls so ausgeführt sein, daß beim Lehren von weichen Werkstoffen Späne abgeschabt

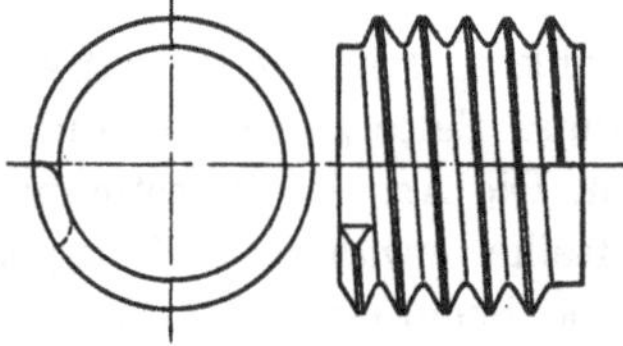

Abb. 200. Gewindelehrdorn mit *radial* weggearbeiteten Gewindeausläufen.

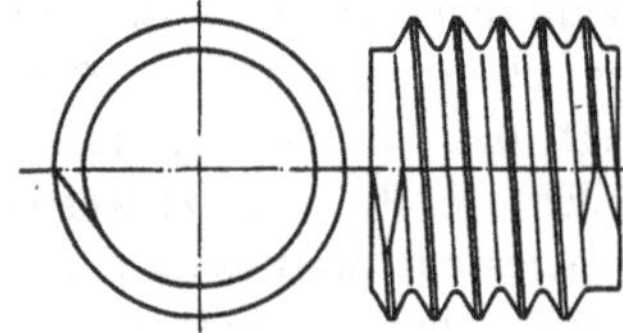

Abb. 201. Gewindelehrdorn mit *tangential* weggearbeiteten Gewindeausläufen.

werden, so daß die Lehre wie ein Werkzeug wirkt. Die Ausführung wie in Abb. 202 hat sich in einigen Anwendungsfällen bewährt, deshalb wurde sie in die Norm übernommen. Bevor Erfahrungen aus einem großen Kreise von Benutzern vorliegen, ist man in bezug auf die Empfehlung der Schmutznut bei der Normung vorsichtig vorgegangen.

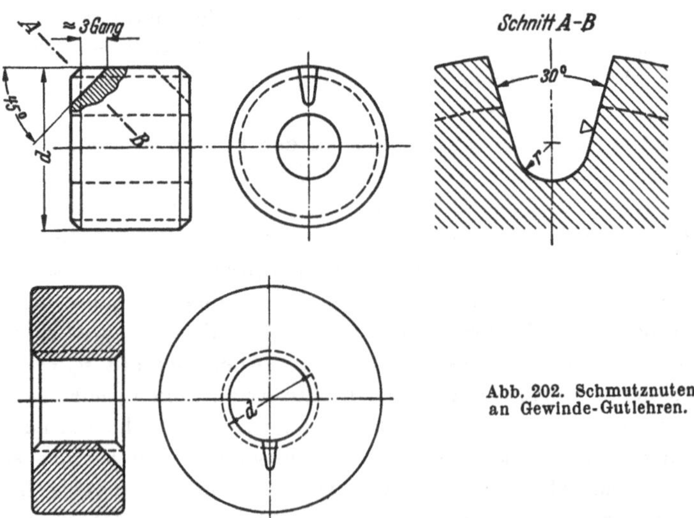

Abb. 202. Schmutznuten an Gewinde-Gutlehren.

Die Schmutznut wird am besten so gelegt, daß sie am Gewindeanfang auf einen vollen Gang trifft. Da dies am Anfang *und* am Ende eines Meßkörpers höchstens zufällig einmal eintritt oder aber die Länge der Meßkörper dementsprechend genau bemessen werden müßte, geht die Schmutznut nicht durch, sondern wird an beiden Enden durch Eintauchen einer profilierten Schleifscheibe erzeugt; dabei kann sie beiderseits so gelegt werden, daß sie gerade auf den vollen Gang trifft. Das gleiche Verfahren eignet sich auch bei Gewindelehrringen. Mit der gleichen, entsprechend klein bemessenen Scheibe kann von beiden Seiten eingetaucht und dadurch die Schmutznut erzeugt werden. Man hatte vordem versucht, sie mit einem winzigen Schleifdorn parallel zur Gewindeachse einzuarbeiten, ein Verfahren, dessen Schwierigkeit offensichtlich ist.

77 Herstelltoleranz und Abnutzung.

Für die zweckmäßige Festlegung eines Toleranzfeldes für die Fertigung der Lehren sind folgende Gesichtspunkte maßgebend. Sie betreffen in erster Linie den *Flankendurchmesser* als das wichtigste Lehrenmaß. Bei den „glatten" Durchmessern, Kerndurchmesser des Lehrringes und Außendurchmesser des Lehrdornes, liegen bereits Erfahrungen von den Rundpassungen her vor. Die Maße im Gewindegrund fallen außer Betracht, weil die Lehren an diesen Stellen freigearbeitet oder gerundet sind. Hat man zweckmäßige Werte für den Flankendurchmesser gefunden, so ergeben sich solche für Teilflankenwinkel und Steigung aus der Abhängigkeit dieser drei Größen von selbst oder umgekehrt.

Die *Größe* des Herstelltoleranzfeldes muß zunächst so bemessen sein, daß sich die Lehren mit den derzeit verfügbaren Verfahren und Fertigungsmitteln wirtschaftlich *herstellen* lassen. Gewindelehren werden an den Flanken geschliffen und meist auch geläppt. Da der Gewindelehrring, abgesehen von der Feinwerktechnik, in der Praxis weitgehend von der Gewinderollenlehre abgelöst ist, gilt dies im großen und ganzen für Bolzen- wie für Mutterlehren. Die Zustellung kann an einer neuzeitlichen Gewindeschleifmaschine auf 1μ im Durchmesser abgelesen werden. In dieser Größenordnung (einige μ) kann man bei entsprechender Sorgfalt um so kleinere Toleranzen einhalten, je häufiger man die Schleifscheibe abzieht, was man nach einem gewissen Schleifweg ohnehin tun muß, weil sonst die Rundung im Gewindegrund zu groß und der Flankenwinkel ungenau wird. Hier erkennt man bereits den Einfluß wirtschaftlicher Überlegungen, nämlich in bezug auf den Schleifscheibenverbrauch. Ferner erfordert das Abziehen einen Aufwand an Nebenzeit. Wenn die Scheibe neu abgezogen ist, muß dementsprechend zugestellt werden, und damit ist eine gewisse Ungenauigkeit verbunden, wenngleich diese bei einer guten Maschine gering ist.

Durch das Läppen mit Gußdorn oder Gußbuchse soll vor allem die Oberflächengüte verbessert und die Lebensdauer der Lehre verlängert werden. Läppt man zuviel herunter, so wird infolge der verschieden großen Gleitwege auf der Flanke das Profil schlechter, man setzt die Lebensdauer der Läppwerkzeuge herunter, und das Läppen selbst erfordert viel Zeit. Demgemäß sollte man so genau schleifen, wie es erforderlich ist, und wenn zum Verbessern der Oberfläche Läppen überhaupt noch notwendig ist, nur möglichst wenig läppen.

Die Gewindelehren werden aber auch gehärtet, um die Abnutzung zu vermindern, welcher der Gewinde-Gutlehrdorn ganz besonders infolge des langen Gleitweges beim Ein- und Ausschrauben ausgesetzt ist. Selbstverständlich werden die Meßkörper der Lehren nach dem Härten künstlich gealtert, um die Härtespannungen zu beseitigen. Aber, um die Härte nicht zu sehr herabzusetzen und dadurch wieder erhöhten Verschleiß heraufzubeschwören, darf man das Entspannen nicht beliebig weit treiben. Man muß also mit einem wenn auch geringen Verzug beim Lagern rechnen, obgleich dieser von den meisten Herstellern für ihre Erzeugnisse in Abrede gestellt wird.

Außerdem muß das Herstelltoleranzfeld größer sein als die mit werkstattbrauchbaren Meßverfahren erreichbare kleinste Meßunsicherheit. Dabei läßt sich hier die alte Faustregel der Meßtechnik nicht einhalten, nach der das Meßverfahren stets 5- bis 10mal genauer sein soll als die vorgeschriebene Werkstücktoleranz, das ist hier die Herstelltoleranz der Gewindelehre.

Macht man nun aber, um der Fertigungs- und Meßtechnik entgegenzukommen, die Herstelltoleranzen zu groß, so wird das Toleranzfeld des Werkstückes zu sehr verkleinert, wenn sich die Fertigung einmal erlaubt, die Lehrentoleranz nach der ungünstigsten Seite voll auszunutzen. Außerdem führt ein zu großer Anteil der Werkstücktoleranz, den man den Lehren einräumt, zu Unsicherheit an den Toleranzgrenzen, zu verschiedenen Meßergebnissen mit zwei gleichartigen Lehren und somit auch zu Meinungsverschiedenheiten zwischen Fertigung, Revision und Abnahme.

Außer der eigenen Herstelltoleranz muß man den Gutlehren auch noch einen Betrag zugestehen, innerhalb dessen sie sich *abnutzen* dürfen. Dies ist vor allem bei Gewindelehren wegen der besonders großen Abnutzung notwendig. Da Ausschußlehren im allgemeinen nicht hinüber- oder hineingehen sollen, wird meist davon abgesehen, auch für sie ein „Abnutzungsfeld“ vorzusehen.

Auf der anderen Seite soll aber auch durch die Abnutzung keine bedeutende Überschreitung des Nenntoleranzfeldes für das Werkstück eintreten, denn dadurch, daß der Gutlehrdorn *zu dünn* und der Gutlehrring *zu weit* wird, entsteht die Gefahr, daß Werkstückmutter und -bolzen sich nicht zusammenschrauben lassen.

Es ist immer die gleiche Aufgabe, die bei der Festlegung von Herstelltoleranz- und Abnutzungsfeldern auftritt: Diese sollen selbst möglichst groß sein, um die Lehren wirtschaftlich fertigen und möglichst lange benutzen zu können, sie sollen aber möglichst wenig das Toleranzfeld das Werkstückes einengen, um dessen wirtschaftliche Fertigung nicht zu beeinträchtigen, aber auch nicht über dieses hinausgehen, um die Passungsart nicht zu gefährden und aus einer losen Passung eine feste werden zu lassen.

Eine solche Aufgabe ist nur durch Wahl eines Mittelweges für die Größe und Lage der Herstelltoleranz zu lösen. Im Einzelfall ist es unter Zugrundelegen von Zahlenwerten sogar möglich, die wirtschaftlichste Größe und Lage der Herstelltoleranz rechnerisch zu bestimmen. Allein schon die Abnutzung der Gewinde-Gutlehren schwankt in so weiten Grenzen, daß eine solche Rechnung nur wenig allgemeinen praktischen Wert hätte. Zweifellos gibt es aber für jeden speziellen Fall ein solches Optimum, ebenso wie es für die laufende Massenfertigung eine „wirtschaftliche Losgröße" oder für die Stichprobennahme eine „wirtschaftliche Stichprobengröße" gibt[1].

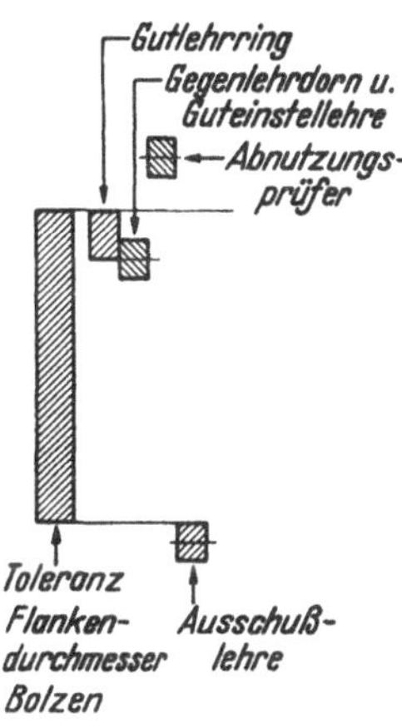

Abb. 203. Größe und Lage der Herstelltoleranzfelder der Lehren für Bolzengewinde.

Wegen der Ungenauigkeit einer solchen Rechnung ist es richtiger, von der kleinsten erreichbaren Meßunsicherheit auszugehen, diese mit einem bestimmten Faktor, sagen wir 3 oder 5, zu vervielfachen, dann zu prüfen, ob sich solche Toleranzen bei Lehren gut einhalten lassen, einen entsprechend großen Abnutzungsbereich anzunehmen und dann zu prüfen, wie es sich mit der Über- und Unterschreitung der kleinsten Werkstücktoleranz in bezug auf deren Größe verhält. Die Größen- und Lagenverhältnisse zeigt Abb. 203.

Von BERNDT wurden dementsprechend für die Herstelltoleranzen die nachstehenden Formeln angegeben, deren Ähnlichkeit im Aufbau mit den im Abschnitt 6 gegebenen für die Meßunsicherheit man sofort erkennt:

Herstellgenauigkeit für:

Flankendurchmesser $\pm\left(2+\frac{1}{\sin\frac{\alpha}{2}}+\frac{3\,d_2}{100}\right)\mu$,

Außendurchmesser, Kerndurchmesser $\Big\}\ \pm 1{,}5\left(2+\frac{1}{\sin\frac{\alpha}{2}}+\frac{3\,d_2}{100}\right)\mu$,

[1] Zur wirtschaftlichen Stichprobengröße, die den meßtechnisch interessierten Leser besonders angehen wird, siehe „Meßtechnisches Hilfsbuch für die Werkstatt", Abschn. 85, Springer-Verlag, in Vorbereitung. — Ferner: Die wirtschaftliche Stichprobengröße. Werkst. u. Betr. Bd. 82 (1949) H. 11, S. 411.

Steigung $\pm\left(3{,}5 + \frac{0{,}375}{\cos\frac{\alpha}{2}} + \frac{3\,L}{100}\right)\mu$,

Teilflankenwinkel $\pm\left(6 + \frac{6}{F}\right)$ Bogenminuten.

Darin bedeutet: L = **Gewindelänge der Lehre,** F = **Länge des geraden Flankenstückes.**

Die nach der Formel für den Flankendurchmesser berechneten Werte gelten nur für diesen selbst, nicht aber mit Einschluß der Winkel- und Steigungsfehler, wie beim Lehren des Werkstückes. Der Flankendurchmesser ist also z. B. nach dem Dreidrahtverfahren oder optisch für sich zu messen.

Bei Gewindelehren mit verkürzten Flanken ergibt sich ein größerer Wert für $\Delta\frac{\alpha}{2}$, da F in der Formel im Nenner steht. Dementsprechend sind in Tafel 16 zwei verschiedene Werte $\Delta_1\frac{\alpha}{2}$ und $\Delta_2\frac{\alpha}{2}$ aufgeführt, von denen der erste für Lehren mit vollem Profil gilt, der zweite für solche mit verkürzten Flanken. Der Betrag für die Flankenverkürzung war zu $f = F/3$ vorgeschlagen worden. Dieser Betrag läßt sich aber bei kleinen Profilen nicht einhalten, weil sonst nur wenige hundertstel Millimeter Flankenbreite herauskämen. Deshalb tritt in Tafel 16 erst von $h = 0{,}75$ an ein Wert für die Breite b_2 des Einstiches im Gewindegrund auf, und erst von $h = 1{,}25$ an wird der Außendurchmesser zwecks Verkürzung der Flankenlänge verkleinert. So kommt es, daß sich erst von $h = 0{,}75$ an ein Unterschied zwischen $\Delta_1\frac{\alpha}{2}$ und $\Delta_2\frac{\alpha}{2}$ bemerkbar macht.

Da Ausschußlehren nur wenige Gänge haben, wird L in der Formel für die Steigungsfehler kleiner, und daher kommt es, daß in Tafel 16 auch zwei verschieden große Werte für die zulässigen Steigungsfehler an der Lehre aufgeführt sind; $\Delta_1 h$ gilt für Gutlehren mit mehreren Gängen, $\Delta_2 h$ für solche mit nur 2 bis 3 Gängen.

Nach den obigen Formeln waren die Herstelltoleranzen in den früher gültigen Dinormen berechnet. Im Hinblick auf die Schwierigkeit, die optimal gültige Größe zu finden, sind solche Formeln als Anhaltspunkte zweckmäßig, wenngleich es auf die Abweichung eines einzelnen genormten Wertes davon nicht ankommt. Nachdem mit den so festgelegten Toleranzen einige Jahrzehnte lang Erfahrungen gesammelt wurden, kann man sagen, ob sie sich bewährt haben, d. h. ob die Formeln „richtig" waren oder nicht. Dies hat sich im großen und ganzen bestätigt, auch hinsichtlich der Größe des Abnutzungsfeldes, das etwa doppelt so groß gewählt wurde wie die Herstelltoleranz, und zwar von der Mitte des Toleranzfeldes der neuen Lehre bis zur Mitte desjenigen für den Abnutzungsprüfer gemessen.

Bei der letzten Ausgabe von DIN 13, Blatt 2 (Januar 1945) waren bereits eine Reihe von Verbesserungsvorschlägen berücksichtigt worden, so daß sich die neuesten Werte der Tafeln 12 bis 18, die den ISA-Gewindetoleranzen zugeordnet sind, nur in unwesentlichen Punkten von den früheren nach DIN unterscheiden, die hier nicht im einzelnen erörtert und begründet zu werden brauchen. Die erwähnten Vorschläge bezogen sich auf:

eine Vergrößerung des Abnutzungsfeldes, um die Lebensdauer der Lehren zu verlängern,

Vergrößerung der Herstelltoleranz,

Rücksicht auf Abnahmelehren.

In den neuen Normen sind nur Revisionslehren oder Abnahmelehren festgelegt. Abb. 190 läßt jedoch erkennen, daß es ohne weiteres möglich ist, Gut-Arbeitslehren innerhalb des Toleranzfeldes anzuschließen. Dadurch wird das Nenntoleranzfeld für das Werkstück eingeengt. Auch auf der Ausschußseite kann das Herstelltoleranzfeld um $H/2$ gegen die Abnahmelehre nach innen verschoben werden, wie dies bei Rundpassungen üblich war.

Der Wunsch nach einer Vergröberung der Herstelltoleranzen konnte bei den *feinen* Werkstücktoleranzen, also den S-Reihen 4 bis 6, die dem bisherigen Gütegrad „fein" entsprechen, *nicht* berücksichtigt werden, weil dann durch die Herstelltoleranz der neuen Lehre im ungünstigsten Fall zu viel vom Werkstücktoleranzfeld verlorengeht. Deshalb findet man in den Tafeln 13 und 15 verschiedene Werte für H für die S-Reihen 4 bis 6 und 7 bis 12.

Ebenfalls um eine zu große Einengung des Werkstücktoleranzfeldes zu vermeiden, liegt die Herstelltoleranz bei Nenndurchmessern bis 11 mm ganz oder teilweise außerhalb des Nenntoleranzfeldes für das Werkstück und rückt erst oberhalb 11 mm und bei groben S-Reihen ganz in dieses hinein. Dementsprechend verschiebt sich auch die Lage der Herstelltoleranzfelder für Gegenlehren, Abnutzungsprüfer und Einstellehren.

Die *Beziehungen der verschiedenen Lehrenarten zueinander* in bezug auf Größe und Lage der Herstelltoleranz des Flankendurchmessers sind folgende. (Man vergleiche hierzu die Zusammenstellung in Tafel 11, sowie vor allem die bildlichen Darstellungen der Tafeln 12 und 14 und die Zahlenwerte dazu in Tafel 13 und 15.)

Wird für die Gutlehrung des *Bolzengewindes* ein Gut-Lehrring verwendet, so wird für dessen Fertigung und Prüfung meist ein Gegenlehrdorn benutzt, weil die unmittelbare Messung nach Abschnitt 66 zwar möglich, aber doch etwas umständlich und schwierig ist. Unterhalb von etwa 10 bis 12 mm scheidet diese Möglichkeit ganz aus. Das Herstelltoleranzfeld im Flankendurchmesser dieses Gegenlehrdornes, auch Paßdorn genannt, ist um die halbe Herstelltoleranz nach minus gegenüber dem Lehrring verschoben. Da auch Lehren mit Steigungs- und Winkelfehlern behaftet sind, fällt der Lehrring, der nach einem Paßdorn gefertigt ist, immer etwas größer aus. Dadurch könnte es geschehen, daß für die Abnutzung gar nichts mehr übrigbliebe. In dem Betrag $H/2$ für die Verschiebung ist also eine stillschweigende Annahme für die Größe der Winkel- und Steigungsfehler bei Lehren enthalten.

Beim *Abnutzungsprüfer* zum Gut-Lehrring liegt die Herstelltoleranz symmetrisch zu der für die Abnutzung festgesetzten Grenze. Beide Prüflehren, Gegenlehrdorn wie Abnutzungsprüfer, haben für alle S-Reihen die gleiche kleine Herstelltoleranz, welche die Arbeitslehren nur für die feinen S-Reihen aufweisen. Dies entspricht dem in der Passungs- und Meßtechnik allgemein anerkannten und soweit möglich angewandten Grundsatz, für Prüflehren eine kleinere Toleranz vorzuschreiben als für die Arbeitslehren; wenigstens trifft dies für die S-Reihen 7 bis 12 zu.

Somit ergibt sich für die drei genannten Lehren eine Lage- und Größenbeziehung, wie sie in Abb. 203 wiedergegeben ist. Sie trifft für Gewinde über 11 mm und die S-Reihen von 7 bis 12 zu; für die anderen Fälle ändert sich im wesentlichen nur die Lage zur Nullinie.

Wird, wie es meist geschieht, an Stelle des Gut-Lehrringes eine *Gewinderachen-* oder *-rollenlehre* benutzt, so erhält die zum *Einstellen* derselben nötige Lehre die gleichen Maße wie der Gegenlehrdorn zum Gut-Lehrring. Dadurch wird dem Einfluß der Steigungs- und Winkelfehler sowie der Abnutzung zwischen zwei Neueinstellungen Rechnung getragen.

Die Herstelltoleranz der Einstellehre für die Ausschuß-Flankenrachen- oder -rollenlehre liegt ganz außerhalb des Nenntoleranzfeldes. Dies erkennt man daran, daß in Tafel 13 als Abmaß A die Werkstücktoleranz *plus* der halben Herstelltoleranz H angegeben ist. Dies ist zahlenmäßig lediglich geschehen, um auf die bei Lehren gebräuchliche $\pm$-Toleranz für die Herstellung zu kommen. Man hätte ebensogut auch in der Zeile für A den Wert T_f angeben und ein negatives H mit dem doppelten Zahlenwert eintragen können. Diese Lage des Toleranzfeldes ergibt etwa eine symmetrische Lage der richtig eingestellten Ausschußlehre zur Werkstück-Nenngrenze, wenn man hier die gleichen Verhältnisse annimmt wie zwischen Gutlehre und Gegenlehre oder zwischen Gut-Rachenlehre und Einstellehre.

Bei den Lehren für das *Muttergewinde* liegen die Verhältnisse ungleich einfacher, wie schon der geringere Umfang der Tafeln 14 und 15 erkennen läßt. Beim *Gut-Lehrdorn* liegen die Herstelltoleranzfelder bei den verschiedenen S-Reihen-Gruppen und Nenndurchmessern genau sinngemäß wie beim Gut-Lehrring, nur umgekehrt, weil hier das Toleranzfeld nach plus und die Abnutzung nach minus geht. Die *Einstellehre* zum Abnutzungsprüfer hat eine Toleranz symmetrisch zur Abnutzungsgrenze, weil hier *zwei Lehren* vermittels des Abnutzungsprüfers miteinander verglichen werden und daher gleiche Anlageverhältnisse angenommen werden können. (Bei den Einstellehren für die Bolzen-Rachenlehren dagegen wird das *Werkstück* mit einer *Lehre*, der Einstelllehre, verglichen; die eingestellte Gut- oder Ausschußlehre soll daher die „richtigen" Lehrenmaße haben.)

Die Herstelltoleranzen für den *Ausschuß-Lehrdorn* liegen einseitig außerhalb des Toleranzfeldes, also *oberhalb* desselben. Dies ist hier geschehen, um einer in Anbetracht der kurzen Flanken und wenigen Gänge doch zu erwartenden Abnutzung Rechnung zu tragen. Deshalb findet man in Tafel 15 wiederum als Abmaß $T_f + \frac{H}{2}$ und als Herstelltoleranz $\pm \frac{H}{2}$ angegeben.

Allgemein ist beachtlich, daß *die Gutlehren für die Gütegrade mittel und grob, d. i. für die S-Reihen 7 bis 12, gleich* sind. Für *alle* Gütegrade konnten sie leider nicht gleich gemacht werden, weil dann entweder die Werkstücktoleranz zu sehr eingeengt worden wäre oder durchweg eine kleine Herstelltoleranz für die Lehre vorgesehen werden müßte. Wer aber die Einengung der Werkstücktoleranz in Kauf nehmen will, kann auch für S 4 bis S 6 die gleichen Gutlehren benutzen. Dies ist passungs- und lehrentechnisch unbedenklich, es ist nur auf die Dauer unwirtschaftlich, weil die Lehren zwar billiger und langlebiger, die Werkstücke aber teurer werden.

Bei der hier im einzelnen beschriebenen Neuregelung der Herstelltoleranzfelder für Gewindelehren handelt es sich immer nur um eine Verschiebung um wenige μ, was man beim Betrachten der Tafeln 13 und 15 glauben wird, auch ohne die früheren Werte daneben zu haben. Deshalb können Lehren nach DIN (alter Art) unbedenklich neben solchen nach ISA (neue Dinorm) benutzt werden. Schwierigkeiten sind nur in Streitfällen denkbar, bei denen es auf wenige μ ankommt. Die Werkstücke, die mit Lehren nach DIN oder nach ISA geprüft wurden, sind völlig gegeneinander austauschbar. Nur auf der Ausschußseite müssen im Laufe der Übergangszeit neue Lehren (Einstellehren und Ausschußlehrdorne) beschafft werden, da, wie berichtet, die Toleranzen der Werkstücke sich um bis zu 25% geändert haben. Dies ändert zwar an der gegenseitigen Austauschbarkeit nichts, kann aber zu Schwierigkeiten bei der Revision Anlaß geben.

Als Grundsatz in Zweifelsfällen gilt: *Jedes Werkstück ist als gut anzusehen, das bei der Prüfung mit Lehren für gut befunden wird, die den letzten derzeit gültigen Normen entsprechen und die Abnutzungsgrenze noch nicht überschritten haben.*

Darin kommt zum Ausdruck, daß nicht die Istmaße der einzelnen Bestimmungsstücke und Meßgrößen maßgeblich sind, sondern daß das Gewindelehrensystem die unentbehrliche Ergänzung der Gewindetoleranzen darstellt. Gleichzeitig ist damit für einen so verwickelten Gegenstand, den ein Gewinde nun einmal darstellt, eine wesentliche Vereinfachung in technischer wie auch in rechtlicher Beziehung gegeben. Damit wird die rechtsverbindliche Wirkung einer Norm deutlich, auch ohne daß diese von Staats wegen noch besonders für „verbindlich" erklärt und damit ihre Benutzung erzwungen wird; man erkennt aber auch die Notwendigkeit und Verpflichtung für die Normschaffenden, Normen nach allen Richtungen hin, bevor sie herausgegeben werden, so zu überprüfen, daß sie als technisch einwandfrei bezeichnet werden können. Dies trifft für die deutschen Gewindenormen in vollem Umfange zu, die mit einer Gründlichkeit, Gewissenhaftigkeit und Sachkunde bearbeitet wurden, die nichts zu wünschen übrigläßt.

8 Schrifttum.

Die Anzahl der Literaturstellen über Gewinde ist groß. Die meisten haben nur für den Interesse, der Technikgeschichte zu treiben wünscht. Dies gilt leider auch für die beiden Standardwerke von BERNDT:

Die Gewinde, Berlin: Springer-Verlag 1925,

Die deutschen Gewindetoleranzen, Berlin: Springer-Verlag 1929,

die an Gründlichkeit nichts zu wünschen übriglassen und richtungweisend für die Entwicklung waren. Die übrigen Arbeiten, die einige Ergänzungen zu diesem Buch behandeln, sind nachstehend aufgeführt, soweit sie nicht als Fußnoten zum Text angemerkt sind.

BERNDT, Das Messen konischer Gewinde. Neuß: Verlag Bauer & Schaurte 1937.

— Die neuen Normen für metrische Gewinde. Maschinenmarkt 1943, H. 43, S. 4.

— Messung von Leitspindeln. Arch. techn. Messen, Juli 1943, V, 8323—1.

KRESS, Messen und Prüfen von Gewinden. Werkstattbücher H. 65. Berlin: Springer-Verlag 1938.

LEINWEBER, Meßtechnisches Hilfsbuch für die Werkstatt. Berlin: Springer-Verlag In Vorbereitung.

LINDNER, HERBERT, Gewindeschleifen. Firmendruckschrift Nr. 116.

MÜLLER, Gewindeschneiden. Werkstattbücher H. 1, 3. Aufl. Berlin: Springer-Verlag, 1939.

SCHMIDT, Die Prüfung von Sägengewinde. Techn. Zbl. prakt. Metallbearb. Bd. 49 (1939) Nr. 23/24.

SCHORSCH, Zur Messung ungeradzahlig genuteter Gewindebohrer. Z. VDI Bd. 84 (1940) Nr. 14, S. 241.

9 Anhang.

Tafel 1. Verzeichnis der Normen über Gewinde und Gewindelehren.

1. Allgemeines.

DIN	
202	Gewinde, abgekürzte Bezeichnungen
2244	Gewindetoleranzen, Erläuterungen
30281	Gewinde für den Lokomotivbau, Übersicht

2. Gewinde mit metr. Profil.

2.1 *Regel- und Feingewinde.*

13 Bl. 1	Gewinde mit metr. Profil, Regelgewinde, theoret. Werte
13 Bl. 12	Gewinde mit metr. Profil, Auswahlreihen
13 Bl. 14	Grundtoleranzen für Flankendurchm. Toleranzen für Außengewinde-Kerndurchm. Einschraublängenbereiche, Lehrenlänge
13 Bl. 15	Toleranzen für Bolzengewinde-Außendurchm. und Muttergewinde-Kerndurchm. empfohlene Toleranzen für Flankendurchm.
13, 14 Beibl. 14	Metr. Gewinde, Gewinde für Festsitz; nichtdichte Verbindungen (Einschraubenden für Stiftschrauben)
13, 14 Beibl. 15	— — dichte V rbindungen
	Metr. Feingewinde
244	mit Steigung $h = 6$ mm, theor. Werte
245	„ „ $h = 4$ mm, theor. Werte
246	„ „ $h = 3$ mm, theor. Werte
247	„ „ $h = 2$ mm, theor. Werte
516	„ „ $h = 1{,}5$ mm, theor. Werte
517	„ „ $h = 1$ mm, theor. Werte
518	„ „ $h = 0{,}75$ mm, theor. Werte
519	„ „ $h = 0{,}5$ mm, theor. Werte
520	„ „ $h = 0{,}35$ mm, theor. Werte
521	„ „ $h = 0{,}25$ mm u. $0{,}2$ mm, theor. Werte

2.2 *Sondernormen.*

158	Metr.-kegeliges Feingewinde
2123	Metr. Gewinde, Auswahl für Schreibmasch.
5347	Gewindeauswahl für Brillen
30280	Metr. Gewinde, Auswahlreihe für Lokomotiven
79011	— Auswahl für Fahrradbau

Tafel 1. (Fortsetzung.)

3. Gewinde mit Whitworth-Profil.

DIN 3.1 *Regel- und Feingewinde.*

DIN		
11		Whitworth-Gewinde
11	Beibl. 1	— Abmaße und Toleranzen fein
11	Beibl. 2	— Gewindegrenzmaße fein
11	Beibl. 3	— Abmaße und Toleranzen mittel und grob
11	Beibl. 4	— Gewindegrenzmaße mittel und grob
239		Whitworth-Feingewinde 1 von 56 bis 499 mm Durchm.
240		— 2 von 20 bis 189 mm Durchm.
259		Whitworth-Rohrgewinde
260		— mit Spitzenspiel

3.2 *Sondernormen.*

368		Sondergewinde mit Whitworthform für Verschlüsse, theor. Werte
2999		Whitworth-Rohrgewinde für Fittingsanschlüsse
4917		Nahtlose Gestängerohre für Öl-, Wasser- und Gassteinbohrungen, Gestängerohrgewinde, 6 Gänge auf 1″
4930	Bl. 2	Gefrierrohr und Laugefallrohr für Gefrierschachtbau, Futterrohrgewinde
4933		Nahtlose Futterrohre für Ölbohrungen nach dem Drehbohrverfahren mit Gewinde und abgerundeten Spitzen, Futterrohrgewinde
9524	Bl. 2	Nahtlose Leitungsrohre bis 6″ mit Whitworth-Rohrgewinde, Leitungsrohrgewinde
30282		Whitworth-Feingewinde 1/12″ Steigung für Stehbolzen, Deckenstehbolzen und Bügelankerstehbolzen stählerner Feuerbüchsen, theor. Werte
30282	Beibl. 1	— Abmaße, Gewindegrenzmaße, Herstellungsgenauigkeit und Abnutzung der Gewindelehren für gängiges Muttergewinde
30286		Whitworth-Feingewinde 1/10″ Steigung, theor. Werte
30286	Beibl. 1	— Abmaße und Gewindegrenzmaße für gängiges Gewinde und normale Einschraublängen
30287	Beibl. 1	— 2, Abmaße und Gewinde-Grenzmaße
30294	Beibl. 1	Whitworth-Rohrgewinde DIN 259, theor. Werte
49301		Gewinde für Unverwechselbarkeitseinsätze zu Schraubstöpsel-Sicherungen bis 60 A

4. Trapez-Sägen- und Rundgewinde.

4.1 *Regelgewinde.*

103		Trapezgewinde, eingängig
378	Bl. 1	— fein, eingängig von 10 bis 195 mm Durchm.
378	Bl. 2	— fein, eingängig von 200 bis 640 mm Durchm.
379		— grob
405		Rundgewinde
513		Sägengewinde, eingängig
514	Bl. 1	— fein, eingängig von 10 bis 195 mm
514	Bl. 2	— fein, eingängig von 200 bis 640 mm
515		— grob, eingängig

Tafel 1. (Fortsetzung.)

DIN	4.2 *Sondernormen.*
262	Rundgewinde mit Spitzen- und Flankenspiel für Kupplungsspindeln alter Bauart, Zughaken und Bremszugstangen
262 Beibl.	Gewindegrenzmaße, Herstellungsgenauigkeit und Abnutzung der Gewindelehren
263	Trapezgewinde, zweigängig (früher Bremsspindelgewinde)
264	Rundgewinde mit Spitzen- und Flankenspiel für Kupplungsspindeln, Bauart 1925
3182	Gasschutzgeräte-Rundgewinde
4918 Bl. 2	Nahtlose Bohrrohre für Ausschlußbohrungen und Bohrungen nach Wasser, Bohrrohrgewinde
20054	Rundgewinde nach DIN 405 für Durchgangshähne und Schnellverbinder, Gewindegrenzmaße, Herstellungsgenauigkeit und Abnutzung der Lehren
30288 Beibl. 1	— für Feherspannschrauben, Abmaße und Gewindegrenzmaße, Herstellungsgenauigkeit der Gewindelehren
30289 Beibl. 1	Trapezgewinde eingängig für Ventilspindeln, Abmaße und Gewindegrenzmaße
30290	— zweigängig für Dampfstrahlpumpen
30292 Bl. 1	— zwei- und dreigängig, theor. Werte u. Abmaße, Flankenwinkel 40°
30295	Gerundetes Trapezgewinde, theor. Werte und Abmaße
30295 Beibl. 1	— Gewindegrenzmaße, Herstellungsgenauigkeit der Gewindelehren
30293	Sondergewinde für Feuerlöschanschluß
70156	Rundgewinde aus Blech gedrückt

5. Sondergewinde.

168	Rundgewinde für Teile aus Glas und zugehörige Verschraubungen
477	Gasflaschenventile, Gewinde und Anschlußmaße, Baumaße, techn. Liefbed.
5396	Isolierflaschen, Gewinde
9510 Bl. 2	Nahtlose Futterrohre für Ölbohrungen nach dem Drehbohrverfahren mit Gewinde mit abgeflachten Spitzen, Futterrohrgewinde
9511 Bl. 2	— Futterrohre für Ölbohrungen, Futterrohrgewinde
9512 Bl. 2	Nahtlose Gestängerohre für Ölbohrungen nach dem Drehbohrverfahren mit nach innen verstärkten Enden, Gestängerohrgewinde
9513 Bl. 2	— mit nach außen verstärkten Enden, Gestängerohrgewinde
9514 Bl. 2	Nahtlose Pumprohre für Ölbohrungen mit nach außen verstärkten Enden und mit Gewinde mit abgeflachten Spitzen, Pumprohrgewinde
9515 Bl. 2	— mit abgerundeten Spitzen, Pumprohrgewinde
9525 Bl. 2	Nahtlose Leitungsrohre mit Gewinde mit abgeflachten Spitzen, Leitungsrohrgewinde
40400	Edison-Gewinde, Benennung, Gewindegrenzmaße
40405	Leitungsschutzsicherungen, Elektro-Gewinde E 16, Benennung, Gewindegrenzmaße
40430	Stahlpanzerrohr-Gewinde, Gewindeform
40450	Gewinde für Schutzgläser und Kappen

Tafel 1. (Fortsetzung.)

6. Gewindelehren.

DIN 6.1 *Baumaße.*

2279 Bl. 1 Lehren zum Prüfen der Bolzengewinde für Gewinde mit metr. Profil, Übersicht, Beschriftung, Kennzeichnung
2280 Gewinde-Grenzlehrdorne für Gewinde mit metr. Profil von 1 bis 30 mm Gewinde-Nenndurchm.
2281 Bl. 1 Gewinde-Gutlehrdorne und Gewinde-Gegenlehrdorne für Gewinde mit metr. Profil von 1 bis 30 mm Gewinde-Nenndurchm.
2281 Bl. 2 — über 30 bis 100 mm Gewinde-Nenndurchm.
2282 Gewinde-Gutmeßzapfen und Gewinde-Gegenmeßzapfen für Gewinde mit metr. Profil von 1 bis 30 mm Nenndurchm.
2283 Bl. 1 Gewinde-Ausschußlehrdorne und Gewinde-Abnutzungsprüfdorne für Gewinde mit metr. Profil von 1 bis 30 mm Nenndurchm.
2283 Bl. 2 — über 30 bis 100 mm Nenndurchm.
2284 Gewinde-Ausschußmeßzapfen und Gewinde-Abnutzungsprüfzapfen für Gewinde mit metr. Profil von 1 bis 30 mm Nenndurchm.
2285 Gewindelehren, Gut-Gewindelehrring für metr. Gewinde
2290 — Gewindegrenzlehrdorn für Whitworth-Gewinde
2291 — Gut-Gewindelehrdorn und Gegenlehrdorn für Whitworth-Gewinde
2292 — Meßzapfen für Gut-Gewindelehrdorn und Prüfdorn für Whitworth-Gewinde
2293 — Ausschuß-Gewindelehrdorn für Whitworth-Gewinde
2294 — Meßzapfen für Ausschuß-Gewindelehrdorn für Whitworth-Gewinde
2295 — Gut-Gewindelehrring für Whitworth-Gewinde
2296 — Ausschuß-Einstellgewindelehre für Whitworth-Gewinde
2297 — Abnutzungsprüfdorn für Whitworth-Gewinde
2298 — Meßzapfen für Abnutzungsprüfdorn für Whitworth-Gewinde

6.2 *Lehrenmaße.*

11 Beibl. 5 Whitworth-Gewinde, Herstellungsgenauigkeit und Abnutzung der Gewindelehren
11 Beibl. 6 — Gut-Gewindelehrdorn, Grenzmaße, fein, mittel, grob
11 Beibl. 7 — Ausschuß-Gewindelehrdorn, Grenzmaße fein, mittel, grob
11 Beibl. 8 — Einstelle-Gewindelehre für den Abnutzungsprüfer für Gut-Gewindelehrdorn, Grenzmaße fein, mittel, grob
11 Beibl. 9 — Gut-Gewindelehrring, Grenzmaße fein, mittel, grob
11 Beibl. 11 — Gegenlehrdorn und Abnutzungsprüfdorn für Gut-Gewindelehrring, Grenzmaße fein, mittel, grob
11 Beibl. 12 — Einstellgewindelehre Gut und Ausschuß, Grenzmaße fein, mittel, grob
13 Bl. 16 Gewinde mit metr. Profil, Lehrenmaße, Lehrung des Bolzengewindes
13 Bl. 17 — Lehrung des Muttergewindes
262 Beibl. Rundgewinde mit Spitzen- und Flankenspiel für Kupplungsspindeln alter Bauart, Zughaken und Bremszugstangen, Gewinde-Grenzmaße, Herstellungsgenauigkeit und Abnutzung der Gewindelehren

DIN *Tafel 1.* (Fortsetzung.)

4934	Bl. 1 Bl. 2 Bl. 3 Bl. 4	Nahtlose Futterrohre für Ölbohrungen nach dem Drehbohrverfahren, Gewindelehren
9510	Bl. 3	— mit Gewinde mit abgeflachten Spitzen, Muffenprüflehren
9510	Bl. 4	— Gewindekegellehren
9511	Bl. 3	Nahtlose Futterrohre für Ölbohrungen, Muffenprüflehren
9511	Bl. 4	— Gewindekegellehren
9512	Bl. 3	Nahtlose Gestängerohre für Ölbohrungen nach dem Drehbohrverfahren mit nach innen verstärkten Enden, Muffenprüflehren
9512	Bl. 4	— Gewindekegellehren
9513	Bl. 3	— mit nach außen verstärkten Enden, Muffenprüflehren
9513	Bl. 4	— Gewindekegellehren
9514	Bl. 3	Nahtlose Pumprohre für Ölbohrungen mit nach außen verstärkten Enden und mit Gewinde mit abgeflachten Spitzen, Muffenprüflehren
9514	Bl. 4	— Gewindekegellehren
9515	Bl. 3	— mit abgerundeten Spitzen, Muffenprüflehren
9515	Bl. 4	— Gewindekegellehren
9524	Bl. 3	Nahtlose Leitungsrohre bis 6″ mit Whitworth-Rohrgewinde, Muffenprüflehren
9525	Bl. 4	— Gewindekegellehren
9525	Bl. 3	— mit Gewinde mit abgeflachten Spitzen, Muffenprüflehren
9525	Bl. 4	— Gewindekegellehren
20054		Rundgewinde nach DIN 405 für Durchgangshähne und Schnellverbinder, Gewindegrenzmaße, Herstellungsgenauigkeit und Abnutzung der Lehren
20400		Rundgewinde mit großer Tragtiefe
30282	Beibl. 1	Whitworth-Feingewinde 1/12″ Steigung, Abmaße, Gewindegrenzmaße, Herstellungsgenauigkeit und Abnutzung der Gewindelehren für gängiges Muttergewinde
30286	Beibl. 2	— 1/10″ Steigung, Herstellungsgenauigkeit und Abnutzung der Gewindelehren für gängiges Gewinde
30287	Beibl. 2	— 2, 1/6″ Steigung für Kolbenbefestigung, Herstellungsgenauigkeit und Abnutzung der Gewindelehren
30288	Beibl. 1	Rundgewinde DIN 405 für Federspannschrauben, Abmaße und Gewindegrenzmaße, Herstellungsgenauigkeit der Gewindelehren
30289	Beibl. 2	Trapezgewinde eingängig für Ventilspindeln, Herstellungsgenauigkeit und Abnutzung der Gewindelehren
30294	Beibl. 2	Whitworth-Rohrgewinde DIN 259, Herstellungsgenauigkeit und Abnutzung der Gewindelehren
30295	Beibl. 1	Gerundetes Trapezgewinde, Gewindegrenzmaße, Herstellungsgenauigkeit der Gewindelehren
40401	Bl. 1	Edison-Gewinde, Lehren, Gewindelehrringe
40401	Bl. 2	— Lehren, Gewindelehrdorne
40406	Bl. 1	Leitungsschutzsicherungen, Gewindelehrdorn E 16, Arbeitslehre
40406	Bl. 2	— Gewindelehrringe E 16, Arbeitslehre
40431	Bl. 1	Stahlpanzerrohr-Gewinde, Gewindelehren, Lehrringe
40431	Bl. 2	— Gewindelehren, Lehrdorne

Tafel 2. **Metrisches Regelgewinde.** Frühere Dinorm bis 1943. **(Neue Dinorm s. Tafel 4.)**

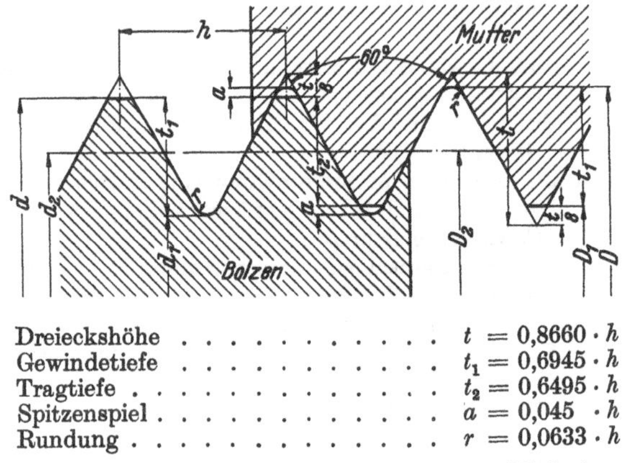

Dreieckshöhe . . . . $t = 0{,}8660 \cdot h$
Gewindetiefe . . . . $t_1 = 0{,}6945 \cdot h$
Tragtiefe . . . . $t_2 = 0{,}6495 \cdot h$
Spitzenspiel . . . . $a = 0{,}045 \cdot h$
Rundung . . . . $r = 0{,}0633 \cdot h$

Eingeklammerte Größen möglichst vermeiden. Maße in mm.

Nenndurchmesser, Bolzenaußendurchmesser d	Steigung h	Flankendurchmesser $d_2 = D_2$	Bolzenkerndurchmesser d_1	Mutter Außendurchmesser D	Mutter Kerndurchmesser D_1	Gewindetiefe t_1	Spitzenspiel a	Rundung r
1	0,25	0,838	0,652	1,024	0,676	0,174	0,012	0,02
1,2	0,25	1,038	0,852	1,224	0,876	0,174	0,012	0,02
1,4	0,3	1,205	0,984	1,426	1,010	0,208	0,013	0,02
1,7	0,35	1,473	1,214	1,732	1,246	0,243	0,016	0,02
2	0,4	1,740	1,444	2,036	1,480	0,278	0,018	0,03
2,3	0,4	2,040	1,744	2,336	1,780	0,278	0,018	0,03
2,6	0,45	2,308	1,974	2,642	2,016	0,313	0,021	0,03
3	0,5	2,675	2,306	3,044	2,350	0,347	0,022	0,03
3,5	0,6	3,110	2,666	3,554	2,720	0,417	0,027	0,04
4	0,7	3,545	3,028	4,062	3,090	0,486	0,031	0,04
(4,5)	0,75	4,013	3,458	4,568	3,526	0,521	0,034	0,05
5	0,8	4,480	3,888	5,072	3,960	0,556	0,036	0,05
(5,5)	0,9	4,915	4,250	5,580	4,330	0,625	0,040	0,06
6	1	5,350	4,610	6,090	4,700	0,695	0,045	0,06
(7)	1	6,350	5,610	7,090	5,700	0,695	0,045	0,06
8	1,25	7,188	6,264	8,112	6,376	0,868	0,056	0,08
(9)	1,25	8,188	7,264	9,112	7,376	0,868	0,056	0,08
10	1,5	9,026	7,916	10,136	8,052	1,042	0,068	0,09
(11)	1,5	10,026	8,916	11,136	9,052	1,042	0,068	0,09
12	1,75	10,863	9,570	12,156	9,726	1,215	0,078	0,11
14	2	12,701	11,222	14,180	11,402	1,389	0,090	0,13

Tafel 2. (Fortsetzung.)

Nenn-durch-messer, Bolzen-außen-durch-messer	Stei-gung	Flanken-durch-messer	Bolzen-kerndurch-messer	Mutter		Ge-winde-tiefe	Spitzen-spiel	Run-dung
				Außen-durch-messer	Kern-durch-messer			
d	h	$d_2 = D_2$	d_1	D	D_1	t_1	a	r
16	2	14,701	13,222	16,180	13,402	1,389	0,090	0,13
(18)	2,5	16,376	14,528	18,224	14,752	1,736	0,112	0,16
20	2,5	18,376	16,528	20,224	16,752	1,736	0,112	0,16
22	2,5	20,376	18,528	22,224	18,752	1,736	0,112	0,16
24	3	22,051	19,832	24,270	20,102	2,084	0,135	0,19
27	3	25,051	22,832	27,270	23,102	2,084	0,135	0,19
30	3,5	27,727	25,138	30,316	25,454	2,431	0,158	0,22
33	3,5	30,727	28,138	33,316	28,454	2,431	0,158	0,22
36	4	33,402	30,444	36,360	30,804	2,778	0,180	0,25
39	4	36,402	33,444	39,360	33,804	2,778	0,180	0,25
42	4,5	39,077	35,750	42,404	36,154	3,125	0,202	0,28
45	4,5	42,077	38,750	45,404	39,154	3,125	0,202	0,28
48	5	44,752	41,054	48,450	41,504	3,473	0,225	0,32
52	5	48,752	45,054	52,450	45,504	3,473	0,225	0,32
56	5,5	52,428	48,360	56,496	48,856	3,820	0,248	0,35
60	5,5	56,428	52,360	60,496	52,856	3,820	0,248	0,35
64	6	60,103	55,666	64,54	56,206	4,167	0,27	0,38
68	6	64,103	59,666	68,54	60,206	4,167	0,27	0,38
72	6	68,103	63,666	72,54	64,206	4,167	0,27	0,38
76	6	72,103	67,666	76,54	68,206	4,167	0,27	0,38
80	6	76,103	71,666	80,54	72,206	4,167	0,27	0,38
84	6	80,103	75,666	84,54	76,206	4,167	0,27	0,38
89	6	85,103	80,666	89,54	81,206	4,167	0,27	0,38
94	6	90,103	85,666	94,54	86,206	4,167	0,27	0,38
99	6	95,103	90,666	99,54	91,206	4,167	0,27	0,38
104	6	100,103	95,666	104,54	96,206	4,167	0,27	0,38
109	6	105,103	100,666	109,54	101,206	4,167	0,27	0,38
114	6	110,103	105,666	114,54	106,206	4,167	0,27	0,38
119	6	115,103	110,666	119,54	111,206	4,167	0,27	0,38
124	6	120,103	115,666	124,54	116,206	4,167	0,27	0,38
129	6	125,103	120,666	129,54	121,206	4,167	0,27	0,38
134	6	130,103	125,666	134,54	126,206	4,167	0,27	0,38
139	6	135,103	130,666	139,54	131,206	4,167	0,27	0,38
144	6	140,103	135,666	144,54	136,206	4,167	0,27	0,38
149	6	145,103	140,666	149,54	141,206	4,167	0,27	0,38

Tafel 3. **Metrisches Gewinde.** Regel- und Feingewinde.

Frühere Dinorm bis 1943. **(Neue Dinorm s. Tafel 5.)**

Erläuterungen und Profil s. Tafel 2.

Die Meßgrößen (Nennmaße) können mit Hilfe der untenstehenden Tafel berechnet werden.

Eingeklammerte Größen möglichst vermeiden. Maße in mm.

Nenndurchmesser, Bolzenaußendurchmesser d	Steigung h								
	für Regelgewinde	für metrisches Feingewinde Nr.:							
		2	3	4	5	6	7	8	9
	DIN 13	DIN 242	DIN 243	DIN 516	DIN 517	DIN 518	DIN 519	DIN 520	DIN 521
1	0,25		0,2						
1,2	0,25		0,2						
1,4	0,3		0,2						
1,7	0,35		0,2						
2	0,4		0,2						
2,3	0,4		0,25						0,25
2,6	0,45		0,25						0,25
3	0,5		0,35					0,35	0,25
3,5	0,6		0,35					0,35	0,25
4	0,7		0,35					0,35	0,25
4,5	(0,75)		0,5				0,5	0,35	0,25
5	0,8		0,5				0,5	0,35	0,25
5,5	(0,9)		0,5				0,5	0,35	0,25
6	1		0,75			0,75	0,5	0,35	0,25
6,5						0,75	0,5	0,35	0,25

Meßgrößen (Nennmaße).

Steigung h	Flankendurchmesser $d_2 = D_2$	Bolzenkerndurchmesser d_1	Mutter Außendurchmesser D	Mutter Kerndurchmesser D_1	Gewindetiefe t_1	Spitzenspiel $a = Sp$	Rundung r
0,2	$d-1+0{,}870$	$d-1+0{,}722$	$d+0{,}018$	$d-1+0{,}740$	0,139	0,009	0,013
0,25	$d-1+0{,}838$	$d-1+0{,}652$	$d+0{,}024$	$d-1+0{,}676$	0,174	0,011	0,02
0,35	$d-1+0{,}773$	$d-1+0{,}514$	$d+0{,}032$	$d-1+0{,}546$	0,243	0,016	0,02
0,5	$d-1+0{,}675$	$d-1+0{,}306$	$d+0{,}044$	$d-1+0{,}350$	0,347	0,022	0,03
0,75	$d-1+0{,}513$	$d-2+0{,}958$	$d+0{,}068$	$d-1+0{,}026$	0,521	0,034	0,05
1	$d-1+0{,}350$	$d-2+0{,}610$	$d+0{,}090$	$d-2+0{,}700$	0,695	0,045	0,06
1,5	$d-1+0{,}026$	$d-3+0{,}916$	$d+0{,}136$	$d-2+0{,}052$	1,042	0,068	0,09
2	$d-2+0{,}701$	$d-3+0{,}222$	$d+0{,}180$	$d-3+0{,}402$	1,389	0,090	0,13
3	$d-2+0{,}051$	$d-5+0{,}832$	$d+0{,}270$	$d-4+0{,}102$	2,084	0,135	0,19
4	$d-3+0{,}402$	$d-6+0{,}444$	$d+0{,}360$	$d-6+0{,}804$	2,778	0,180	0,25

Tafel 3. (Fortsetzung.)

Nenn-durch-messer, Bolzen-außen-durch-messer *d*	Steigung *h*								
	für Regel-gewinde	für metrische Feingewinde Nr.:							
		2	3	4	5	6	7	8	9
	DIN 13	DIN 242	DIN 243	DIN 516	DIN 517	DIN 518	DIN 519	DIN 520	DIN 521
7	(1)		0,75			0,75	0,5	0,35	0,25
7,5						0,75	0,5	0,35	0,25
8	1,25		0,75			0,75	0,5	0,35	0,25
8,5						0,75	0,5	0,35	0,25
9	(1,25)		1		1	0,75	0,5	0,35	0,25
9,5					1	0,75	0,5	0,35	0,25
10	1,5		1		1	0,75	0,5	0,35	0,25
10,5					1	0,75	0,5	0,35	0,25
11	(1,5)		1		1	0,75	0,5	0,35	0,25
11,5					1	0,75	0,5	0,35	0,25
12	1,75		1,5	1,5	1	0,75	0,5	0,35	0,25
12,5				1,5	1	0,75	0,5	0,35	0,25
13			1,5	1,5	1	0,75	0,5	0,35	0,25
13,5				1,5	1	0,75	0,5	0,35	0,25
14	2		1,5	1,5	1	0,75	0,5	0,35	0,25
14,5				1,5	1	0,75	0,5	0,35	0,25
15			1,5	1,5	1	0,75	0,5	0,35	0,25
16	2		1,5	1,5	1	0,75	0,5	0,35	0,25
17			1,5	1,5	1	0,75	0,5	0,35	0,25
18	(2,5)		1,5	1,5	1	0,75	0,5	0,35	0,25
19			1,5	1,5	1	0,75	0,5	0,35	0,25
20	2,5		1,5	1,5	1	0,75	0,5	0,35	0,25
21			1,5	1,5	1	0,75	0,5	0,35	0,25
22	2,5		1,5	1,5	1	0,75	0,5	0,35	0,25
23			1,5	1,5	1	0,75	0,5	0,35	
24	3	2	1,5	1,5	1	0,75	0,5	0,35	
25			1,5	1,5	1	0,75	0,5	0,35	
26			1,5	1,5	1	0,75	0,5	0,35	
27	3	2	1,5	1,5	1	0,75	0,5	0,35	
28			1,5	1,5	1	0,75	0,5	0,35	
29			1,5	1,5					
30	3,5	2	1,5	1,5	1	0,75	0,5	0,35	
31			1,5	1,5					
32			1,5	1,5	1	0,75	0,5	0,35	
33	3,5	2	1,5	1,5	1	0,75	0,5	0,35	
34			1,5	1,5	1	0,75	0,5	0,35	
35			1,5	1,5	1	0,75	0,5	0,35	
36	4	3	1,5	1,5	1	0,75	0,5	0,35	
37			1,5	1,5					

Tafel 3. (Fortsetzung.)

Nenndurchmesser, Bolzenaußendurchmesser d	Steigung h							
	für Regelgewinde	für metrisches Feingewinde Nr.:						
		2	3	4	5	6	7	8
	DIN 13	DIN 242	DIN 243	DIN 516	DIN 517	DIN 518	DIN 519	DIN 520
38			1,5	1,5	1	0,75	0,5	0,35
39	4	3	1,5	1,5				
40			1,5	1,5	1	0,75	0,5	0,35
41			1,5	1,5				
42	4,5	3	1,5	1,5	1	0,75	0,5	0,35
43			1,5	1,5				
44			1,5	1,5	1	0,75	0,5	0,35
45	4,5	3	1,5	1,5	1	0,75	0,5	0,35
46			1,5	1,5	1	0,75	0,5	0,35
47			1,5	1,5				
48	5	3	1,5	1,5	1	0,75	0,5	0,35
49			1,5	1,5				
50			1,5	1,5	1	0,75	0,5	0,35
51			1,5	1,5				
52	5	3	1,5	1,5	1	0,75	0,5	
53			2					
54			2					
55			2	1,5	1	0,75	0,5	
56	5,5	4	2					
57			2					
58			2	1,5	1	0,75	0,5	

Meßgrößen (Nennmaße).

Steigung h	Flankendurchmesser $d_2 = D_2$	Bolzenkerndurchmesser d_1	Mutter: Außendurchmesser D	Mutter: Kerndurchmesser D_1	Gewindetiefe t_1	Spitzenspiel $a = Sp$	Rundung r
0,5	$d-1+0{,}675$	$d-1+0{,}306$	$d+0{,}044$	$d-1+0{,}350$	0,347	0,022	0,03
0,75	$d-1+0{,}513$	$d-2+0{,}958$	$d+0{,}068$	$d-1+0{,}026$	0,521	0,034	0,05
1	$d-1+0{,}350$	$d-2+0{,}610$	$d+0{,}090$	$d-2+0{,}700$	0,695	0,045	0,06
1,5	$d-1+0{,}026$	$d-3+0{,}916$	$d+0{,}136$	$d-2+0{,}052$	1,042	0,068	0,09
2	$d-2+0{,}701$	$d-3+0{,}222$	$d+0{,}180$	$d-3+0{,}402$	1,389	0,090	0,13
3	$d-2+0{,}051$	$d-5+0{,}832$	$d+0{,}270$	$d-4+0{,}102$	2,084	0,135	0,19
4	$d-3+0{,}402$	$d-6+0{,}444$	$d+0{,}360$	$d-6+0{,}804$	2,778	0,180	0,25
4,5	$d-3+0{,}077$	$d-7+0{,}750$	$d+0{,}404$	$d-6+0{,}154$	3,125	0,202	0,28
5	$d-4+0{,}752$	$d-7+0{,}054$	$d+0{,}450$	$d-7+0{,}504$	3,473	0,225	0,32
5,5	$d-4+0{,}428$	$d-8+0{,}360$	$d+0{,}496$	$d-8+0{,}856$	3,820	0,248	0,35
6	$d-4+0{,}103$	$d-9+0{,}666$	$d+0{,}540$	$d-8+0{,}206$	4,167	0,270	0,38

Tafel 3. (Fortsetzung.)

Nenndurchmesser, Bolzenaußendurchmesser d	Steigung h						
	für Regelgewinde	für metrisches Feingewinde Nr.:					
		2	3	4	5	6	7
	DIN 13	DIN 242	DIN 243	DIN 516	DIN 517	DIN 518	DIN 519
59			2				
60	5,5	4	2	1,5	1	0,75	0,5
61			2				
62			2	1,5	1	0,75	0,5
63			2				
64	6	4	2				
65			2	1,5	1	0,75	0,5
66			2				
67			2				
68	6	4	2	1,5	1	0,75	0,5
69			2				
70			2	1,5	1	0,75	0,5
71			2				
72	6	4	2	1,5	1	0,75	0,5
73			2				
74			2				
75			2	1,5	1	0,75	0,5
76	6	4	2				
77			2				
78			2	1,5	1	0,75	0,5
79			2				
80	6	4	2	1,5	1	0,75	0,5
81			2				
82			2	1,5	1		
83			2				
84	6	4	2				
85			2	1,5			
86			2				
87			2				
88			2	1,5			
89	6	4	2				
90			2	1,5			
91			2				
92			2	1,5			
93			2				
94	6	4	2				

Tafel 3. (Fortsetzung.)

Nenndurchmesser, Bolzenaußendurchmesser	Steigung h				Nenndurchmesser, Bolzenaußendurchmesser	Steigung h			
	für Regelgewinde	für metrisches Feingewinde Nr.:				für Regelgewinde	für metrisches Feingewinde Nr.:		
		2	3	4			2	3	4
d	DIN 13	DIN 242	DIN 243	DIN 516	d	DIN 13	DIN 241	DIN 242	DIN 516
95			2	1,5	122			3	
96			2		124	6	4		
97			2		125			3	1,5
98			2	1,5	128			3	
99	6	4	2		129	6	4		
100			2	1,5	130			3	1,5
102			3		132			3	
104	6	4	3		134	6	4		
105			3	1,5	135			3	1,5
108			3		138			3	
109	6	4			139	6	4		
110			3	1,5	140			3	1,5
112			3		142			3	
114	6	4			144	6	4		
115				1,5	145			3	1,5
118			3		148			3	
119	6	4			149	6	4		
120			3	1,5	150			3	1,5

Meßgrößen (Nennmaße).

Steigung	Flankendurchmesser	Bolzenkerndurchmesser	Mutter		Gewindetiefe	Spitzenspiel	Rundung
			Außendurchmesser	Kerndurchmesser			
h	$d_2 = D_2$	d_1	D	D_1	t_1	$a = Sp$	r
1,5	$d-1+0{,}026$	$d-3+0{,}916$	$d+0{,}136$	$d-2+0{,}052$	1,042	0,068	0,09
2	$d-2+0{,}701$	$d-3+0{,}222$	$d+0{,}180$	$d-3+0{,}402$	1,389	0,090	0,13
3	$d-2+0{,}051$	$d-5+0{,}832$	$d+0{,}270$	$d-4+0{,}102$	2,084	0,135	0,19
4	$d-3+0{,}402$	$d-6+0{,}444$	$d+0{,}360$	$d-6+0{,}804$	2,778	0,180	0,25
4,5	$d-3+0{,}077$	$d-7+0{,}750$	$d+0{,}404$	$d-6+0{,}154$	3,125	0,202	0,28
5	$d-4+0{,}752$	$d-7+0{,}054$	$d+0{,}450$	$d-7+0{,}504$	3,473	0,225	0,32
5,5	$d-4+0{,}428$	$d-8+0{,}360$	$d+0{,}496$	$d-8+0{,}856$	3,820	0,248	0,35
6	$d-4+0{,}103$	$d-9+0{,}666$	$d+0{,}540$	$d-8+0{,}206$	4,167	0,270	0,38

Tafel 3. (Fortsetzung.)

Nenndurchmesser, Bolzenaußendurchmesser d	Steigung h für metrisches Feingewinde Nr.: 1 DIN 241	2 DIN 242	2 DIN 243	4 DIN 516	Nenndurchmesser, Bolzenaußendurchmesser d	Steigung h für metrisches Feingewinde Nr.: 1 DIN 241	2 DIN 242	3 DIN 243	4 DIN 516	Nenndurchmesser, Bolzenaußendurchmesser d	Steigung h für metrisches Feingewinde Nr.: 1 DIN 241	3 DIN 243
152			3		218			4		282		4
154	6	4			219	6				284	6	
155			3	1,5	220			4	1,5	285		4
158			3		222			4		288		4
159	6	4			224	6				289	6	
160			3	1,5	225			4		290		4
162			3		228			4		292		4
164	6	4			229	6				294	6	
165			3	1,5	230			4	1,5	295		4
168			3		232		4			298		4
169	6	4			234	6				299	6	
170			3	1,5	235		4			300		4
172			3		238		4			309	6	
174	6	4			239	6				319	6	
175			3	1,5	240		4	1,5		329	6	
178			3		242		4			339	6	
179	6	4			244	6				349	6	
180			3	1,5	245		4			359	6	
182			3		248		4			369	6	
184	6	4			249	6				379	6	
185			3	1,5	250		4	1,5		389	6	
188			3		252		4			399	6	
189	6	4			254	6				409	6	
190			3	1,5	255		4			419	6	
192			4		258		4			429	6	
194	6				259	6				439	6	
195			4	1,5	260		4			449	6	
198			4		262		4			459	6	
199	6				264	6				469	6	
200			4	1,5	265		4			479	6	
202			4		268		4			489	6	
204	6				269	6				499	6	
205			4		270		4					
208			4		272		4					
209	6				274	6						
210			4	1,5	275		4					
212			4		278		4					
214	6				279	6						
215			4		280		4					

Tafel 4. **Metrisches Regelgewinde.**

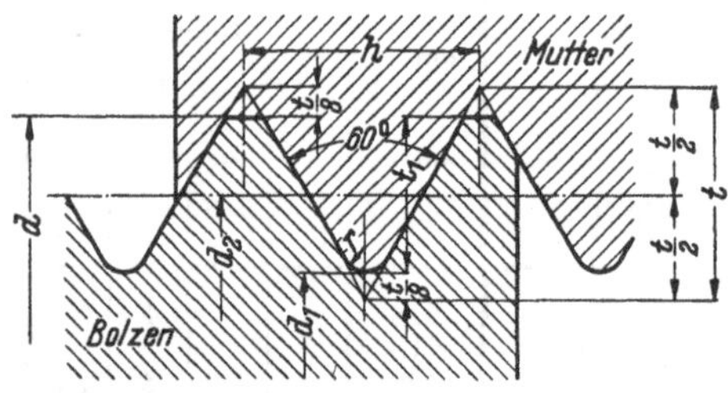

Dreieckshöhe	t	$= 0{,}8660 \cdot h$
Gewindetiefe	t_1	$= 0{,}6495 \cdot h$
Flankendurchmesser	d_2	$= d - t_1$
Kerndurchmesser	d_1	$= d - 2 \cdot t_1$
Rundung $= t/8$	r	$= 0{,}1082 \cdot h$

Gewinde, deren Gewinde-Nenndurchmesser **fettgedruckt** ist, sind vorzuziehen; eingeklammerte möglichst vermeiden. Maße in mm.

Nenn-durch-messer, Bolzen-außen-durch-messer d	Stei-gung h	Flan-ken-durch-messer $d_2(=D_2)$	Kern-durch-messer $d_1(=D_1)$	Ge-winde-tiefe $t_1(=t_2)$	Run-dung $r\approx$	Nenn-durch-messer, Bolzen-außen-durch-messer d	Stei-gung h	Flan-ken-durch-messer $d_2(=D_2)$	Kern-durch-messer $d_1(=D_1)$	Ge-winde-tiefe $t_1(=t_2)$	Run-dung $r\approx$
0,3	0,075	0,251	0,202	0,049	0,01	(11)	1,5	10,026	9,052	0,974	0,16
0,4	0,1	0,335	0,270	0,065	0,01	**12**	1,75	10,863	9,726	1,137	0,19
0,5	0,125	0,419	0,338	0,081	0,01	14	2	12,701	11,402	1,299	0,22
0,6	0,15	0,503	0,406	0,097	0,02	**16**	2	14,701	13,402	1,299	0,22
0,8	0,2	0,670	0,540	0,130	0,02	18	2,5	16,376	14,752	1,624	0,27
1	0,25	0,838	0,676	0,162	0,03	**20**	2,5	18,376	16,752	1,624	0,27
1,2	0,25	1,038	0,876	0,162	0,03	22	2,5	20,376	18,752	1,624	0,27
1,4	0,3	1,205	1,010	0,195	0,03	**24**	3	22,051	20,102	1,949	0,32
1,7	0,35	1,473	1,246	0,227	0,04	27	3	25,051	23,102	1,949	0,32
2	0,4	1,740	1,480	0,260	0,04	**30**	3,5	27,727	25,454	2,273	0,38
2,3	0,4	2,040	1,780	0,260	0,04	33	3,5	30,727	28,454	2,273	0,38
2,6	0,45	2,308	2,016	0,292	0,05	**36**	4	33,402	30,804	2,598	0,43
3	0,5	2,675	2,350	0,325	0,05	39	4	36,402	33,804	2,598	0,43
3,5	0,6	3,110	2,720	0,390	0,06	**42**	4,5	39,077	36,154	2,923	0,49
4	0,7	3,545	3,090	0,455	0,08	45	4,5	42,077	39,154	2,923	0.49
5	0,8	4,480	3,960	0,520	0,09	**48**	5	44,752	41,504	3,248	0,54
6	1	5,350	4,700	0,650	0,11	52	5	48,752	45,504	3,248	0,54
(7)	1	6,350	5,700	0,650	0,11	**56**	5,5	52,428	48,856	3,572	0,60
8	1,25	7,188	6,376	0,812	0,14	60	5,5	56,428	52,856	3,572	0,60
(9)	1,25	8,188	7,376	0,812	0,14	**64**	6	60,103	56,206	3,897	0,65
10	1,5	9,026	8,052	0,974	0,16	68	6	64,103	60,206	3,897	0,65

Tafel 5. **Metrisches Gewinde.**

Regel- und Feingewinde und Auswahlreihen.

Erläuterungen und Profil s. Tafel 4.

Folgende Gewinde werden empfohlen:

Grobe Steigung: Auswahlreihe 1;
mittlere Steigung: bis M 16 Auswahlreihe 1, darüber Auswahlreihe 2;
feine Steigung: bis M 52 × 1,5 Auswahlreihe 4, ab M 56 × 2 Auswahlreihe 3.

Fettgedruckte Gewinde-Nenndurchmesser sind den dünngedruckten und diese den *schräggedruckten* vorzuziehen, eingeklammerte möglichst vermeiden.

Meßgrößen (Nennmaße) für Regelgewinde siehe Tafel 4.

Meßgrößen (Nennmaße) für Feingewinde können mit Hilfe der untenstehenden Tafel berechnet werden. Maße in mm.

d = Nenndurchmesser, Bolzenaußendurchmesser.
R = Regelgewinde (siehe auch Tafel 4).

d	Steigung h für							
	R	Auswahlreihen		Feingewinde				
		1	4					
0,3	**0,075**	**0,075**						
0,4	**0,1**	**0,1**						
0,5	**0,125**	**0,125**						
0,6	**0,15**	**0,15**						
0,8	**0,2**	**0,2**						
1	**0,25**	**0,25**						**0,2**
1,2	**0,25**	**0,25**						**0,2**
1,4	0,3	0,3					0,25	0,2
1,7	**0,35**	**0,35**					**0,25**	**0,2**
2	**0,4**	**0,4**	**0,25**			**0,35**	**0,25**	**0,2**
2,3	0,4	0,4	0,25			0,35	0,25	0,2
2,6	**0,45**	**0,45**	**0,35**			**0,35**	**0,25**	**0,2**
3	**0,5**	**0,5**	**0,35**			**0,35**	**0,25**	**0,2**
3,5	0,6	0,6			0,5	0,35	0,25	0,2
4	**0,7**	**0,7**	**0,5**		**0,5**	**0,35**	**0,25**	**0,2**
4,5					0,5	0,35	0,25	0,2
5	**0,8**	**0,8**	**0,5**	**0,75**	**0,5**	**0,35**	**0,25**	**0,2**
5,5				(0,75)	(0,5)	(0,35)	(0,25)	(0,2)
6	**1**	**1**	**0,5**	**0,75**	**0,5**	**0,35**	**0,25**	**0,2**
6,5				*(0,75)*	*(0,5)*	*(0,35)*	*(0,25)*	*(0,2)*
7	(1)			0,75	0,5	0,35	0,25	0,2

Meßgrößen (Nennmaße).

Steigung h	Flankendurchmesser d_2 und D_2	Kerndurchmesser d_1 und D_1	Gewindetiefe t_1	Rundung $r \approx$
0,2	$d - 1 + 0{,}870$	$d - 1 + 0{,}740$	0,130	0,02
0,25	$d - 1 + 0{,}838$	$d - 1 + 0{,}676$	0,162	0,03
0,35	$d - 1 + 0{,}773$	$d - 1 + 0{,}546$	0,227	0,04
0,5	$d - 1 + 0{,}675$	$d - 1 + 0{,}350$	0,325	0,05
0,75	$d - 1 + 0{,}513$	$d - 1 + 0{,}026$	0,487	0,08

Tafel 5. (Fortsetzung.)

d	Steigung h für												
	R	Auswahlreihen				Feingewinde							
		1	2	3	4								
7,5								*(1)*	*(0,75)*	*(0,5)*	*(0,35)*	*(0,25)*	*(0,2)*
8	**1,25**	**1,25**			**1**			**1**	**0,75**	**0,5**	**0,35**	**0,25**	**0,2**
8,5								*(1)*	*(0,75)*	*(0,5)*	*(0,35)*	*(0,25)*	*(0,2)*
9	(1,25)							1	0,75	0,5	0,35	(0,25	0,2
9,5								*(1)*	*(0,75)*	*(0,5)*	*(0,35)*	*0,25)*	*(0,2)*
10	**1,5**	**1,5**			**1**			**1**	**0,75**	**0,5**	**0,35**	**0,25**	**0,2**
10,5								*(1)*	*(0,75)*	*(0,5)*	*(0,35)*		
11	(1,5)							1	0,75	0,5	0,35		
11,5							*(1,5)*	*(1)*	*(0,75)*	*(0,5)*	*(0,35)*		
12	**1,75**	**1,75**		**1**	**1,5**		**1,5**	**1**	**0,75**	**0,5**	**0,35**		
12,5							*(1,5)*	*(1)*	*(0,75)*	*(0,5)*	*(0,35)*		
13							*1,5*	*1*	*0,75*	*0,5*	*0,35*		
13,5							*(1,5)*	*(1)*	*(0,75)*	*(0,5)*	*(0,35)*		
14	2	2			1,5		1,5	1	0,75	0,5	0,35		
14,5							*(1,5)*	*(1)*	*(0,75)*	*(0,5)*	*(0,35)*		
15							*1,5*	*1*	*0,75*	*0,5*	*0,35*		
16	**2**	**2**			**1,5**		**1,5**	**1**	**0,75**	**0,5**	**0,35**		
17						*2*	*1,5*	*1*	*0,75*	*0,5*	*0,35*		
18	2,5	2,5	2		1,5	2	1,5	1	0,75	0,5	0,35		
19						*2*	*1,5*	*1*	*0,75*	*0,5*	*0,35*		
20	**2,5**	**2,5**	**2**		**1,5**	**2**	**1,5**	**1**	**0,75**	**0,5**	**0,35**		
21						*2*	*1,5*	*1*	*0,75*	*0,5*	*0,35*		
22	2,5	2,5	2		1,5	2	1,5	1	0,75	0,5	0,35		
23						*2*	*1,5*	*1*	*0,75*	*0,5*	*0,35*		
24	**3**	**3**	**2**		**1,5**	**2**	**1,5**	**1**	**0,75**	**0,5**	**0,35**		
25						*2*	*1,5*	*1*	*0,75*	*0,5*	*0,35*		
26					*1,5*	*2*	*1,5*	*1*	*0,75*	*0,5*	*0,35*		

Meßgrößen (Nennmaße).

Steigung h	Flankendurchmesser d_2 und D_2	Kerndurchmesser d_1 und D_1	Gewindetiefe t_1	Rundung $r \approx$
0,2	$d - 1 + 0{,}870$	$d - 1 + 0{,}740$	0,130	0,02
0,25	$d - 1 + 0{,}838$	$d - 1 + 0{,}676$	0,162	0,03
0,35	$d - 1 + 0{,}773$	$d - 1 + 0{,}546$	0,227	0,04
0,5	$d - 1 + 0{,}675$	$d - 1 + 0{,}350$	0,325	0,05
0,75	$d - 1 + 0{,}513$	$d - 1 + 0{,}026$	0,487	0,08
1	$d - 1 + 0{,}350$	$d - 2 + 0{,}700$	0,650	0,11
1,5	$d - 1 + 0{,}026$	$d - 2 + 0{,}052$	0,974	0,16
2	$d - 2 + 0{,}701$	$d - 3 + 0{,}402$	1,299	0,22
3	$d - 2 + 0{,}051$	$d - 4 + 0{,}102$	1,949	0,32
4	$d - 3 + 0{,}402$	$d - 6 + 0{,}804$	2,598	0,43
6	$d - 4 + 0{,}103$	$d - 8 + 0{,}206$	3,897	0,65

Tafel 5. (Fortsetzung.)

Folgende Gewinde werden empfohlen:

Grobe Steigung: Auswahlreihe 1;
mittlere Steigung: bis M 16 Auswahlreihe 1, darüber Auswahlreihe 2;
feine Steigung: bis M 52 × 1,5 Auswahlreihe 4, ab M 56 × 2 Auswahlreihe 3.

Fettgedruckte Gewinde-Nenndurchmesser sind den dünngedruckten und diese den *schräggedruckten* vorzuziehen, eingeklammerte möglichst vermeiden.

Meßgrößen (Nennmaße) für Regelgewinde siehe Tafel 4.
Meßgrößen (Nennmaße) für Feingewinde können mit Hilfe der vorstehenden Tafel berechnet werden. Maße in mm.

d = Nenndurchmesser, Bolzenaußendurchmesser.
R = Regelgewinde (siehe auch Tafel 4).

d	Steigung *h* für													
	R	Auswahlreihen				Feingewinde								
		1	2	3	4									
27	3	3	2		1,5				2	1,5	1	0,75	0,5	0,35
28					*1,5*			*3*	*2*	*1,5*	*1*	*0,75*	*0,5*	*0,35*
30	**3,5**	**3,5**	**2**		**1,5**			**3**	**2**	**1,5**	**1**	**0,75**	**0,5**	**0,35**
32					*1,5*			*3*	*2*	*1,5*	*1*	*0,75*	*0,5*	*0,35*
33	3,5	3,5	2		1,5			3	2	1,5	1	0,75	0,5	0,35
34								*3*	*2*	*1,5*	*1*	*0,75*	*0,5*	*0,35*
35					*1,5*			*3*	*2*	*1,5*	*1*	*0,75*	*0,5*	*0,35*
36	**4**	**4**	**3**	**2**	**1,5**			**3**	**2**	**1,5**	**1**	**0,75**	**0,5**	**0,35**
38					*1,5*			*3*	*2*	*1,5*	*1*	*0,75*	*0,5*	*0,35*
39	4	4	3	2	1,5			3	2	1,5	1	0,75	0,5	0,35
40					*1,5*		*4*	*3*	*2*	*1,5*	*1*	*0,75*	*0,5*	*0,35*
42	**4,5**	**4,5**	**3**	**2**	**1,5**		**4**	**3**	**2**	**1,5**	**1**	**0,75**	**0,5**	**0,35**
45	4,5	4,5	3	2	1,5		4	3	2	1,5	1	0,75	0,5	0,35
48	**5**	**5**	**3**	**2**	**1,5**		**4**	**3**	**2**	**1,5**	**1**	**6,75**	**0,5**	**0,35**
50					*1,5*		*4*	*3*	*2*	*1,5*	*1*	*0,75*	*0,5*	*0,35*
52	5		3	2	1,5		4	3	2	1,5	1	0,75		
55					*1,5*		*4*	*3*	*2*	*1,5*	*1*	*0,75*		
56	**5,5**		**4**	**2**			**4**	**3**	**2**	**1,5**	**1**	**0,75**		
58				2	*1,5*		*4*	*3*	*2*	*1,5*	*1*	*0,75*		
60	5,5		4	2	1,5		4	3	2	1,5	1	0,75		
62					*1,5*		*4*	*3*	*2*	*1,5*	*1*	*0,75*		
64	**6**		**4**	**2**	**1,5**		**4**	**3**	**2**	**1,5**	**1**	**0,75**		
65							*4*	*3*	*2*	*1,5*	*1*	*0,75*		
68	6		4	2	1,5		4	3	2	1,5	1	0,75		
70					*1,5*		*4*	*3*	*2*	*1,5*	*1*	*0,75*		
72			**4**	**2**	**1,5**	**6**	**4**	**3**	**2**	**1,5**	**1**	**0,75**		
75					*1,5*		*4*	*3*	*2*	*1,5*	*1*	*0,75*		
76			4	2		6	4	3	2	1,5	1	0,75		
78							*4*	*3*	*2*	*1,5*	*1*	*0,75*		
80			**4**	**2**		**6**	**4**	**3**	**2**	**1,5**	**1**	**0,75**		

Tafel 5. (Fortsetzung.)

d	Steigung h für						
	Auswahlreihen		Feingewinde				
	2	3					
82				*4*	*3*	*2*	*1,5*
85	4	2	6	4	3	2	1,5
88				*4*	*3*	*2*	*1,5*
90	**4**	**2**	**6**	**4**	**3**	**2**	**1,5**
92				*4*	*3*	*2*	*1,5*
95	4	2	6	4	3	2	1,5
98				*4*	*3*	*2*	*1,5*
100	**4**	**2**	**6**	**4**	**3**	**2**	**1,5**
102				*4*	*3*	*2*	*1,5*
105	4	2	6	4	3	2	1,5
108				*4*	*3*	*2*	*1,5*
110	**4**	**2**	**6**	**4**	**3**	**2**	**1,5**
112				*4*	*3*	*2*	*1,5*
115	4	2	6	4	3	2	1,5
118				*4*	*3*	*2*	*1,5*
120	**4**	**2**	**6**	**4**	**3**	**2**	**1,5**
122				*4*	*3*	*2*	*1,5*
125	4	2	6	4	3	2	1,5
128				*4*	*3*	*2*	*1,5*
130	**4**	**3**	**6**	**4**	**3**	**2**	**1,5**
132				*4*	*3*	*2*	*1,5*
135			6	4	3	2	1,5
138				*4*	*3*	*2*	*1,5*
140	**4**	**3**	**6**	**4**	**3**	**2**	**1,5**
142				*4*	*3*	*2*	*1,5*
145			6	4	3	2	1,5
148				*4*	*3*	*2*	*1,5*
150	**4**	**3**	**6**	**4**	**3**	**2**	**1,5**
152				*4*	*3*	*2*	*1,5*
155			6	4	3	2	1,5

Meßgrößen (Nennmaße).

Steigung h	Flankendurchmesser d_2 und D_2	Kerndurchmesser d_1 und D_1	Gewindetiefe t_1	Rundung $r \approx$
1,5	$d - 1 + 0{,}026$	$d - 2 + 0{,}052$	0,974	0,16
2	$d - 2 + 0{,}701$	$d - 3 + 0{,}402$	1,299	0,22
3	$d - 2 + 0{,}051$	$d - 4 + 0{,}102$	1,949	0,32
4	$d - 3 + 0{,}402$	$d - 6 + 0{,}804$	2,598	0,43
6	$d - 4 + 0{,}103$	$d - 8 + 0{,}206$	3,897	0,65

Tafel 5. (Fortsetzung.)

Folgende Gewinde werden empfohlen:

Grobe Steigung: Auswahlreihe 1;
mittlere Steigung: bis M 16 Auswahlreihe 1, darüber Auswahlreihe 2;
feine Steigung: bis M 52 × 1,5 Auswahlreihe 4, ab M 56 × 2 Auswahlreihe 3.

Fettgedruckte Gewinde-Nenndurchmesser sind den dünngedruckten und diese den *schräggedruckten* vorzuziehen, eingeklammerte möglichst vermeiden.

Meßgrößen (Nennmaße) für Regelgewinde siehe Tafel 4.
Meßgrößen (Nennmaße) für Feingewinde können mit Hilfe der vorstehenden Tafel berechnet werden. Maße in mm.

d = Nenndurchmesser, Bolzenaußendurchmesser.
R = Regelgewinde (siehe auch Tafel 4).

d	Steigung h für							d	Steigung h für						
	Auswahlreihen		Feingewinde						Auswahlreihen		Feingewinde				
	2	3							2	3					
158				*4*	*3*	*2*	*1,5*	232				*4*	*3*	*2*	*1,5*
160	**4**	**3**	**6**	**4**	**3**	**2**	**1,5**	235			6	4	3	2	1,5
162				*4*	*3*	*2*	*1,5*	238				*4*	*3*	*2*	*1,5*
165			6	4	3	2	1,5	240	**6**	**3**	**6**	**4**	**3**	**2**	**1,5**
168				*4*	*3*	*2*	*1,5*	242				*4*	*3*	*2*	*1,5*
170	**4**	**3**	**6**	**4**	**3**	**2**	**1,5**	245			6	4	3	2	1,5
172				*4*	*3*	*2*	*1,5*	248				*4*	*3*	*2*	*1,5*
175			6	4	3	2	1,5	250	**6**	**3**	**6**	**4**	**3**	**2**	**1,5**
178				*4*	*3*	*2*	*1,5*	252				*4*	*3*	*2*	*1,5*
180	**6**	**3**	**6**	**4**	**3**	**2**	**1,5**	255			6	4	3	2	1,5
182				*4*	*3*	*2*	*1,5*	258				*4*	*3*	*2*	*1,5*
185			6	4	3	2	1,5	260	**6**	**3**	**6**	**4**	**3**	**2**	**1,5**
188				*4*	*3*	*2*	*1,5*	262				*4*	*3*	*2*	*1,5*
190	**6**	**3**	**6**	**4**	**3**	**2**	**1,5**	265			6	4	3	2	1,5
192				*4*	*3*	*2*	*1,5*	268				*4*	*3*	*2*	*1,5*
195			6	4	3	2	1,5	270	**6**	**3**	**6**	**4**	**3**	**2**	**1,5**
198				*4*	*3*	*2*	*1,5*	272				*4*	*3*	*2*	*1,5*
200	**6**	**3**	**6**	**4**	**3**	**2**	**1,5**	275			6	4	3	2	1,5
202				*4*	*3*	*2*	*1,5*	278				*4*	*3*	*2*	*1,5*
205			6	4	3	2	1,5	280	**6**	**3**	**6**	**4**	**3**	**2**	**1,5**
208				*4*	*3*	*2*	*1,5*	282				*4*	*3*	*2*	*1,5*
210	**6**	**3**	**6**	**4**	**3**	**2**	**1,5**	285			6	4	3	2	1,5
212				*4*	*3*	*2*	*1,5*	288				*4*	*3*	*2*	*1,5*
215			6	4	3	2	1,5	290	**6**	**3**	**6**	**4**	**3**	**2**	**1,5**
218				*4*	*3*	*2*	*1,5*	292				*4*	*3*	*2*	*1,5*
220	**6**	**3**	**6**	**4**	**3**	**2**	**1,5**	295			6	4	3	2	1,5
222				*4*	*3*	*2*	*1,5*	298				*4*	*3*	*2*	*1,5*
225			6	4	3	2	1,5	300	**6**	**3**	**6**	**4**	**3**	**2**	**1,5**
228				*4*	*3*	*2*	*1,5*								
230	**6**	**3**	**6**	**4**	**3**	**2**	**1,5**								

Tafel 6. **Grundtoleranzen** für metrische Gewinde.

(Flankendurchmesser und Bolzenkerndurchmesser.)

Toleranzen in μ
T_f für die Flankendurchmesser d_2 und D_2
T_{k1} für den Kerndurchmesser des Bolzens d_1.

T_{k1} wird um 1 S-Reihe gröber als T_f gewählt, also z. B.: Flankendurchmessertoleranz = S 8, Bolzenkerndurchmessertoleranz = S 9.

Die Toleranzreihen S 13 und S 14 sind nur für Bolzenkerndurchmesser bestimmt, nicht für Flankenkerndurchmesser.

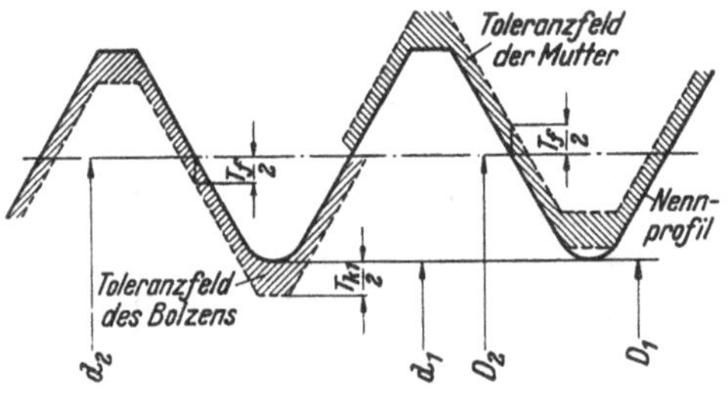

Gewinde-Nenn-durchmesser d mm	Toleranzen T_f und T_{k1} in μ für **S-Reihe**										
	4	5	6	7	8	9	10	11	12	13	14
0,3 bis 0,8	16	20	25	32	40	50	63	80	100	125	160
0,9 bis 1,7	22	28	36	45	56	71	90	112	140	180	224
2 bis 5,5	32	40	50	63	80	100	125	160	200	250	315
6 bis 11	45	56	71	90	112	140	180	224	280	355	450
11,5 bis 33	63	80	100	125	160	200	250	315	400	500	630
34 bis 80	90	112	140	180	224	280	355	450	560	710	900
82 bis 200	125	160	200	250	315	400	500	630	800	1000	1250
202 bis 500	180	224	280	355	450	560	710	900	1120	1400	1800

Tafel 7. **Toleranzen** für metrische Gewinde.

d = Gewinde-Nenndurchmesser in mm.
h = Steigung in mm.
T_f = Toleranz für Flankendurchmesser in μ.
T_{k1} = Toleranz für Bolzenkerndurchmesser in μ.
T_a = Toleranz für Bolzenaußendurchmesser in μ.
T_k = Toleranz für Mutterkerndurchmesser; A_u = unteres Abmaß, A_o = oberes Abmaß.
VL = Vorzugslehrenlänge, die für die angegebene Einschraublänge zu empfehlen ist. Für eine kleinere Einschraublänge können kürzere Gutlehren benutzt werden, als in der Spalte VL angegeben. Hierfür, sowie für eine größere oder kleinere Einschraublänge als angegeben, benutze Tafel 9.
gS = größtmögliche S-Reihe: Die Toleranz T_f für den Flankendurchmesser darf aus Fertigungsgründen nicht größer werden als die des Bolzenaußendurchmessers T_a (vgl. Abschn. 513). Dadurch ergibt sich eine obere Grenze für die zulässige S-Reihe; diese ist in der Spalte gS angegeben.

Für eine größere oder kleinere Einschraublänge als angegeben, muß eine andere Toleranz T_f für den Flankendurchmesser d_2 genommen werden. Die entsprechende S-Reihe ist aus Tafel 8, die Toleranzen T_f und T_{k1} dazu sind aus Tafel 6 zu entnehmen.

Für Gewinde mit einem Nenndurchmesser von mehr als 200 mm sind Flankendurchmessertoleranz und Lehrenlänge aus Tafel 8 und 9 zu entnehmen.

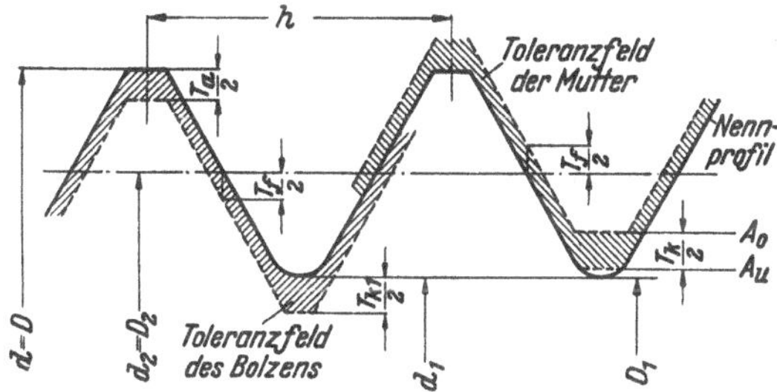

h	d mm		Größte Einschraublänge	Toleranzen in μ							VL	gS
	Regelgewinde	Feingewinde		T_f			T_{k1} für mitt.	T_a	T_k			
mm			mm	fein	mitt.	grob	−	−	A_u +	A_o +	mm	
0,075	0,3	—	1,6	20	—	—	25[1]	22	4	32	1,25	5
0,1	0,4	—	1,6	25	—	—	32[1]	28	4	40	1,25	6
0,125	0,5	—	1,6	32	—	—	40[1]	36	5	50	1,25	7

[1] T_{k1} für Gütegrad fein.

Tafel 7. (Fortsetzung.)

h mm	d mm Regelgewinde	d mm Feingewinde	Größte Einschraublänge mm	Toleranzen in μ: T_f fein	T_f mitt.	T_f grob	T_{k1} für mitt. –	T_a –	T_k: A_u +	T_k: A_o +	VL mm	gS
0,15	0,6	—	2	40	—	—	50[1]	40	6	56	1,6	8
0,175	0,7	—	2	40	—	—	50[1]	45	7	63	1,6	8
0,2	0,8	—	2	40	—	—	50[1]	50	8	71	1,6	9
	—	1 bis 1,7	2,5	45	—	—	56[1]	50	8	71	2	7
	—	2 bis 5,5	3	50	—	—	63[1]	53	8	75	2,5	6
	—	6 bis 10	4	56	—	—	71[1]	56	9	80	3	5
0,225	0,9	—	2,5	45	—	—	56[1]	56	9	80	2	8
0,25	1 1,2	—	2,5	45	—	—	56[1]	63	10	90	2	8
	—	1,3 bis 1,7	3	45	—	—	56[1]	63	10	90	2,5	8
	—	2 bis 5,5	4	50	—	—	63[1]	67	10	95	3	7
	—	6 bis 10	5	71	—	—	90[1]	71	10	100	4	6
0,3	1,4	—	3	45	—	—	56[1]	71	10	100	2,5	9
0,35	1,7	—	3	45	—	—	56[1]	71	10	100	2,5	9
	—	2 bis 5,5	4	50	—	—	63[1]	75	11	106	3	7
	—	6 bis 11	5	71	—	—	90[1]	80	12	112	4	6
	—	11,5 bis 24	6,5	80	—	—	100[1]	85	12	118	5	5
	—	25 bis 33	8	80	—	—	100[1]	85	12	118	6,5	5
	—	34 bis 40	8	90	—	—	112[1]	90	13	125	6,5	4
	—	42 bis 50	10	90	—	—	112[1]	90	13	125	8	4
0,4	2 2,3	—	4	50	80	—	100	100	15	140	3	9
0,45	2,6	—	4	50	80	—	100	112	20	160	3	9
0,5	3	—	4	50	80	—	100	120	20	170	3	9
	—	3,5 bis 5,5	5	63	100	—	125	120	20	170	4	9
	—	6 bis 11	6,5	71	112	—	140	125	20	180	5	8
	—	11,5 bis 24	8	80	125	—	160	132	20	190	6,5	7
	—	25 bis 33	10	80	125	—	160	132	20	190	8	7
	—	34 bis 40	10	90	140	—	180	140	20	200	8	6
	—	42 bis 50	12,5	112	140	—	180	140	20	200	10	6
0,6	3,5	—	5	63	100	—	125	140	20	200	4	10

[1] T_{k1} für Gütegrad fein.

Tafel 7. (Fortsetzung.)

h	d mm		Größte Einschraub-länge	Toleranzen in μ							VL	gS
	Regel-gewinde	Feingewinde		T_f			T_{k1} für mitt.	T_a	T_k			
				fein	mitt.	grob			A_u	A_o		
mm			mm				—	—	+	+	mm	
0,7	4	—	5	63	100	—	125	150	22	212	4	10
0,75	—	5 und 5,5	6,5	63	100	—	125	150	22	212	5	10
	—	6 bis 11	8	71	112	—	140	160	24	224	6,5	9
	—	11,5 bis 24	10	80	125	—	160	170	24	236	8	8
	—	25 bis 33	12,5	100	160	—	200	170	24	236	10	8
	—	34 bis 40	12,5	112	180	—	224	180	26	250	10	7
	—	42 bis 80	16	112	180	—	224	180	26	250	12,5	7
0,8	5	—	6,5	63	100	160	125	180	26	250	5	11
1	6 7	—	8	71	112	180	140	224	35	315	6,5	11
	—	7,5 bis 11	10	71	112	180	140	224	35	315	8	11
	—	11,5 bis 24	12,5	100	160	200	200	236	35	335	10	9
	—	25 bis 33	16	100	160	200	200	236	35	335	12,5	9
	—	34 bis 40	16	112	180	224	224	236	35	335	12,5	8
	—	42 bis 50	18	112	180	224	224	250	40	355	14	8
	—	52 bis 80	20	112	180	224	224	250	40	355	16	8
1,25	8 9	—	10	71	112	180	140	250	40	355	8	11
1,5	10 11	—	12,5	90	140	224	180	280	45	400	10	12
	—	11,5 bis 18	16	100	160	250	200	300	50	425	12,5	10
	—	19 bis 24	18	100	160	250	200	300	50	425	14	10
	—	25 bis 33	20	100	160	250	200	300	50	425	16	10
	—	34 bis 40	20	112	180	280	224	315	50	450	16	9
	—	42 bis 50	22	112	180	280	224	315	50	450	18	9
	—	52 bis 70	25	112	180	280	224	315	50	450	20	9
	—	72 bis 80	28	140	224	280	280	315	50	450	22	9
	—	82 bis 100	28	160	250	315	315	335	50	475	22	8
	—	102 bis 140	32	160	250	315	315	335	50	475	25	8
	—	142 bis 200	36	160	250	315	315	335	50	475	28	8
	—	202 bis 500	—	—	—	—	—	355	50	500	—	7
1,75	12	—	16	100	160	250	200	400	50	500	12,5	12
2	14 16	17 und 18	20	100	160	250	200	475	55	530	16	12
	—	19 bis 24	22	100	160	250	200	475	55	530	18	12
	—	25 bis 33	25	100	160	250	200	475	55	530	20	12
	—	34 bis 50	28	140	224	355	280	500	60	560	22	11

Tafel 7. (Fortsetzung.)

h	d mm		Größte Einschraublänge	Toleranzen in μ							VL	gS
	Regelgewinde	Feingewinde		T_f			T_{k1} für mitt.	T_a	T_k			
									A_u	A_o		
mm			mm	fein	mitt.	grob	−	−	+	+	mm	
2	—	52 bis 70	32	140	224	355	280	500	60	560	25	11
	—	72 bis 80	36	140	224	355	280	500	60	560	28	11
	—	82 bis 100	36	160	250	400	315	530	70	600	28	10
	—	102 bis 140	40	160	250	400	315	530	70	600	32	10
	—	142 bis 200	45	160	250	400	315	530	70	600	36	10
	—	202 bis 500	—	—	—	—	—	560	70	630	—	9
2,5	18 20 22	—	25	100	160	250	200	560	70	630	20	12
3	24 27	28 bis 33	32	125	200	315	250	600	70	670	25	12
	—	34 bis 50	36	140	224	355	280	630	80	710	28	12
	—	52 bis 70	40	140	224	355	280	630	80	710	32	12
	—	72 bis 80	45	140	224	355	280	630	80	710	36	12
	—	82 bis 100	45	160	250	400	315	670	80	750	36	11
	—	102 bis 140	50	160	250	400	315	670	80	750	40	11
	—	142 bis 200	56	160	250	400	315	670	80	750	45	11
	—	202 bis 500	—	—	—	—	—	710	90	800	—	10
3,5	30 33	—	36	125	200	315	250	710	90	800	28	12
4	36 39	40 bis 50	40	140	224	355	280	800	100	900	32	12
	—	52 bis 70	45	140	224	355	280	800	100	900	36	12
	—	72 bis 80	50	140	224	355	280	800	100	900	40	12
	—	82 bis 100	50	160	250	400	315	850	100	950	40	12
	—	102 bis 140	56	160	250	400	315	850	100	950	45	12
	—	142 bis 200	63	160	250	400	315	850	100	950	50	12
	—	202 bis 500	—	—	—	—	—	900	100	1000	—	11
4,5	42 45	—	40	140	224	355	280	900	100	1000	32	12
5	48 52	—	50	140	224	355	280	900	100	1000	40	12
5,5	56 60	—	50	140	224	355	280	950	110	1060	40	12
6	64 68	72 bis 80	63	140	224	355	280	1000	120	1120	50	12
	—	82 bis 100	63	160	250	400	400	1060	120	1180	50	12
	—	102 bis 142	70	200	315	500	400	1060	120	1180	56	12
	—	142 bis 200	80	200	315	500	400	1060	120	1180	63	12
	—	202 bis 500	—	—	—	—	—	1120	130	1250	—	12

Tafel 8. **Anwendung der *S*-Reihen**

in Abhängigkeit von der Einschraublänge, metrische Gewinde. (Empfehlung.)

Die letzten drei Zeilen dieser Tafel geben die *S*-Reihen (Tafel 6) an, die an Stelle der bisherigen Gütegrade fein, mittel und grob für die Flankendurchmessertoleranz empfohlen werden.

Aus Fertigungsgründen darf aber die Flankendurchmessertoleranz nicht größer werden als die Toleranz für den Außendurchmesser des Bolzens. In diesen Fällen, die aus Tafel 7 Spalte *gS* zu ersehen sind, müssen feinere Toleranzen als hier angegeben, vorgesehen werden.

Die Toleranz für den Kerndurchmesser des Bolzens ist stets um 1 *S*-Reihe gröber als die Flankendurchmessertoleranz.

Gewinde-Nenndurchmesser d mm	Einschraublänge in mm											
	über	bis	über	bis	über	bis	über	bis	über	bis	über	bis
0,3 bis 0,8	—	—	0,1	0,25	0,25	0,63	0,63	1,6	1,6	4	4	10
0,9 bis 1,7	—	—	0,25	0,63	0,63	1,6	1,6	4	4	10	10	25
2 bis 5,5	0,25	0,63	0,63	1,6	1,6	4	4	10	10	25	—	—
6 bis 11	0,63	1,6	1,6	4	4	10	10	25	25	63	—	—
11,5 bis 33	1,6	4	4	10	10	25	25	63	63	160	—	—
34 bis 80	4	10	10	25	25	63	63	160	160	400	—	—
82 bis 200	10	25	25	63	63	160	160	400	400	1000	—	—
202 bis 500	25	63	63	160	160	400	400	1000	1000	2500	—	—
Empf. *S*-Reihe fein	4		5		6		7		8		9	
Empf. *S*-Reihe mittel	6		7		8		9		10		11	
Empf. *S*-Reihe grob	8		9		10		11		12		—	

Die dick eingerahmte Spalte entspricht dem meist gebrauchten Einschraublängenbereich beim Regelgewinde: über 0,5 d bis 1,25 d.

Tafel 9. **Länge der Gewinde-Gutlehren.**

Damit durch fortschreitende Steigungsfehler die Zusammenschraubbarkeit nicht gefährdet wird, muß die Länge der Gutlehre angenähert mit der Einschraublänge übereinstimmen, das ist die Eingriffslänge der gefügten Gewindeteile.

Um nicht zu viele verschiedene Lehrenlängen zu erhalten, sind die Einschraublängen nach Bereichen gestuft.

Größte Einschraublänge mm	Lehrenlänge mm	Größte Einschraublänge mm	Lehrenlänge mm	Größte Einschraublänge mm	Lehrenlänge mm	Größte Einschraublänge mm	Lehrenlänge mm
1,6	1,25	8	6,5	25	20	56	45
2	1,6	10	8	28	22	63	50
2,5	2	12,5	10	32	25	70	56
3	2,5	16	12,5	36	28	80	63
4	3	18	14	40	32	100	80
5	4	20	16	45	36		
6,5	5	22	18	50	40		

Tafel 10. **Übergangspassungen.** Stramm passende Gewindeverbindungen für metrisches Regelgewinde.

Abmaße und Toleranzen für das Bolzengewinde. Toleranzen für das Muttergewinde hierzu nach Tafel 7. T_f = Flankendurchmessertoleranz. T_a = Außendurchmessertoleranz. T_{k1} = Kerndurchmessertoleranz. Toleranz T_a für Außendurchmesser d s. Tafel 7.

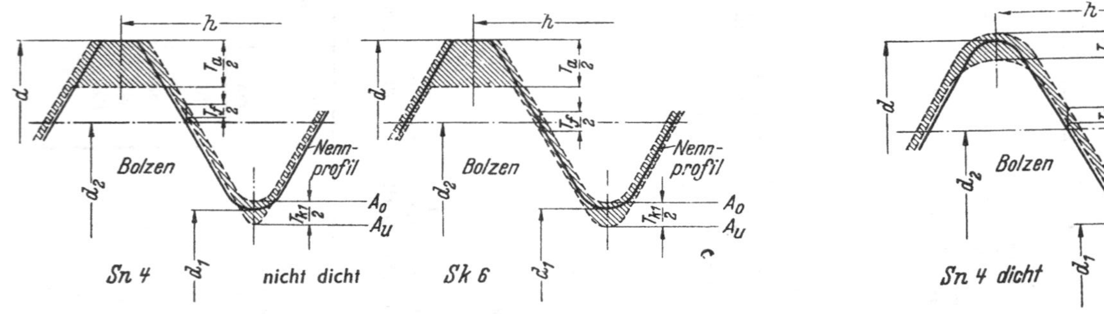

Nichtdichte Verbindungen.

Gewinde-Nenn-durchmesser d mm	Abmaße und Toleranzen des Bolzengewindes für: Flankendurchmesser d_2 für *Sn* 4 Abmaße μ	T_f μ	Flankendurchmesser d_2 für *Sk* 6 Abmaße μ	T_f μ	Kerndurchmesser d_1 für *Sn* 4 und *Sk* 6 Abmaße μ	T_{k1} μ
1 bis 1,7	+28 +6	22	+28 −8	36	+11 −45	56
2 bis 5	+40 +8	32	+40 −10	50	+17 −63	80
6 bis 11	+56 +11	45	+56 −15	71	+22 −90	112
12 bis 33	+80 +17	63	+80 −20	100	+35 −125	160
36 bis 80	+112 +22	90	+112 −28	140	+44 −180	224
85 bis 150	+160 +35	125	+160 −40	200	+65 −250	315

Dichte Verbindungen.

Gewinde-Nenn-durchmesser d mm	Abmaße und Toleranzen des Bolzengewindes für *Sn* 4 dicht: Außendurchmesser d Abmaße μ	T_a μ	Flankendurchmesser d_2 Abmaße μ	T_f μ	Kerndurchmesser d_1 Abmaße μ	T_{k1} μ
1 bis 1,7	+11 −45	56	+28 +6	22	+28 −28	56
2 bis 5	+17 −63	80	+40 +8	32	+40 −40	80
6 bis 11	+22 −90	112	+56 +11	45	+56 −56	112
12 bis 33	+35 −125	160	+80 +17	63	+80 −80	160
36 bis 80	+44 −180	224	+112 +22	90	+112 −112	224
85 bis 150	+65 −250	315	+160 +35	125	+155 −160	315

Tafel 11.
Übersicht über die Lehrenarten nach der Wichtigkeit gekennzeichnet.

	Arbeitslehren	Abnutzungsprüflehren	Hilfslehren
Bolzen Gut-Prüfung durch Gut-Gewindelehrring	Gewinde-Gutlehrring	Abnutzungsprüfdorn für Gewinde-Gutlehrring, Flankendurchmesser	Gegenlehrdorn für Gewinde-Gutlehrring
		Glatter Abnutzungsprüfdorn für Gewinde-Gutlehrring, Kerndurchmesser	Glatter Grenzlehrdorn für Gewinde-Gutlehrring, Kerndurchmesser
	Glatte Rachenlehre oder andere Meßgeräte für Außendurchmesser		
oder durch Gewinderachenlehre	Gewinderachenlehre[1] (am Außen- und Kerndurchmesser freigearbeitet)		Einstellgewindelehre[2] für Gewinderachenlehre, Flankendurchmesser
	Glatte Rachenlehre oder andere Meßgeräte für Außendurchmesser		
	Rachenlehre oder andere Meßgeräte für Kerndurchmesser		Einstellehre für Lehre
Ausschußprüfung	Rachenlehre, Schraublehre, Fühlhebel für Flankendurchmesser oder Gewinderachenlehre für Flankendurchmesser		Einstellgewindelehre für Lehre
	Glatte Rachenlehre oder andere Meßgeräte für Außendurchmesser		
	Rachenlehre oder andere Meßgeräte für Kerndurchmesser		Einstellehre für Lehre
Mutter Gut-Prüfung	Gewinde-Gutlehrdorn	Rachenlehre Fühlhebel oder Schraublehre für Gewinde-Gutlehrdorn, Kerndurchmesser	Einstellgewindelehre für Abnutzungsprüflehren
		Glatte Rachenlehre oder Meßgeräte mit Ableseteilung für Gewinde-Gutlehrdorn, Außendurchmesser	
	Glatter Lehrdorn für Kerndurchmesser		
Ausschuß-Prüfung	Gewinde-Ausschußlehrdorn für Flankendurchmesser		
	Glatter Lehrdorn für Kerndurchmesser		

[1] An Stelle der am Außen- und Kerndurchmesser freigearbeiteten Gewinderachenlehren können an den Außen- oder Kerndurchmesser bzw. den Außen- und Kerndurchmesser des Bolzengewindes gleichzeitig prüfen.

[2] Diese Lehren sind am Außen- und Kerndurchmesser freigearbeitet und haben nur wenige Gänge und verkürzte Flanken.

Tafel 12. **Bolzenlehrung.** Metrische Gewinde. Abmaße und Herstelltoleranzen.

Zahlenwerte hierzu s. Tafel 13, 16, 17, 18; Berechnungsbeispiele s. Tafel 19. Auswahl der Lehrenarten s. Tafel 11.

d = Außendurchmesser (Gewinde-Nenndurchmesser), d_1 = Kerndurchmesser, d_2 = Flankendurchmesser — des Nennprofils nach Tafel 4 u. 5.

T_a = Toleranz des Außendurchmessers nach Tafel 7.

T_{k1} = Toleranz des Kerndurchmessers nach Tafel 7 (für mittel).

T_f = Toleranz des Flankendurchmessers nach Tafel 6 bis 8.

A = Abmaß der Lehre.

H = Herstelltoleranz der Lehre.

Die Zahlenwerte sind der Tafel 13 für die betreffende Lehrenart und das Lehrenmaß (Außen, Flanke oder Kern) zu entnehmen.

$\Delta_1 \frac{\alpha}{2}$; $\Delta_2 \frac{\alpha}{2}$ = Herstelltoleranzen für den Teilflankenwinkel nach Tafel 16.

$\Delta_1 h$; $\Delta_2 h$ = Herstelltoleranzen für die Steigung nach Tafel 16.

b_1; b_2 = Breite der Freiarbeitung im Kern oder außen nach Taf. 16. Die Form derselben ist freigestellt. Bei der Gutlehre kann die Freiarbeitung fehlen, wenn das Profil genügend tief eingeschnitten ist. Dies ist der Fall, wenn der Halbmesser der Rundung im Gewindegrund höchstens = $t/8$, beim Gutlehrring höchstens $t/12$ ist.

T_a s. Taf. 7; d s. Taf. 4 u. 5; Nennprofil; T_f s. Taf. 6, 7, 8; Toleranzfeld des Bolzens; T_{k1} s. Taf. 7; d_2, d_1 s. Taf. 4 u. 5

Nennmaße und Herstelltoleranzen der Lehren

$d+A$ (Kleinstmaß); $(d_2+A)\pm\frac{H}{2}$; $(d_1+A)\pm\frac{H}{2}$; b_1; $h\pm\Delta_1 h$; $30°\pm\Delta_1\frac{\alpha}{2}$ s. Taf. 16; Werte für A u. $\frac{H}{2}$ s. Taf. 13

Gutlehrring

Toleranzen, außer für d_1, gelten nur, wenn der Gutlehrring unmittelbar gemessen wird, also ohne Gegenlehrdorn. Dies muß besonders angegeben werden.

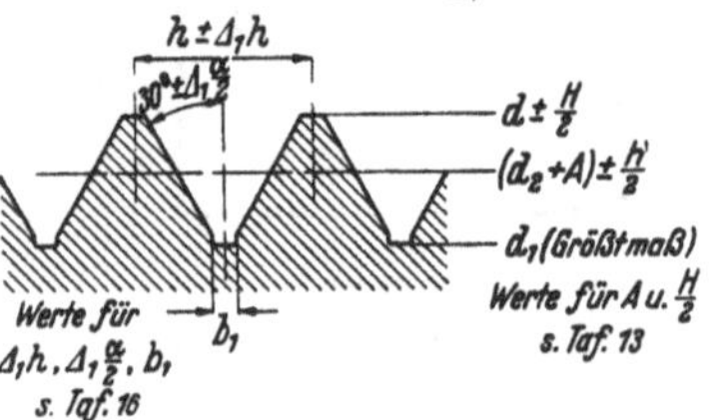

Gegenlehrdorn zum Gutlehrring

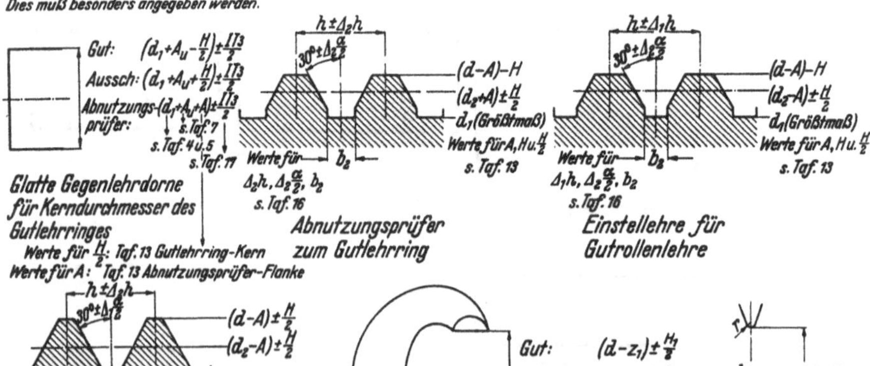

Glatte Gegenlehrdorne für Kerndurchmesser des Gutlehrringes

Werte für $\frac{H}{2}$: Taf. 13 Gutlehrring-Kern

Werte für A: Taf. 13 Abnutzungsprüfer-Flanke

Abnutzungsprüfer zum Gutlehrring

Einstellehre für Gutrollenlehre

$h\pm\Delta_2 h$; $30°\pm\Delta_1\frac{\alpha}{2}$; $(d-A)\pm\frac{H}{2}$; $(d_2-A)\pm\frac{H}{2}$; (d_1-A)(Größtmaß); Werte für A u. $\frac{H}{2}$ s. Taf. 13; Werte für $\Delta_2 h$, $\Delta_1\frac{\alpha}{2}$, b_2 s. Taf. 16; b_1

Einstellehre für Ausschußrollenlehre

Gut: $(d-z_1)\pm\frac{H_1}{2}$; Ausschuß: $(d-T_a)\pm\frac{H_1}{2}$; Werte für z_1 und $\frac{H_1}{2}$: s. Taf. 18; Werte für T_a: s. Taf. 7

Glatte Rachenlehren für Außendurchmesser

$\frac{h}{2}$; $(d_1-T_{k1})\pm\frac{H_1}{2}$; t_1(Kleinstmaß); $r\approx\frac{t}{12}$

Ausschußlehre für Kerndurchmesser

Tafel 13. **Bolzenlehrung.** Metrische Gewinde. Zahlenwerte.

Bildliche Darstellungen hierzu s. Tafel 12; Berechnungsbeispiele s. Tafel 19.

Die Abmaße und Herstelltoleranzen sind auf die *Nennmaße* des Außen-, Flanken- und Kerndurchmessers zu beziehen.

T_f = Toleranz des Flankendurchmessers am Werkstück, s. Tafel 6, 7, 8.
A_u = unteres Abmaß des Mutter-Kerndurchmessers, s. Tafel 7.
A_v = Zahlenwert für Verkürzung der Flanke, s. Tafel 16.
Gr = Größtmaß, kein unteres Grenzmaß vorgeschrieben.
Kl = Kleinstmaß, kein oberes Grenzmaß vorgeschrieben.
A = Abmaß der Lehre in μ.
H = Herstelltoleranz der Lehre in μ.

Lehrenart		S-Reihe	Gewinde-Nenndurchmesser in mm											
			0,3 bis 0,8			0,9 bis 1,7			2 bis 5,5			6 bis 11		
			Außen-	Flanken-	Kern-	Außen-	Flanken-	Kern-	Außen-	Flanken-	Kern-	Außen-	Flanken-	Kern-
			Durchmessermaß der Lehre											
Gutlehrring	A	4—6 7—12	$+A_u$	+4 0	$+A_u$	$+A_u$	+4 0	$+A_u$	$+A_u$	+5 0	$+A_u$	$+A_u$	+5 0	$+A_u$
	H	4—6 7—12	*Kl*	±4 ±5	±5 ±6	*Kl*	±4 ±7	±7 ±10	*Kl*	±5 ±7	±7 ±11	*Kl*	±5 ±7	±7 ±11
Gegenlehrdorn zum Gutlehrring	A	4—6 7—12	0	0 −5	0	0	0 −7	0	0	0 −7	0	0	0 −7	0
	H	4—6 7—12	±5	±4	*Gr*	±7	±4	*Gr*	±7	±5	*Gr*	±7	±5	*Gr*
Abnutzungsprüfer zum Gutlehrring	A	4—6 7—12	$-A_v$	+12	0	$-A_v$	+15	0	$-A_v$	+18	0	$-A_v$	+20	0
	H	4—6 7—12	−10 −12	±4	*Gr*	−14 −20	±4	*Gr*	−14 −22	±5	*Gr*	−14 −22	±5	*Gr*
Einstellehre zur Gutrollenlehre	A	4—6 7—12	$-A_v$	0 −5	0	$-A_v$	0 −7	0	$-A_v$	0 −7	0	$-A_v$	0 −7	0
	H	4—6 7—12	−10 −12	±4	*Gr*	−14 −20	±4	*Gr*	−14 −22	±5	*Gr*	−14 −22	±5	*Gr*
Einstellehre zur Ausschußrollenlehre	A	4—6 7—12	$-T_f$	$-(T_f+4)$	$-T_f$	$-T_f$	$-(T_f+4)$	$-T_f$	$-T_f$	$-(T_f+5)$	$-T_f$	$-T_f$	$-(T_f+5)$	$-T$
	H	4—6 7—12	±10 ±12	±4	*Gr*	±14 ±20	±4	*Gr*	±14 ±22	±5	*Gr*	±14 ±22	±5	*Gr*
			11,5 bis 33			34 bis 80			82 bis 200			202 bis 500		
Gutlehrring,	A	4—6 7—12	$+A_u$	0 −8	$+A_u$	$+A_u$	0 −9	$+A_u$	$+A_u$	0 −12	$+A_u$	$+A_u$	0 −19	$+A_u$
	H	4—6 7—12	*Kl*	±5 ±8	±8 ±12	*Kl*	±6 ±9	±9 ±14	*Kl*	±8 ±12	±12 ±20	*Kl*	±12 ±19	±19 ±30
Gegenlehrdorn zum Gutlehrring	A	4—6 7—12	0	−5 −16	0	0	−6 −18	0	0	−8 −24	0	0	−12 −38	0
	H	4—6 7—12	±8	±5	*Gr*	±9	±6	*Gr*	±12	±8	*Gr*	±19	±12	*Gr*
Abnutzungsprüfer zum Gutlehrring	A	4—6 7—12	$-A_v$	+22	0	$-A_v$	+25	0	$-A_v$	+28	0	$-A_v$	+30	0
	H	4—6 7—12	−16 −24	±5	*Gr*	−18 −28	±6	*Gr*	−24 −40	±8	*Gr*	−38 −60	±12	*Gr*
Einstellehre zur Gutrollenlehre	A	4—6 7—12	$-A_v$	−5 −16	0	$-A_v$	−6 −18	0	$-A_v$	−8 −24	0	$-A_v$	−12 −38	0
	H	4—6 7—12	−16 −24	±5	*Gr*	−18 −28	±6	*Gr*	−24 −40	±8	*Gr*	−38 −60	±12	*Gr*
Einstellehre zur Ausschußrollenlehre	A	4—6 7—12	$-T_f$	$-(T_f+5)$	$-T_f$	$-T_f$	$-(T_f+6)$	$-T_f$	$-T_f$	$-(T_f+8)$	$-T_f$	$-T_f$	$-(T_f+12)$	$-T_f$
	H	4—6 7—12	±16 ±24	±5	*Gr*	±18 ±28	±6	*Gr*	±24 ±40	±8	*Gr*	±38 ±60	±12	*Gr*

Tafel 14. **Mutterlehrung.** Metrische Gewinde. Abmaße und Herstelltoleranzen.

Zahlenwerte hierzu s. Tafel 15 bis 18, Berechnungsbeispieles Tafel 19. Auswahl der Lehrenarten s. Tafel 11.

d = Außendurchmesser (Gewinde-Nenndurchmesser), d_1 = Kerndurchmesser, d_2 = Flankendurchmesser: des Nennprofils nach Tafel 4 u. 5.

T_f = Toleranz des Flankendurchmessers nach Tafel 6 bis 8.

T_k = Toleranz des Mutterkerndurchmessers

A_u = unteres Abmaß des Mutterkerndurchmessers nach Tafel 7.

A_o = oberes Abmaß des Mutterkerndurchmessers nach Tafel 7.

A = Abmaß der Lehre.

H = Herstelltoleranz der Lehre.

$\Delta_1 \frac{\alpha}{2}$; $\Delta_2 \frac{\alpha}{2}$ = Herstelltoleranzen für den Teilflankenwinkel nach Tafel 16.

$\Delta_1 h$; $\Delta_2 h$ = Herstelltoleranzen für die Steigung nach Tafel 16.

b_1; b_2 = Breite der Freiarbeitung im Kern oder außen nach Taf. 16. Die Form derselben ist freigestellt. Bei der Gutlehre kann die Freiarbeitung fehlen, wenn das Profil genügend tief eingeschnitten ist. Dies ist der Fall, wenn der Halbmesser der Rundung im Gewindegrund höchstens = $t/8$ ist.

Die Zahlenwerte sind der Tafel 15 für die betreffende Lehrenart und das Lehrenmaß (Außen, Flanke oder Kern) zu entnehmen.

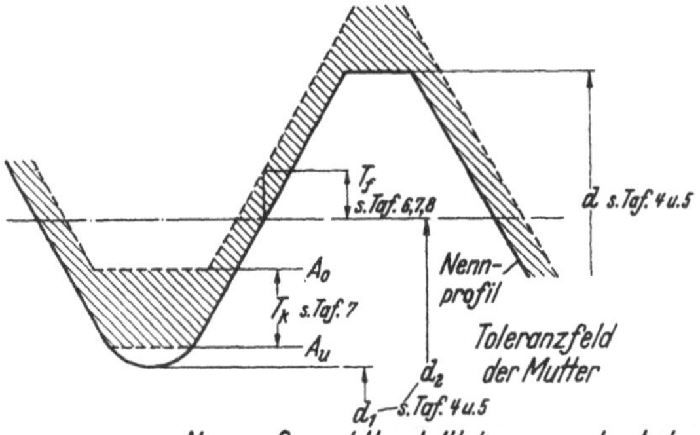

Toleranzfeld der Mutter

Nennmaße und Herstelltoleranzen der Lehren

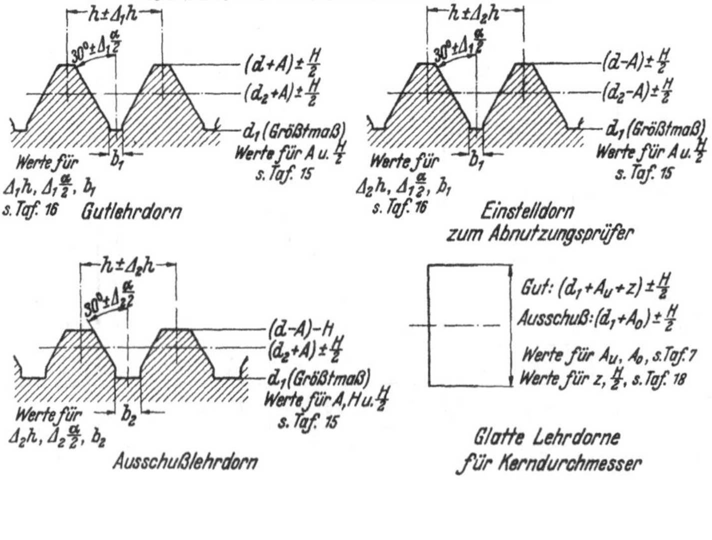

Gutlehrdorn

Einstelldorn zum Abnutzungsprüfer

Ausschußlehrdorn

Glatte Lehrdorne für Kerndurchmesser

Tafel 15. **Mutterlehrung.** Metrische Gewinde. Zahlenwerte.

Bildliche Darstellungen hierzu s. Tafel 14; Berechnungsbeispiele s. Tafel 19.

Die Abmaße und Herstelltoleranzen sind auf die Nennmaße des Außen-, Flanken- und Kerndurchmessers zu beziehen.

T_f = Toleranz des Flankendurchmessers am Werkstück, s. Tafel 6, 7, 8.
A_v = Zahlenwert für Verkürzung der Flanke, s. Tafel 16.
Gr = Größtmaß, kein unteres Grenzmaß vorgeschrieben.
A = Abmaß der Lehre in μ.
H = Herstelltoleranz in μ.

Lehrenart		S-Reihe	Gewinde-Nenndurchmesser in mm: 0,3 bis 0,8 Außen-	Flanken-	Kern-	0,9 bis 1,7 Außen-	Flanken-	Kern-	2 bis 5,5 Außen-	Flanken-	Kern-	6 bis 11 Außen-	Flanken-	Kern-
			Durchmessermaß der Lehre											
Gutlehrdorn	A	4—6 7—12	—3 —1	—4 0	0	—1 +3	—4 0	0	—3 +4	—5 0	0	—3 +11	—5 0	0
	H	4—6 7—12	±5 ±6	±4 ±5	Gr	±7 ±10	±4 ±7	Gr	±7 ±11	±5 ±7	Gr	±7 ±11	±5 ±7	Gr
Einstelldorn zum Abnutzungsprüfer	A	4—6 7—12	—12	—12	0	—15	—15	0	—18	—18	0	—20	—20	0
	H	4—6 7—12	±10 ±12	±4	Gr	±14 ±20	±4	Gr	±14 ±22	±5	Gr	±14 ±22	±5	Gr
Ausschußlehrdorn	A	4—6 7—12	$-A_v$	$+T_f+4$ $+T_f+5$	0	$-A_v$	$+T_f+4$ $+T_f+7$	0	$-A_v$	$+T_f+5$ $+T_f+7$	0	$-A_v$	$+T_f+5$ $+T_f+7$	0
	H	4—6 7—12	—10 —12	±4 ±5	Gr	—14 —20	±4 ±7	Gr	—14 —22	±5 ±7	Gr	—14 —22	±5 ±7	Gr
			11,5 bis 33			34 bis 80			82 bis 200			202 bis 500		
Gutlehrdorn	A	4—6 7—12	+3 +12	0 +8	0	+3 +14	0 +9	0	+4 +20	0 +12	0	+7 +30	0 +19	0
	H	4—6 7—12	±8 ±12	±5 ±8	Gr	±9 ±14	±6 ±9	Gr	±12 ±20	±8 ±12	Gr	±19 ±30	±12 ±19	Gr
Einstelldorn zum Abnutzungsprüfer	A	4—6 7—12	—22	—22	0	—25	—25	0	—28	—28	0	—30	—30	0
	H	4—6 7—12	±16 ±24	±5	Gr	±18 ±28	±6	Gr	±24 ±40	±8	Gr	±38 ±60	±12	Gr
Ausschußlehrdorn	A	4—6 7—12	$-A_v$	$+T_f+5$ $+T_f+8$	0	$-A_v$	$+T_f+6$ $+T_f+9$	0	$-A_v$	$+T_f+8$ $+T_f+12$	0	$-A_v$	$+T_f+12$ $+T_f+19$	0
	H	4—6 7—12	—16 —24	±5 ±8	Gr	—18 —28	±6 ±9	Gr	—24 —40	±8 ±12	Gr	—38 —60	±12 ±19	Gr

Tafel 16. **Lehren für Metrische Gewinde. Herstelltoleranzen für Teilflankenwinkel und Steigung.**

Maße für verkürzte Flanken und Freiarbeitung.

Anwendung s. Tafel 12 bis 15. Berechnungsbeispiele s. Tafel 19.

Die Steigerungstoleranzen $\Delta_1 h$ und $\Delta_2 h$ gelten für beliebige Gänge innerhalb der Gewindelänge der Lehre.

Die Form der Freiarbeitung ist freigestellt. Bei Lehren mit vollem Profil darf sie fehlen (b_1), wenn das Profil genügend tief eingeschnitten ist. (Kleine Rundung im Gewindegrund.)

Steigung h	Herstelltoleranzen für								Werte für verkürzte Flanken und Freiarbeitung			
	Teilflankenwinkel		Steigung						A_v		b_1 Größtmaß	b_2
	$\Delta_1 \frac{\alpha}{2}$	$\Delta_2 \frac{\alpha}{2}$	$\Delta_1 h$ in μ bei Lehrenlänge bis 32	50	80	125	200	$\Delta_2 h$	Bolzenlehren	Mutterlehren		
mm	min	min						μ	mm	mm	mm	mm
0,075	115	115	5					4	0	0	0	
0,1	90	90	5					4	0	0	0	
0,125	65	65	5					4	0	0	0	
0,15	60	60	5					4	0	0	0	
0,175	55	55	5					4	0	0	0	
0,2	50	50	5					4	0	0	0	
0,225	45	45	5					4	0	0	0	
0,25	41	41	5					4	0	0	0	ohne Einstich
0,3	35	35	5					4	0	0	0	
0,35	31	31	5	6				4	0	0	0	
0,4	28	28	5	6				4	0	0	0	
0,45	26	26	5	6				4	0	0	0	
0,5	24	24	5	6	7			4	0	0	0	
0,6	21	21	5	6	7			4	0	0	0	
0,7	18	18	5	6	7			4	0	0	0	
0,75	17	18	5	6	7	8		4	0	0	0	0,2 Größtmaß
0,8	16	18	5	6	7	8		4	0	0	0	0,2 Größtmaß
1	14	18	5	6	7	8		4	0	0	0,2	0,2 + 0,03
1,25	13	16	5	6	7	8		5	0,2	0,15	0,3	0,25 + 0,05
1,5	12	16	5	6	7	8	10	5	0,3	0,15	0,3	0,35 + 0,05
1,75	11	16	5	6	7	8	10	5	0,4	0,3	0,4	0,45 + 0,05
2	10	14	5	6	7	8	10	5	0,5	0,35	0,4	0,55 + 0,05
2,5	10	14	5	6	7	8	10	5	0,7	0,6	0,5	0,75 + 0,05
3	9	13	5	6	7	8	10	5	1	0,8	0,6	0,9 + 0,1
3,5	9	12	5	6	7	8	10	5	1,2	1	0,7	1,1 + 0,1
4	8	11	5	6	7	8	10	5	1,5	1,3	0,8	1,3 + 0,1
4,5	8	11	5	6	7	8	10	5	1,7	1,5	0,9	1,5 + 0,1
5	8	11	5	6	7	8	10	5	1,8	1,5	1	1,7 + 0,1
5,5	8	10	5	6	7	8	10	5	1,9	1,7	1,1	1,85 + 0,1
6	8	10	5	6	7	8	10	5	2	2	1,2	2 + 0,15

Tafel 17. **Herstelltoleranzen**
der glatten Gegenlehrdorne zum Gutlehrring — Kerndurchmesser.

Anwendung s. Tafel 12.

Die hier aufgeführten Herstelltoleranzen sind gleich der Hälfte der Grundtoleranzen *IT* 3 für Rundpassungen nach DIN 7151. Sie sind als ±-Toleranzen anzugeben und sind demnach gleich den Herstelltoleranzen für Rundpassungslehren zur 7. bis 10. ISA-Qualität.

Innendurchmesser d_1 mm	$\frac{IT\,3}{2}$ μ	Innendurchmesser d_1 mm	$\frac{IT\,3}{2}$ μ
über 0,2 bis 0,4	0,5	über 50 bis 80	2,5
über 0,4 bis 0,8	0,8	über 80 bis 120	3
über 0,8 bis 1,6	1	über 120 bis 180	4
über 1,6 bis 3	1,5	über 180 bis 250	5
über 3 bis 6	1,5	über 250 bis 315	6
über 6 bis 10	1,5	über 315 bis 400	6,5
über 10 bis 18	1,5	über 400 bis 500	7,5
über 18 bis 30	2		
über 30 bis 50	2		

Tafel 18. **Herstelltoleranzen und Einrückungen (z und z_1).**
Für glatte Grenzlehren für Bolzenaußen- und Mutterkerndurchmesser.

Anwendung s. Tafel 12 und 14, Berechnungsbeispiele s. Tafel 19.

d = Gewinde-Nenndurchmesser (Außendurchmesser) in mm.
T_a = Toleranz des Bolzenaußendurchmessers in μ.
T_k = Toleranz des Mutterkerndurchmessers in μ.
z = Betrag, um den der Gutlehrdorn in das Nenntoleranzfeld eingerückt wird (entgegen der Abnutzungsrichtung), in μ.
z_1 = Betrag, um den die Gutrachenlehre in das Nenntoleranzfeld eingerückt wird (entgegen der Abnutzungsrichtung), in μ.
$H/2$ = halbe Herstelltoleranz der Lehrdorne in μ.
$H_1/2$ = halbe Herstelltoleranz der Rachenlehren in μ.

d		ISA-Qualität für Rundpassungen				
		IT 10	*IT* 11	*IT* 12	*IT* 13	*IT* 14
0,3 und 0,4	T_a od. T_k	16 bis 25	26 bis 40	41 bis 60		
	z und z_1	2,5	5	5		
	$H/2$	0,5	1,3	1,3		
	$H_1/2$	0,8				
über 0,4 bis 0,8	T_a od. T_k	19 bis 28	29 bis 45	46 bis 70		
	z und z_1	3	6	6		
	$H/2$	0,8	1,5	1,5		
	$H_1/2$	1				
über 0,8 bis 1,6	T_a od. T_k	21 bis 32	33 bis 50	51 bis 80	81 bis 120	
	z und z_1	4	8	8	16	
	$H/2$	1	2	2	4	
	$H_1/2$	1,5				
über 1,6 bis 3	T_a od. T_k	26 bis 40	41 bis 60	61 bis 90	91 bis 140	141 bis 250
	z und z_1	5	10	10	20	20
	$H/1$	1,5	2,5	2,5	4,5	4,5
	$H_1/2$	2	2,5	2,5	4,5	4,5

Tafel 18. (Fortsetzung.)

d		ISA-Qualität für Rundpassungen					
		IT 10	IT 11	IT 12	IT 13	IT 14	IT 15
über 3 bis 6	T_a od. T_k	31 bis 48	49 bis 75	76 bis 120	121 bis 180	181 bis 300	
	z und z_1	6	12	12	24	24	
	$H/2$	1,5	2,5	2,5	6	6	
	$H_1/2$	2	2,5	2,5	6	6	
über 6 bis 10	T_a od. T_k	37 bis 58	59 bis 90	91 bis 150	151 bis 220	221 bis 360	361 bis 580
	z und z_1	7	14	14	28	28	56
	$H/2$	1,5	3	3	7,5	7,5	7,5
	$H_1/2$	2	3	3	7,5	7,5	7,5
über 10 bis 18	T_a od. T_k	44 bis 70	71 bis 110	111 bis 180	181 bis 270	271 bis 430	431 bis 700
	z und z_1	8	16	16	32	32	64
	$H/2$	1,5	4	4	9	9	9
	$H_1/2$	2,5	4	4	9	9	9
über 18 bis 30	T_a od. T_k	53 bis 84	85 bis 130	131 bis 210	211 bis 330	331 bis 520	521 bis 840
	z und z_1	9	19	19	36	36	72
	$H/2$	2	4,5	4,5	10,5	10,5	10,5
	$H_1/2$	3	4,5	4,5	10,5	10,5	10,5
über 30 bis 50	T_a od. T_k	63 bis 100	101 bis 160	161 bis 250	251 bis 390	391 bis 620	621 bis 1000
	z und z_1	11	22	22	42	42	80
	$H/2$	2	5,5	5,5	12,5	12,5	12,5
	$H_1/2$	3,5	5,5	5,5	12,5	12,5	12,5
über 50 bis 80	T_a od. T_k	75 bis 120	121 bis 190	191 bis 300	301 bis 460	461 bis 740	741 bis 1200
	z und z_1	13	25	25	48	48	90
	$H/2$	2,5	6,5	6,5	15	15	15
	$H_1/2$	4	6,5	6,5	15	15	15
über 80 bis 120	T_a od. T_k		141 bis 220	221 bis 350	351 bis 540	541 bis 870	871 bis 1400
	z und z_1		28	28	54	54	100
	$H/2$ u. $H_1/2$		7,5	7,5	17,5	17,5	17,5
über 120 bis 180	T_a od. T_k		161 bis 250	251 bis 400	401 bis 630	631 bis 1000	1001 bis 1600
	z und z_1		32	32	60	60	110
	$H/2$ u. $H_1/2$		9	9	20	20	20
über 180 bis 250	T_a od. T_k		186 bis 290	291 bis 460	461 bis 720	721 bis 1150	1151 bis 1850
	z und z_1		40	45	80	100	170
	$H/2$ u. $H_1/2$		10	10	23	23	23
über 250 bis 315	T_a od. T_k		211 bis 320	321 bis 520	521 bis 810	811 bis 1300	
	z und z_1		45	50	90	110	
	$H/2$ u. $H_1/2$		11,5	11,5	26	26	
über 315 bis 400	T_a od. T_k		231 bis 360	361 bis 570	571 bis 890	891 bis 1400	
	z und z_1		50	65	100	125	
	$H/2$ u. $H_1/2$		12,5	12,5	28,5	28,5	
über 400 bis 500	T_a od. T_k		251 bis 400	401 bis 630	631 bis 970	971 bis 1550	
	z und z_1		55	70	110	145	
	$H/2$ u. $H_1/2$		13,5	13,5	31,5	31,5	

Tafel 19. **Berechnungsbeispiele für Gewindelehren.**

A. Lehren für Bolzengewinde.

Unter den Werten ist die Zahlentafel angegeben, in denen der Wert zu suchen ist, z. B. T 15 = aus Tafel 15 zu entnehmen.

	Ergebnis
Gewinde-Gutlehrring für Gewinde $M\,48\,Sh\,6$, unmittelbar gemessen, also ohne Gegenlehrdorn.	
Für $f\,(Sh\,6)$ ist $\underset{\text{T 6}}{T_f = 140}$ und $\underset{\text{T 6, }S\text{-Reihe 8}}{T_{k1} = 224\,\mu}$	
Gewöhnliche Mutterhöhe $\underset{\text{DIN 934}}{38\text{ mm}}$, Lehrenlänge dazu: $\underset{\text{T 9}}{32\text{ mm}}$	
Außendurchmesser: $\underset{\text{T 12}}{d + A}\ (\text{Kleinstmaß}) = \underset{\text{T 4}}{48} + \underset{\text{T 13}}{A_u} = 48 + \underset{\text{T 7}}{0{,}100}$	$= 48{,}1$ (Kleinstmaß)
Flankendurchmesser: $\underset{\text{T 12}}{(d_2 + A) \pm H} = (\underset{\text{T 4}}{44{,}752} - \underset{\text{T 13}}{0{,}009}) \pm \underset{\text{T 13}}{0{,}006}$	$= 44{,}743 \pm 0{,}006$
Kerndurchmesser: $\underset{\text{T 12}}{(d_1 + A) \pm H} = (\underset{\text{T 4}}{41{,}504} + \underset{\text{T 13}}{A_u}) \pm \underset{\text{T 13}}{0{,}009}$	
$= (41{,}504 + \underset{\text{T 7}}{0{,}100}) \pm 0{,}009$	$= 41{,}604 \pm 0{,}009$
Einstichbreite: $\underset{\text{T 12}}{b_1} = \underset{\text{T 16}}{1\ (\text{Größtmaß})}$	$= 1$ (Größtmaß)
Steigung: $\underset{\text{T 12}}{h \pm \Delta_1 h} = \underset{\text{T 5}}{5} \pm \underset{\text{T 16}}{0{,}005}$	$= 5 \pm 0{,}005$
Teilflankenwinkel: $30^\circ \pm \underset{\text{T 12}}{\Delta_1} \frac{\alpha}{2} = 30^\circ \pm \underset{\text{T 16}}{8'}$	$= 30^\circ \pm 8'$
Gewinde-Gegenlehrdorn für Gewinde $M\,30\,Sh\,6\,L\,50$	
Außendurchmesser: $\underset{\text{T 12}}{d \pm H} = 30 \pm \underset{\text{T 13}}{0{,}008}$	$= 30 \pm 0{,}008$
Flankendurchmesser: $\underset{\text{T 12}}{(d_2 + A) \pm H} = (\underset{\text{T 4}}{27{,}727} - \underset{\text{T 13}}{0{,}005}) \pm \underset{\text{T 13}}{0{,}005}$	$= 27{,}722 \pm 0{,}005$
Kerndurchmesser: $\underset{\text{T 12}}{d_1}\ (\text{Größtmaß}) = \underset{\text{T 4}}{25{,}454}\ (\text{Größtmaß})$	$= 25{,}454$ (Größtm.)
Einstichbreite: $\underset{\text{T 12}}{b_1} = \underset{\text{T 4 und T 16}}{0{,}7\ (\text{Größtmaß})}$	$= 0{,}7$ (Größtmaß)
Steigung: $\underset{\text{T 12}}{h \pm \Delta_1 h} = \underset{\text{T 4}}{3{,}5} \pm \underset{\text{T 16}}{0{,}006}$	$= 3{,}5 \pm 0{,}006$
Teilflankenwinkel: $30^\circ \pm \underset{\text{T 12}}{\Delta_1} \frac{\alpha}{2} = 30^\circ \pm \underset{\text{T 16}}{9'}$	$= 30^\circ \pm 9'$

Tafel 19. (Fortsetzung.)

	Ergebnis
Lehrdorne für Kerndurchmesser des Gewinde-Gutlehrringes für Gewinde *M* 20 *Sh* 10.	
Gutseite:	
$\left(d_1 + \underset{\text{T 12}}{A_u} - \frac{H}{2}\right) \pm \frac{IT\,3}{2} = (\underset{\text{T 4}}{16{,}752} + \underset{\text{T 7}}{0{,}070} - \underset{\substack{\text{T 13}\\ \text{(Gutlehrring Kern)}}}{0{,}012}) \pm \underset{\text{T 17}}{0{,}0015}$	$= 16{,}810 \pm 0{,}0015$
Ausschußseite:	
$d_1 + \underset{\text{T 12}}{A_u} + \frac{H}{2}\Big) \pm \frac{IT\,3}{2} = (\underset{\text{T 4}}{16{,}752} + \underset{\text{T 7}}{0{,}070} + \underset{\substack{\text{T 13}\\ \text{(Gutlehrring Kern)}}}{0{,}012}) \pm \underset{\text{T 17}}{0{,}0015}$	$= 16{,}834 \pm 0{,}0015$
Abnutzungsprüfer:	
$(d_1 + \underset{\text{T 12}}{A_u} + A \pm \frac{IT\,3}{2} = (\underset{\text{T 4}}{16{,}752} + \underset{\text{T 7}}{0{,}070} + \underset{\substack{\text{T 13}\\ \text{Abnpr.}\\ \text{Flanke}}}{0{,}022}) \pm \underset{\text{T 17}}{0{,}0015}$	$= 16{,}844 \pm 0{,}0015$
Gewinde-Prüflehrdorn (Abnutzungsprüfer zum Gewinde-Gutlehrring, Flanke) für Gewinde *M* 10 *Sh* 8 ($h = 1{,}5$ mm).	
Außendurchmesser:	
$(d - \underset{\text{T 12}}{A}) - H = (10 - \underset{\text{T 13}}{A_v}) - \underset{\text{T 13}}{0{,}022} = (10 - \underset{\text{T 16}}{0{,}3}) - 0{,}022$	$= 9{,}7 - 0{,}022$
Flankendurchmesser:	
$(d_2 + \underset{\text{T 12}}{A}) \pm H = (\underset{\text{T 4}}{9{,}026} + \underset{\text{T 13}}{0{,}020}) \pm \underset{\text{T 13}}{0{,}005}$	$= 9{,}046 \pm 0{,}005$
Kerndurchmesser:	
$\underset{\text{T 12}}{d_1}$ (Größtmaß) $= \underset{\text{T 4}}{8{,}052}$ (Größtmaß)	$= 8{,}052$ (Größtmaß)
Einstichbreite: $\underset{\text{T 12}}{b_2} = 0{,}35 + \underset{\text{T 16}}{0{,}05}$	$= 0{,}35 + 0{,}05$
Steigung: $\underset{\text{T 12}}{h \pm \Delta_2 h} = \underset{\text{T 4}}{1{,}5} \pm \underset{\text{T 16}}{0{,}005}$	$= 1{,}5 \pm 0{,}005$
Teilflankenwinkel: $\underset{\text{T 12}}{30^\circ \pm \Delta_2 \frac{\alpha}{2}} = 30^\circ \pm \underset{\text{T 16}}{16'}$	$= 30^\circ \pm 16'$
Gewinde-Guteinstellehre für Gewinde *M* 80 × 2 *Sh* 8 *L* 20.	
Außendurchmesser:	
$(d - \underset{\text{T 12}}{A}) - H = (80 - \underset{\text{T 13}}{A_v}) - \underset{\text{T 13}}{0{,}028} = 80 - \underset{\text{T 16}}{0{,}5} - 0{,}028$	$= 79{,}5 - 0{,}028$
Flankendurchmesser:	
$(d_2 - \underset{\text{T 12}}{A}) \pm H = (80 - 2 + \underset{\text{T 5}}{0{,}701} - \underset{\text{T 13}}{0{,}018}) \pm \underset{\text{T 13}}{0{,}006}$	$= 78{,}683 \pm 0{,}006$
Kerndurchmesser:	
$\underset{\text{T 12}}{d_1}$ (Größtmaß) $= (80 - 3 + \underset{\text{T 5}}{0{,}402})$ (Größtmaß)	$= 77{,}402$ (Größtm.)
Einstichbreite: $\underset{\text{T 12}}{b_2} = 0{,}55 + \underset{\text{T 16}}{0{,}05}$	$= 0{,}55 + 0{,}05$
Steigung: $\underset{\text{T 12}}{h \pm \Delta_1 h} = 2 \pm \underset{\text{T 16}}{0{,}005}$	$= 2 \pm 0{,}005$
Teilflankenwinkel: $30^\circ \pm \Delta_2 \frac{\alpha}{2} = 30^\circ \pm 14'$	$= 30^\circ \pm 14'$

Tafel 19. (Fortsetzung.)

	Ergebnis
Gewinde-Ausschußeinstellehre für Gewinde $M\,200 \times 2\,Sh\,6\,L\,125$.	
Außendurchmesser: $\underset{T\,12}{(d - A)} \pm H = (200 - \underset{T\,13}{T_f}) \pm \underset{T\,13}{0{,}024} = (200 - \underset{T\,6}{0{,}200}) \pm 0{,}024$	$= 199{,}8 \pm 0{,}024$
Flankendurchmesser: $\underset{T\,12}{(d_2 - A)} \pm H = [(200 - \underset{T\,5}{2 + 0{,}701}) - (\underset{T\,13}{T_f + 0{,}008})] \pm 0{,}008$ $= 200$	$= 198{,}493 \pm 0{,}008$
Kerndurchmesser: $\underset{T\,12}{(d_1 - A)}$ (Größtmaß) $= (d - \underset{T\,5}{3 + 0{,}402} - \underset{T\,13}{T_f})$ (Größtmaß) $= (197{,}402 - \underset{T\,6}{0{,}200})$ (Größtmaß)	$= 197{,}202$ (Größtm.)
Einstichbreite: $\underset{T\,12}{b_1}$ (Größtmaß) $= \underset{T\,16}{0{,}4}$ (Größtmaß)	$= 0{,}4$ (Größtmaß)
Steigung: $h \pm \underset{T\,12}{\Delta_2 h} = 2 \pm \underset{T\,16}{0{,}005}$	$= 2 \pm 0{,}005$
Teilflankenwinkel: $30^\circ \pm \underset{T\,12}{\Delta_1}\frac{\alpha}{2} = 30^\circ \pm \underset{T\,16}{10'}$	$= 30^\circ \pm 10'$
Grenzrachenlehre für Außendurchmesser für Gewinde $M\,24\,Sh\,8$ ($\underset{T\,7}{T_a = 0{,}600}$).	
Gutseite: $\underset{T\,12}{(d - z_1)} \pm \frac{H_1}{2} = (24 - \underset{T\,18}{0{,}072}) \pm \underset{T\,18}{0{,}0105}$	$= 23{,}928 \pm 0{,}0105$
Ausschußseite: $\underset{T\,12}{(d - T_a)} \pm \frac{H_1}{2} = (24 - \underset{T\,7}{0{,}6}) \pm \underset{T\,18}{0{,}0105}$	$= 23{,}4 \pm 0{,}0105$
Ausschußlehre für Kerndurchmesser für Gewinde $M\,30\,Sh\,6$. ($\underset{T\,7}{T_{k1} = 0{,}250}$)	
$\underset{T\,12}{(d_1 - T_{k1})} \pm \frac{H_1}{2} = (\underset{T\,4}{25{,}454} - \underset{T\,7}{0{,}250}) \pm \underset{T\,18}{0{,}0105}$	$= 25{,}204 \pm 0{,}011$

B. Lehren für Muttergewinde.

	Ergebnis
Gewinde-Gutlehrdorn für Gewinde $M\,30\,SH\,6\,L\,50$. ($\underset{T\,4}{h = 3{,}5}$).	
Außendurchmesser: $\underset{T\,14}{(d + A)} \pm H = (30 + \underset{T\,15}{0{,}003}) \pm \underset{T\,15}{0{,}008}$	$= 30{,}003 \pm 0{,}008$
Flankendurchmesser: $\underset{T\,14}{(d_2 + A)} \pm H = (\underset{T\,4}{27{,}727} + \underset{T\,15}{0}) \pm \underset{T\,15}{0{,}005}$	$= 27{,}727 \pm 0{,}005$
Kerndurchmesser: $\underset{T\,14}{d_1}$ (Größtmaß) $= \underset{T\,4}{25{,}454}$ (Größtmaß)	$= 25{,}454$ (Größtm.)
Einstichbreite: $\underset{T\,14}{b_1} = \underset{T\,16}{0{,}7}$ (Größtmaß)	$= 0{,}7$ (Größtmaß)
Steigung: $h \pm \underset{T\,14}{\Delta_1 h} = \underset{T\,4}{3{,}5} \pm \underset{T\,16}{0{,}006}$	$= 3{,}5 \pm 0{,}006$
Teilflankenwinkel: $30^\circ \pm \underset{T\,14}{\Delta_1}\frac{\alpha}{2} = 30^\circ \pm \underset{T\,16}{9'}$	$= 30^\circ \pm 9'$

Tafel 19. (Fortsetzung.)

	Ergebnis
Gewinde-Prüfeinstellehre (Einstellehre zum Abnutzungsprüfer) für Gewinde $M\,10\,SH\,8$. $(h = \underset{\text{T 4}}{1{,}5})$	
Außendurchmesser: $(d - \underset{\text{T 14}}{A}) \pm H = (10 - \underset{\text{T 15}}{0{,}020}) \pm \underset{\text{T 15}}{0{,}022}$	$= 9{,}98 \pm 0{,}022$
Flankendurchmesser: $(d_2 - \underset{\text{T 14}}{A}) \pm H = (\underset{\text{T 4}}{9{,}026} - \underset{\text{T 15}}{0{,}020}) \pm \underset{\text{T 15}}{0{,}005}$	$= 9{,}006 \pm 0{,}005$
Kerndurchmesser: $\underset{\text{T 14}}{d_1}$ (Größtmaß) $= \underset{\text{T 4}}{8{,}052}$ (Größtmaß)	$= 8{,}052$ (Größtmaß)
Einstichbreite: $\underset{\text{T 14}}{b_1} = \underset{\text{T 16}}{0{,}3}$ (Größtmaß)	$= 0{,}3$ (Größtmaß)
Steigung: $h \underset{\text{T 14}}{\pm} \Delta_2 h = \underset{\text{T 4}}{1{,}5} \pm \underset{\text{T 16}}{0{,}005}$	$= 1{,}5 \pm 0{,}005$
Teilflankenwinkel: $30^\circ \pm \underset{\text{T 14}}{\Delta_1} \frac{\alpha}{2} = 30^\circ \pm \underset{\text{T 16}}{12'}$	$= 30^\circ \pm 12'$
Gewinde-Ausschußlehrdorn für Gewinde $M\,200 \times 2\,SH\,6\,L\,125$. $(T_f = \underset{\text{T 6}}{0{,}200})$	
Außendurchmesser: $(d - \underset{\text{T 14}}{A}) - H = (200 - \underset{\text{T 15}}{A_v}) - \underset{\text{T 15}}{0{,}024} = (200 - \underset{\text{T 16}}{0{,}35}) - 0{,}024$	$= 199{,}65 - 0{,}024$
Flankendurchmesser: $(d_2 + \underset{\text{T 14}}{A}) \pm H = (200 - \underset{\text{T 5}}{2 + 0{,}701} + \underset{\text{T 15}}{T_f} + 8) \pm \underset{\text{T 15}}{0{,}008}$	$= 198{,}909 \pm 0{,}008$
Kerndurchmesser: $\underset{\text{T 14}}{d_1}$ (Größtmaß) $= (200 - \underset{\text{T 5}}{3} + 0{,}402)$ (Größtmaß)	$= 197{,}402$ (Größtm.)
Einstichbreite: $\underset{\text{T 14}}{b_2} = 0{,}55 + \underset{\text{T 16}}{0{,}05}$	$= 0{,}55 + 0{,}05$
Steigung: $h \underset{\text{T 14}}{\pm} \Delta_2 h = 2 \pm \underset{\text{T 16}}{0{,}005}$	$= 2 \pm 0{,}005$
Teilflankenwinkel: $30^\circ \pm \underset{\text{T 14}}{\Delta_2} \frac{\alpha}{2} = 30^\circ \pm \underset{\text{T 16}}{14'}$	$= 30^\circ \pm 14'$
Grenzlehrdorn für Kerndurchmesser für Gewinde $M\,12\,SH\,10$. $(T_k = \underset{\text{T 7}}{500 - 50} = 450)$	
Gutseite: $(d_1 + \underset{\text{T 14}}{A_u} + z) \pm \frac{H}{2} = (\underset{\text{T 4}}{9{,}726} + \underset{\text{T 7}}{0{,}05} + \underset{\text{T 18}}{0{,}064}) \pm \underset{\text{T 18 (zu } d = 12)}{0{,}009}$	$= 9{,}840 \pm 0{,}009$
Ausschußseite: $(d_1 + \underset{\text{T 14}}{A_0}) \pm \frac{H}{2} = (\underset{\text{T 4}}{9{,}726} + \underset{\text{T 7}}{0{,}500}) \pm \underset{\text{T 18 (zu } d = 12)}{0{,}009}$	$= 10{,}226 \pm 0{,}009$

Tafel 20. **Metrisches kegeliges Feingewinde.** (Kegel 1 : 16.)

Nach Entwurf DIN 158.

Das Muttergewinde ist zylindrisch.

Bezeichnungsbeispiel: *M* 30 × 1,5 k DIN 158.

$t_1 = 0{,}6493\,h \qquad d_2 = d - t_1 \qquad d_1 = d - 2t_1 \qquad r = 0{,}1082\,h = t/8$

Maße in mm.

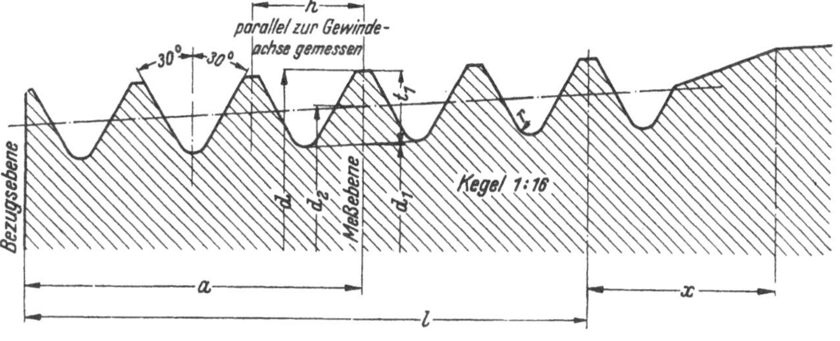

Gewinde-Nenndurchmesser = Außendurchmesser in der Meßebene	Steigung	Bolzengewinde						
		Abstand der Meßebene von der Stirnflanke	Flankendurchmesser in der Meßebene	Kerndurchmesser in der Meßebene	Gewindetiefe	Rundung	Nutzbare Gewindelänge Kleinstmaß	Gewindeauslauf
d	*h*	*a*	d_2	d_1	t_1	*r*	*l*	*x*
6	1	2,5	5,351	4,702	0,649	0,11	5,5	1,6
8	1	2,5	7,351	6,702	0,649	0,11	5,5	1,6
10	1	2,5	9,351	8,702	0,649	0,11	5,5	1,6
12	1,5	3,5	11,026	10,052	0,974	0,16	8,5	2,5
14	1,5	3,5	13,026	12,052	0,974	0,16	8,5	2,5
16	1,5	3,5	15,026	14,052	0,974	0,16	8,5	2,5
18	1,5	3,5	17,026	16,052	0,974	0,16	8,5	2,5
20	1,5	3,5	19,026	18,052	0,974	0,16	8,5	2,5
22	1,5	3,5	21,026	20,052	0,974	0,16	8,5	2,5
24	1,5	3,5	23,026	22,052	0,974	0,16	8,5	2,5
26	1,5	3,5	25,026	24,052	0,974	0,16	8,5	2,5
27	2	6	25,701	24,402	1,299	0,22	12,5	3
30	2	6	28,701	27,402	1,299	0,22	12,5	3
33	2	6	31,701	30,402	1,299	0,22	12,5	3
36	2	6	34,701	33,402	1,299	0,22	12,5	3
39	2	6	37,701	36,402	1,299	0,22	12,5	3
42	2	6	40,701	39,402	1,299	0,22	12,5	3
45	2	6	43,701	42,402	1,299	0,22	12,5	3
48	2	6	46,701	45,402	1,299	0,22	12,5	3
52	2	6	50,701	49,402	1,299	0,22	12,5	3
56	2	6	54,701	53,402	1,299	0,22	12,5	3
60	2	6	58,701	57,402	1,299	0,22	12,5	3

Tafel 21. **Whitworth-Gewinde nach DIN 11.**

Die deutsche Norm ist seit 1923 nicht mehr überarbeitet worden. Die Zollmaße gelten noch für die damalige englische Bezugstemperatur von 62° F = $16^2/_3$° C, die Millimetermaße für 20° C.

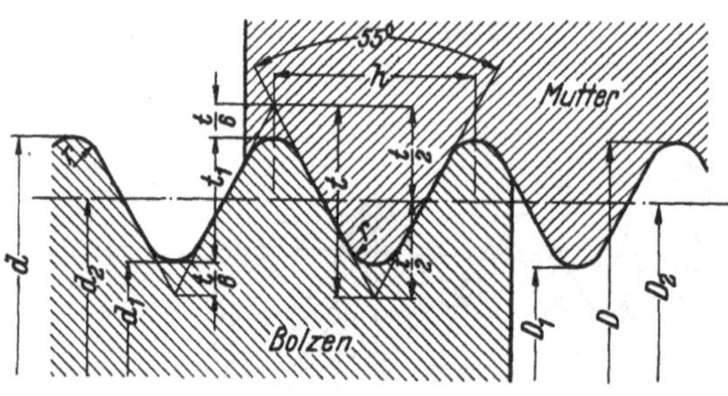

Daraus ergibt sich

1″ = 25,400 95 mm.

(Heute gilt 1″ = 25,400 00 mm.)

Die Gewinde von $6^1/_4$″ sind Sondergewinde für Verschlüsse an Tankanlagen. Bei diesen ist 1″ = 25,4000 mm.

Eingeklammerte Gewinde möglichst vermeiden.

Maße in mm.

Abmaße s. Tafel 22.

$$h = \frac{25{,}400\,95}{z} \qquad t = 0{,}960\,49 \cdot h$$

$$r = 0{,}137\,33 \cdot h \qquad t_1 = 0{,}640\,33 \cdot h$$

Nenndurchmesser	Bolzen und Mutter						
	Gewindedurchmesser	Gangzahl auf 1 Zoll	Steigung	Flankendurchmesser	Kerndurchmesser	Gewindetiefe	Rundung
Zoll	$d = D$	z	h	$d_2 = D_2$	$d_1 = D_1$	t_1	r
$^1/_4$	6,350	20	1,270	5,537	4,724	0,813	0,174
$^5/_{16}$	7,938	18	1,411	7,034	6,131	0,904	0,194
$^3/_8$	9,525	16	1,588	8,509	7,492	1,017	0,218
($^7/_{16}$)	11,113	14	1,814	9,951	8,789	1,162	0,249
$^1/_2$	12,700	12	2,117	11,345	9,990	1,355	0,291
$^5/_8$	15,876	11	2,309	14,397	12,918	1,479	0,317
$^3/_4$	19,051	10	2,540	17,424	15,798	1,627	0,349
$^7/_8$	22,226	9	2,822	20,419	18,611	1,807	0,388
1	25,401	8	3,175	23,368	21,335	2,033	0,436
$1^1/_8$	28,576	7	3,629	26,253	23,929	2,324	0,498
$1^1/_4$	31,751	7	3,629	29,428	27,104	2,324	0,498
$1^3/_8$	34,926	6	4,233	32,215	29,505	2,711	0,581
$1^1/_2$	38,101	6	4,233	35,391	32,680	2,711	0,581
$1^5/_8$	41,277	5	5,080	38,024	34,771	3,253	0,698
$1^3/_4$	44,452	5	5,080	41,199	37,946	3,253	0,698
1($^7/_8$)	47,627	$4^1/_2$	5,645	44,012	40,398	3,614	0,775
2	50,802	$4^1/_2$	5,645	47,187	43,573	3,614	0,775
$2^1/_4$	57,152	4	6,350	53,086	49,020	4,066	0,872
$2^1/_2$	63,502	4	6,350	59,436	55,370	4,066	0,872
$2^3/_4$	69,853	$3^1/_2$	7,257	65,205	60,558	4,647	0,997
3	76,203	$3^1/_2$	7,257	71,556	66,909	4,647	0,997
$3^1/_4$	82,553	$3^1/_4$	7,816	77,548	72,544	5,005	1,073
$3^1/_2$	88,903	$3^1/_4$	7,816	83,899	78,894	5,005	1,073
$3^3/_4$	95,254	3	8,467	89,832	84,410	5,422	1,163
4	101,604	3	8,467	96,182	90,760	5,422	1,163
$4^1/_4$	107,954	$2^7/_8$	8,835	102,297	96,639	5,657	1,213
$4^1/_2$	114,304	$2^7/_8$	8,835	108,647	102,990	5,657	1,213
$4^3/_4$	120,655	$2^3/_4$	9,237	114,740	108,825	5,915	1,268
5	127,005	$2^3/_4$	9,237	121,090	115,176	5,915	1,268
$5^1/_4$	133,355	$2^5/_8$	9,677	127,159	120,963	6,196	1,329
$5^1/_2$	139,705	$2^5/_8$	9,677	133,509	127,313	6,196	1,329
$5^3/_4$	146,055	$2^1/_2$	10,160	139,549	133,043	6,506	1,395
6	152,406	$2^1/_2$	10,160	145,900	139,394	6,506	1,395
$6^1/_4$	165,100	$2^1/_2$	10,160	158,594	152,088	6,506	1,395
$7^1/_2$	190,500	$2^1/_2$	10,160	183,994	177,488	6,506	1,395
$8^3/_4$	222,250	$2^1/_4$	11,289	215,022	207,794	7,228	1,550
10	254,000	$2^1/_4$	11,289	246,772	239,544	7,228	1,550

Tafel 22. **Toleranzen** für Whitworth-Gewinde nach DIN 11.

Alle Abmaße beziehen sich auf die Nennmaße, die in Tafel 21 enthalten sind. Der Außendurchmesser der Mutter hat das untere Abmaß 0, ein oberes Abmaß ist nicht festgelegt.

f = Gütegrad „fein",
m = Gütegrad „mittel",
g = Gütegrad „grob".

Die Toleranzen und Abmaße entsprechen **nicht** den ISA-Beschlüssen.

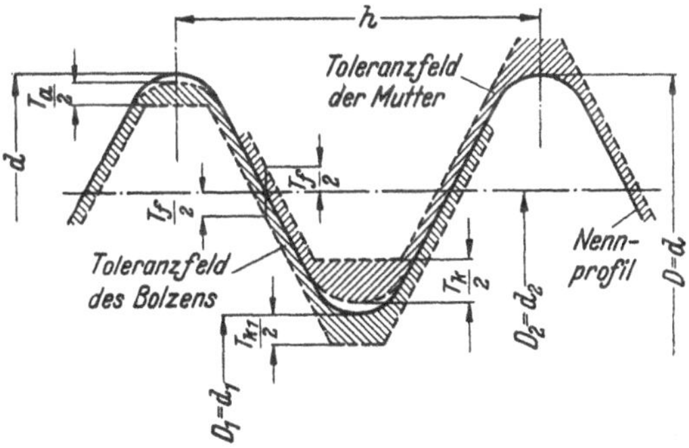

d = Gewinde-Nenndurchmesser in Zoll
d = Gewinde-Außendurchmesser in mm.
z = Gangzahl auf ein Zoll.
h = Steigung in mm.
T_f = Toleranz des Flankendurchmessers in μ. Bei der Mutter nach +, unt. Abmaß = 0, beim Bolzen nach −, ob. Abmaß = 0.
T_a = Toleranz für den Außendurchmesser des Bolzens in μ (Abmaße).
T_{k1} = Toleranz für den Kerndurchmesser des Bolzens in μ (Abmaße).
T_k = Toleranz für den Kerndurchmesser der Mutter in μ (Abmaße).

d	d	z	h	T_f Mutter + Bolzen − μ			Abmaße für Bolzen T_a μ		Bolzen T_{k1} μ		Mutter T_k μ	
Zoll	mm		mm	f	m	g	f	mg	f	mg	f	mg
1/4	6,350	20	1,270	76	113	189	− 20	− 20	0	0	+ 96	+ 20
							−150	−350	−152	−302	+ 380	+ 500
5/16	7,938	18	1,411	80	119	199	− 20	− 20	0	0	+ 100	+ 20
							−138	−338	−160	−318	+ 400	+ 530
3/8	9,525	16	1,588	84	127	211	− 20	− 20	0	0	+ 104	+ 20
							−125	−425	−168	−338	+ 420	+ 560
7/16	11,113	14	1,814	90	135	224	− 20	− 20	0	0	+ 110	+ 20
							−213	−413	−180	−359	+ 440	+ 590
1/2	12,700	12	2,117	97	146	244	− 25	− 25	0	0	+ 122	+ 25
							−200	−500	−194	−390	+ 470	+ 620
5/8	15,876	11	2,309	102	153	255	− 30	− 30	0	0	+ 132	+ 30
							−176	−476	−204	−408	+ 510	+ 680
3/4	19,051	10	2,540	107	160	267	− 33	− 33	0	0	+ 140	+ 33
							−201	−551	−214	−427	+ 550	+ 740
7/8	22,226	9	2,822	113	169	281	− 36	− 36	0	0	+ 149	+ 36
							−276	−626	−226	−450	+ 590	+ 800
1	25,401	8	3,175	119	179	298	− 40	− 40	0	0	+ 159	+ 40
							−251	−601	−238	−477	+ 630	+ 850
1 1/8	28,576	7	3,629	128	191	319	− 47	− 47	0	0	+ 175	+ 47
							−226	−676	−256	−510	+ 700	+ 950
1 1/4	31,751	7	3,629	128	191	319	− 47	− 47	0	0	+ 175	+ 47
							−201	−751	−256	−510	+ 700	+ 950
1 3/8	34,926	6	4,233	138	207	345	− 53	− 53	0	0	+ 191	+ 53
							−276	−826	−276	−552	+ 770	+1050

Tafel 22. (Fortsetzung.)

d	d	z	h	T_f Mutter + Bolzen − μ			Abmaße für Bolzen T_a μ		Bolzen T_{k1} μ		Mutter T_k μ	
Zoll	mm		mm	f	m	g	f	mg	f	mg	f	mg
$1^1/_2$	38,101	6	4,233	138	207	345	− 53 −251	− 53 − 801	0 −276	0 −552	+ 191 + 770	+ 53 +1050
$1^5/_8$	41,277	5	5,080	151	227	378	− 63 −227	− 63 − 977	0 −302	0 −605	+ 214 + 840	+ 63 +1150
$1^3/_4$	44,452	5	5,080	151	227	378	− 63 −302	− 63 − 952	0 −302	0 −605	+ 214 + 840	+ 63 +1150
$1^7/_8$	47,627	$4^1/_2$	5,645	159	239	398	− 70 −277	− 70 −1027	0 −318	0 −637	+ 229 + 910	+ 70 +1250
2	50,802	$4^1/_2$	5,645	159	239	239	− 70 −302	− 70 −1002	0 −318	0 −637	+ 229 + 910	+ 70 +1250
$2^1/_4$	57,152	4	6,350	169	253	422	− 80 −352	− 80 − 952	0 −338	0 −675	+ 249 +1010	+ 80 +1400
$2^1/_2$	63,502	4	6,350	169	253	422	− 80 −302	− 80 −1002	0 −338	0 −675	+ 249 +1010	+ 80 +1400
$2^3/_4$	69,853	$3^1/_2$	7,257	180	271	451	− 90 −353	− 90 −1053	0 −360	0 −722	+ 270 +1110	+ 90 +1550
3	76,203	$3^1/_2$	7,257	180	271	451	− 90 −303	− 90 −1103	0 −360	0 −722	+ 270 −1110	+ 90 +1550
$3^1/_4$	82,553	$3^1/_4$	7,816	187	281	468	− 97 −353	− 97 −1153	0 −374	0 −749	+ 284 +1210	+ 97 +1700
$3^1/_2$	88,903	$3^1/_4$	7,816	187	281	468	− 97 −303	− 97 −1203	0 −374	0 −749	+ 284 +1210	+ 97 +1700
$3^3/_4$	95,254	3	8,467	195	292	487	−103 −354	− 103 −1154	0 −390	0 −779	+ 298 +1280	+ 103 +1800
4	101,604	3	8,467	195	292	487	−103 −304	− 103 −1204	0 −390	0 −779	+ 298 +1280	+ 103 +1800
$4^1/_4$	107,954	$2^7/_8$	8,835	199	299	498	−110 −354	− 110 −1254	0 −398	0 −797	+ 309 +1340	+ 110 +1900
$4^1/_2$	114,304	$2^7/_8$	8,835	199	299	498	−110 −404	− 110 −1304	0 −398	0 −797	+ 309 +1340	+ 110 +1900
$4^3/_4$	120,655	$2^3/_4$	9,237	204	305	509	−113 −405	− 113 −1355	0 −408	0 −814	+ 317 +1400	+ 113 +2000
5	127,005	$2^3/_4$	9,237	204	305	509	−113 −455	− 113 −1405	0 −408	0 −814	+ 317 +1400	+ 113 +2000
$5^1/_4$	133,355	$2^5/_8$	9,677	208	313	521	−120 −405	− 120 −1355	0 −416	0 −834	+ 328 +1470	+ 120 +2100
$5^1/_2$	139,705	$2^5/_8$	9,677	208	313	521	−120 −455	− 120 −1405	0 −416	0 −834	+ 328 +1470	+ 120 +2100
$5^3/_4$	146,055	$2^1/_2$	10,160	214	320	534	−127 −455	− 127 −1355	0 −428	0 −854	+ 341 +1530	+ 127 +2200
6	152,406	$2^1/_2$	10,160	214	320	534	−127 −456	− 127 −1406	0 −428	0 −854	+ 341 +1530	+ 127 +2200

Tafel 23. **Whitworth-Rohrgewinde nach DIN 259.**

Profil s. Tafel 21.

$h = 25{,}4/z \qquad t = 0{,}96049 \cdot h \qquad t_1 = 0{,}64033 \cdot h \qquad r = 0{,}13733 \cdot h$

Whitworth-Rohrgewinde soll nur für Gewinderohre oder damit unmittelbar verbundene Teile verwendet werden, wie Armaturen, Fittings, Gewindeflansche usw.

Die nicht eingeklammerten Gewinde von $R\,{}^1/_8''$ bis $R\,3''$ einschl. stimmen mit der britischen Norm B.S. 84—1940 überein. Der Tabelle liegt die jetzt gültige Maßbeziehung zugrunde: 1″ = 25,400 mm, beides bei 20° C.

Gewindebenennung	Bolzen und Mutter						
	Außendurchmesser d	Gangzahl auf 1 Zoll	Steigung h	Flankendurchmesser d_2	Kerndurchmesser d_1	Gewindetiefe t_1	Rundung r
Zoll	mm	z	mm	mm	mm	mm	mm
$R\ {}^1/_8''$	9,728	28	0,907	9,147	8,566	0,581	0,125
$R\ {}^1/_4''$	13,157	19	1,337	12,301	11,445	0,856	0,184
$R\ {}^3/_8''$	16,662	19	1,337	15,806	14,950	0,856	0,184
$R\ {}^1/_2''$	20,955	14	1,814	19,793	18,631	1,162	0,249
$R\ {}^5/_8''$	22,911	14	1,814	21,749	20,587	1,162	0,249
$R\ {}^3/_4''$	26,441	14	1,814	25,279	24,117	1,162	0,249
$R\ {}^7/_8''$	30,201	14	1,814	29,039	27,877	1,162	0,249
$R\ 1''$	33,249	11	2,309	31,770	30,291	1,479	0,317
$(R\ 1^1/_8'')$	37,897	11	2,309	36,418	34,939	1,479	0,317
$R\ 1^1/_4''$	41,910	11	2,309	40,431	38,952	1,479	0,317
$(R\ 1^3/_8'')$	44,323	11	2,309	42,844	41,365	1,479	0,317
$R\ 1^1/_2''$	47,803	11	2,309	46,324	44,845	1,479	0,317
$(R\ 1^5/_8'')$	51,988	11	2,309	50,509	49,030	1,479	0,317
$(R\ 1^3/_4'')$	53,746	11	2,309	52,267	50,788	1,479	0,317
$R\ 2''$	59,614	11	2,309	58,135	56,656	1,479	0,317
$R\ 2^1/_4''$	65,710	11	2,309	64,231	62,752	1,479	0,317
$(R\ 2^3/_8'')$	69,398	11	2,309	67,919	66,440	1,479	0,317
$R\ 2^1/_2''$	75,184	11	2,309	73,705	72,226	1,479	0,317
$R\ 2^3/_4''$	81,534	11	2,309	80,055	78,576	1,479	0,317
$R\ 3''$	87,884	11	2,309	86,405	84,926	1,479	0,317
$R\ 3^1/_4''$	93,980	11	2,309	92,501	91,022	1,479	0,317
$R\ 3^1/_2''$	100,330	11	2,309	98,851	97,372	1,479	0,317
$R\ 3^3/_4''$	106,680	11	2,309	105,201	103,722	1,479	0,317
$R\ 4''$	113,030	11	2,309	111,551	110,072	1,479	0,317
$R\ 4^1/_2''$	125,730	11	2,309	124,251	122,772	1,479	0,317
$R\ 5''$	138,430	11	2,309	136,951	135,472	1,479	0,317
$R\ 5^1/_2''$	151,130	11	2,309	149,651	148,172	1,479	0,317
$R\ 6''$	163,830	11	2,309	162,351	160,872	1,479	0,317
$R\ 7''$	189,230	10	2,540	187,604	185,978	1,626	0,349
$R\ 8''$	214,630	10	2,540	213,004	211,378	1,626	0,349
$R\ 9''$	240,030	10	2,540	238,404	236,778	1,626	0,349
$R\ 10''$	265,430	10	2,540	263,804	262,178	1,626	0,349
$R\ 11''$	290,830	8	3,175	288,797	286,764	2,033	0,436
$R\ 12''$	316,230	8	3,175	314,197	312,164	2,033	0,436
$R\ 13''$	347,472	8	3,175	345,439	343,406	2,033	0,436
$R\ 14''$	372,872	8	3,175	370,839	368,806	2,033	0,436
$R\ 15''$	398,272	8	3,175	396,239	394,206	2,033	0,436
$R\ 16''$	423,672	8	3,175	421,639	419,606	2,033	0,436
$R\ 17''$	449,072	8	3,175	447,039	445,006	2,033	0,436
$R\ 18''$	474,472	8	3,175	472,439	470,406	2,033	0,436

Tafel 24. **Toleranzen** für Whitworth-Rohrgewinde.

T_f = Toleranz für Flankendurchmesser in μ, Bolzen —, Mutter +.

T_a = Toleranz für Bolzenaußendurchmesser in μ.

T_k = Toleranz für Mutterkerndurchmesser in μ.

Die Toleranzen T_f rechts von der dick ausgezogenen Linie sind größer als T_a und T_k, d. h. größer als die größtmögliche S-Reihe. Sie sind daher zu vermeiden.

Gewindebenennung	T_f mögliche S-Reihen										T_a	T_k
	4	5	6	7	8	9	10	11	12	13		
$R\,^1/_8''$	45	56	71	90	112	140	180	224	280	355	— 26 —250	+315 + 91
$R\,^1/_4''$ bis $R\,^3/_8''$	63	80	100	125	160	200	250	315	400	500	— 40 —355	+425 +110
$R\,^1/_2''$ bis $R\,^7/_8''$	63	80	100	125	160	200	250	315	400	500	— 50 —450	+530 +130
$R\,1''$ bis $R\,2^1/_2''$	90	112	140	180	224	280	355	450	560	710	— 55 —530	+630 +155
$R\,2^3/_4''$ bis $R\,6''$	125	160	200	250	315	400	500	630	800	1000	— 60 —560	+670 +170
$R\,7''$	125	160	200	250	315	400	500	630	800	1000	— 70 —630	+750 +190
$R\,8''$ bis $R\,10''$	180	224	280	355	450	560	710	900	1120		— 70 —670	+800 +200
$R\,11''$ bis $R\,18''$	180	224	280	355	450	560	710	900	1120		— 80 —710	+850 +220

Einschraublängen in mm.

Gewinde	über	bis	über	bis	über	bis	über	bis	über	bis
$R\,^1/_8''$	0,63	1,6	1,6	4	4	10	10	25	25	63
$R\,^1/_4''$ bis $R\,^7/_8''$.	1,6	4	4	10	10	25	25	63	63	160
$R\,1''$ bis $R\,2^1/_2''$ . .	4	10	10	25	25	63	63	160	160	400
$R\,2^3/_4''$ bis $R\,7''$ . .	10	25	25	63	63	160	160	400	400	1000
$R\,8''$ bis $R\,18''$ . .	25	63	63	160	160	400	400	1000	1000	2500
	Empfohlene S-Reihe									
fein	4		5		6		7		8	
mittel	6		7		8		9		10	
grob	8		9		10		11		12	

Tafel 25. **Fittingsanschlüsse mit Whitworth-Rohrgewinde.**

Innerhalb der nutzbaren Gewindelänge l_1 sollen alle Gewindegänge im Grunde und an der Spitze voll ausgeschnitten sein. Beim kegeligen Gewinde dürfen jedoch die beiden letzten Gänge an den Gewindespitzen unvollständig sein.

Die Gewindelänge an Fittings soll (je einzuschraubendes Rohr) $= l_2$ oder höchstens bis zu 15% kleiner sein.

Beim kegeligen Gewinde steht die Winkelhalbierende des Profils senkrecht zur Rohrachse. Die Steigung h wird parallel zur Rohrachse gemessen.

Die Größe $R\,5^1/_2''$ ist in der Fittingsindustrie nicht gebräuchlich. Eingeklammerte Größen möglichst vermeiden.

Gewindeform nach DIN 259.

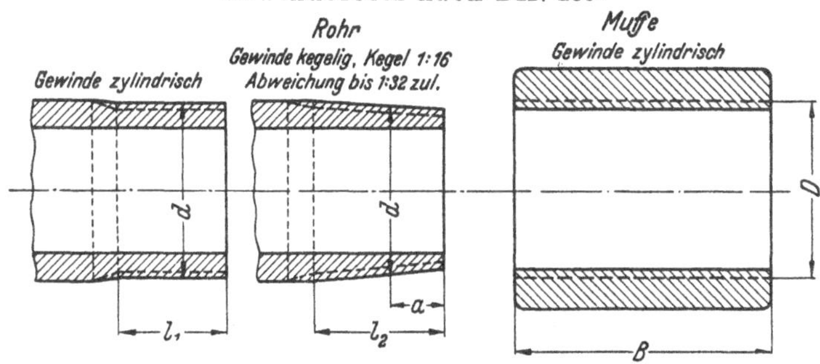

Gewinde-benennung	Rohr: zylindrisch: Nutzbare Gewindelänge l_1 Größtmaß	Rohr: kegelig: Nutzbare Gewindelänge l_2 Größtmaß	Rohr: kegelig: Abstand des Gewindedurchmessers d vom Rohrende a Größtmaß	Kleinstmaß	Muffe: Mindestlänge B	Nennweite der zugehörigen Armaturen und Formstücke nach DIN 2402
$R\,^1/_8''$	8	10	5,5	4	20	6
$R\,^1/_4''$	9	11	7	5	25	8
$R\,^3/_8''$	11	13	8	6	30	10
$R\,^1/_2''$	14	16	9	6	35	13
$(R\,^5/_8'')$	14	16	9	6	35	16
$R\,^3/_4''$	16	19	13	10	40	20
$(R\,^7/_8'')$	16	19	13	10	40	—
$R\,1''$	19	22	14	10	45	25
$R\,1^1/_4''$	21	25	17	13	50	32
$R\,1^1/_2''$	21	25	17	13	55	40
$(R\,1^3/_4'')$	24	28	20	16	60	—
$R\,2''$	24	28	20	16	60	50
$(R\,2^1/_4'')$	27	32	23	18	65	65
$R\,2^1/_2''$	27	32	23	18	65	—
$(R\,2^3/_4'')$	30	35	26	21	70	—
$R\,3''$	30	35	26	21	70	80
$R\,3^1/_2''$	32	38	28	22	80	90
$R\,4''$	36	41	32	25	85	100
$(R\,4^1/_2'')$	36	41	32	25	85	110
$R\,5''$	38	44	35	28	90	125
$(R\,5^1/_2'')$	40	48	39	32	100	140
$R\,6''$	42	51	42	35	100	150

Tafel 26. **Trapezgewinde.**

Die nachfolgende Zahlentafel enthält alle Trapezgewinde, Durchmesser und zugeordnete Steigung, die genormt sind. Die Nennmaße der einzelnen Meßgrößen können nach der darauffolgenden Tafel berechnet werden. Eingeklammerte Größen möglichst vermeiden.

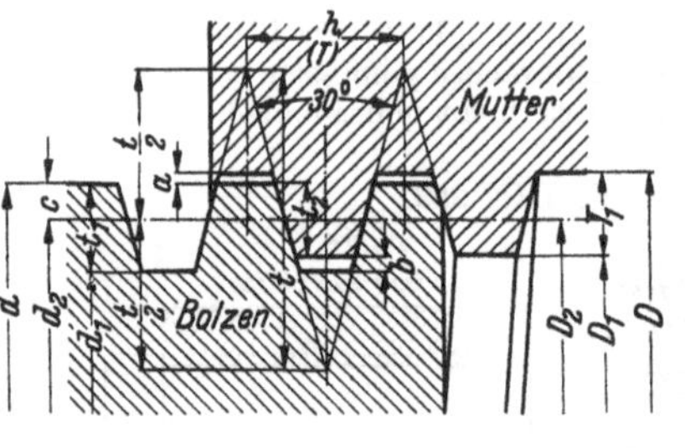

Mehrgängige Gewinde erhalten das Profil, das der Teilung $T = h/z$ entspricht. (Das Gewinde wird grundsätzlich nach der *Steigung h bezeichnet*: $Tr\,d \times h$ (z gäng.).)

Soll das Gewinde große Kraft übertragen, so wird der Kern des Bolzens mit dem Halbmesser r ausgerundet.

$t = 1{,}866 \cdot h$ $\quad T_1 = 0{,}5\,h + 2a - b$

$c = 0{,}25 \cdot h$ $\quad t_2 = 0{,}5\,h + a - b$

$t_1 = 0{,}5 \cdot h + a$

d	h			d	h			d	h		
	DIN 103	DIN 378 fein	DIN 379 grob		DIN 103	DIN 378 fein	DIN 379 grob		DIN 103	DIN 378 fein	DIN 379 grob
mm	mm	mm	mm	mm	mm	mm	mm	mm	mm	mm	mm
10	3	2		75	10	4	16	200	18	8	32
12	3	2		78	(10)	(4)	(16)	210	20	8	36
14	4	2		80	10	4	16	220	20	8	36
16	4	2		82	(10)	(4)	(16)	230	20	8	36
18	4	2		85	12	4	18	240	22	8	36
20	4	2		88	(12)	(4)	(18)	250	22	12	40
22	5	3	8	90	12	4	18	260	22	12	40
24	5	3	8	92	(12)	(4)	(18)	270	24	12	40
26	5	3	8	95	12	4	18	280	24	12	40
28	5	3	8	98	(12)	(4)	(18)	290	24	12	44
30	6	3	10	100	12	4	20	300	26	12	44
32	6	3	10	105	(12)	(4)	(20)	320		12	44
34	(6)	(3)	(10)	110	12	4	20	340		12	44
36	6	3	10	115	(14)	(6)	(22)	360		12	48
38	(7)	(3)	(10)	120	14	6	22	380		12	48
40	7	3	12	125	(14)	(6)	(22)	400		12	48
42	(7)	(3)	(12)	130	14	6	22	420		18	
44	7	3	12	135	(14)	(6)	(24)	440		18	
46	(8)	(3)	(12)	140	14	6	24	460		18	
48	8	3	12	145	(14)	(6)	(24)	480		18	
50	8	3	12	150	16	6	24	500		18	
52	8	3	12	155	(16)	(6)	(24)	520		24	
55	9	3	14	160	16	6	28	540		24	
58	(9)	(3)	(14)	165	(16)	(6)	(28)	560		24	
60	9	3	14	170	16	6	28	580		24	
62	(9)	(3)	(14)	175	(16)	(6)	(28)	600		24	
65	10	4	16	180	18	8	28	620		24	
68	(10)	(4)	(16)	185	(18)	(8)	(32)	640		24	
70	10	4	16	190	18	8	32				
72	(10)	(4)	(16)	195	(18)	(8)	(32)				

Tafel 26. (Fortsetzung.)

h = Steigung.
d_2 = Flankendurchmesser des Bolzens.
D_2 = Flankendurchmesser der Mutter.
D = Außendurchmesser des Muttergewindes.
D_1 = Kerndurchmesser der Mutter.
t_1 = Gewindetiefe des Bolzengewindes.
T_1 = Gewindetiefe des Muttergewindes.
t_2 = Tragtiefe, Überdeckung (Nennwert).
a = Spiel am Außendurchmesser (Nennwert).
b = Spiel am Kerndurchmesser (Nennwert).
r = Rundung am Kern des Bolzens.

Alle Maße in mm.

h	$d_2 = D_2$	d_1	D	D_1	t_1	T_1	t_2	a	b	r
2	$d - 1$	$d - 2,5$	$d + 0,5$	$d - 1,5$	1,25	1	0,75	0,25	0,5	0,25
3	$d - 1,5$	$d - 3,5$	$d + 0,5$	$d - 2,5$	1,75	1,5	1,25	0,25	0,5	0,25
4	$d - 2$	$d - 4,5$	$d + 0,5$	$d - 3,5$	2,25	2	1,75	0,25	0,5	0,25
5	$d - 2,5$	$d - 5,5$	$d + 0,5$	$d - 4$	2,75	2,25	2	0,25	0,75	0,25
6	$d - 3$	$d - 6,5$	$d + 0,5$	$d - 5$	3,25	2,75	2,5	0,25	0,75	0,25
7	$d - 3,5$	$d - 7,5$	$d + 0,5$	$d - 6$	3,75	3,25	3	0,25	0,75	0,25
8	$d - 4$	$d - 8,5$	$d + 0,5$	$d - 7$	4,25	3,75	3,5	0,25	0,75	0,25
9	$d - 4,5$	$d - 9,5$	$d + 0,5$	$d - 8$	4,75	4,25	4	0,25	0,75	0,25
10	$d - 5$	$d - 10,5$	$d + 0,5$	$d - 9$	5,25	4,75	4,5	0,25	0,75	0,25
12	$d - 6$	$d - 12,5$	$d + 0,5$	$d - 11$	6,25	5,75	5,5	0,25	0,75	0,25
14	$d - 7$	$d - 15$	$d + 1$	$d - 12$	7,5	6,5	6	0,5	1,5	0,5
16	$d - 8$	$d - 17$	$d + 1$	$d - 14$	8,5	7,5	7	0,5	1,5	0,5
18	$d - 9$	$d - 19$	$d + 1$	$d - 16$	9,5	8,5	8	0,5	1,5	0,5
20	$d - 10$	$d - 21$	$d + 1$	$d - 18$	10,5	9,5	9	0,5	1,5	0,5
22	$d - 11$	$d - 23$	$d + 1$	$d - 20$	11,5	10,5	10	0,5	1,5	0,5
24	$d - 12$	$d - 25$	$d + 1$	$d - 22$	12,5	11,5	11	0,5	1,5	0,5
26	$d - 13$	$d - 27$	$d + 1$	$d - 24$	13,5	12,5	12	0,5	1,5	0,5
28	$d - 14$	$d - 29$	$d + 1$	$d - 26$	14,5	13,5	13	0,5	1,5	0,5
32	$d - 16$	$d - 33$	$d + 1$	$d - 30$	16,5	15,5	15	0,5	1,5	0,5
36	$d - 18$	$d - 37$	$d + 1$	$d - 34$	18,5	17,5	17	0,5	1,5	0,5
40	$d - 20$	$d - 41$	$d + 1$	$d - 38$	20,5	19,5	19	0,5	1,5	0,5
44	$d - 22$	$d - 45$	$d + 1$	$d - 42$	22,5	21,5	21	0,5	1,5	0,5
48	$d - 24$	$d - 49$	$d + 1$	$d - 46$	24,5	23,5	23	0,5	1,5	0,5

Tafel 27. **Sägengewinde.**

Die nachfolgende Zahlentafel enthält alle Sägengewinde, Durchmesser und zugeordnete Steigung, die genormt sind. Die Nennmaße der einzelnen Meßgrößen können nach der darauffolgenden Tafel berechnet werden.

Eingeklammerte Größen möglichst vermeiden.

Mehrgängige Gewinde erhalten das Profil, das der Teilung $T = h/z$ entspricht. (Das Gewinde wird grundsätzlich nach der *Steigung h bezeichnet*:

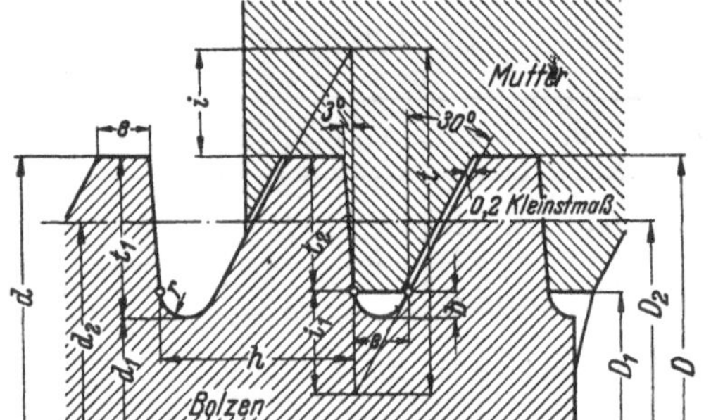

Sägg. $d \times h$ (z gäng.).)

$t = 1{,}732\,05 \cdot h$

$t_1 = t_2 + b = 0{,}867\,77 \cdot h$

$t_2 = 0{,}75 \cdot h$

$e = 0{,}263\,84 \cdot h$

$i = 0{,}525\,07 \cdot h$

$i_1 = 0{,}456\,98 \cdot h$

$b = 0{,}117\,77 \cdot h$

$r = 0{,}124\,27 \cdot h$

Passung im Außendurchmesser:

Bolzen: h 9 (früher sW)

Mutter: H 10 (früher sG)

d	*h*			*d*	*h*			*d*	*h*			*d*	*h*	
	DIN 513	DIN 514 fein	DIN 515 grob		DIN 513	DIN 514 fein	DIN 515 grob		DIN 513	DIN 514 fein	DIN 515 grob		DIN 514 fein	DIN 515 grob
mm	mm	mm	mm	mm	mm	mm	mm	mm	mm	mm	mm	mm	mm	mm
10		2		60	9	3	14	140	14	6	24	340	12	44
12		2		62	(9)	(3)	(14)	145	(14)	(6)	(24)	360	12	48
14		2		65	10	4	16	150	16	6	24	380	12	48
16		2		68	(10)	(4)	(16)	155	(16)	(6)	(24)	400	12	48
18		2		70	10	4	16	160	16	6	28	420	18	
20		2		72	(10)	(4)	(16)	165	(16)	(6)	(28)	440	18	
22	5	3	8	75	10	4	16	170	16	6	28	460	18	
24	5	3	8	78	(10)	(4)	(16)	175	(16)	(6)	(28)	480	18	
26	5	3	8	80	10	4	16	180	18	8	28	500	18	
28	5	3	8	82	(10)	(4)	(16)	185	(18)	(8)	(32)	520	24	
30	6	3	10	85	12	4	18	190	18	8	32	540	24	
32	6	3	10	88	(12)	(4)	(18)	195	(18)	(8)	(32)	560	24	
34	(6)	(3)	(10)	90	12	4	18	200	18	8	32	580	24	
36	6	3	10	92	(12)	(4)	(18)	210	20	8	36	600	24	
38	(7)	(3)	(10)	95	12	4	18	220	20	8	36	620	24	
40	7	3	12	98	(12)	(4)	(18)	230	20	8	36	640	24	
42	(7)	(3)	(12)	100	12	4	20	240	22	8	36			
44	7	3	12	105	(12)	(4)	(20)	250	22	12	40			
46	(8)	(3)	(12)	110	12	4	20	260	22	12	40			
48	8	3	12	115	(14)	(6)	(22)	270	24	12	40			
50	8	3	12	120	14	6	22	280	24	12	40			
52	8	3	12	125	(14)	(6)	(22)	290	24	12	44			
55	9	3	14	130	14	6	22	300	26	12	44			
58	(9)	(3)	(14)	135	(14)	(6)	(24)	320		12	44			

Tafel 27. (Fortsetzung.)

$d = D$ = Außendurchmesser von Bolzen und Mutter.
h = Steigung.
D_1 = Kerndurchmesser der Mutter.
t_1 = Gewindetiefe des Bolzengewindes.
t_2 = Tragtiefe, Überdeckung (Nennwert), Gewindetiefe des Muttergewindes.
e = am Bolzen Breite des Gewindekammes am Außendurchmesser und Breite der Gewindelücke am Beginn der Rundung r.
r = Rundung am Kern des Bolzens.
d_2 = Flankendurchmesser des Bolzens.
D_2 = Flankendurchmesser der Mutter.
d_1 = Kerndurchmesser des Bolzens.

Alle Maße in mm.

h	$d_2 = D_2$	d_1	D_1	t_1	t_2	e	b	r
2	$d - 2 + 0{,}636$	$d - 4 + 0{,}528$	$d - 3$	1,736	1,5	0,528	0,236	0,249
3	$d - 3 + 0{,}954$	$d - 6 + 0{,}794$	$d - 4{,}5$	2,603	2,25	0,792	0,353	0,373
4	$d - 3 + 0{,}272$	$d - 7 + 0{,}058$	$d - 6$	3,471	3	1,055	0,471	0,497
5	$d - 4 + 0{,}590$	$d - 9 + 0{,}322$	$d - 7{,}5$	4,339	3,75	1,319	0,589	0,621
6	$d - 5 + 0{,}909$	$d - 11 + 0{,}586$	$d - 9$	5,207	4,5	1,583	0,707	0,746
7	$d - 5 + 0{,}227$	$d - 13 + 0{,}852$	$d - 10{,}5$	6,074	5,25	1,847	0,824	0,870
8	$d - 6 + 0{,}545$	$d - 14 + 0{,}116$	$d - 12$	6,942	6	2,111	0,942	0,994
9	$d - 7 + 0{,}863$	$d - 16 + 0{,}380$	$d - 13{,}5$	7,810	6,75	2,375	1,060	1,118
10	$d - 7 + 0{,}181$	$d - 18 + 0{,}644$	$d - 15$	8,678	7,5	2,638	1,178	1,243
12	$d - 9 + 0{,}817$	$d - 21 + 0{,}174$	$d - 18$	10,413	9	3,166	1,413	1,491
14	$d - 10 + 0{,}453$	$d - 25 + 0{,}702$	$d - 21$	12,149	10,5	3,694	1,649	1,740
16	$d - 11 + 0{,}089$	$d - 28 + 0{,}232$	$d - 24$	13,884	12	4,221	1,884	1,988
18	$d - 13 + 0{,}726$	$d - 32 + 0{,}760$	$d - 27$	15,620	13,5	4,749	2,120	2,237
20	$d - 14 + 0{,}362$	$d - 35 + 0{,}290$	$d - 30$	17,355	15	5,277	2,355	2,485
22	$d - 16 + 0{,}998$	$d - 39 + 0{,}818$	$d - 33$	19,091	16,5	5,804	2,591	2,734
24	$d - 17 + 0{,}634$	$d - 42 + 0{,}348$	$d - 36$	20,826	18	6,332	2,826	2,982
26	$d - 18 + 0{,}270$	$d - 46 + 0{,}876$	$d - 39$	22,562	19,5	6,860	3,062	3,231
28	$d - 20 + 0{,}907$	$d - 49 + 0{,}404$	$d - 42$	24,298	21	7,388	3,298	3,480
32	$d - 22 + 0{,}179$	$d - 56 + 0{,}462$	$d - 48$	27,769	24	8,443	3,769	3,977
36	$d - 25 + 0{,}451$	$d - 63 + 0{,}520$	$d - 54$	31,240	27	9,498	4,240	4,474
40	$d - 28 + 0{,}724$	$d - 70 + 0{,}578$	$d - 60$	34,711	30	10,554	4,711	4,971
44	$d - 31 + 0{,}996$	$d - 77 + 0{,}636$	$d - 66$	38,182	33	11,609	5,182	5,468
48	$d - 33 + 0{,}268$	$d - 84 + 0{,}694$	$d - 72$	41,653	36	12,664	5,653	5,965

Tafel 28. **Rundgewinde nach DIN 405.**

Die obere Zahlentafel gibt die genormten Gewinde an. Eingeklammerte Größen sind möglichst zu vermeiden.

Die einzelnen Meßgrößen können aus den unteren Tafeln berechnet werden. Alle Maße in mm.

Den Zahlenwerten liegt die Beziehung 1″ = 25,40095 mm zugrunde. (Zollmaße bei $16^2/_3$ ° C, Millimetermaße bei 20° C.) Heute gilt allgemein

1″ = 25,4000 mm.

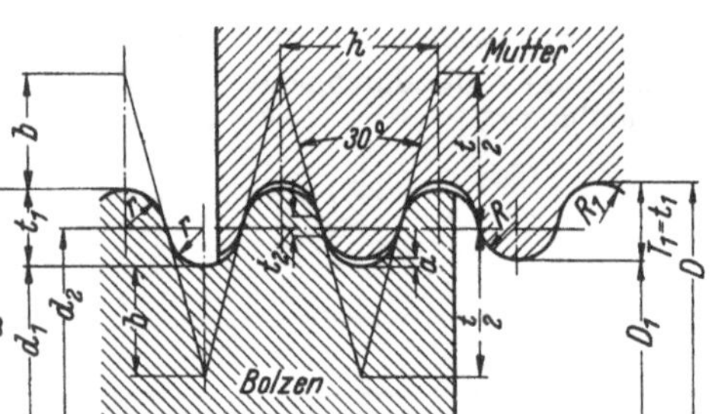

$h = \frac{25{,}40095}{z}$ $b = 0{,}68301 \cdot h$

$t_1 = 0{,}5 \cdot h$ $r = 0{,}23851 \cdot h$

$t_2 = 0{,}08350 \cdot h$ $R = 0{,}25597 \cdot h$

$a = 0{,}05 \cdot h$ $R_1 = 0{,}22105 \cdot h$

d = Außendurchm. des Bolzens.

l = Gewinde-Nenndurchmesser.

h = Steigung.

z = Gangzahl auf 1″.

$d_2 = D_2$ = Flankendurchmesser des Bolzens und der Mutter.

d_1 = Kerndurchmesser des Bolzens.

D = Außendurchmesser des Muttergewindes.

D_1 = Kerndurchmesser der Mutter.

t_1 = Gewindetiefe am Bolzen.

$T_1 = t_1$ = Gewindetiefe an der Mutter.

t_2 = Tragtiefe am geraden Teil der Flanke.

r = Rundungen am Bolzen.

R = Rundung am Kern der Mutter.

R_1 = Rundung am Außendurchmesser der Mutter.

d	z	d	z	d	z	d	z	d	z	d	z	d	z	d	z
8	10	22	8	40	6	60	6	(82)	6	110	4	(155)	4	200	4
9	10	24	8	(42)	6	(62)	6	85	6	(115)	4	160	4		
10	10	26	8	44	6	65	6	(88)	6	120	4	(165)	4		
11	10	28	8	(46)	6	(68)	6	90	6	(125)	4	170	4		
12	10	30	8	48	6	70	6	(92)	6	130	4	(175)	4		
14	8	32	8	(50)	6	(72)	6	95	6	(135)	4	180	4		
16	8	(34)	8	52	6	75	6	(98)	6	140	4	(185)	4		
18	8	36	8	55	6	(78)	6	100	6	(145)	4	190	4		
20	8	(38)	8	(58)	6	80	6	(105)	4	150	4	(195)	4		

z	d	$d_2 = D_2$	d_1	D	D_1
10	2,540	d − 2 + 0,730	d − 3 + 0,460	d + 0,254	d − 3 + 0,714
8	3,175	d − 2 + 0,412	d − 4 + 0,825	d + 0,318	d − 3 + 0,142
6	4,233	d − 3 + 0,883	d − 5 + 0,767	d + 0,423	d − 4 + 0,190
4	6,350	d − 4 + 0,825	d − 7 + 0,650	d + 0,635	d − 6 + 0,285

d	z	h	t_1	t_2	r	R	R_1
8 bis 12	10	2,540	1,270	0,212	0,606	0,650	0,561
14 bis 38	8	3,175	1,588	0,265	0,757	0,813	0,702
40 bis 100	6	4,233	2,117	0,353	1,010	1,084	0,936
105 bis 200	4	6,350	3,175	0,530	1,515	1,625	1,404

Tafel 29. **Rundgewinde nach DIN 168 (Entwurf)**

für Teile aus Glas und zugehörige Verschraubungen.

d = Außendurchmesser des Bolzengewindes (Glasteil).
D = Außendurchmesser des Muttergewindes (Verschraubung).
h = Steigung.
d_1 = Kerndurchmesser des Bolzengewindes (Glasteil).
D_1 = Kerndurchmesser des Muttergewindes (Verschraubung).
t_1 = Gewindetiefe am Bolzengewinde.
T_1 = Gewindetiefe am Muttergewinde.
r_1 = Rundungen am Außendurchmesser des Bolzengewindes und am Kerndurchmesser des Muttergewindes.
r_2 = Rundungen am Kerndurchmesser des Bolzengewindes und am Außendurchmesser des Muttergewindes.
t_a = Toleranzen am Bolzengewinde, außen.
t_k = Toleranzen am Bolzengewinde, Kern.
T_a = Toleranzen am Muttergewinde, außen.
T_k = Toleranzen am Muttergewinde, Kern.

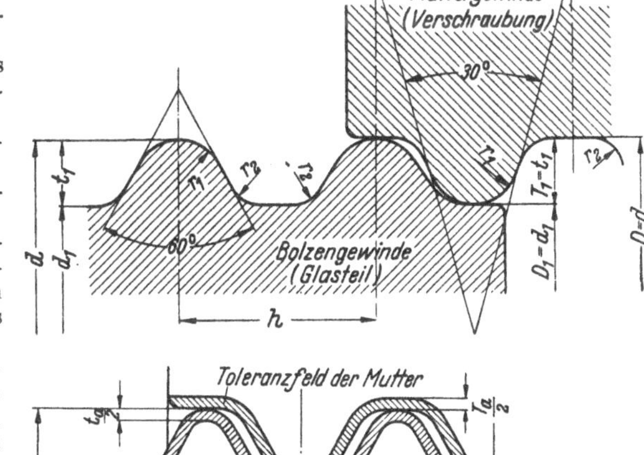

$t_1 = 0{,}34 \cdot h \quad r_1 = 0{,}24 \cdot h \quad r_2 = 0{,}20 \cdot h$ Bezeichnungsbeispiel: *Rd* 50 DIN 168.

$d=D$	h	$d_1=D_1$	$t_1=T_1$	r_1	r_2	$t_a=t_k$	$T_a=T_k$
8	2	6,64	0,68	0,48	0,4	0 −0,4	+0,4 +0,2
9		7,64					
10		8,64					
11		9,64					
12	3	9,96	1,02	0,72	0,6	0 −0,5	+0,6 +0,2
14		11,96					
16		13,96					
18		15,96					
20		17,96					
22		19,96					
25		22,96					
28		25,96					
32	4	29,28	1,36	0,96	0,8	0 −0,7	+0,8 +0,3
35		32,28					
40		37,28					
45		42,28					
50		47,28					

$d=D$	h	$d_1=D_1$	$t_1=T_1$	r_1	r_2	$t_a=t_k$	$T_a=T_k$
55	6	50,92	2,04	1,44	1,2	0 −1	+1,1 +0,4
60		55,92					
65		60,92					
70		65,92					
75		70,92					
80		75,92					
85		80,92					
90		85,92					
100	8	94,56	2,72	1,92	1,6	0 −1,5	+1,5 +0,5
110		104,56					
125		119,56					
160	12	151,84	4,08	2,88	2,4	0 −2	+2,5 +1
200		191,84					

Tafel 30. **Wechselradberechnung.**

Erläuterungen hierzu s. Abschn. 421.

Gegebene Werte		A*
Werkstück	Leitspindel	
Steigung h_W mm	Steigung h_L mm	$\frac{h_W}{h_L}$
	Gangzahl auf 1″ g_L	$\frac{h_W \cdot g_L}{25{,}4} = \frac{5 \cdot h_W \cdot g_L}{127}$
Gangzahl auf 1″ g_W	Steigung h_L mm	$\frac{25{,}4}{g_W \cdot h_L} = \frac{127}{5 \cdot g_W \cdot h_L}$
	Gangzahl auf 1″ g_L	$\frac{g_L}{g_W}$
Modul $m = \frac{h_W}{\pi}$	Steigung h_L mm	$\frac{3{,}14 \cdot m}{h_L} \approx \frac{157 \cdot m}{50 \cdot h_L} \approx \frac{25 \cdot 47 \cdot m}{22 \cdot 17 \cdot h_L}$ **
	Gangzahl auf 1″ g_L	$\frac{3{,}14 \cdot m \cdot g_L}{25{,}4} \approx \frac{157 \cdot m \cdot g_L}{10 \cdot 127} \approx \frac{47 \cdot m \cdot g_L}{4 \cdot 95}$ ***

Anordnung der Räder.

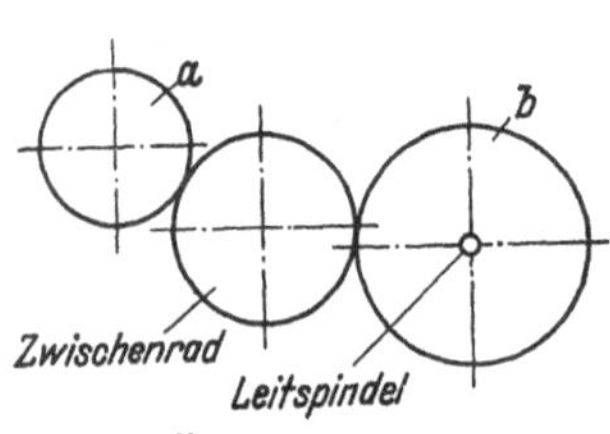

Übersetzung 1fach

$B = \frac{a}{b}$

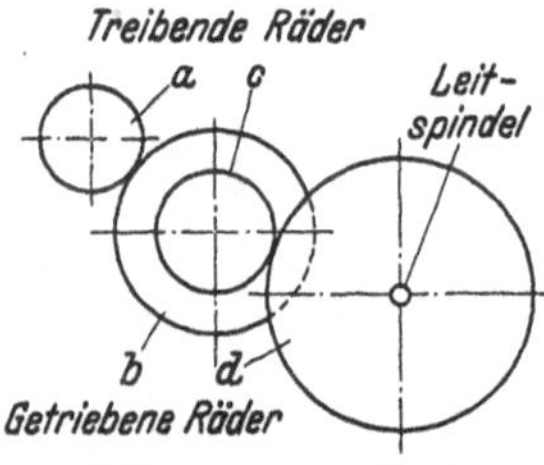

Übersetzung 2fach

$B = \frac{a \cdot c}{b \cdot d}$

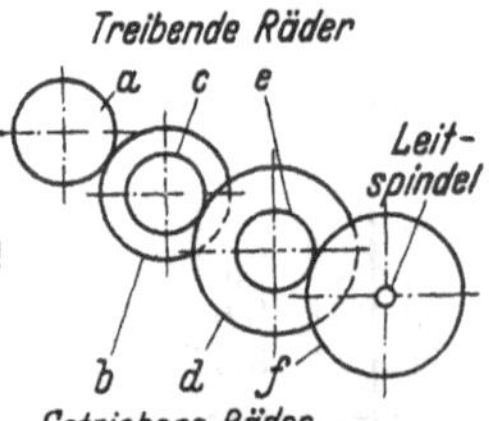

Übersetzung 3fach

$B = \frac{a \cdot c \cdot e}{b \cdot d \cdot f}$

* Man prüfe zuvor, ob das Rad a die gleiche Drehzahl hat wie die Hauptspindel. Ist dies nicht der Fall, so müssen die Werte A mit dem Verhältnis $z_2 : z_1$ multipliziert werden, wenn z_1 und z_2 die Zähnezahlen der Räder auf der Hauptspindel bzw. auf Wechselrad-Antriebswelle sind.

** In den ersten beiden Ausdrücken ist anstatt $\pi = 3{,}14159265$ näherungsweise 3,1400 gesetzt; somit wird die Steigung $h_W = m \cdot \pi$ mm zu klein, und zwar um den Betrag $(\pi - 3{,}1400) \cdot m$ je Gang, also rund $0{,}0016 \cdot m$ mm je Gang. Genauer wird das Modulgewinde nach der letzten Formel, und zwar um $0{,}00011858 \cdot m$ je Gang zu groß. Außerdem ist dabei das unbequem große 157er Rad vermieden.

*** Die erste Annäherung mit dem 157er Rad ergibt entsprechend Anm. ** den Fehler $0{,}0016 \cdot m$ je Gang. Die zweite ergibt nur einen Fehler von $0{,}0000137 \cdot m$ je Gang.

Tafel 31. **Schnittgeschwindigkeiten, Vorschübe, Hauptzeit.**

Werkstoff	Gewindeschneiden mit Einstahl oder Strähler, Gewindebohrer, Schneideisen			Gewindefräsen		
	v m/min		Schmiermittel	v m/min Schruppen mit Schnellstahl (20% W) für Schlichten Werte × 1,2	s_z mm/Zahn Fräser	
	Werkzeugstahl	Schnellstahl			gefräst	hinterdreht
St 50.11	3—7	9—15	Schneidöl	16—20	0,07	0,04
St 70.11	2—3	5—8	Schneidöl	15—18	0,06	0,03
VCN 35*h*, gegl.	v. Hand	5—7	Schneidöl	12—14	0,05	0,02
VCN 45	—	1—4	Schneidöl, Petroleum	8—12	0,04	0,02
Te 38.92	2—3	5—7	Schneidöl	18—20	0,07	0,04
Stg 45.81	2—3	5—7	Schneidöl	18—20	0,07	0,04
Ge 18.91	6—8	12—16	trocken od. Schneidöl	17—20	0,07	0,04
GBz 14	6—12	12—25	Schneidöl	40—50	0,07	0,04
Ms 58	12—18	20—30	trocken od. Schneidöl	50—60	0,07	0,04
Al-Leg.	12—20	20—30	Kühlmittelöl, Schneidöl, Petroleum	200—400	0,07	0,04
Mg-Leg.	15—20	25—35	trocken od. Sonderschneidöl	300—400	0,07	0,03
Hartpapier Hartgewebe	15—25	15—30	trocken	—	—	—

Einzahnfräsen (Wirbeln) $v = 340$ m/min. Werkstückvorschub $v_s = 3{,}6$ m/min.

Zahlen gelten für Gleichlaufwirbeln von Innengewinde M 50 × 3, 21 lang, Spitzenkreisdurchmesser des Werkzeuges 45 mm, Hartmetall S 1, Standzeit 250 Stück/Schliff. Werkstoff von 90—110 kg/mm² Festigkeit. Wirbelzeit 18 sec.

Hauptzeit: t_h min

(Nebenzeiten beachten!)

$$t_h = \frac{\pi \cdot d \cdot L}{1000 \cdot h \cdot v} \cdot z \cdot i$$

d = Gewindeaußendurchmesser mm
L = Gewindelänge mm
v = Schnittgeschwindigkeit m/min
z = Gangzahl
i = Anzahl der Schnitte
d_f = Durchmesser des Fräsers mm
z_f = Zähnezahl des Fräsers
s_z = Vorschub mm je Zahn

Langfräsen:

$$t_h = \frac{\pi^2 d \cdot d_f \cdot L}{1000\, v \cdot z_f \cdot s_z \cdot h} \cdot z \cdot i = \frac{1}{100} \cdot \frac{d \cdot d_f \cdot L}{v \cdot z_f \cdot s_z \cdot h} \cdot z \cdot i$$

Kurzfräsen:

$$t_h = \frac{1{,}16 \cdot \pi^2 \cdot d \cdot d_f}{1000 \cdot v \cdot z_f \cdot s_z} = \frac{1{,}15}{100} \cdot \frac{d \cdot d_f}{v \cdot z_f \cdot s_z}$$

Schleifen: $u = 25$ bis 35 m/sec.

Werkzeugstahl:
große Spantiefe $v_w =$ 50—200 mm/min u = Umfangsgeschw. d. Schleifsch.
kleine Spantiefe $v_w =$ 200—600 mm/min v_w = Umfangsgeschw. d. Werkstückes.

Schnellstahl und Konstruktionsstahl etwa die Hälfte.

$$t_h = \frac{\pi \cdot d \cdot L}{1000 \cdot v_w \cdot h} \cdot z \cdot i.$$

Tafel 32. **Steigungswinkel.**

Um zu gegebenen Werten für den Flankendurchmesser d_2 und die Steigung h in mm den mittleren Steigungswinkel eines Gewindes $\varphi°$ zu finden, legt man durch die betreffenden Punkte der linken und mittleren Skala eine Gerade und kann dann an der rechten Skala φ ablesen.

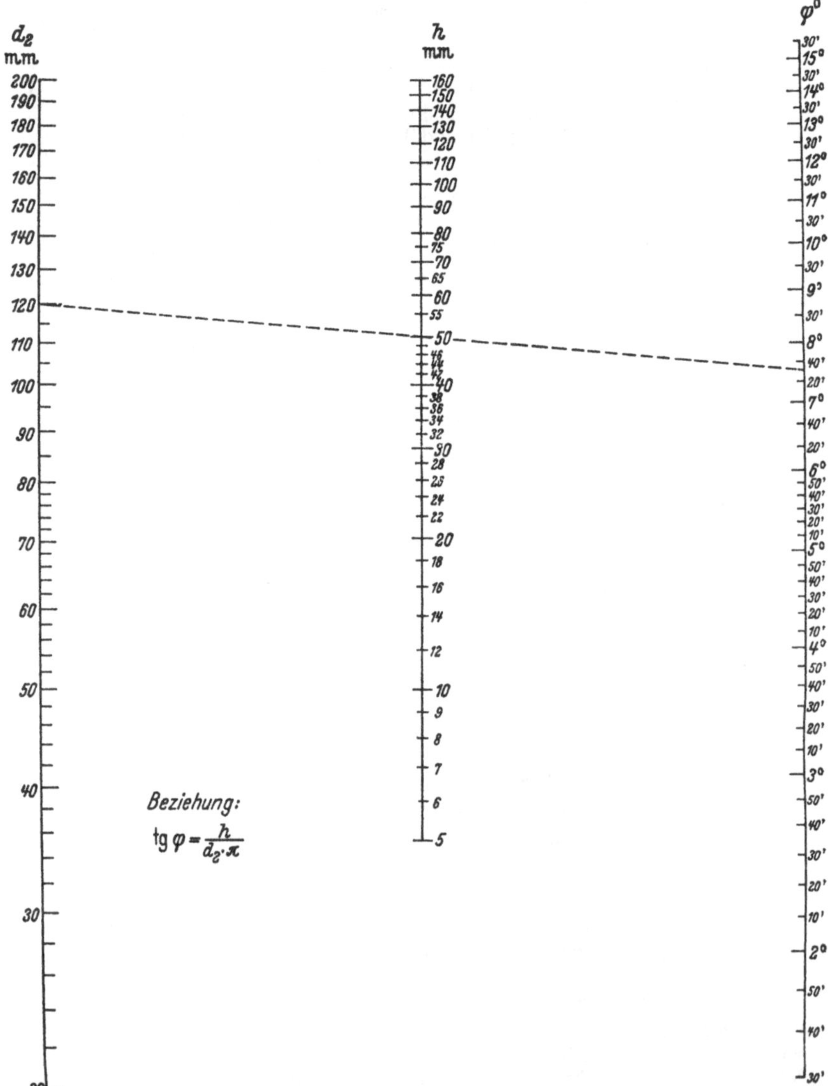

Beispiel: Gegeben $d_2 = 120$ mm und $h = 50$ mm. Gesucht φ. Die gestrichelt eingezeichnete Gerade trifft die rechte Skala bei $7° 33'$. Dies ist der gesuchte Steigungswinkel.

Sachverzeichnis.

(Siehe auch Inhaltsverzeichnis Seite V.)

Leipziger Druckhaus, Leipzig (M 115).

Zeitfracht Medien GmbH
Ferdinand-Jühlke-Straße 7
99095 Erfurt, Deutschland
produktsicherheit@kolibri360.de